studien—text

Mathematik

Wolfgang Luh

Mathematik für Naturwissenschaftler I

Differential- und Integralrechnung,
Folgen und Reihen

Studienbuch für Studierende
der Physik, Chemie, Biologie,
Geowissenschaften und Technik
ab 1. Semester

4. Auflage

Mit 131 Abbildungen
und Übungsaufgaben

AULA-Verlag Wiesbaden

Prof. Dr. Wolfgang Luh
Fachbereich IV
Universität Trier
Postfach 3825
5500 Trier

CIP-Kurztitelaufnahme der Deutschen Bibliothek

Luh, Wolfgang:
Mathematik für Naturwissenschaftler / Wolfgang Luh. —
Wiesbaden : Aula-Verlag
(Studien-Texte : Mathematik)
Früher in d. Akad. Verl.-Ges., Wiesbaden

1. Luh, Wolfgang: Differential- und Integralrechnung,
Folgen und Reihen. — 4. Aufl. — 1987

Luh, Wolfgang:
Differential- und Integralrechnung, Folgen und Reihen:
Studienbuch für Studierende d. Physik, Chemie, Biologie,
Geowiss. u. Technik ab 1. Sem. / Wolfgang Luh. —
4. Aufl. — Wiesbaden: Aula-Verlag, 1987.
(Mathematik für Naturwissenschaftler / Wolfgang Luh; 1)
(Studien-Texte: Mathematik)
Bis 2. Aufl. in d. Akad. Verl.-Ges., Wiesbaden
ISBN 3-923944-54-3

1. und 2. Auflage: Akademische Verlagsgesellschaft, Wiesbaden

Satz: IBM-Composer, Satzbüro Niedenthal
Druck und Verarbeitung: SDV Saarbrücker Druckerei und Verlag GmbH, Saarbrücken
Printed in Germany / Imprimé en Allemagne

ISSN 0170-673 X
ISBN 3-923944-54-3

VORWORT

Alle Bereiche der Naturwissenschaften bedienen sich heute der Mathematik als einer Hilfswissenschaft. Es ist daher sowohl für Studierende aller naturwissenschaftlichen Fächer als auch für den Praktiker unerläßlich, über Grundkenntnisse der verschiedenen mathematischen Disziplinen zu verfügen.
Das Anliegen dieser zweibändigen Einführung in die Mathematik ist die Behandlung der grundlegenden Ergebnisse, die ein moderner Naturwissenschaftler benötigt. Das Werk entstand durch Weiterentwicklung von Vorlesungen, die an der Universität Gießen und der Technischen Hochschule Darmstadt gehalten wurden. Es richtet sich in erster Linie an Studierende der Chemie, Biologie, Geologie und verwandter naturwissenschaftlicher Fächer. Aber auch Studierende der Physik können sich hier mit dem in den ersten Semestern benötigten Stoff rasch vertraut machen.
Die meisten einführenden Lehrbücher verzichten ganz auf Beweise der Ergebnisse oder geben nur sogenannte heuristische Beweise an, welche die wirklichen mathematischen Hintergründe verbergen. Dies ist jedoch mit der Exaktheit naturwissenschaftlichen Denkens nicht vereinbar, und der Studierende wird dadurch mehr verwirrt als ihm der Umgang mit der fremden Materie erleichtert wird. Eines der Ziele ist es daher hier, die Aussagen präzise zu beweisen, wobei die Beweise durchweg verständlich und durchsichtig gehalten sind. Nur dann wird auf Beweise verzichtet, wenn sie zu umfangreich sind oder tieferliegende, für die weitere Entwicklung unnötige, Hilfsmittel zu verwenden wären. In allen Fällen werden die gewonnenen Ergebnisse an zahlreichen Beispielen erläutert und diskutiert, wobei Anwendungen für die Naturwissenschaften bevorzugt werden. Darüberhinaus sind zahlreiche Übungsaufgaben zusammengestellt, um die behandelten Themen zu vertiefen und zu ergänzen. Großer Wert wird stets auf eine klare, verständliche und sorgfältig gegliederte Darstellung des Stoffes gelegt.
Im vorliegenden 1. Band werden die wichtigsten anwendungsbezogenen Ergebnisse der Analysis behandelt. Vorkenntnisse des üblichen Schulstoffes werden dabei so gut wie nicht benötigt. Es werden zunächst die erforder-

lichen Grundlagen über den Umgang mit reellen Zahlen bereitgestellt. Sodann werden Folgen und Funktionen behandelt und unter anderem auch Funktionen mit mehreren Variablen diskutiert. Nach der Differentialrechnung der Funktionen einer und mehrerer Variablen werden die elementaren Funktionen insbesondere im Hinblick auf ihre Bedeutung für die Naturwissenschaften besprochen. In der Integralrechnung wird besonderer Wert auf die für die Praxis wichtige Technik des Integrierens (Substitution, partielle Integration, Partialbruchzerlegung) und die Behandlung uneigentlicher Integrale gelegt. Im Abschnitt über unendliche Reihen werden u. a. TAYLOR-Reihen und FOURIER-Reihen unter anwendungsorientierten Gesichtspunkten betrachtet.

Ich danke meinen Kollegen und Freunden, die mich bei der Entstehung dieses Werkes in z. T. großzügiger Weise unterstützt haben. Dem Verlag und seinen Mitarbeitern gilt mein Dank für die sorgfältige Ausstattung und das große Entgegenkommen bei der Drucklegung des Buches.

Wolfgang Luh

INHALTSVERZEICHNIS

1. GRUNDLAGEN

1.1. Mengen

In diesem ersten Paragraphen wollen wir diejenigen Grundbegriffe der Mengentheorie zusammenstellen, die wir später benötigen werden. Wir benutzen dabei die von CANTOR gegebene Definition einer Menge.

1.1.1. **Definition**: Eine Menge ist eine Zusammenfassung von Objekten. Diese Objekte heißen Elemente der Menge.

Faßt man also irgendwelche Objekte zu einem Ganzen zusammen, so entsteht eine Menge. Diese Objekte können auch durchaus nichtmathematische Dinge sein. Es muß jedoch stets logisch klar sein, welche Objekte zur Menge gehören und welche nicht. Wir schreiben $x \in M$, wenn x ein Element der Menge M ist, und wir schreiben $x \notin M$, wenn x kein Element der Menge M ist.

Zur Beschreibung einer Menge M gibt es zwei Möglichkeiten. Die Elemente der Menge M können zwischen geschweiften Klammern $\{ \}$ aufgezählt werden; so ist

$$M = \{x, y, z, \dots\}$$

die Menge, die aus den Elementen x, y, z usw. besteht. Eine Menge kann aber auch dadurch beschrieben werden, daß man die charakteristische Eigenschaft angibt, welche die Elemente auszeichnet; so ist

$$M = \{x\colon\ x \text{ hat die Eigenschaft } E\}$$

die Menge aller Elemente, welche die Eigenschaft E haben.

1.1.2. **Beispiel**: Die Menge

$$M = \{\text{He, Ne, Ar, Kr, Xe, Rn}\} = \{x\colon\ x \text{ ist ein Edelgas}\}$$

ist die Menge der sechs Edelgase. Es ist etwa He $\in M$, Ar $\in M$, aber Cl $\notin M$.

1.1.3. Beispiel: Die Menge

$$M = \{x\colon\ x \text{ ist ein Kohlenwasserstoffmolekül}\}$$

besteht aus allen Kohlenwasserstoffmolekülen. Zum Beispiel gilt

Methan	$CH_4 \in M$,		
Äthan	$C_2H_6 \in M$,	Wasser	$H_2O \notin M$.
Äthylen	$C_2H_4 \in M$,		
Acetylen	$C_2H_2 \in M$,		

Als nächstes wollen wir uns mit Operationen mit Mengen beschäftigen.

1.1.4. Definition: Es seien M_1, M_2 zwei Mengen.

(1) M_1 und M_2 heißen gleich (geschrieben $M_1 = M_2$), wenn sie dieselben Elemente enthalten.

(2) M_1 heißt enthalten in M_2 oder Teilmenge von M_2 (geschrieben $M_1 \subset M_2$), wenn jedes Element von M_1 auch Element von M_2 ist.

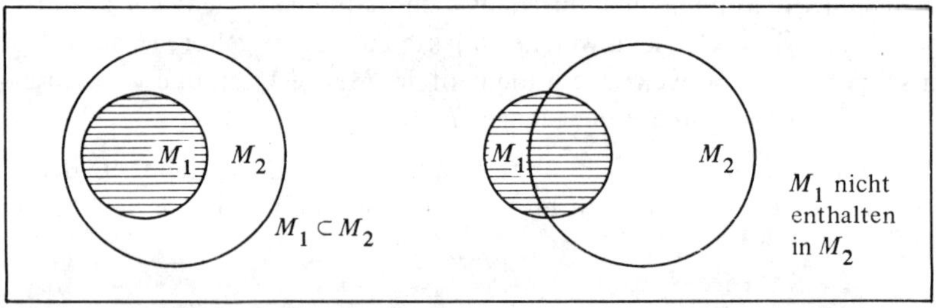

Abb. 1.1.1

1.1.5. Beispiel: Die Mengen $M_1 = \{1, 2, 3\}$ und $M_2 = \{2, 1, 2, 3, 2\}$ sind gleich, sie enthalten offenbar dieselben Elemente.

1.1.6. Beispiel: Die Mengen

$$M^* = \{x\colon\ x \text{ ist ein gesättigtes Kohlenwasserstoffmolekül}\},$$
$$M^{**} = \{x\colon\ x \text{ ist ein ungesättigtes Kohlenwasserstoffmolekül}\}$$

sind beide Teilmengen der Menge M aus Beispiel 1.1.3. Es ist etwa

$$CH_4 \in M^*, \quad C_2H_2 \in M^{**}.$$

1.1.7. Definition: Die leere Menge ϕ ist die Menge, welche kein Element enthält.

Sind zwei Mengen M_1, M_2 gegeben, so kann man mit diesen neue Mengen bilden, indem man ihre Elemente zusammenfaßt oder diejenigen Elemente betrachtet, welche beiden Mengen gleichzeitig angehören oder diejenigen Elemente betrachtet, welche zur einen, aber nicht zur anderen Menge gehören.

1.1.8. Definition: Es seien M_1, M_2 zwei Mengen.

(1) Die Vereinigung von M_1 und M_2 (geschrieben $M_1 \cup M_2$) ist die Menge, die entsteht, wenn die Elemente von M_1 und M_2 zu einer neuen Menge zusammengefaßt werden.

$$M_1 \cup M_2 = \{x\colon\ x \in M_1 \text{ oder } x \in M_2\}.$$

(2) Der Durchschnitt von M_1 und M_2 (geschrieben $M_1 \cap M_2$) ist die Menge derjenigen Elemente, die sowohl zu M_1 als auch zu M_2 gehören.

$$M_1 \cap M_2 = \{x\colon\ x \in M_1 \text{ und } x \in M_2\}.$$

(3) Die Differenz von M_1 und M_2 (geschrieben $M_1 \setminus M_2$) ist die Menge derjenigen Elemente, die zu M_1 aber nicht zu M_2 gehören.

$$M_1 \setminus M_2 = \{x\colon\ x \in M_1,\ x \notin M_2\}.$$

Abb. 1.1.2

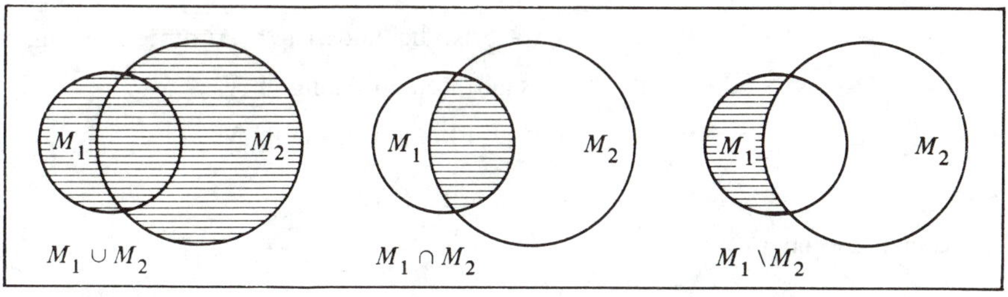

1.1.9. Beispiel: Es sei $M_1 = \{1, 2, 3, 4\}$ und $M_2 = \{-2, 0, 2, 4, 6\}$. Dann gilt:

$$M_1 \cup M_2 = \{-2, 0, 1, 2, 3, 4, 6\}, \qquad M_1 \setminus M_2 = \{1, 3\},$$
$$M_1 \cap M_2 = \{2, 4\}, \qquad M_2 \setminus M_1 = \{-2, 0, 6\}.$$

1.1.10. Beispiel: Es sei M die Menge aus Beispiel 1.1.3 und M^*, M^{**} seien die Mengen aus Beispiel 1.1.6. Dann gilt

$$M^* \cup M^{**} = M, \qquad M \setminus M^* = M^{**},$$
$$M^* \cap M^{**} = \phi, \qquad M \setminus M^{**} = M^*.$$

1.2. Reelle Zahlen

1.2.1. Natürliche Zahlen

Wir gehen aus von der Menge der natürlichen Zahlen

$$\mathbb{N} = \{1, 2, 3, 4, \ldots\}.$$

In dieser Menge $\mathbb{N}$ sind zwei Operationen, eine Addition + und eine Multiplikation $\cdot$ erklärt. Sind m und n natürliche Zahlen, so ist stets die Summe $m + n$ und das Produkt $m \cdot n$ wieder eine natürliche Zahl. Man sagt, $\mathbb{N}$ sei bezüglich der Addition und der Multiplikation abgeschlossen.
Trotzdem ist $\mathbb{N}$ in einem gewissen Sinne unvollständig. Dazu betrachten wir für gegebene natürliche Zahlen m, n die Gleichung

$$m + x = n \qquad (m, n \in \mathbb{N}).$$

Gesucht ist eine Lösung x. Diese Gleichung $m + x = n$ ist in $\mathbb{N}$ manchmal lösbar, manchmal nicht:

$m = 3, \quad n = 8$:	$x = 5$ ist die eindeutig bestimmte Lösung,
$m = 8, \quad n = 3$:	es gibt keine Lösung in $\mathbb{N}$,
$m = 3, \quad n = 3$:	es gibt keine Lösung in $\mathbb{N}$.

1.2.2. Ganze Zahlen

Es ist unbefriedigend, daß die Gleichung $m + x = n$ in der Menge der natürlichen Zahlen nicht immer lösbar ist. Daher erweitert man $\mathbb{N}$ durch Hinzunahme der Zahl Null: 0 und der negativen ganzen Zahlen $-1, -2, -3, \cdots$ zur Menge der ganzen Zahlen

$$\mathbb{Z} = \{\cdots -3, -2, -1, 0, 1, 2, 3, \cdots\}.$$

In $\mathbb{Z}$ sind eine Addition + und eine Multiplikation · in natürlicher Weise erklärt. Sind m und n ganze Zahlen, so ist die Summe $m + n$ und das Produkt $m \cdot n$ wieder eine ganze Zahl, $\mathbb{Z}$ ist also abgeschlossen bezüglich der Addition und Multiplikation. Auch die Gleichung

$$m + x = n \qquad (m, n \in \mathbb{Z})$$

ist in $\mathbb{Z}$ stets lösbar, $x = -m + n$ ist die eindeutig bestimmte Lösung.
Trotzdem ist auch $\mathbb{Z}$ noch in gewisser Weise unvollständig. Dazu betrachten wir für gegebene ganze Zahlen m, n die Gleichung

$$m \cdot x = n \qquad (m, n \in \mathbb{Z}).$$

Gesucht ist wieder eine Lösung x. Diese Gleichung $m \cdot x = n$ ist in $\mathbb{Z}$ manchmal lösbar, manchmal nicht:

$m = 3,\ n = -21$: $x = -7$ ist die eindeutig bestimmte Lösung,

$m = 3,\ n = 5$: es gibt keine Lösung in $\mathbb{Z}$.

1.2.3. Brüche, rationale Zahlen

Im System der ganzen Zahlen ist die Gleichung $m + x = n$ stets eindeutig lösbar. Es ist jedoch unbefriedigend, daß die Gleichung $m \cdot x = n$ in $\mathbb{Z}$ nicht immer lösbar ist. Daher erweitert man die ganzen Zahlen – durch die Erklärung einer Division – zum System der Brüche:

$$\frac{1}{2}, \frac{5}{7}, \frac{-3}{8}, \frac{122}{-379} \quad \text{usw.}$$

Allgemein ist ein Bruch von der Form $\frac{n}{m}$, wobei der Zähler n und der Nenner m ganze Zahlen sind, dabei wird $m \neq 0$ gefordert. Dieser Bruch $x = \frac{n}{m}$ ist dann die Lösung der Gleichung $m \cdot x = n$.

Die Menge aller Brüche bezeichnen wir als die Menge der rationalen Zahlen:

$$\mathbb{Q} = \{x: \ x = \frac{n}{m}; \quad n \in \mathbb{Z},\ m \in \mathbb{Z},\ m \neq 0\}.$$

Die Menge der ganzen Zahlen $\mathbb{Z}$ ist offenbar in $\mathbb{Q}$ enthalten (die Brüche $\frac{n}{1}$ werden mit n identifiziert).

Zwei Brüche $\frac{n_1}{m_1}$ und $\frac{n_2}{m_2}$ heißen gleich, wenn gilt

$$n_1 m_2 = n_2 m_1 .$$

Verschiedene Brüche können also dieselbe rationale Zahl darstellen, zum Beispiel ist

$$\frac{1}{2} = \frac{2}{4} = \frac{-3}{-6} = \frac{4}{8} = \frac{512}{1024} = \ldots .$$

Eine eindeutige Darstellung einer rationalen Zahl r ist erreichbar durch die Forderung

$$r = \frac{n}{m}, \quad \text{wobei } n \in \mathbb{Z},\ m \in \mathbb{N};\ n, m \text{ teilerfremd.}$$

In $\mathbb{Q}$ sind eine Addition und eine Multiplikation wie folgt erklärt

$$\frac{n_1}{m_1} + \frac{n_2}{m_2} = \frac{n_1 m_2 + n_2 m_1}{m_1 m_2},$$

$$\frac{n_1}{m_1} \cdot \frac{n_2}{m_2} = \frac{n_1 n_2}{m_1 m_2}.$$

Wir zeigen jetzt, daß die beiden Gleichungen, welche zur Erweiterung von $\mathbb{N}$ und $\mathbb{Z}$ Anlaß gaben, in $\mathbb{Q}$ lösbar sind.

1.2.1. Satz: Es seien r_1, r_2 rationale Zahlen.

(1) Die Gleichung $r_1 + x = r_2$ ist in $\mathbb{Q}$ eindeutig lösbar.

(2) Ist $r_1 \neq 0$, so ist auch die Gleichung $r_1 \cdot x = r_2$ in $\mathbb{Q}$ eindeutig lösbar.

Beweis: Es sei $r_1 = \frac{n_1}{m_1}$ und $r_2 = \frac{n_2}{m_2}$ mit $n_1, n_2 \in \mathbb{Z}; m_1, m_2 \in \mathbb{N}$.

(1.) Die rationale Zahl $x = \frac{-n_1 m_2 + n_2 m_1}{m_1 m_2}$ ist die eindeutig bestimmte Lösung der Gleichung $r_1 + x = r_2$.

(2.) Die rationale Zahl $x = \frac{n_2 m_1}{n_1 m_2}$ ist die eindeutig bestimmte Lösung der Gleichung $r_1 \cdot x = r_2$.

1.2.2. Bemerkung: Betrachten wir nochmals die Gleichung $r_1 \cdot x = r_2$ und setzen $r_1 = 0$, so ist diese

entweder: widerspruchsvoll (wenn $r_2 \neq 0$),
oder : für alle x erfüllt (wenn $r_2 = 0$).

Daher ist eine Division durch Null nicht ausführbar.

Die rationalen Zahlen lassen sich bekanntlich auf der sog. Zahlengeraden veranschaulichen. Dazu werden auf einer Geraden G zwei Punkte $P(0)$ und $P(1)$ fixiert, wobei $P(1)$ rechts von $P(0)$ liegt. Dem sog. Nullpunkt $P(0)$ wird die Zahl 0, dem sog. Einheitspunkt $P(1)$ die Zahl 1 zugeordnet. Jeder Zahl $x = \frac{n}{m} \in \mathbb{Q}$ mit $n \in \mathbb{Z}$, $m \in \mathbb{N}$ kann ein Punkt $P(x) \in G$ dadurch zugeordnet werden, daß man den m-ten Teil der Einheitsstrecke $\overline{P(0), P(1)}$ von $P(0)$ aus

falls n positiv : n-mal nach rechts hin abträgt,
falls n negativ: $(-n)$-mal nach links hin abträgt.

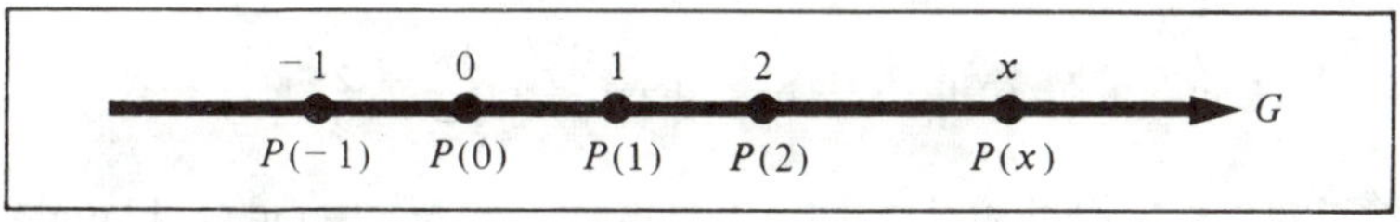

Abb. 1.2.1

1.2.4. Unvollständigkeit von $\mathbb{Q}$

Auch das System $\mathbb{Q}$ der rationalen Zahlen ist noch nicht vollständig. Wir zeigen dazu, daß die einfache Gleichung $x^2 = 2$ keine rationale Lösung besitzt. Dies bedeutet geometrisch, daß es auf der Zahlengeraden Punkte gibt, welche nicht von rationalen Zahlen herrühren.

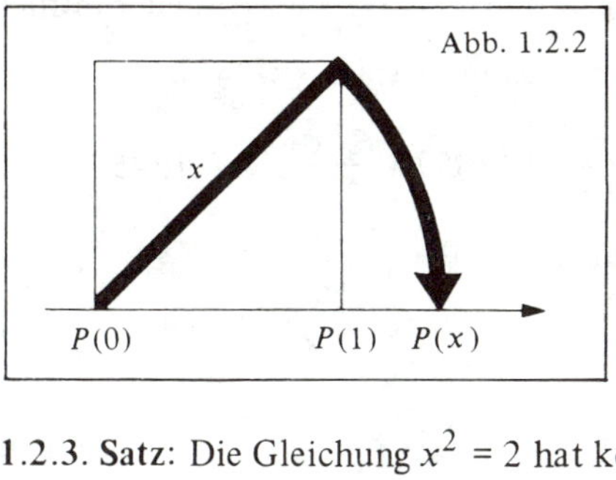

Abb. 1.2.2

Wir betrachten ein Quadrat über der Einheitsstrecke $\overline{P(0), P(1)}$. Nach dem Satz von PYTHAGORAS gilt für die Länge x seiner Diagonalen $x^2 = 2$. Dieser Länge entspricht offenbar ein Punkt $P(x)$ auf der Zahlengeraden. Wir zeigen, daß dieser Punkt zu keiner rationalen Zahl gehört.

1.2.3. Satz: Die Gleichung $x^2 = 2$ hat keine rationale Zahl als Lösung.

Beweis:

1. Wir zeigen zunächst: Ist $p \in \mathbb{Z}$ und p^2 eine gerade Zahl, so ist auch p eine gerade Zahl.
   Wäre nämlich p ungerade und daher in der Form $p = 2p_0 + 1$ mit $p_0 \in \mathbb{Z}$ darstellbar, so folgte
   $$p^2 = (2p_0 + 1)^2 = 4p_0^2 + 4p_0 + 1,$$
   da diese Zahl jedoch ungerade ist, ergibt sich die Behauptung.
2. Wir nehmen an, daß es doch eine rationale Zahl x mit $x^2 = 2$ gibt. Diese ist in der Form $x = \frac{n}{m}$ mit $n \in \mathbb{Z}$, $m \in \mathbb{N}$ darstellbar, wobei n und m keinen gemeinsamen Faktor haben.
   Aus $x^2 = \left(\frac{n}{m}\right)^2 = \frac{n^2}{m^2} = 2$ folgt dann $2m^2 = n^2$, so daß n^2 eine gerade Zahl ist.
   Nach 1. ist dann auch n eine gerade Zahl und daher in der Form $n = 2n_0$ mit einem $n_0 \in \mathbb{Z}$ darstellbar. Es folgt
   $$2m^2 = n^2 = (2n_0)^2 = 4n_0^2 \quad \text{bzw.} \quad m^2 = 2n_0^2,$$
   so daß m^2 eine gerade Zahl ist. Nach 1. ist dann auch m eine gerade Zahl und in der Form $m = 2m_0$ mit einem $m_0 \in \mathbb{Z}$ darstellbar. Beide Zahlen n und m haben also den gemeinsamen Faktor 2. Dies ist jedoch ein Widerspruch zu unserer Annahme, daß n und m keinen gemeinsamen Faktor haben.

Damit ist gezeigt, daß die Gleichung $x^2 = 2$ nicht durch rationale Zahlen lösbar ist.

1.2.5. Dezimalbrüche, reelle Zahlen

Bekanntlich ist es bequem und zweckmäßig, rationale Zahlen $x = \frac{n}{m}$ in der Form von periodischen Dezimalbrüchen darzustellen. Zum Beispiel ist:

$$\frac{1}{2} = 0{,}5; \quad \frac{3}{8} = 0{,}375; \quad \frac{22}{7} = 3{,}\overline{142857}; \quad \frac{26012}{8325} = 3{,}12\overline{456}\,.$$

Ein periodischer Dezimalbruch ist allgemein vom Typ

$$\underbrace{r_0, r_1 r_2 \cdots r_k}_{\text{Vorperiode}} \; \underbrace{\overline{s_1 s_2 \cdots s_l}}_{\text{Periode}}$$

Der Querstrich deutet an, daß sich die Ziffernfolge $s_1, \cdots, s_l$ periodisch wiederholt. Hierbei kann (wie etwa bei $\frac{1}{2}$ und bei $\frac{3}{8}$) auch die Periode 0 vorkommen, die dann aber meist nicht aufgeführt wird ($\frac{1}{2} = 0{,}5\overline{0} = 0{,}5$; $\frac{3}{8} = 0{,}375\overline{0} = 0{,}375$). Es gilt nun

1.2.4. Satz: Jede rationale Zahl ist als periodischer Dezimalbruch darstellbar und umgekehrt. Die Darstellung ist eindeutig, wenn die Periode 9 nicht vorkommt.

Wir verzichten auf den Beweis dieses Satzes, zeigen aber an zwei Beispielen, wie Brüche und Dezimalbrüche ineinander umgewandelt werden können.

1.2.5. Beispiel: Gegeben sei $x = \frac{26012}{8\,325}$, gesucht ist die Dezimalbruchdarstellung von x. Ausführung von Divisionen ergibt:

$$
\begin{array}{l}
26012 : 8325 = 3{,}124564\ldots = 3{,}12\overline{456} \\
\underline{24975} \\
\quad 10370 \\
\quad \underline{\;8325} \\
\qquad 20450 \\
\qquad \underline{16650} \\
\qquad\quad 38000 \\
\qquad\quad \underline{33300} \\
\qquad\qquad 47000 \\
\qquad\qquad \underline{41625} \\
\qquad\qquad\quad 53750 \\
\qquad\qquad\quad \underline{49950} \\
\qquad\qquad\qquad 3800 \\
\qquad\qquad\qquad\quad \vdots
\end{array}
$$

1.2.6. Beispiel: Gegeben ist der periodische Dezimalbruch $x = 5{,}1\overline{23}$, gesucht ist die Darstellung in der Form $x = \frac{n}{m}$, mit $n, m \in \mathbb{Z}$. Die Lösung erfolgt in drei Schritten.

1. Wir schreiben x in der Form

$$x = 5{,}1 + 0{,}0\overline{23} = \frac{1}{10}(51 + 0{,}\overline{23}).$$

2. Wir stellen $y = 0,\overline{23}$ als Bruch dar. Die Periode von y besteht aus 2 Ziffern. Multiplizieren wir mit 10^2, so ergibt sich

$$\begin{aligned} 100y &= 23,\overline{23} = 23 + 0,\overline{23} = 23 + y, \\ 99y &= 23, \\ y &= \frac{23}{99}. \end{aligned}$$

3. Zusammensetzung der Ergebnisse von 1. und 2. liefert

$$\begin{aligned} x &= \frac{1}{10}(51 + 0,\overline{23}) = \frac{1}{10}\left(51 + \frac{23}{99}\right) = \frac{51 \cdot 99 + 23}{990} = \\ &= \frac{5049 + 23}{990} = \frac{5072}{990}. \end{aligned}$$

Damit ist x als Bruch dargestellt.

Gemäß Satz 1.2.4 sind die rationalen Zahlen in eineindeutiger Weise mit den periodischen Dezimalbrüchen identifizierbar. Es gibt aber auch Dezimalbrüche, welche nicht periodisch sind. Zum Beispiel ist

$$x = 0,1\ 01\ 001\ 0001\ 00001 \cdots$$

nicht periodisch und kann daher keine rationale Zahl darstellen. Jeden nichtperiodischen Dezimalbruch bezeichnet man als eine irrationale Zahl.

Wir nehmen nun eine Erweiterung von $\mathbb{Q}$ vor, indem wir noch die irrationalen Zahlen hinzufügen. Die so entstandene Menge heißt Menge der reellen Zahlen und wird mit $\mathbb{R}$ bezeichnet.

1.2.7. Bemerkung: Die Bedeutung der irrationalen Zahlen für den Praktiker ist gering; durch Abbrechen des Dezimalbruches an einer geeigneten Stelle entsteht eine rationale Annäherung mit beliebiger Genauigkeit.

1.2.6. $\mathbb{R}$ als Zahlkörper

Die reellen Zahlen sind eine Menge, in der eine Addition + und eine Multiplikation · so erklärt sind, daß für $a, b \in \mathbb{R}$ die Summe $a + b$ und das Produkt $a \cdot b$ wieder reelle Zahlen sind. Diese Operationen genügen folgenden Rechengesetzen.

Addition	(A.1)	$a + b = b + a$	Kommutativgesetz
	(A.2)	$a + (b + c) = (a + b) + c$	Assoziativgesetz
	(A.3)	zu jedem $a \in \mathbb{R}$ und jedem $b \in \mathbb{R}$ existiert ein $x \in \mathbb{R}$ mit $a + x = b$	Lösbarkeit der Gleichung $a + x = b$
Multiplikation	(M.1)	$a \cdot b = b \cdot a$	Kommutativgesetz
	(M.2)	$a \cdot (b \cdot c) = (a \cdot b) \cdot c$	Assoziativgesetz
	(M.3)	zu jedem $a \in \mathbb{R}$ mit $a \neq 0$ und jedem $b \in \mathbb{R}$ existiert ein $x \in \mathbb{R}$ mit $a \cdot x = b$	Lösbarkeit der Gleichung $a \cdot x = b$
	(D)	$a \cdot (b + c) = a \cdot b + a \cdot c$	Distributivgesetz

1.2.8. Bemerkung: Eine Menge mit mehr als einem Element, in der eine Addition + und eine Multiplikation · erklärt sind, welche den Axiomen **(A.1) – (A.3)**, **(M.1) – (M.3)** und **(D)** genügen, heißt ein Körper. Die reellen Zahlen bilden demnach einen Körper. Aus diesem Axiomensystem leiten sich alle bekannten Rechenregeln ab. Für die Lösung der Gleichung $a + x = b$ schreiben wir $x = b - a$, und für die Lösung der Gleichung $a \cdot x = b$ (mit $a \neq 0$) schreiben wir $x = \frac{b}{a}$.

Wir definieren nun die Potenzen reeller Zahlen mit ganzzahligen Exponenten.

1.2.9. Definition: Es sei a eine reelle Zahl und n eine natürliche Zahl. Wir setzen:

(1) $a^0 = 1$,

(2) $a^n = \underbrace{a \cdot a \cdots a}_{n \text{ Faktoren}}$,

(3) $a^{-n} = \frac{1}{a^n}$, falls $a \neq 0$.

Durch diese Definition sind die Potenzen a^m mit beliebiger reeller Grundzahl a und ganzzahligem Exponenten m erklärt. Es gelten die folgenden Rechengesetze.

1.2.10. Satz: Es seien a, a_1, a_2 von Null verschiedene reelle Zahlen und m, m_1, m_2 seien ganze Zahlen. Dann gilt:

(1) $a^{m_1} \cdot a^{m_2} = a^{m_1+m_2}$,

(2) $a_1^m \cdot a_2^m = (a_1 \cdot a_2)^m$,

(3) $(a^{m_1})^{m_2} = a^{m_1 \cdot m_2}$.

Diese Rechengesetze sind unmittelbar mit Definition 1.2.9 zu beweisen.

1.3. Anordnung der reellen Zahlen, Beträge, Ungleichungen

1.3.1. $\mathbb{R}$ als geordneter Körper

In $\mathbb{R}$ ist außer den arithmetischen Operationen + und · auch noch eine Ordnungsrelation $<$ („kleiner als") erklärt. Sind a und b reelle Zahlen, so gilt genau eine der drei folgenden Beziehungen:

(0.1) entweder $a < b$ oder $a = b$ oder $b < a$.

Die Beziehung $a = b$ heißt eine Gleichung, die Beziehungen $a < b$ bzw. $b < a$ heißen Ungleichungen.

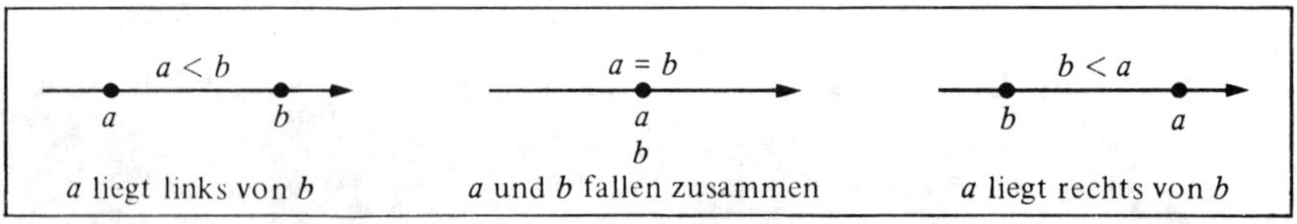

Abb. 1.3.1

Ist $a < b$ (a kleiner als b), so schreibt man auch $b > a$ (b größer als a). Man schreibt $a \leqslant b$, wenn entweder $a < b$ oder $a = b$ ist.

1.3.11. Beispiel: Es gilt:

$$2 = 2, \quad -3 < -2, \quad 5 > -1, \quad 1 \leqslant 1, \quad -3 \leqslant 0.$$

Durch die Beziehung $<$ können die Elemente von $\mathbb{R}$ miteinander verglichen werden. Man sagt, daß in $\mathbb{R}$ eine Ordnungsrelation gegeben ist. Diese hat außer **(0.1)** noch die folgenden Eigenschaften **(0.2)**, **(0.3)**, **(0.4)**:

(0.2) Aus $a < b$ und $b < c$ folgt $a < c$.

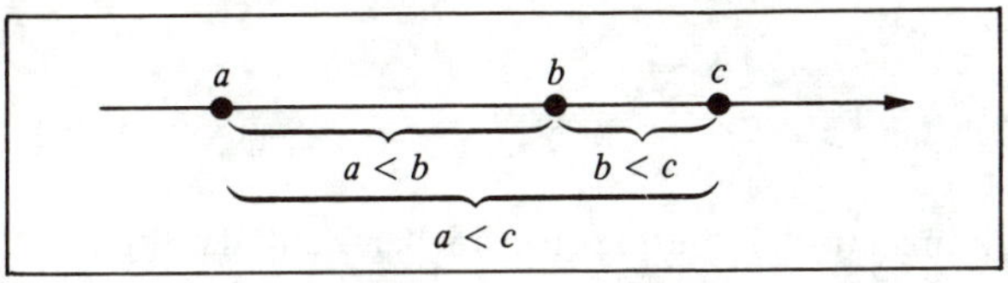

Abb. 1.3.2

(0.3) Aus $a < b$ und $c \in \mathbb{R}$ folgt $a + c < b + c$.

Eine Ungleichung bleibt also richtig, wenn auf beiden Seiten dieselbe Zahl addiert wird.

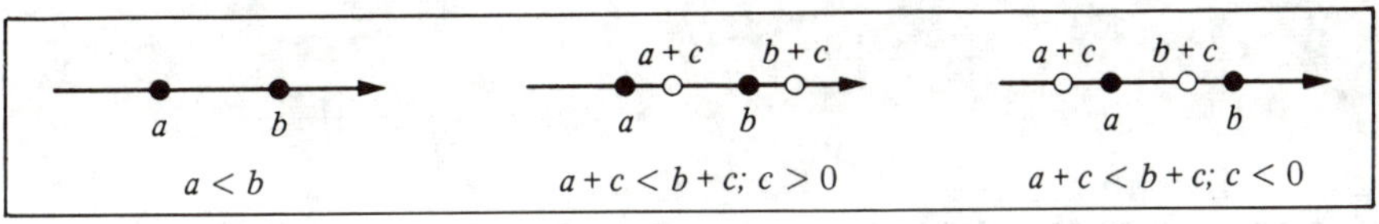

Abb. 1.3.3

(0.4) Aus $a < b$ und $c > 0$ folgt $ac < bc$.

Eine Ungleichung bleibt also richtig, wenn beide Seiten mit derselben positiven Zahl multipliziert werden.

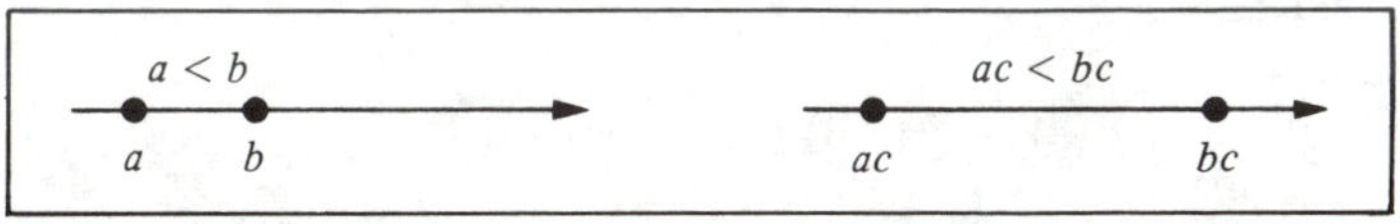

Abb. 1.3.4

1.3.2. Bemerkung: Man nennt einen Körper, in welchem zwischen je zwei Elementen eine Beziehung „<“ erklärt ist, die den Axiomen **(0.1)** – **(0.4)** genügt, einen geordneten Körper. Die reellen Zahlen bilden demnach einen geordneten Körper. Wir stellen die vier Ordnungsaxiome noch einmal zusammen.

(0.1)	Für beliebige a, b gilt entweder $a = b$ oder $a < b$ oder $b < a$	Trichotomiegesetz
(0.2)	Aus $a < b$ und $b < c$ folgt $a < c$	Transitivität des <-Zeichens
(0.3)	Aus $a < b$ folgt $a + c < b + c$ für alle c	**Monotoniegesetz**
(0.4)	Aus $a < b$ und $c > 0$ folgt $ac < bc$	Monotoniegesetz

Aus diesem Axiomensystem leiten sich alle Rechenregeln zum Umgang mit dem $<$-Zeichen ab.

1.3.2. Betrag einer reellen Zahl

Als nächstes beschäftigen wir uns mit dem Betrag einer reellen Zahl; darunter versteht man ihre Entfernung vom Nullpunkt. So wird etwa auf der Zahlengeraden die Zahl -4 in derselben Entfernung vom Nullpunkt wie $+4$ abgetragen. Man sagt, die Zahlen $+4$ und -4 haben gleichen Betrag. Präzise wird folgendes definiert.

1.3.3. Definition: Unter dem Betrag einer reellen Zahl x versteht man die Zahl

$$|x| = \begin{cases} x & \text{falls } x \geqslant 0 \\ -x & \text{falls } x < 0 \end{cases}$$

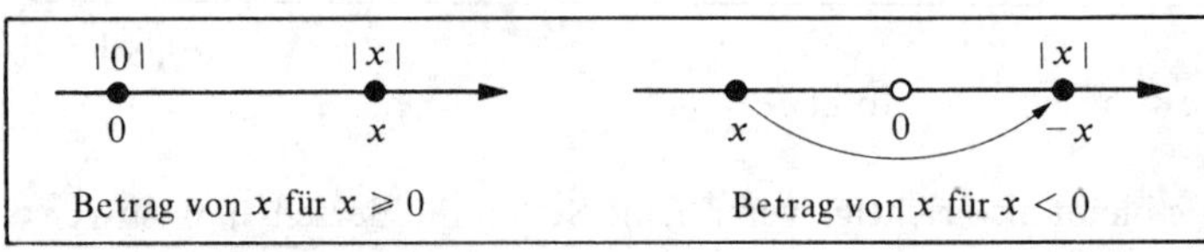

Abb. 1.3.5

1.3.4. Beispiel: Es gilt:

$$|2| = 2, \quad |-4| = -(-4) = 4, \quad |0| = 0.$$

Die einfachsten Eigenschaften des Betrages fassen wir in dem folgenden Satz zusammen.

1.3.5. Satz: Es seien x, y reelle Zahlen. Dann gilt:

(1) $|x| = |-x| \geqslant 0$; $|x| = 0$ genau dann, wenn $x = 0$;

(2) $x \leqslant |x|$, (4) $|x \cdot y| = |x| \cdot |y|$,

(3) $-x \leqslant |x|$, (5) $|x^2| = |x|^2 = x^2$.

Der Beweis ergibt sich unmittelbar aus der Definition.

Die folgende Dreiecksungleichung ist für viele Abschätzungen in der Analysis von Wichtigkeit und wird von uns sehr oft benutzt werden.

1.3.6. Satz (Dreiecksungleichung): Für alle reellen Zahlen x und y gilt

$$|x+y| \leqslant |x| + |y|.$$

Beweis: Wir unterscheiden zwei Fälle.

1. Ist $x + y \geqslant 0$, so folgt wegen $x \leqslant |x|$ und $y \leqslant |y|$

$$|x+y| = x + y \leqslant |x| + |y|.$$

2. Ist $x + y < 0$, so folgt wegen $-x \leqslant |x|$ und $-y \leqslant |y|$

$$|x+y| = -(x+y) = -x - y \leqslant |x| + |y|.$$

1.3.7. Beispiel: Es gilt:

$$\begin{aligned} 7 &= |3+4| \leqslant |3| + |4| = 7,\\ 4 &= |7-3| \leqslant |7| + |-3| = 10,\\ 7 &= |1-8| \leqslant |1| + |-8| = 9,\\ 8 &= |-5-3| \leqslant |-5| + |-3| = 8. \end{aligned}$$

1.3.3. Beispiele zum Rechnen mit Ungleichungen und Beträgen

Wir wollen jetzt das Rechnen mit Ungleichungen und Beträgen an Hand einiger Beispiele üben.

1.3.8. Beispiel: Es sei $a \in \mathbb{R}$ und $r > 0$. Dann ist $|x-a| < r$ äquivalent zu $a - r < x < a + r$ (also genau diejenigen reellen Zahlen x, welche von a einen Abstand kleiner als r haben, erfüllen die Ungleichung).

1. Ist nämlich $|x-a| < r$, so folgt

falls $x - a \geqslant 0$ die Beziehung $|x-a| = x - a < r$, also $x < a + r$,
falls $x - a < 0$ die Beziehung $|x-a| = a - x < r$, also $a - r < x$,

insgesamt folgt aus $|x-a| < r$ die Beziehung $a - r < x < a + r$.

2. Ist $a-r<x<a+r$, so erhalten wir $x-a<r$ sowie $a-x<r$ und im Falle

$$x-a\geqslant 0 \quad \text{folgt} \quad |x-a|=x-a<r,$$
$$x-a<0 \quad \text{folgt} \quad |x-a|=a-x<r.$$

Aus 1. und 2. folgt, daß $|x-a|<r$ genau dann gilt, wenn $a-r<x<a+r$ ist.

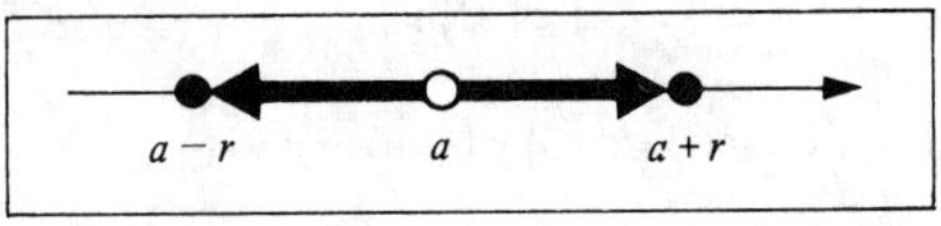

Abb. 1.3.6

1.3.9. Beispiel: Es sollen alle reellen Zahlen x bestimmt werden, welche der Ungleichung

$$\frac{1-|x-2|}{|x-3|}<\frac{1}{2}$$

genügen. Hierbei muß zunächst $x\neq 3$ vorausgesetzt werden, weil für $x=3$ dieser Ausdruck nicht definiert ist. Weiter gilt:

$$|x-2|=\begin{cases} x-2 & \text{falls } x\geqslant 2 \\ 2-x & \text{falls } x<2 \end{cases}, \qquad |x-3|=\begin{cases} x-3 & \text{falls } x\geqslant 3 \\ 3-x & \text{falls } x<3 \end{cases}.$$

Hieraus folgt, daß $\frac{1-|x-2|}{|x-3|}$ verschiedene Bedeutung hat, je nachdem ob $x>3$ oder $2\leqslant x<3$ oder $x<2$ ist. Diese 3 Fälle müssen getrennt untersucht werden.

1. Für alle $x>3$ ist

$$\frac{1-|x-2|}{|x-3|}=\frac{1-(x-2)}{x-3}=\frac{-x+3}{x-3}=-1<\frac{1}{2}.$$

2. Für alle x mit $2\leqslant x<3$ ist

$$\frac{1-|x-2|}{|x-3|}=\frac{1-(x-2)}{3-x}=\frac{-x+3}{3-x}=+1>\frac{1}{2}.$$

3. Für alle $x<2$ ist

$$\frac{1-|x-2|}{|x-3|}=\frac{1-(2-x)}{3-x}=\frac{x-1}{3-x},$$

und es gilt $\frac{x-1}{3-x} < \frac{1}{2}$ genau dann, wenn $2(x-1) < 3-x$ bzw. $3x < 5$, d. h. $x < \frac{5}{3}$ ist.

Die Zusammenfassung der drei Fälle ergibt, daß $\frac{1-|x-2|}{|x-3|} < \frac{1}{2}$ genau dann gilt, wenn $x > 3$ oder $x < \frac{5}{3}$ ist.

1.3.10. Beispiel: Für alle reellen Zahlen a und b gilt $ab \leqslant \left(\frac{a+b}{2}\right)^2$. Zum Beweis dieser Ungleichung gehen wir aus von der Tatsache, daß $(a-b)^2 \geqslant 0$ ist. Hieraus folgt

$$a^2 - 2ab + b^2 \geqslant 0,$$

Addition von $4ab$ ergibt

$$\begin{aligned} a^2 + 2ab + b^2 &\geqslant 4ab, \\ (a+b)^2 &\geqslant 4ab, \\ \left(\frac{a+b}{2}\right)^2 &\geqslant ab. \end{aligned}$$

In der Ungleichung $ab \leqslant \left(\frac{a+b}{2}\right)^2$ steht das Gleichheitszeichen offenbar genau dann, wenn es in der Beziehung $(a-b)^2 \geqslant 0$ steht, wenn also $a = b$ ist.

1.3.11. Beispiel: Es seien b und d positiv, und es gelte $\frac{a}{b} < \frac{c}{d}$. Dann gilt

$$\frac{a}{b} < \frac{a+c}{b+d} < \frac{c}{d}.$$

Zum Beweis gehen wir aus von $\frac{a}{b} < \frac{c}{d}$ und erhalten durch Multiplikation dieser Ungleichung mit dem positiven Faktor bd

$$ad < bc,$$

Addition von ab ergibt

$$\begin{aligned} ab + ad &< ab + bc, \\ a(b+d) &< b(a+c). \end{aligned}$$

Die letzte Ungleichung multiplizieren wir mit $\frac{1}{b(b+d)}$ und erhalten

$$\frac{a}{b} < \frac{a+c}{b+d}.$$

Analog wird gezeigt, daß auch $\frac{a+c}{b+d} < \frac{c}{d}$ gilt.

1.4. Mathematische Beweismethoden

Jede mathematische Aussage bedarf eines Beweises. Dazu bedient man sich im wesentlichen dreier Methoden, die in diesem Paragraphen erläutert werden sollen.

1.4.1. Direkter Beweis

Das Ziel ist es, aus einer Aussage A (Voraussetzung) eine Aussage B (Behauptung) zu beweisen. Hierzu kann man sich der direkten Beweismethode bedienen. Das Prinzip hierbei besteht darin, daß man mit der Aussage A beginnt und diese durch erlaubte mathematische Operationen in die Aussage B überführt.
Ein Beispiel soll das Vorgehen erläutern. Wir beweisen den folgenden Satz mit der direkten Methode.

1.4.1. **Satz**: Für eine reelle Zahl $x \neq 1$ und eine natürliche Zahl n sei

$$s_n(x) = 1 + x + x^2 + \cdots + x^n .$$

Dann gilt

$$s_n(x) = \frac{1 - x^{n+1}}{1 - x} .$$

Beweis: Aus

$$s_n(x) = 1 + x + x^2 + \cdots + x^n$$

folgt durch Multiplikation mit x

$$x \cdot s_n(x) = \quad x + x^2 + \cdots + x^n + x^{n+1} .$$

Subtraktion der Ausdrücke $s_n(x)$ und $x \cdot s_n(x)$ ergibt

$$(1 - x) \cdot s_n(x) = 1 - x^{n+1}.$$

Division durch $1 - x$ führt auf

$$s_n(x) = \frac{1 - x^{n+1}}{1 - x}.$$

Damit ist der Satz bewiesen.

Die Aussage A ist hier: Für $x \in \mathbb{R}$, $x \neq 1$ und $n \in \mathbb{N}$ sei $s_n(x) = 1 + x + x^2 + \cdots + x^n$.

Die Aussage B ist, daß $s_n(x)$ durch die Formel $s_n(x) = \frac{1 - x^{n+1}}{1 - x}$ dargestellt werden kann. Durch erlaubte mathematische Operationen (eine Multiplikation, eine Subtraktion und eine Division) wird A in B übergeführt.

1.4.2. Indirekter Beweis

Wie oben ist es das Ziel, aus einer Aussage A (Voraussetzung) eine Aussage B (Behauptung) zu beweisen. Hierzu kann man sich auch der indirekten Beweismethode bedienen. Das Prinzip hierbei besteht darin, daß man annimmt, B sei falsch und stattdessen das logische Gegenteil G richtig. Durch erlaubte Operationen führt man (unter Benutzung der zusätzlichen Voraussetzung G) einen Widerspruch herbei. Die Folgerung ist, daß G falsch, also B richtig sein muß.
Als Beispiel dient der Beweis zu Satz 1.2.3. Die Aussage B war hier: $x^2 = 2$ hat keine rationale Lösung. Das logische Gegenteil G von B ist: $x^2 = 2$ hat eine rationale Lösung. Diese Lösung wäre dann in der Form $x = \frac{n}{m}$ mit $n \in \mathbb{Z}$, $m \in \mathbb{N}$ und teilerfremden n und m darstellbar. Durch gewisse Umformungen führt dies jedoch zu einem Widerspruch.

1.4.3. Vollständige Induktion

Es sei $A(n)$ eine Aussageform, welche von natürlichen Zahlen n abhängt. Zum Beweis einer Behauptung: „Für alle natürlichen Zahlen n gilt $A(n)$“ benutzt man das **Prinzip der vollständigen Induktion**. Dieses läuft in zwei Schritten ab.

1. **Induktionsanfang**: Man zeigt, daß $A(1)$ richtig ist.
2. a) Man macht die **Induktionsannahme**, daß $A(k)$ für eine natürliche Zahl $k \geqslant 1$ richtig ist.

   b) Im **Induktionsschritt** zeigt man, daß hieraus die Richtigkeit von $A(k + 1)$ folgt.

Es ergibt sich, daß $A(n)$ für alle natürlichen Zahlen n richtig ist. Denn es ist ja für

$n = 1$: $A(1)$ richtig nach 1.;
$n = 2$: $A(2)$ richtig nach 2., wenn $k = 1$ gesetzt wird;
$n = 3$: $A(3)$ richtig nach 2., wenn $k = 2$ gesetzt wird;
$n = 4$: $A(4)$ richtig nach 2., wenn $k = 3$ gesetzt wird;
usw.

1.4.2. Beispiel: Wir zeigen vermittels vollständiger Induktion:

Für alle natürlichen Zahlen n gilt $2^n > n$.

Die Aussageform $A(n)$ ist hier: $2^n > n$.

1. Induktionsanfang. Wir setzen in $A(n)$ die Zahl $n = 1$ ein, und erhalten, daß $A(1)$ richtig ist, denn es gilt $2^1 = 2 > 1$.
2. a) Induktionsannahme: Für eine natürliche Zahl $k \geqslant 1$ gelte $A(k)$, also $2^k > k$.

   b) Wir zeigen im Induktionsschritt, daß aus der Induktionsannahme stets die Richtigkeit von $A(k+1)$ folgt, daß also $2^{k+1} > k + 1$ gilt.
   Wir erhalten

   $$2^{k+1} = 2 \cdot 2^k > 2 \cdot k = k + k \geqslant k + 1,$$

   so daß aus der Richtigkeit von $A(k)$ stets die Richtigkeit von $A(k+1)$ folgt.

Mit dem Prinzip der vollständigen Induktion ist damit gezeigt, daß $2^n > n$ für alle natürlichen Zahlen n gilt.

1.4.4. Beispiele zur vollständigen Induktion

Das Arbeiten mit dem wichtigen Prinzip der vollständigen Induktion wird in diesem Abschnitt an weiteren Beispielen erläutert. Wir gewinnen dabei Ergebnisse, die zum Teil später benötigt werden.

1.4.3. Satz (BERNOULLIsche Ungleichung): Es sei $a \geqslant -1$. Dann gilt für alle natürlichen Zahlen n

$$(1 + a)^n \geqslant 1 + na.$$

Beweis:

1. Induktionsanfang: Für $n = 1$ gilt $(1+a)^1 = 1 + a \geqslant 1 + 1 \cdot a$.
2. a) Induktionsannahme: Für eine natürliche Zahl $k \geqslant 1$ gelte $(1+a)^k \geqslant 1 + ka$.

   b) Wir zeigen, daß daraus $(1+a)^{k+1} \geqslant 1 + (k+1)a$ folgt.
   Wegen $a^2 \geqslant 0$ gilt auch $ka^2 \geqslant 0$ und daher

$$(1+a)^{k+1} = (1+a)^k \cdot (1+a) \geqslant (1+ka) \cdot (1+a) =$$
$$= 1 + ka + a + ka^2 \geqslant 1 + ka + a = 1 + (k+1)a.$$

1.4.4. Beispiel:

1. Für $a = 2$, $n = 4$ erhalten wir $(1+2)^4 = 81 \geqslant 9 = 1 + 4 \cdot 2$.
2. Für $a = -\frac{1}{10}$, $n = 2$ erhalten wir $\left(1 - \frac{1}{10}\right)^2 = \frac{81}{100} \geqslant \frac{80}{100} = 1 - 2 \cdot \frac{1}{10}$.

Als nächstes beweisen wir die Verallgemeinerung der Dreiecksungleichung (Satz 1.3.6) für mehr als 2 Summanden.

1.4.5. Satz (Allgemeine Dreiecksungleichung): Es seien $x_1, \cdots, x_n$ reelle Zahlen. Dann gilt

$$|x_1 + x_2 + \cdots + x_n| \leqslant |x_1| + |x_2| + \cdots + |x_n|.$$

1.4.6. Bemerkung: Benutzen wir die übliche Summenschreibweise

$$x_1 + x_2 + \cdots + x_n = \sum_{\nu=1}^{n} x_\nu,$$

so lautet die allgemeine Dreiecksungleichung

$$\left| \sum_{\nu=1}^{n} x_\nu \right| \leqslant \sum_{\nu=1}^{n} |x_\nu|.$$

Beweis zu Satz 1.4.5:

1. Induktionsanfang: Für $n = 1$ gilt $|x_1| \leqslant |x_1|$.

2. a) Induktionsannahme: Für eine natürliche Zahl $k \geqslant 1$ gelte

$$\left| \sum_{\nu=1}^{k} x_\nu \right| \leqslant \sum_{\nu=1}^{k} |x_\nu| .$$

b) Wir zeigen, daß hieraus $\left| \sum_{\nu=1}^{k+1} x_\nu \right| \leqslant \sum_{\nu=1}^{k+1} |x_\nu|$ folgt.

Es gilt nach der gewöhnlichen Dreiecksungleichung und der Induktionsannahme:

$$\left| \sum_{\nu=1}^{k+1} x_\nu \right| = \left| \sum_{\nu=1}^{k} x_\nu + x_{k+1} \right| \leqslant \left| \sum_{\nu=1}^{k} x_\nu \right| + |x_{k+1}| \leqslant$$

$$\leqslant \sum_{\nu=1}^{k} |x_\nu| + |x_{k+1}| = \sum_{\nu=1}^{k+1} |x_\nu| .$$

Wir beweisen nun eine einfache Darstellungsformel für die Summe der ersten n natürlichen Zahlen.

1.4.7. Satz: Für alle natürlichen Zahlen n gilt

$$\sum_{\nu=1}^{n} \nu = 1 + 2 + \cdots + n = \frac{n(n+1)}{2} .$$

Beweis:

1. Induktionsanfang: Für $n = 1$ gilt $\sum_{\nu=1}^{1} \nu = 1 = \frac{1 \cdot 2}{2}$, also ist die Behauptung für $n = 1$ richtig.

2. a) Induktionsannahme: Für eine natürliche Zahl $k \geqslant 1$ gelte $\sum_{\nu=1}^{k} \nu = \frac{k(k+1)}{2}$.

b) Wir zeigen, daß hieraus $\sum_{\nu=1}^{k+1} \nu = \frac{(k+1)(k+2)}{2}$ folgt. Es gilt

$$\sum_{\nu=1}^{k+1} \nu = \sum_{\nu=1}^{k} \nu + (k+1) = \frac{k(k+1)}{2} + k + 1 =$$

$$= \frac{k(k+1) + 2(k+1)}{2} = \frac{(k+1)(k+2)}{2} .$$

1.4.8. Beispiel: Für $n = 100$ erhalten wir

$$\sum_{\nu=1}^{100} \nu = 1 + 2 + \cdots + 100 = \frac{100 \cdot 101}{2} = 5050 .$$

1.4.9. Satz: Für alle natürlichen Zahlen n gilt

$$\sum_{\nu=1}^{n} \nu^2 = 1^2 + 2^2 + 3^2 + \cdots + n^2 = \frac{n(n+1)(2n+1)}{6} .$$

Beweis:

1. Induktionsanfang: Für $n = 1$ gilt $\sum_{\nu=1}^{1} \nu^2 = 1^2 = 1 = \frac{1 \cdot 2 \cdot 3}{6}$, also stimmt die Behauptung für $n = 1$.

2. a) Induktionsannahme: Für eine natürliche Zahl $k \geqslant 1$ gelte

$$\sum_{\nu=1}^{k} \nu^2 = \frac{k(k+1)(2k+1)}{6} .$$

b) Wir zeigen, daß hieraus $\sum_{\nu=1}^{k+1} \nu^2 = \frac{(k+1)(k+2)(2k+3)}{6}$ folgt.

Es gilt

$$\sum_{\nu=1}^{k+1} \nu^2 = \sum_{\nu=1}^{k} \nu^2 + (k+1)^2 = \frac{k(k+1)(2k+1)}{6} + (k+1)^2 =$$

$$= \frac{k+1}{6} (k(2k+1) + 6(k+1)) = \frac{k+1}{6} (2k^2 + 7k + 6) =$$

$$= \frac{(k+1)(k+2)(2k+3)}{6} .$$

1.4.10. Beispiel: Für $n = 100$ erhalten wir

$$\sum_{\nu=1}^{100} \nu^2 = 1^2 + 2^2 + 3^2 + \cdots + 100^2 =$$
$$= 1 \;\; + 4 \;\; + 9 \;\; + \cdots + 10.000 = \frac{100 \cdot 101 \cdot 201}{6} = 338.350\,.$$

Das abschließende Beispiel soll noch zeigen, daß das Prinzip der vollständigen Induktion auch in modifizierter Form angewendet werden kann (Induktionsanfang bei einer ganzen Zahl $n_0 \neq 1$).

1.4.11. Beispiel: Für alle natürlichen Zahlen $n \geqslant 5$ gilt $2^n > n^2$.

Beweis:

1. Induktionsanfang: Für $n = 5$ gilt $2^5 = 32 > 25 = 5^2$, also stimmt die Behauptung für $n = 5$.
2. a) Induktionsannahme: Für eine natürliche Zahl $k \geqslant 5$ gelte $2^k > k^2$.
   b) Wir zeigen, daß hieraus $2^{k+1} > (k+1)^2$ folgt.
   Da $k \geqslant 5$ ist, gilt zunächst $k^2 \geqslant 5k = 2k + 3k > 2k + 1$, und daher erhalten wir mit der Induktionsannahme

$$2^{k+1} = 2 \cdot 2^k > 2k^2 = k^2 + k^2 > k^2 + 2k + 1 = (k+1)^2\,.$$

1.5. Binomialkoeffizienten, binomischer Satz

Wir beschäftigen uns jetzt mit der Berechnung von Ausdrücken der Form $(a+b)^n$ (sog. Binompotenzen), wobei a und b reelle Zahlen sind und n eine natürliche Zahl ist. Für $n = 1, 2, 3$ haben wir

$$(a+b)^1 = a + b,$$
$$(a+b)^2 = a^2 + 2ab + b^2,$$
$$(a+b)^3 = a^3 + 3a^2b + 3ab^2 + b^3.$$

Unser Ziel ist es, eine allgemeine Summenformel für die Binompotenzen $(a+b)^n$ anzugeben. Dazu ist es zunächst erforderlich, die Fakultäten natürlicher Zahlen und die Binomialkoeffizienten zu erklären.

1.5.1. Fakultäten, Binomialkoeffizienten

Wir beginnen mit der Definition von Fakultäten.

1.5.1. Definition: Für eine natürliche Zahl n bezeichnen wir mit $n!$ (gelesen „n-Fakultät") die Zahl $n! = 1 \cdot 2 \cdot 3 \cdots n$. Überdies wird $0! = 1$ gesetzt.

Die Zahl $n!$ hat offenbar die Eigenschaft, daß für alle $n \in \mathbb{N}$ die Beziehung

$$n! = n \cdot (n-1)!$$

gilt. Aus der folgenden Tabelle kann man die ersten Ausdrücke $n!$ entnehmen.

1! = 1	7! = 5.040
2! = 2	8! = 40.320
3! = 6	9! = 362.880
4! = 24	10! = 3.628.800
5! = 120	11! = 39.916.800
6! = 720	12! = 479.001.600

Als nächstes definieren wir die Binomialkoeffizienten.

1.5.2. Definition: Es sei α eine reelle und ν eine nichtnegative ganze Zahl.

(1) Für $\nu \geqslant 1$ setzen wir $\binom{\alpha}{\nu} = \dfrac{\alpha(\alpha-1)\cdots(\alpha-\nu+1)}{\nu!}$.

(2) Für $\nu = 0$ setzen wir $\binom{\alpha}{0} = 1$.

Diese Zahlen $\binom{\alpha}{\nu}$ (gelesen „α über ν") heißen Binomialkoeffizienten.

1.5.3. Beispiel: Wir berechnen:

$$\binom{7}{5} = \frac{7\cdot 6\cdot 5\cdot 4\cdot 3}{5!} = \frac{7\cdot 6\cdot 5\cdot 4\cdot 3}{5\cdot 4\cdot 3\cdot 2\cdot 1} = 21;$$

$$\binom{13}{4} = \frac{13\cdot 12\cdot 11\cdot 10}{4!} = \frac{13\cdot 12\cdot 11\cdot 10}{4\cdot 3\cdot 2\cdot 1} = 715;$$

$$\binom{-1{,}5}{3} = \frac{(-1{,}5)\cdot(-2{,}5)\cdot(-3{,}5)}{3!} = \frac{(-1{,}5)\cdot(-2{,}5)\cdot(-3{,}5)}{3\cdot 2\cdot 1} =$$

$$= -\frac{13{,}125}{6} = -2{,}1875.$$

$$\binom{\alpha}{1} = \frac{\alpha}{1!} = \alpha, \qquad \binom{n}{n} = \frac{n(n-1)\cdots(n-n+1)}{n!} = 1$$

für alle $n \in \mathbb{N}$.

Wir behandeln vorläufig nur Binomialkoeffizienten der Form $\binom{n}{\nu}$, wobei n und ν nichtnegative ganze Zahlen sind. Deren wichtigste Eigenschaften stellen wir im folgenden Satz zusammen.

1.5.4. Satz: Es seien n, ν nichtnegative ganze Zahlen. Dann gilt:

(1) $\binom{n}{\nu} = \frac{n!}{\nu!\,(n-\nu)!}$ falls $0 \leqslant \nu \leqslant n$,

(2) $\binom{n}{\nu} = \binom{n}{n-\nu}$ falls $0 \leqslant \nu \leqslant n$,

(3) $\binom{n}{\nu} = 0$ falls $\nu > n$.

Beweis:

1. a) Für $\nu = 0$ oder $\nu = n$ ist $\binom{n}{\nu} = 1$, $\frac{n!}{\nu!(n-\nu)!} = 1$. Also stimmt die Behauptung (1) für diesen Fall.

b) Für $0 < \nu < n$ gilt

$$\binom{n}{\nu} = \frac{n(n-1)\cdots(n-\nu+1)}{\nu!} = \frac{n(n-1)\cdots(n-\nu+1)}{\nu!}\cdot\frac{(n-\nu)\cdots 2\cdot 1}{(n-\nu)!} =$$

$$= \frac{n!}{\nu!\,(n-\nu)!}.$$

2. Mit (1) erhalten wir

$$\binom{n}{\nu} = \frac{n!}{\nu!(n-\nu)!} = \frac{n!}{(n-(n-\nu))!\cdot(n-\nu)!} = \binom{n}{n-\nu}.$$

3. Für $\nu > n$ ist $n-\nu+1 \leqslant 0$ und daher

$$\binom{n}{\nu} = \frac{n(n-1)\cdots(n-\nu+1)}{\nu!} = 0,$$

weil ein Faktor des Produktes im Zähler gleich Null ist.

Die Binomialkoeffizienten genügen einer wichtigen Rekursionsformel, die wir im folgenden Satz beweisen.

1.5.5. Satz: Es seien n und ν natürliche Zahlen mit $\nu \leqslant n$. Dann gilt

$$\binom{n}{\nu-1} + \binom{n}{\nu} = \binom{n+1}{\nu}.$$

Beweis: Nach Satz 1.5.4 gilt

$$\binom{n}{\nu-1} + \binom{n}{\nu} = \frac{n!}{(\nu-1)!(n-\nu+1)!} + \frac{n!}{\nu!(n-\nu)!} =$$

$$= \frac{n!}{\nu!(n+1-\nu)!} \cdot \left\{ \frac{\nu!}{(\nu-1)!} + \frac{(n+1-\nu)!}{(n-\nu)!} \right\} =$$

$$= \frac{n!}{\nu!(n+1-\nu)!} \cdot \{\nu + (n+1-\nu)\} =$$

$$= \frac{(n+1)!}{\nu!(n+1-\nu)!} = \binom{n+1}{\nu}.$$

Damit ist dieser wichtige Satz bewiesen.

1.5.6. Beispiel: wir erhalten

$$\binom{7}{2} + \binom{7}{3} = \frac{7\cdot 6}{2\cdot 1} + \frac{7\cdot 6\cdot 5}{3\cdot 2\cdot 1} = 21 + 35 = 56 = \frac{8\cdot 7\cdot 6}{3\cdot 2\cdot 1} = \binom{8}{3},$$

$$\binom{5}{3} + \binom{5}{4} = \frac{5\cdot 4\cdot 3}{3\cdot 2\cdot 1} + \frac{5\cdot 4\cdot 3\cdot 2}{4\cdot 3\cdot 2\cdot 1} = 10 + 5 = 15 = \frac{6\cdot 5\cdot 4\cdot 3}{4\cdot 3\cdot 2\cdot 1} = \binom{6}{4}.$$

1.5.2. Das PASCALsche Dreieck

Die Binomialkoeffizienten $\binom{n}{\nu}$ können in einem dreieckigen Schema, dem PASCALschen Dreieck, folgendermaßen angeordnet werden.

$$
\begin{array}{c}
\binom{0}{0} \\
\binom{1}{0} \quad \binom{1}{1} \\
\binom{2}{0} \quad \binom{2}{1} \quad \binom{2}{2} \\
\binom{3}{0} \quad \binom{3}{1} \quad \binom{3}{2} \quad \binom{3}{3} \\
\cdot^{\cdot^{\cdot}} \qquad\qquad\qquad\qquad \ddots \\
\binom{n}{0}\binom{n}{1} \;\ldots\; \binom{n}{\nu-1}\binom{n}{\nu} \ldots \binom{n}{n-1}\;\binom{n}{n} \\
\binom{n+1}{0}\binom{n+1}{1} \;\ldots\; \binom{n+1}{\nu} \;\ldots\; \binom{n+1}{n}\binom{n+1}{n+1}
\end{array}
$$

An die ν-te Stelle der n-ten Zeile dieses Schemas wird der Binomialkoeffizient $\binom{n}{\nu}$ gesetzt. Wegen $\binom{n}{\nu} = \binom{n}{n-\nu}$ ergibt sich ein symmetrisches Schema. Gemäß der Formel $\binom{n}{\nu-1} + \binom{n}{\nu} = \binom{n+1}{\nu}$ hat das PASCALsche Dreieck die charakteristische Eigenschaft, daß die Summe zweier nebeneinanderstehender Zahlen die unter diesen stehende Zahl in der nächsten Zeile ergibt. Dadurch ist eine mühelose Berechnung der Binomialkoeffizienten möglich.

$$
\begin{array}{lc}
n = 0 & 1 \\
n = 1 & 1 \quad 1 \\
n = 2 & 1 \quad 2 \quad 1 \\
n = 3 & 1 \quad 3 \quad 3 \quad 1 \\
n = 4 & 1 \quad 4 \quad 6 \quad 4 \quad 1 \\
n = 5 & 1 \quad 5 \quad 10 \quad 10 \quad 5 \quad 1 \\
n = 6 & 1 \quad 6 \quad 15 \quad 20 \quad 15 \quad 6 \quad 1 \\
n = 7 & 1 \quad 7 \quad 21 \quad 35 \quad 35 \quad 21 \quad 7 \quad 1 \\
n = 8 & 1 \quad 8 \quad 28 \quad 56 \quad 70 \quad 56 \quad 28 \quad 8 \quad 1 \\
\vdots & \cdot^{\cdot^{\cdot}} \qquad\qquad\qquad\qquad \ddots
\end{array}
$$

Das PASCALsche Dreieck war schon im 12. Jahrhundert bekannt (PASCAL: 1623–1662).

1.5.3. Der binomische Lehrsatz

Wir zeigen jetzt, daß eine Binompotenz $(a+b)^n$ durch eine einfache Summenformel dargestellt werden kann. Zunächst behandeln wir den Ausdruck $(1+x)^n$. Der folgende Satz besagt, daß die Berechnung von $(1+x)^n$ so erfolgt, daß die Binomialkoeffizienten in der n-ten Zeile des PASCALschen Dreiecks mit den entsprechenden Potenzen von x multipliziert und diese Ausdrücke aufaddiert werden.

1.5.7. Satz (Binomischer Satz): Es sei $x \in \mathbb{R}$. Dann gilt für alle $n \in \mathbb{N}$

$$(1+x)^n = \sum_{\nu=0}^{n} \binom{n}{\nu} x^\nu = \binom{n}{0} x^0 + \binom{n}{1} x^1 + \binom{n}{2} x^2 + \cdots + \binom{n}{n} x^n.$$

Beweis: Wir führen den Beweis durch vollständige Induktion.

1. Für $n = 1$ gilt

$$(1+x)^1 = 1 + x = \binom{1}{0} x^0 + \binom{1}{1} x^1 = \sum_{\nu=0}^{1} \binom{1}{\nu} x^\nu,$$

also stimmt die Behauptung für $n = 1$.

2. Für eine natürliche Zahl $k \geqslant 1$ gelte

$$(1+x)^k = \sum_{\nu=0}^{k} \binom{k}{\nu} x^\nu = \binom{k}{0} x^0 + \binom{k}{1} x^1 + \cdots + \binom{k}{k-1} x^{k-1} + \binom{k}{k} x^k \quad .$$

Dann folgt unter Benutzung der Beziehungen $\binom{k}{0} = 1 = \binom{k+1}{0}$, $\binom{k}{k} = 1 = \binom{k+1}{k+1}$ und $\binom{k}{\nu-1} + \binom{k}{\nu} = \binom{k+1}{\nu}$

$$(1+x)^{k+1} = (1+x)\cdot(1+x)^k =$$

$$= (1+x)\left\{\binom{k}{0}x^0 + \binom{k}{1}x^1 + \cdots + \binom{k}{\nu-1}x^{\nu-1} + \binom{k}{\nu}x^{\nu} + \cdots + \binom{k}{k-1}x^{k-1} + \binom{k}{k}x^k\right\} =$$

$$= \binom{k}{0}x^0 + \binom{k}{1}x^1 + \cdots + \binom{k}{\nu}x^{\nu} + \cdots + \binom{k}{k}x^k +$$

$$+ \binom{k}{0}x^1 + \cdots + \binom{k}{\nu-1}x^{\nu} + \cdots + \binom{k}{k-1}x^k + \binom{k}{k}x^{k+1} =$$

$$= \binom{k}{0}x^0 + \left\{\binom{k}{0} + \binom{k}{1}\right\}x^1 + \cdots + \left\{\binom{k}{\nu-1} + \binom{k}{\nu}\right\}x^{\nu} + \cdots + \left\{\binom{k}{k-1} + \binom{k}{k}\right\}x^k + \binom{k}{k}x^{k+1} =$$

$$= \binom{k+1}{0}x^0 + \binom{k+1}{1}x^1 + \cdots + \binom{k+1}{\nu}x^{\nu} + \cdots + \binom{k+1}{k}x^k + \binom{k+1}{k+1}x^{k+1} =$$

$$= \sum_{\nu=0}^{k+1} \binom{k+1}{\nu}x^{\nu}.$$

Damit ist der Satz bewiesen.

Der Hauptvorteil dieses Satzes besteht darin, daß man den Ausdruck $(1+x)^n$ sofort aufschreiben kann, wenn man das PASCALsche Dreieck bis zur n-ten Zeile kennt.

1.5.8. Beispiel: Es gilt (unter Beachtung des PASCALschen Dreiecks):

$$(1+x)^6 = 1+6x+15x^2+20x^3+15x^4+6x^5+x^6,$$
$$(1+x)^8 = 1+8x+28x^2+56x^3+70x^4+56x^5+28x^6+8x^7+x^8.$$

Als nächstes behandeln wir das Problem, eine allgemeine Summenformel für $(a+b)^n$ anzugeben. Dies läßt sich leicht auf die Berechnung von $(1+x)^n$ zurückführen.

1.5.9. Satz: Es seien $a, b \in \mathbb{R}$. Dann gilt für alle $n \in \mathbb{N}$

$$(a+b)^n = \sum_{\nu=0}^{n} \binom{n}{\nu} a^{\nu} b^{n-\nu} = \binom{n}{0}a^0 b^n + \binom{n}{1}a^1 b^{n-1} + \binom{n}{2}a^2 b^{n-2} + \cdots + \binom{n}{n}a^n b^0.$$

Beweis:

1. Ist $b \neq 0$, so gilt mit Satz 1.5.7

$$(a+b)^n = b^n \cdot \left(1+\frac{a}{b}\right)^n = b^n \cdot \sum_{\nu=0}^{n} \binom{n}{\nu} \left(\frac{a}{b}\right)^\nu =$$

$$= \sum_{\nu=0}^{n} \binom{n}{\nu} a^\nu \frac{b^n}{b^\nu} = \sum_{\nu=0}^{n} \binom{n}{\nu} a^\nu b^{n-\nu}.$$

2. Ist $b = 0$, so gilt $(a+b)^n = a^n$. Ferner ist $\sum_{\nu=0}^{n} \binom{n}{\nu} a^\nu b^{n-\nu} = \binom{n}{n} a^n b^0 = a^n$,

   so daß die Behauptung auch in diesem Falle stimmt.

Es läßt sich also auch der Ausdruck $(a+b)^n$ sofort berechnen, wenn das PASCALsche Dreieck bis zur n-ten Zeile bekannt ist.

1.5.10. Beispiel: Es gilt (unter Beachtung des PASCALschen Dreiecks):

$$(a+b)^5 = b^5 + 5ab^4 + 10a^2b^3 + 10a^3b^2 + 5a^4b + a^5,$$
$$(a+b)^7 = b^7 + 7ab^6 + 21a^2b^5 + 35a^3b^4 + 35a^4b^3 + 21a^5b^2 + 7a^6b + a^7.$$

1.5.11. Bemerkung: Falls n keine natürliche Zahl ist, so ist eine analoge Berechnung von $(1+x)^n$ bzw. $(a+b)^n$ wie oben nicht möglich (siehe hierzu Beispiel 7.4.13).

1.5.12. Beispiel: Aus der Formel $(1+x)^n = \sum_{\nu=0}^{n} \binom{n}{\nu} x^\nu$ ergeben sich einige interessante Eigenschaften der Binomialkoeffizienten. Setzen wir $x = 1$ ein, so erhalten wir

$$2^n = \sum_{\nu=0}^{n} \binom{n}{\nu} = \binom{n}{0} + \binom{n}{1} + \binom{n}{2} + \cdots + \binom{n}{n}.$$

Die Summe der Binomialkoeffizienten in der n-ten Zeile des PASCALschen Dreiecks hat also den Wert 2^n. Setzen wir $x = -1$ ein, so folgt

$$0 = \sum_{\nu=0}^{n} \binom{n}{\nu} (-1)^{\nu} = \binom{n}{0} - \binom{n}{1} + \binom{n}{2} \mp \cdots + (-1)^n \binom{n}{n}.$$

Versieht man also die Binomialkoeffizienten in der n-ten Zeile des PASCALschen Dreiecks abwechselnd mit + und − Vorzeichen, so hat die Summe der so entstehenden Zahlen den Wert 0.

$$\begin{array}{ccccccccccc}
 & & & & & 1 & & & & & \\
 & & & & 1 & & 1 & & & & \\
 & & & 1 & & 2 & & 1 & & & \\
 & & 1 & & 3 & & 3 & & 1 & & \\
 & 1 & & 4 & & 6 & & 4 & & 1 & \\
1 & & 5 & & 10 & & 10 & & 5 & & 1
\end{array}$$

$$\boxed{\boxed{1} + \boxed{6} + \boxed{15} + \boxed{20} + \boxed{15} + \boxed{6} + \boxed{1}} = 64 = 2^6$$

$$\begin{array}{ccccccccccc}
 & & & & & 1 & & & & & \\
 & & & & 1 & & 1 & & & & \\
 & & & 1 & & 2 & & 1 & & & \\
 & & 1 & & 3 & & 3 & & 1 & & \\
 & 1 & & 4 & & 6 & & 4 & & 1 & \\
1 & & 5 & & 10 & & 10 & & 5 & & 1
\end{array}$$

$$\boxed{\boxed{1} - \boxed{6} + \boxed{15} - \boxed{20} + \boxed{15} - \boxed{6} + \boxed{1}} = 0$$

Addition der beiden obigen Ausdrücke ergibt

$$2^n = 2\binom{n}{0} + 2\binom{n}{2} + 2\binom{n}{4} + \cdots,$$

also erhalten wir

$$\binom{n}{0} + \binom{n}{2} + \binom{n}{4} + \cdots = 2^{n-1}.$$

Subtraktion der beiden obigen Ausdrücke ergibt

$$2^n = 2\binom{n}{1} + 2\binom{n}{3} + 2\binom{n}{5} + \cdots,$$

also erhalten wir

$$\binom{n}{1} + \binom{n}{3} + \binom{n}{5} + \cdots = 2^{n-1}.$$

$$\begin{array}{ccccccccccc}
 & & & & & 1 & & & & & \\
 & & & & 1 & & 1 & & & & \\
 & & & 1 & & 2 & & 1 & & & \\
 & & 1 & & 3 & & 3 & & 1 & & \\
 & 1 & & 4 & & 6 & & 4 & & 1 & \\
1 & & 5 & & 10 & & 10 & & 5 & & 1
\end{array}$$

$$\boxed{\boxed{1} \quad 6 \quad \boxed{15} \quad 20 \quad \boxed{15} \quad 6 \quad \boxed{1}} = 2^5$$

$$\begin{array}{ccccccccccc}
 & & & & & 1 & & & & & \\
 & & & & 1 & & 1 & & & & \\
 & & & 1 & & 2 & & 1 & & & \\
 & & 1 & & 3 & & 3 & & 1 & & \\
 & 1 & & 4 & & 6 & & 4 & & 1 & \\
1 & & 5 & & 10 & & 10 & & 5 & & 1
\end{array}$$

$$\boxed{1 \quad \boxed{6} \quad 15 \quad \boxed{20} \quad 15 \quad \boxed{6} \quad 1} = 2^5$$

1.6. Elemente der Kombinatorik

Als eine Anwendung der Fakultäten und der Binomialkoeffizienten gehen wir in diesem Paragraphen kurz auf die Grundzüge der Kombinatorik ein. Probleme aus der Kombinatorik treten in den Naturwissenschaften häufig auf.

1.6.1. Permutationen

Gegeben seien n Elemente $a_1, \cdots, a_n$, die paarweise voneinander verschieden sind. Wir fragen nach der Anzahl der Möglichkeiten, aus diesen n Elementen m Stück herauszugreifen und in verschiedener Weise anzuordnen. Es sollen a) Wiederholungen ausgeschlossen, b) Wiederholungen zugelassen sein. In jedem Fall spricht man von Permutationen der n Elemente zur Klasse m.

1.6.1. Beispiel: Gegeben seien die $n = 4$ Elemente a_1, a_2, a_3, a_4.

1. Wir betrachten alle Permutationen dieser Elemente zur Klasse $m = 2$ ohne Wiederholungen. Diese sind gegeben durch

$$\begin{array}{llll} a_1, a_2 & a_2, a_1 & a_3, a_1 & a_4, a_1 \\ a_1, a_3 & a_2, a_3 & a_3, a_2 & a_4, a_2 \\ a_1, a_4 & a_2, a_4 & a_3, a_4 & a_4, a_3 \,. \end{array}$$

   Ohne Wiederholungen gibt es also genau 12 Permutationen von 4 Elementen zur Klasse 2.

2. Wir betrachten alle Permutationen dieser Elemente zur Klasse $m = 2$ mit Wiederholungen. Diese sind gegeben durch

$$\begin{array}{llll} a_1, a_1 & a_2, a_1 & a_3, a_1 & a_4, a_1 \\ a_1, a_2 & a_2, a_2 & a_3, a_2 & a_4, a_2 \\ a_1, a_3 & a_2, a_3 & a_3, a_3 & a_4, a_3 \\ a_1, a_4 & a_2, a_4 & a_3, a_4 & a_4, a_4 \,. \end{array}$$

   Mit Wiederholungen gibt es also genau 16 Permutationen von 4 Elementen zur Klasse 2.

Die allgemeine Formel für die Anzahl der möglichen Permutationen von n Elementen zur Klasse m geben wir im folgenden Satz an.

1.6.2. Satz: Gegeben seien n paarweise verschiedene Elemente $a_1, \cdots, a_n$.

(1) Die Anzahl $P_{n,m}$ ihrer Permutationen zur Klasse $m \leqslant n$ ohne Wiederholungen ist gegeben durch

$$P_{n,m} = n(n-1)\cdots(n-m+1) = \frac{n!}{(n-m)!}.$$

(2) Die Anzahl $\widetilde{P}_{n,m}$ ihrer Permutationen zur Klasse m mit Wiederholungen ist gegeben durch

$$\widetilde{P}_{n,m} = n^m.$$

Beweis: Wir nehmen an, die m herausgegriffenen Elemente sollen auf m Plätze verteilt werden.

1. Sind keine Wiederholungen zugelassen, so können wir an den 1. Platz n Elemente setzen, zur Besetzung des 2. Platzes bestehen $n-1$ Möglichkeiten, zur Besetzung des 3. Platzes bestehen $n-2$ Möglichkeiten usw. Zur Besetzung des m-ten Platzes haben wir noch $n-m+1$ Möglichkeiten. Es ergibt sich also

$$P_{n,m} = n(n-1)\cdots(n-m+1).$$

Hierfür können wir auch schreiben

$$P_{n,m} = n(n-1)\cdots(n-m+1)\cdot\frac{(n-m)\cdots 2\cdot 1}{(n-m)!} = \frac{n!}{(n-m)!}.$$

2. Sind Wiederholungen zugelassen, so bestehen jeweils n Möglichkeiten zur Besetzung jedes der insgesamt m Plätze. Daher ergibt sich

$$\widetilde{P}_{n,m} = n^m.$$

1.6.3. Beispiel: Die Anzahl aller möglichen 3-buchstabigen „Wörter", die mit den 26 Buchstaben des deutschen Alphabetes gebildet werden können, beträgt

$$\widetilde{P}_{26,3} = 26^3 = 17.576.$$

Darf ein Buchstabe in einem solchen „Wort" höchstens einmal vorkommen, so gibt es

$$P_{26,3} = 26\cdot 25\cdot 24 = 15.600$$

Möglichkeiten.

1.6.4. Beispiel: Beim Fußballtoto hat man 3 Tipmöglichkeiten bei insgesamt 11 Spielen. Daher ergeben sich insgesamt

$$\widetilde{P}_{3,11} = 3^{11} = 177.147$$

Möglichkeiten, einen Tipschein auszufüllen.

1.6.5. Beispiel: Ein wichtiger Spezialfall sind die Permutationen von n Elementen zur Klasse $m = n$ ohne Wiederholungen. In diesem Fall spricht man einfach von Permutationen der n Elemente. Nach Satz 1.6.2 ist die Anzahl der Permutationsmöglichkeiten gegeben durch die Formel

$$P_{n,n} = n \cdot (n-1) \cdots (n-n+1) = n!.$$

Bei $n = 4$ paarweise verschiedenen Elementen a_1, a_2, a_3, a_4 gibt es also $4! = 24$ Permutationsmöglichkeiten, nämlich

$$\begin{array}{llll}
a_1, a_2, a_3, a_4 & a_2, a_1, a_3, a_4 & a_3, a_1, a_2, a_4 & a_4, a_1, a_2, a_3 \\
a_1, a_2, a_4, a_3 & a_2, a_1, a_4, a_3 & a_3, a_1, a_4, a_2 & a_4, a_1, a_3, a_2 \\
a_1, a_3, a_2, a_4 & a_2, a_3, a_1, a_4 & a_3, a_2, a_1, a_4 & a_4, a_2, a_1, a_3 \\
a_1, a_3, a_4, a_2 & a_2, a_3, a_4, a_1 & a_3, a_2, a_4, a_1 & a_4, a_2, a_3, a_1 \\
a_1, a_4, a_2, a_3 & a_2, a_4, a_1, a_3 & a_3, a_4, a_1, a_2 & a_4, a_3, a_1, a_2 \\
a_1, a_4, a_3, a_2 & a_2, a_4, a_3, a_1 & a_3, a_4, a_2, a_1 & a_4, a_3, a_2, a_1 .
\end{array}$$

1.6.6. Beispiel: Es sollen sich 12 Personen in eine Liste eintragen. Die Anzahl der möglichen, voneinander verschiedenen Listen beträgt

$$P_{12,12} = 12! = 479.001.600.$$

Wird für die Herstellung einer solchen Liste eine Minute benötigt, so würde die Herstellung aller Listen

$$479.001.600 \text{ min} = 7.983.360 \text{ Std} = 332.640 \text{ Tage},$$

also mehr als 900 Jahre in Anspruch nehmen.

Als nächstes untersuchen wir noch die Anordnungsmöglichkeiten von n Elementen, die nicht alle voneinander verschieden sind.

1.6.7. Satz: Es seien $a_1, \cdots, a_k$ paarweise verschiedene Elemente. Gegeben sei

eine Anzahl von n_1 Elementen a_1,
eine Anzahl von n_2 Elementen a_2,
⋮
eine Anzahl von n_k Elementen a_k.

Dann ist die Anzahl der Anordnungsmöglichkeiten dieser insgesamt $n_1 + n_2 + \cdots + n_k$ Elementen ohne Wiederholungen gegeben durch

$$P^*_{n_1, n_2, \cdots, n_k} = \frac{(n_1 + n_2 + \cdots + n_k)!}{n_1 ! \, n_2 ! \cdots n_k !} .$$

Ohne Beweis.

1.6.8. Beispiel: Wir fragen nach der Anzahl der möglichen 5-ziffrigen Zahlen, die aus den Ziffern 1, 1, 2, 2, 2 gebildet werden können. Es gilt $n_1 = 2$, $n_2 = 3$ und damit nach Satz 1.6.7:

$$P^*_{n_1, n_2} = \frac{5!}{2! \cdot 3!} = 10.$$

Diese Zahlen sind

11222, 12212, 21122, 21221, 22121,
12122, 12221, 21212, 22112, 22211 .

1.6.2. Kombinationen

Gegeben seien wieder n Elemente $a_1, \cdots, a_n$, die paarweise verschieden sind. Wir fragen nach der Anzahl der Möglichkeiten, aus diesen Elementen m Stück herauszugreifen, wobei die Reihenfolge ohne Bedeutung ist. Es werden a) Wiederholungen ausgeschlossen, b) Wiederholungen zugelassen. In jedem Fall spricht man von Kombinationen der n Elemente zur Klasse m.

1.6.9. Beispiel: Gegeben seien die $n = 4$ Elemente a_1, a_2, a_3, a_4.

1. Wir betrachten alle Kombinationen dieser Elemente zur Klasse $m = 2$ ohne Wiederholungen. Diese sind gegeben durch

$$\begin{array}{lll} a_1, a_2 & & \\ a_1, a_3 & a_2, a_3 & \\ a_1, a_4 & a_2, a_4 & a_3, a_4 . \end{array}$$

Ohne Wiederholungen gibt es also 6 Kombinationen von 4 Elementen zur Klasse 2.

2. Wir betrachten alle Kombinationen dieser Elemente zur Klasse $m = 2$ mit Wiederholungen. Diese sind gegeben durch

$$\begin{array}{llll} a_1, a_1 & & & \\ a_1, a_2 & a_2, a_2 & & \\ a_1, a_3 & a_2, a_3 & a_3, a_3 & \\ a_1, a_4 & a_2, a_4 & a_3, a_4 & a_4, a_4 . \end{array}$$

Mit Wiederholungen gibt es also 10 Kombinationen von 4 Elementen zur Klasse 2.

Die allgemeine Formel für die Anzahl der möglichen Kombinationen von n Elementen zur Klasse m geben wir im folgenden Satz an.

1.6.10. Satz: Gegeben seien n paarweise verschiedene Elemente $a_1, \ldots, a_n$.

(1) Die Anzahl $K_{n,m}$ ihrer Kombinationen zur Klasse m ohne Wiederholungen ist gegeben durch

$$K_{n,m} = \binom{n}{m} .$$

(2) Die Anzahl $\widetilde{K}_{n,m}$ ihrer Kombinationen zur Klasse m mit Wiederholungen ist gegeben durch

$$\widetilde{K}_{n,m} = \binom{n+m-1}{m} .$$

Beweis:

1. Wir gehen aus von der Anzahl $P_{n,m}$ der Permutationen der Elemente $a_1, \cdots, a_n$

zur Klasse m ohne Wiederholungen. Nach Satz 1.6.2 ist diese Anzahl gegeben durch $P_{n,m} = n(n-1)\cdots(n-m+1)$. Zur Berechnung von $K_{n,m}$ darf aber die Reihenfolge der m herausgegriffenen Elemente nicht berücksichtigt werden. Es gibt insgesamt $m!$ solcher Reihenfolgen und daher gilt

$$K_{n,m} = \frac{P_{n,m}}{m!} = \frac{n(n-1)\cdots(n-m+1)}{m!} = \binom{n}{m}.$$

2. Der Nachweis von (2) erfolgt (etwa) durch vollständige Induktion.

1.6.11. Beispiel: Beim Zahlenlotto müssen aus 49 Zahlen 6 ausgewählt werden. Die Anzahl der Möglichkeiten hierzu beträgt

$$K_{49,6} = \binom{49}{6} = \frac{49 \cdot 48 \cdot 47 \cdot 46 \cdot 45 \cdot 44}{6 \cdot 5 \cdot 4 \cdot 3 \cdot 2 \cdot 1} = 13.983.816\ .$$

1.6.12. Beispiel: Beim Dominospiel benötigt man Steine, bei denen jedes Paar, das aus den 7 Zahlen 0 bis 6 gebildet ist, genau einmal vorkommt. Es handelt sich hierbei um eine Kombination von $n = 7$ Elementen zur Klasse $m = 2$ mit Wiederholungen. Man benötigt also eine Anzahl von

$$\widetilde{K}_{7,2} = \binom{7+2-1}{2} = \binom{8}{2} = \frac{8 \cdot 7}{2} = 28$$

Steinen.

1.6.13. Beispiel: Ein Gewichtssatz bestehe aus folgenden 6 Gewichten

1p, 2p, 5p, 10p, 50p, 100p.

Wir fragen, wieviele Zusammenstellungen dieser Gewichte möglich sind.
Es sei $1 \leqslant m \leqslant 6$, dann gibt es nach Satz 1.6.10 genau $\binom{6}{m}$ Möglichkeiten aus den 6 Gewichten m auszuwählen. Daher gibt es insgesamt

$$\binom{6}{1} + \binom{6}{2} + \binom{6}{3} + \binom{6}{4} + \binom{6}{5} + \binom{6}{6} = \sum_{m=1}^{6} \binom{6}{m} = \sum_{m=0}^{6} \binom{6}{m} - 1 = 63$$

Zusammenstellungen dieser Gewichte.

1.6.14. Beispiel: Gegeben seien 5 verschiedene Atome A, B, C, D, E. Die Anzahl aller möglichen 2-atomigen Moleküle, die aus solchen Atomen gebildet werden können, ist die Anzahl aller Kombinationen von 5 Elementen zur Klasse 2 mit Wiederholungen und daher gegeben durch

$$\widetilde{K}_{5,2} = \binom{5+2-1}{2} = \binom{6}{2} = \frac{6 \cdot 5}{2} = 15.$$

Diese Moleküle sind

$$\begin{array}{lllll} A_2 & & & & \\ AB & B_2 & & & \\ AC & BC & C_2 & & \\ AD & BD & CD & D_2 & \\ AE & BE & CE & DE & E_2 . \end{array}$$

Schließt man die symmetrischen Moleküle $A_2, \cdots, E_2$ aus, so handelt es sich um die Anzahl aller Kombinationen von 5 Elementen zur Klasse 2 ohne Wiederholungen. Deren Anzahl ist gegeben durch

$$K_{5,2} = \binom{5}{2} = \frac{5 \cdot 4}{2} = 10.$$

1.7. Übungsaufgaben

1.1 Gegeben seien die folgenden Mengen

$$A = \{1, 2, 3, 4\}, \quad B = \{1, 2\}, \quad C = \{x \in \mathbb{N} : x^2 - 3x + 2 = 0\},$$
$$D = \{4, 1, 3, 4, 2, 1\}, \quad E = \{x \in \mathbb{Q} : 2x = 3 + (-1)^n, n \in \mathbb{N}\}, \quad F = \{3, 4, 2, 1\}.$$

Welche dieser Mengen sind gleich, welche sind Teilmenge einer anderen Menge?

1.2 Es sei $M = \{a, b, c\}$. Welche der folgenden Aussagen sind richtig, welche falsch:

$a \in M,\ a \subset M,\quad \{a\} \in M,\ \{a\} \subset M,\ \{a, b, c\} \subset M,$
$M \subset \{a, b, c\},\quad M \subset \{a, b, c, d\},\quad \phi \subset M,\quad \phi \in M,\quad M \subset M.$

1.3 Gegeben seien die Mengen $M_1 = \{0, 2, 1, 4\}$, $M_2 = \{1, 2, 3, -1\}$, $M_3 = \{-1, 0, 1, 2\}$.

a) Man berechne die Mengen $M_1 \cap M_2$, $M_1 \cup M_3$, $M_2 \cup M_3$, $M_1 \setminus M_2$, $M_2 \setminus M_1$.

b) Man bestätige für diese Mengen die Gültigkeit der Distributivgesetze $(M_1 \cap M_2) \cup M_3 = (M_1 \cup M_3) \cap (M_2 \cup M_3)$ und $(M_1 \cup M_2) \cap M_3 = (M_1 \cap M_3) \cup (M_2 \cap M_3)$.

1.4 Für beliebige Mengen M_1, M_2, M_3 beweise man die Distributivgesetze

$$(M_1 \cap M_2) \cup M_3 = (M_1 \cup M_3) \cap (M_2 \cup M_3),$$
$$(M_1 \cup M_2) \cap M_3 = (M_1 \cap M_3) \cup (M_2 \cap M_3).$$

1.5 Gegeben sei die Menge $M = \{F, Cl, Br, J, At\}$. Man bestimme die Anzahl der Teilmengen von M.

1.6 Von 4.500 Personen sprechen 2.748 Englisch, 1.841 Französisch und 525 weder Englisch noch Französisch. Wieviel Personen sprechen sowohl Englisch als auch Französisch?

1.7 Man ordne die Zahlen $\frac{17}{19}, \frac{6}{7}, \frac{73}{63}, \frac{22}{19}$ der Größe nach.

1.8 Man stelle die Zahlen $\frac{31}{250}, \frac{118}{8}, \frac{16}{9}, \frac{8}{7}$ als Dezimalbrüche dar.

1.9 Man stelle die Dezimalbrüche $2{,}\overline{1}$; $1{,}02\overline{123}$; $18{,}35\overline{9126}$; $1{,}0000\overline{11122}$ als Quotienten ganzer Zahlen dar.

1.10 Welche der folgenden Zahlen sind gleich?

a) $x_1 = \frac{1}{137}$, $x_2 = \frac{27}{3700}$, $x_3 = \frac{11}{1507}$, $x_4 = \frac{73}{10001}$, $x_5 = 0{,}00\overline{729}$, $x_6 = 0{,}\overline{00729927}$.

b) $y_1 = 0{,}\overline{037}$, $y_2 = \frac{1}{27}$, $y_3 = 0{,}\overline{001}$, $y_4 = \frac{1001}{999999}$, $y_5 = \frac{37}{999}$, $y_6 = \frac{1}{999}$.

1.11 Ein Autofahrer erzielt auf der Fahrt von Gießen nach Darmstadt eine Durchschnittsgeschwindigkeit von 70 km/h. Kann er auf der Rückfahrt Darmstadt-Gießen eine Durchschnittsgeschwindigkeit erreichen, so daß er für die Gesamtstrecke Gießen-Darmstadt-Gießen eine Durchschnittsgeschwindigkeit von a) 100 km/h, b) 140 km/h, c) 141 km/h erzielt?

1.12 Von der irrationalen Zahl π seien die ersten 10 Dezimalstellen nach dem Komma bekannt:

$$\pi = 3{,}141\,592\,6535.$$

Man bestimme diejenigen Dezimalbrüche x_k mit k Dezimalstellen nach dem Komma, für welche $|\pi - x_k| < 0{,}5 \cdot 10^{-k}$ gilt $(k = 0, 1, \cdots, 9)$.

1.13 Der Durchmesser eines Eisenatoms beträgt etwa $2 \cdot 10^{-8}$ cm. 1 Grammatom Eisen enthält etwa $6 \cdot 10^{23}$ Atome. Wie lang würde eine Kette aus solchen Eisenatomen sein?

1.14 Gegeben seien 2 Kugeln mit dem Radius r. Man ordne diese in einer Ebene so in einem rechteckigen Rahmen an, daß dessen Länge minimal wird.

1.15 Wo liegt in der folgenden Schlußkette ein Fehler?

a) Aus $x = y \neq 0$ folgt : $xy = y^2$

Subtraktion von x^2: $xy - x^2 = y^2 - x^2$

Umformung : $x(y-x) = (y-x)(y+x)$

Kürzung : $x = y + x$

Wegen $x = y$: $x = 2x$

Kürzung : $1 = 2$.

b) Aus $x = 1$, $y = -2$ folgt: $x^2 \leqslant y^2$

Addition von xy : $x^2 + xy \leqslant y^2 + xy$

Umformung : $x(x+y) \leqslant y(x+y)$

Kürzung : $1 = x \leqslant y = -2$.

1.16 Man bestimme alle reellen Zahlen x, welche folgenden Beziehungen genügen

a) $2x^2 - x \leqslant 0$, d) $\dfrac{3 + |x|}{|x-2|} < 2$,

b) $0 < |x+3| \leqslant \dfrac{1}{4}$, e) $\dfrac{|2x-4|}{|x-1|} < 5$,

c) $1 + |x| < 0{,}5$, f) $\dfrac{1}{|1-x|} \leqslant \dfrac{1}{|x-2|}$.

1.17 Man zeige, daß für reelle Zahlen x, y die Ungleichung $\dfrac{x^2+y^2}{2} \geqslant \left(\dfrac{x+y}{2}\right)^2$ gültig ist.

Für welche x, y steht das Gleichheitszeichen?

1.18 Mit Hilfe der Dreiecksungleichung zeige man, daß für alle reellen Zahlen x, y die Ungleichungen

$$|x+y| \geqslant ||x| - |y|| \qquad \text{und} \qquad |x-y| \geqslant ||x| - |y||$$

bestehen.

1.19 Man zeige, daß die Gleichung $x^2 = 3$ keine rationale Lösung hat.

1.20 Man beweise durch vollständige Induktion, daß für alle $n \in \mathbb{N}$ gilt:

a) $\displaystyle\sum_{\nu=1}^{n} \nu^3 = 1^3 + 2^3 + 3^3 + \cdots + n^3 = \left(\frac{n(n+1)}{2}\right)^2$,

b) $\displaystyle\sum_{\nu=1}^{n} \nu(\nu+1) = 1 \cdot 2 + 2 \cdot 3 + 3 \cdot 4 + \cdots + n(n+1) = \frac{n(n+1)(n+2)}{3}$,

c) $\displaystyle\sum_{\nu=1}^{n} (-1)^{\nu+1} \cdot \nu^2 = 1^2 - 2^2 + 3^2 \mp \cdots + (-1)^{n+1} \cdot n^2 = (-1)^{n+1} \cdot \frac{n(n+1)}{2}$,

d) $$\sum_{\nu=1}^{n} \frac{1}{\nu(\nu+1)} = \frac{1}{1\cdot 2} + \frac{1}{2\cdot 3} + \frac{1}{3\cdot 4} + \cdots + \frac{1}{n(n+1)} = \frac{n}{n+1},$$

e) $$\sum_{\nu=1}^{n} \frac{1}{(3\nu-2)(3\nu+1)} = \frac{1}{1\cdot 4} + \frac{1}{4\cdot 7} + \frac{1}{7\cdot 11} + \cdots + \frac{1}{(3n-2)(3n+1)} = \frac{n}{3n+1},$$

f) $$\sum_{\nu=n+1}^{2n} \frac{1}{\nu} = \frac{1}{n+1} + \frac{1}{n+2} + \frac{1}{n+3} + \cdots + \frac{1}{2n} \geqslant \frac{1}{2},$$

g) $$\sum_{\nu=2}^{n} \frac{1}{(\nu-1)\nu(\nu+1)} = \frac{1}{1\cdot 2\cdot 3} + \frac{1}{2\cdot 3\cdot 4} + \cdots + \frac{1}{(n-1)n(n+1)} = \frac{(n-1)(n+2)}{4n(n+1)},$$

h) $$\sum_{\nu=1}^{n} \nu\cdot 5^{\nu} = 1\cdot 5^1 + 2\cdot 5^2 + 3\cdot 5^3 + \cdots + n\cdot 5^n = \frac{5+(4n-1)\,5^{n+1}}{16}.$$

1.21 Man beweise durch vollständige Induktion, daß für alle $n \in \mathbb{N}$:

a) $(n-1)^3 + n^3 + (n+1)^3$ durch 9 teilbar ist,

b) $n^3 + 5n$ durch 6 teilbar ist,

c) $11^{n+1} + 12^{2n-1}$ durch 133 teilbar ist,

d) $1^{2^n} + 2^{2^n} + 4^{2^n}$ durch 7 teilbar ist,

e) $\frac{n}{6} + \frac{n^2}{2} + \frac{n^3}{3}$ eine natürliche Zahl ist,

f) $x^n - y^n$ den Faktor $x - y$ enthält,

g) $x^{2n-1} + y^{2n-1}$ den Faktor $x + y$ enthält.

1.22 In Rußland gibt es Geldscheine im Wert von 3 Rubel und 5 Rubel. Man beweise durch vollständige Induktion, daß man jeden Rubelbetrag, der größer als 7 ist, mit solchen Geldscheinen bezahlen kann, ohne daß herausgegeben werden muß.

1.23 Man berechne die Binomialkoeffizienten $\binom{5}{3}, \binom{9}{4}, \binom{3}{6}, \binom{12}{5}, \binom{24}{6}, \binom{25}{2}, \binom{9}{3}, \binom{31}{46}$.

1.24 Man zeige:

a) Für natürliche Zahlen n, k gilt $\binom{n+1}{k+1} = \binom{n}{k}\frac{n+1}{k+1}$.

b) Für natürliche Zahlen n, k, l mit $n \geqslant k \geqslant l$ gilt $\binom{n}{k}\binom{k}{l} = \binom{n}{l}\binom{n-l}{k-l}$.

1.25 Es sei a eine feste natürliche Zahl. Man beweise, daß für alle $n \in \mathbb{N}$ gilt

$$\sum_{\nu=0}^{n} \binom{a+\nu}{\nu} = \binom{a+n+1}{n}$$

und interpretiere das Ergebnis am PASCALschen Dreieck.

1.26 Man zeige: Für $a, b \in \mathbb{R},\ n \in \mathbb{N}$ gilt $\dfrac{(a+b)^n}{n!} = \sum_{\nu=0}^{n} \dfrac{a^\nu}{\nu!} \cdot \dfrac{b^{n-\nu}}{(n-\nu)!}$.

1.27 Mit Hilfe von Satz 1.5.9

a) entwickle man die Binompotenz $(x-2)^{10}$,

b) entwickle man die Binompotenz $(x^2 - \frac{1}{x})^6$,

c) berechne man den Wert des Ausdrucks $\sum_{\nu=1}^{4} \binom{4}{\nu} 2^\nu$.

1.28 Wieviele 6-stellige Telefonnummern können aus den Ziffern $0, \cdots, 9$ gebildet werden?

1.29 Bei einem Fragebogen mit 12 Fragen kann jede Frage mit „ja", „vielleicht" oder „nein" beantwortet werden. Wieviele verschiedene Möglichkeiten gibt es, die 12 Fragen zu beantworten?

1.30 Wieviele Möglichkeiten gibt es, aus 52 Spielkarten

a) eine Anzahl von 13 herauszugreifen (Bridge)?

b) eine Anzahl von 5 herauszugreifen (Poker)?

1.31 Gegeben seien die Ziffern 6, 7, 8, 9. Wieviele Zahlen mit höchstens 4 Ziffern können aus diesen gebildet werden, wenn

a) Ziffern nicht mehrfach auftreten dürfen,

b) Ziffern mehrfach auftreten dürfen.

1.32 Wieviele Steine sind für ein Dominospiel erforderlich, welches mit den Zahlen $0, 1, \cdots, n$ gebildet wird?

1.33 Wieviele verschiedene Initialen gibt es, wenn in einer Stadt jede Person genau einen Nachnamen und

a) genau einen Vornamen, c) nicht mehr als zwei Vornamen,

b) genau zwei Vornamen, d) nicht mehr als drei Vornamen

hat. Wie groß ist eine Stadt höchstens, deren Einwohner alle nicht mehr als drei Vornamen und verschiedene Initialen haben? Wenn in einer Stadt mit 20.000 Einwohner keine zwei Personen gleiche Initialen haben, mindestens wieviele Personen haben dann drei Vornamen?

2. FOLGEN

Das Hauptinteresse der Analysis besteht in der Untersuchung von Funktionen. Die einfachsten Funktionen sind die, welche nur auf der Menge der natürlichen Zahlen erklärt sind; solche Funktionen werden Folgen genannt. In diesem Kapitel wollen wir uns eingehend mit Folgen beschäftigen.

2.1. Zahlenfolgen, grundlegende Eigenschaften

2.1.1. Definitionen, Beispiele

Wir definieren zunächst, was wir unter einer Folge verstehen.

2.1.1. **Definition**: Ist jeder natürlichen Zahl n durch irgendeine Vorschrift eine Zahl s_n zugeordnet, so sagt man, daß diese Zahlen

$$s_1, s_2, s_3, \dots$$

eine Folge bilden. Wir schreiben $\{s_n\}_{n=1}^{\infty}$ oder $\{s_n\}$.

2.1.2. **Bemerkung**: Bisweilen betrachten wir auch Folgen $\{s_n\}_{n=n_0}^{\infty}$, bei denen die „Numerierung" nicht bei 1, sondern bei einer Zahl $n_0 \in \mathbb{Z}$ beginnt, also:

$$s_{n_0}, \quad s_{n_0+1}, \quad s_{n_0+2}, \dots .$$

Wir untersuchen einige einfache Beispiele von Folgen.

2.1.3. **Beispiel**: Die Folge $\{s_n\}$ sei gegeben durch $s_n = \dfrac{1}{n}$.

Die ersten vier Glieder dieser Folge sind:

$$s_1 = 1, \quad s_2 = \frac{1}{2}, \quad s_3 = \frac{1}{3}, \quad s_4 = \frac{1}{4}.$$

2.1.4. Beispiel: Die Folge $\{s_n\}$ sei gegeben durch $s_n = 2^n$.
Die ersten vier Glieder dieser Folge sind:

$$s_1 = 2, \quad s_2 = 4, \quad s_3 = 8, \quad s_4 = 16.$$

2.1.5. Beispiel: Die Folge $\{s_n\}$ sei gegeben durch $s_n = -n$.
Die ersten vier Glieder dieser Folge sind:

$$s_1 = -1, \quad s_2 = -2, \quad s_3 = -3, \quad s_4 = -4.$$

2.1.6. Beispiel: Die Folge $\{s_n\}$ sei gegeben durch $s_n = (-1)^n$.
Die ersten vier Glieder dieser Folge sind:

$$s_1 = -1, \quad s_2 = +1, \quad s_3 = -1, \quad s_4 = +1.$$

2.1.7. Beispiel: Die Folge $\{s_n\}$ sei gegeben durch $s_n = \left(1 + \frac{1}{n}\right)^n$.

Die ersten fünf Glieder dieser Folge sind:

$$s_1 = 2, \quad s_2 = \frac{9}{4}, \quad s_3 = \frac{64}{27}, \quad s_4 = \frac{625}{256}, \quad s_5 = \frac{7.776}{3.125}.$$

Bei den Beispielen 2.1.3–2.1.7 ist die Vorschrift zur Bildung der Folge explizit durch eine Formel zur Berechnung von s_n gegeben. Jedes Glied der Folge (z. B. s_{1000}) ist sofort anzugeben (nämlich durch Einsetzen von $n = 1000$ in die Formel).

2.1.8. Beispiel: Die Folge $\{s_n\}$ sei gegeben durch

$$s_1 = 1; \quad s_{n+1} = \frac{1}{2} s_n + \frac{1}{s_n} \quad (n \geqslant 1).$$

Die ersten fünf Glieder dieser Folge sind

$$s_1 = 1, \quad s_2 = \frac{3}{2}, \quad s_3 = \frac{17}{12}, \quad s_4 = \frac{577}{408}, \quad s_5 = \frac{665.857}{470.832}.$$

2.1.9. Beispiel: Die Folge $\{s_n\}$ sei gegeben durch

$$s_0 = 0, \quad s_1 = 1; \quad s_n = s_{n-2} + s_{n-1} \quad (n \geqslant 2).$$

Die ersten sieben Glieder dieser Folge sind

$$s_0 = 0, \quad s_1 = 1, \quad s_2 = 1, \quad s_3 = 2, \quad s_4 = 3, \quad s_5 = 5, \quad s_6 = 8.$$

Diese Folge heißt Folge der FIBONACCI-Zahlen, sie spielt bei vielen Wachstumsvorgängen in der Natur eine wichtige Rolle. Wir werden sie später genauer untersuchen.

Bei den Beispielen 2.1.8 und 2.1.9 ist das Bildungsgesetz implizit durch eine sog. Rekursionsformel gegeben. Sukzessives Auflösen dieser Rekursionsformel liefert s_n. Die Ermittlung von s_{1000} ist hier weit schwieriger als oben, man muß alle Glieder $s_1, \cdots, s_{999}$ kennen, um s_{1000} angeben zu können.

2.1.10. Bemerkung: Folgen können in einem sog. „Folgendiagramm" veranschaulicht werden. Dazu benutzt man zwei Exemplare von Zahlengeraden, in welchen man die Zuordnung $n \rightarrow s_n$ durch Pfeile kennzeichnet.

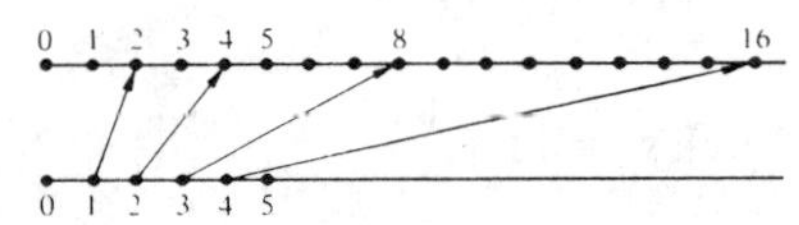

Folgendiagramm für $\{2^n\}$

Abb. 2.1.1

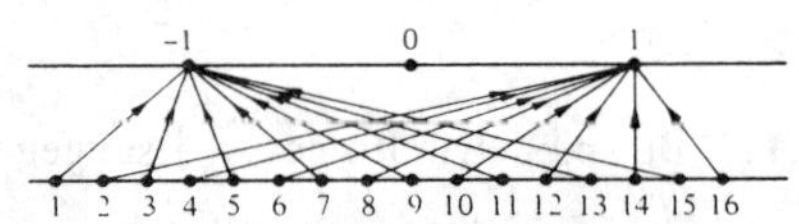

Folgendiagramm für $\{(-1)^n\}$

Abb. 2.1.2

2.1.11. Definition: Eine Folge $\{s_n\}$ heißt beschränkt, wenn eine Konstante K existiert, so daß gilt: $|s_n| \leqslant K$ für alle n.

2.1.12. Bemerkung: Es ergibt sich unmittelbar, daß eine Folge $\{s_n\}$ genau dann beschränkt ist, wenn es Konstanten K_1 und K_2 gibt, so daß gilt: $K_1 \leqslant s_n \leqslant K_2$ für alle n.

Wir untersuchen, ob die in den obigen Beispielen behandelten Folgen beschränkt sind.

Die in Beispiel 2.1.3 betrachtete Folge ist beschränkt, denn es ist $|s_n| = \frac{1}{n} \leqslant 1$ für alle n.

Die in Beispiel 2.1.4 betrachtete Folge ist nicht beschränkt, denn es ist $|s_n| = 2^n$, und die Ausdrücke 2^n werden größer als jede Konstante K.

Die in Beispiel 2.1.5 betrachtete Folge ist nicht beschränkt, denn es ist $|s_n| = |-n| = n$, und n wird größer als jede Konstante K.

Die in Beispiel 2.1.6 betrachtete Folge ist beschränkt, denn es ist $|s_n| = |(-1)^n| = 1$.

Bei der in Beispiel 2.1.7 betrachteten Folge $\{s_n\}$ mit $s_n = \left(1 + \frac{1}{n}\right)^n$ ist nicht unmittelbar zu sehen, ob sie beschränkt ist oder nicht.

Als nächstes beschäftigen wir uns mit dem Begriff der Monotonie einer Folge.

2.1.13. Definition: Gegeben sei eine Folge $\{s_n\}$. Gilt für alle n:

(1) $s_n \leqslant s_{n+1}$, so heißt $\{s_n\}$ monoton wachsend;
(2) $s_n < s_{n+1}$, so heißt $\{s_n\}$ streng monoton wachsend;
(3) $s_n \geqslant s_{n+1}$, so heißt $\{s_n\}$ monoton fallend;
(4) $s_n > s_{n+1}$, so heißt $\{s_n\}$ streng monoton fallend.

Wir untersuchen wieder die obigen Beispiele auf Monotonie.

Die in Beispiel 2.1.3 betrachtete Folge ist streng monoton fallend, denn es gilt für alle n:

$$s_n = \frac{1}{n} > \frac{1}{n+1} = s_{n+1} .$$

Die in Beispiel 2.1.4 betrachtete Folge ist streng monoton wachsend, denn es gilt für alle n:

$$s_n = 2^n < 2^{n+1} = s_{n+1} .$$

Die in Beispiel 2.1.5 betrachtete Folge ist streng monoton fallend, denn es gilt für alle n:

$$s_n = -n > -(n+1) = s_{n+1} .$$

Die in Beispiel 2.1.6 betrachtete Folge ist weder monoton wachsend noch monoton fallend.

Bei der in Beispiel 2.1.7 betrachteten Folge ist nicht unmittelbar zu sehen, ob sie monoton ist.

2.1.14. Bemerkung: Für die Untersuchung der Monotonie einer Folge $\{s_n\}$ ist es häufig vorteilhaft, die Ausdrücke $s_{n+1} - s_n$ oder $\frac{s_{n+1}}{s_n}$ zu studieren.

Wir untersuchen nun die Folge $\{s_n\}$ mit $s_n = \frac{1}{n}$ etwas genauer. Die Glieder dieser Folge nähern sich mit wachsendem n immer mehr dem Wert 0. Es gilt etwa:

$$0 < \frac{1}{n} < 1 \qquad \text{für alle } n > 1,$$
$$0 < \frac{1}{n} < \frac{1}{10} \qquad \text{für alle } n > 10,$$
$$0 < \frac{1}{n} < \frac{1}{100} \qquad \text{für alle } n > 100,$$
$$0 < \frac{1}{n} < \frac{1}{10^{1000}} \qquad \text{für alle } n > 10^{1000}.$$

Ist $\epsilon > 0$ eine beliebige Zahl, so gilt

$$0 < \frac{1}{n} < \epsilon \qquad \text{für alle } n > \frac{1}{\epsilon}.$$

Man sieht, daß der Abstand der Glieder $s_n = \frac{1}{n}$ vom Wert $s = 0$ mit wachsendem n immer kleiner wird und daß zu jedem $\epsilon > 0$ eine Zahl N_ϵ (etwa $N_\epsilon = \frac{1}{\epsilon}$) existiert, so daß gilt

$$|s_n - s| = |\frac{1}{n} - 0| = \frac{1}{n} < \epsilon \qquad \text{für alle } n > N_\epsilon.$$

Man sagt daher, daß die Folge $\left\{\frac{1}{n}\right\}$ zum Grenzwert 0 konvergiert.

Allgemein heißt eine Folge $\{s_n\}$ konvergent zum Grenzwert s, wenn der Abstand $|s_n - s|$ beliebig klein wird für alle hinreichend großen n. Wenn sich also die Glieder s_n in der Nähe dieser einen reellen Zahl s „häufen“.

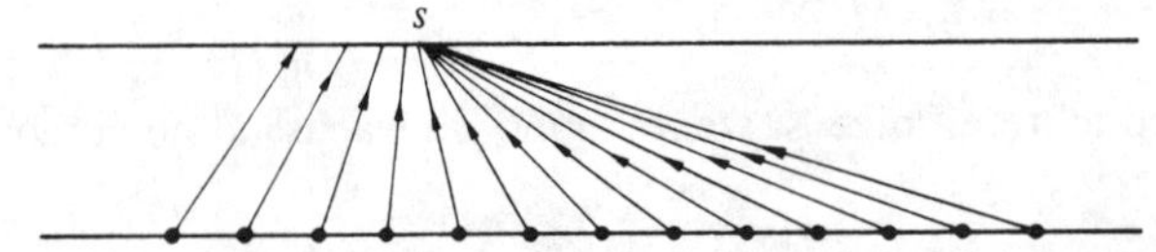

Folgendiagramm einer konvergenten Folge

Abb. 2.1.3

Mathematisch präzise wird folgendes definiert

2.1.15. Definition:

(1) Eine Folge $\{s_n\}$ heißt konvergent zum Grenzwert $s \in \mathbb{R}$, wenn zu jedem $\epsilon > 0$ ein N_ϵ existiert, so daß gilt

$$|s_n - s| < \epsilon \qquad \text{für alle } n > N_\epsilon .$$

Man schreibt dann $\lim\limits_{n \to \infty} s_n = s$ oder $s_n \to s \ (n \to \infty)$.

(2) Eine Folge heißt divergent, wenn sie nicht konvergiert.

2.1.16. Beispiel: Wir wollen die Folge $\{s_n\}$ mit $s_n = \frac{n}{n+1}$ auf Konvergenz untersuchen. Es gilt:

$$s_1 = \frac{1}{2} = 1 - \frac{1}{2}, \qquad s_2 = \frac{2}{3} = 1 - \frac{1}{3},$$

$$s_3 = \frac{3}{4} = 1 - \frac{1}{4}, \quad \ldots, \quad s_{1000} = \frac{1000}{1001} = 1 - \frac{1}{1001} .$$

Man sieht, daß der Abstand $|s_n - 1|$ beliebig klein wird für alle genügend großen n und daß daher $\{s_n\}$ gegen 1 konvergiert. Mathematisch präzise wird die Konvergenz gegen 1 folgendermaßen nachgewiesen.
Es sei ein $\epsilon > 0$ gegeben; zu zeigen ist, daß ein N_ϵ existiert mit der Eigenschaft

$$\left| \frac{n}{n+1} - 1 \right| < \epsilon \qquad \text{für alle } n > N_\epsilon .$$

Es gilt

$$\left| \frac{n}{n+1} - 1 \right| = \left| -\frac{1}{n+1} \right| = \frac{1}{n+1},$$

ferner ist $\frac{1}{n+1} < \epsilon$ genau dann, wenn $n > \frac{1}{\epsilon} - 1$.

Wählen wir also $N_\epsilon = \frac{1}{\epsilon} - 1$, so folgt

$$\left| \frac{n}{n+1} - 1 \right| < \epsilon \qquad \text{für alle } n > N_\epsilon .$$

Also gilt $\lim\limits_{n \to \infty} \frac{n}{n+1} = 1$.

2.1.17. Beispiel: Die Folge $\{s_n\}$ mit $s_n = (-1)^n$ ist divergent. Wäre diese Folge gegen eine Zahl s konvergent, so würde speziell zu $\epsilon = \frac{1}{2}$ ein $N_\epsilon = N \in \mathbb{N}$ existieren, derart, daß

$$|s_n - s| < \frac{1}{2} \qquad \text{für alle } n > N.$$

Insbesondere wäre dann

$$|s_{N+1} - s| < \frac{1}{2} \qquad \text{und} \qquad |s_{N+2} - s| < \frac{1}{2},$$

woraus mit der Dreiecksungleichung folgt

$$|s_{N+1} - s_{N+2}| = |(s_{N+1} - s) - (s_{N+2} - s)| \leqslant$$
$$\leqslant |s_{N+1} - s| + |s_{N+2} - s| < 1.$$

Andererseits ist aber $|s_{N+1} - s_{N+2}| = |(-1)^{N+1} - (-1)^{N+2}| = 2 > 1$.

Aus diesem Widerspruch ergibt sich, daß $\{(-1)^n\}$ divergent ist.

2.1.2. Das Rechnen mit Grenzwerten

Wir behandeln jetzt die Frage, in welcher Weise arithmetische Operationen mit Grenzwerten von Folgen ausgeführt werden können. Zunächst gilt

2.1.18. Satz: Jede konvergente Folge ist beschränkt.

Beweis: Es sei $\{s_n\}$ eine konvergente Folge. Ihr Grenzwert sei s. Wir müssen zeigen, daß eine Konstante K existiert, so daß gilt

$$|s_n| \leqslant K \qquad \text{für alle } n.$$

Da $\{s_n\}$ gegen s konvergiert, wird $|s_n - s|$ beliebig klein für alle genügend großen n. Es gibt also sicher ein $N \in \mathbb{N}$, so daß

$$|s_n - s| < 1 \qquad \text{für alle } n > N.$$

Hieraus folgt

$$|s_n| = |s_n - s + s| \leqslant |s_n - s| + |s| < 1 + |s| \qquad \text{für alle } n > N.$$

Ferner ist unter den Zahlen $|s_1|, |s_2|, \cdots, |s_N|$ eine größte vorhanden, so daß gilt

$$|s_n| \leq \max\{|s_1|, \cdots, |s_N|, 1 + |s|\} \qquad \text{für alle } n.$$

Wählen wir also $K = \max\{|s_1|, \cdots, |s_N|, 1 + |s|\}$, so haben wir eine Konstante K gefunden, die das Gewünschte leistet.

2.1.19. Bemerkung: Aus diesem Satz ergibt sich sofort, daß eine Folge, die nicht beschränkt ist, nicht konvergent sein kann (denn wäre sie konvergent, so müßte sie ja nach Satz 2.1.18 beschränkt sein). Speziell sind etwa die Folgen $\{-n\}$ und $\{2^n\}$ unbeschränkt und daher divergent.

2.1.20. Bemerkung: Der Satz ist nicht umkehrbar; eine beschränkte Folge braucht nicht konvergent zu sein. So ist etwa die in Beispiel 2.1.6 betrachtete Folge $\{(-1)^n\}$ zwar beschränkt, aber nicht konvergent.

Der folgende Satz ist von großer Wichtigkeit, weil er es gestattet, in vielen Fällen die Grenzwerte von Folgen zu bestimmen, ohne auf die $\epsilon - N_\epsilon$-Definition zurückgehen zu müssen.

2.1.21. Satz: Die Folgen $\{s_n\}$ und $\{t_n\}$ seien beide konvergent, und es sei $\lim_{n \to \infty} s_n = s$, $\lim_{n \to \infty} t_n = t$. Dann gilt:

(1) $\{s_n + t_n\}$ konvergiert, und es ist $\lim_{n \to \infty} (s_n + t_n) = s + t$;

(2) $\{s_n \cdot t_n\}$ konvergiert, und es ist $\lim_{n \to \infty} (s_n \cdot t_n) = s \cdot t$;

(3) falls $t_n \neq 0$ für alle n und $t \neq 0$, so konvergiert $\left\{\frac{s_n}{t_n}\right\}$, und es ist $\lim_{n \to \infty} \left(\frac{s_n}{t_n}\right) = \frac{s}{t}$.

Beweis: Wir zeigen nur die Gültigkeit von (1). Der Nachweis von (2) und (3) erfolgt in ähnlicher Weise, wobei Satz 2.1.18 benötigt wird.
Es sei $\epsilon > 0$ gegeben. Zum Nachweis von (1) ist zu zeigen, daß es ein N_ϵ gibt, so daß gilt

$$|(s_n + t_n) - (s + t)| < \epsilon \qquad \text{für alle } n > N_\epsilon.$$

Wegen $\lim\limits_{n\to\infty} s_n = s$, $\lim\limits_{n\to\infty} t_n = t$ gibt es ein N_ϵ^* und ein N_ϵ^{**}, so daß gilt:

$$|s_n - s| < \frac{\epsilon}{2} \qquad \text{für alle } n > N_\epsilon^*,$$

$$|t_n - t| < \frac{\epsilon}{2} \qquad \text{für alle } n > N_\epsilon^{**}.$$

Wählen wir $N_\epsilon = \max(N_\epsilon^*, N_\epsilon^{**})$, so ist für alle $n > N_\epsilon$:

$$|(s_n + t_n) - (s + t)| = |(s_n - s) + (t_n - t)| \leqslant$$
$$\leqslant |s_n - s| + |t_n - t| < \frac{\epsilon}{2} + \frac{\epsilon}{2} = \epsilon .$$

Damit ist gezeigt, daß $\{s_n + t_n\}$ gegen $s + t$ konvergiert.

2.1.22. Bemerkung: Der Satz 2.1.21 ist natürlich auch im Falle von endlich vielen Summanden bzw. Faktoren gültig (die Anzahl darf nicht von n abhängig sein).

2.1.23. Beispiel: Die Folge $\{s_n\}$ mit $s_n = \dfrac{3n^2 + 2n}{4n^2 + 3}$ soll auf Konvergenz untersucht werden. Es ist

$$s_n = \frac{3n^2 + 2n}{4n^2 + 3} = \frac{3 + \frac{2}{n}}{4 + \frac{3}{n^2}} = \frac{3 + 2 \cdot \frac{1}{n}}{4 + 3 \cdot \frac{1}{n} \cdot \frac{1}{n}},$$

und daher erhalten wir

$$\lim_{n\to\infty} s_n = \frac{3 + 2 \cdot \lim\limits_{n\to\infty} \frac{1}{n}}{4 + 3 \cdot \lim\limits_{n\to\infty} \frac{1}{n} \cdot \lim\limits_{n\to\infty} \frac{1}{n}} = \frac{3 + 2 \cdot 0}{4 + 3 \cdot 0 \cdot 0} = \frac{3}{4} .$$

2.1.24. Beispiel: Wir betrachten die Folge $\{s_n\}$ mit

$$s_n = \frac{1}{n^2} + \frac{2}{n^2} + \cdots + \frac{n}{n^2} .$$

Es gilt mit Satz 1.4.7

$$s_n = \frac{1}{n^2} \cdot \sum_{\nu=1}^{n} \nu = \frac{n(n+1)}{2n^2} = \frac{n^2 + n}{2n^2} = \frac{1 + \frac{1}{n}}{2} \longrightarrow \frac{1}{2} \quad (n \to \infty).$$

Also konvergiert die Folge zum Grenzwert $\frac{1}{2}$.

Zur Bestimmung des Grenzwertes wäre folgendes Vorgehen falsch:

$$\lim_{n \to \infty} s_n = \lim_{n \to \infty} \frac{1}{n^2} + \lim_{n \to \infty} \frac{2}{n^2} + \cdots + \lim_{n \to \infty} \frac{n}{n^2} = 0.$$

Hier ist nämlich Bemerkung 2.1.22 nicht anwendbar, denn die betrachtete Folge besteht nicht aus einer festen, von n unabhängigen Anzahl von Summanden, sondern diese Anzahl ändert sich mit n.

2.1.25. Bemerkung: Der Satz 2.1.21 ist nicht umkehrbar. So braucht etwa aus der Konvergenz von $\{s_n + t_n\}$ weder die Konvergenz von $\{s_n\}$ noch die Konvergenz von $\{t_n\}$ zu folgen. Betrachten wir zum Beispiel

$$s_n = n + \frac{1}{2n}, \qquad t_n = -n + \frac{1}{2n},$$

so gilt

$$s_n + t_n = \frac{1}{n} \longrightarrow 0,$$

während die Folgen $\{s_n\}$ und $\{t_n\}$ beide unbeschränkt sind, also divergieren.

2.1.26. Bemerkung: Es sei $\{s_n\}$ eine unbeschränkte Folge. Wir schreiben

$$\lim_{n \to \infty} s_n = \infty \qquad \text{oder} \qquad s_n \longrightarrow \infty \qquad (n \longrightarrow \infty),$$

wenn zu jeder Konstanten M eine Zahl N existiert, so daß $s_n > M$ ist für alle $n > N$. Wir schreiben

$$\lim_{n \to \infty} s_n = -\infty \qquad \text{oder} \qquad s_n \longrightarrow -\infty \qquad (n \longrightarrow \infty),$$

wenn $\lim_{n \to \infty} (-s_n) = \infty$. So ist zum Beispiel

$$\lim_{n \to \infty} 2^n = \infty, \qquad \lim_{n \to \infty} (-n) = -\infty.$$

2.2. Der Hauptsatz über monotone Folgen

In diesem Paragraphen beschäftigen wir uns mit Folgen, die sowohl monoton als auch beschränkt sind.

2.2.1. Monotone und beschränkte Folgen

Nach Definition 2.1.13 heißt eine Folge $\{s_n\}$

monoton wachsend, wenn für alle n gilt: $s_n \leqslant s_{n+1}$,
monoton fallend, wenn für alle n gilt: $s_n \geqslant s_{n+1}$.

Nach Definition 2.1.11 heißt eine Folge $\{s_n\}$ beschränkt, wenn eine Konstante K existiert, so daß $|s_n| \leqslant K$ für alle n ist, bzw. wenn Konstanten K_1 und K_2 existieren, so daß gilt

$$K_1 \leqslant s_n \leqslant K_2 \qquad \text{für alle } n.$$

Eine konvergente Folge $\{s_n\}$ ist nach Satz 2.1.18 beschränkt, aber eine beschränkte Folge muß nicht unbedingt konvergent sein, wie uns das Beispiel $s_n = (-1)^n$ zeigt. Hierbei handelt es sich aber offenbar um eine Folge, welche nicht monoton ist. Andererseits braucht eine monotone Folge nicht konvergent zu sein, wie das Beispiel $s_n = n$ zeigt. Hierbei handelt es sich aber um eine Folge, welche nicht beschränkt ist.

Die Verhältnisse liegen anders bei Folgen, welche sowohl beschränkt als auch monoton (also entweder monoton wachsend oder monoton fallend) sind. Für solche Folgen gilt

2.2.1. Satz (Hauptsatz über monotone Folgen): Ist die Folge $\{s_n\}$ monoton und beschränkt, so ist sie konvergent.

Den Beweis dieses Satzes können wir hier nicht bringen. Wir begnügen uns mit den beiden folgenden Veranschaulichungen.

Abb. 2.2.1

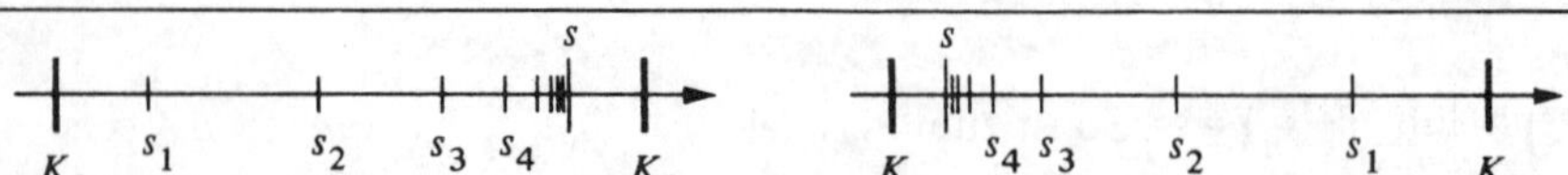

$\{s_n\}$ monoton wachsend und beschränkt $\{s_n\}$ monoton fallend und beschränkt

2.2.2. Bemerkung: Ist die Folge $\{s_n\}$ monoton, aber nicht beschränkt, so ist sie divergent und zwar ist

$$\lim_{n\to\infty} s_n = +\infty \qquad \text{falls } \{s_n\} \text{ monoton wachsend ist,}$$

$$\lim_{n\to\infty} s_n = -\infty \qquad \text{falls } \{s_n\} \text{ monoton fallend ist.}$$

2.2.3. Bemerkung: Der Hauptsatz über monotone Folgen hat den Nachteil, daß der Grenzwert der Folge $\{s_n\}$ in die Konvergenzuntersuchung überhaupt nicht eingeht. Seine Bestimmung erfordert Sonderüberlegungen.

2.2.4. Bemerkung: Es gibt natürlich Folgen, welche nicht monoton, aber trotzdem konvergent sind, zum Beispiel ist die Folge $\left\{(-1)^n \frac{1}{n}\right\}$ weder monoton wachsend noch monoton fallend, aber konvergent zum Grenzwert Null.

2.2.5. Beispiel: Wir untersuchen die Folge $\{s_n\}$ mit $s_n = \frac{2^n}{n!}$.

1. Die Folge ist monoton fallend, denn es gilt

$$s_{n+1} = \frac{2^{n+1}}{(n+1)!} = \frac{2}{n+1} \cdot \frac{2^n}{n!} \leqslant \frac{2^n}{n!} = s_n .$$

2. Die Folge ist beschränkt, denn es ist $s_n > 0$ für alle n und weil $\{s_n\}$ monoton fällt, gilt $s_n \leqslant s_1 = 2$, also ist für alle n

$$0 < s_n \leqslant 2.$$

Damit ist gezeigt, daß $\left\{\frac{2^n}{n!}\right\}$ monoton fallend und beschränkt ist; aus dem Hauptsatz über monotone Folgen ergibt sich daher die Konvergenz der Folge. Wir bemerken, daß der Grenzwert s bei der Konvergenzuntersuchung keine Rolle gespielt hat. Er ist jedoch hier ziemlich einfach zu bestimmen. Aus

$$s_{n+1} = \frac{2}{n+1} \cdot \frac{2^n}{n!} = \frac{2}{n+1} \cdot s_n$$

folgt nämlich

$$s = \lim_{n\to\infty} s_{n+1} = \lim_{n\to\infty} \frac{2}{n+1} \cdot \lim_{n\to\infty} s_n = 0 \cdot s,$$

so daß $s = 0$ gelten muß.

2.2.6. Beispiel: Wir untersuchen die Folge $\{s_n\}$ mit

$$s_n = \sum_{\nu=n+1}^{2n} \frac{1}{\nu} = \frac{1}{n+1} + \frac{1}{n+2} + \cdots + \frac{1}{2n}.$$

Die ersten Glieder dieser Folge sind:

$$s_1 = \frac{1}{2}, \quad s_2 = \frac{1}{3} + \frac{1}{4}, \quad s_3 = \frac{1}{4} + \frac{1}{5} + \frac{1}{6}, \quad s_4 = \frac{1}{5} + \frac{1}{6} + \frac{1}{7} + \frac{1}{8}.$$

1. Es gilt

$$s_{n+1} - s_n = \sum_{\nu=n+2}^{2n+2} \frac{1}{\nu} - \sum_{\nu=n+1}^{2n} \frac{1}{\nu} =$$

$$= \frac{1}{n+2} + \frac{1}{n+3} + \cdots + \frac{1}{2n} + \frac{1}{2n+1} + \frac{1}{2n+2} -$$

$$- \frac{1}{n+1} - \frac{1}{n+2} - \frac{1}{n+3} - \cdots - \frac{1}{2n} =$$

$$= \frac{1}{2n+1} + \frac{1}{2n+2} - \frac{1}{n+1} = \frac{1}{2n+1} - \frac{1}{2n+2} > 0,$$

also ist stets $s_{n+1} > s_n$ und damit $\{s_n\}$ streng monoton wachsend.

2. Die Folge ist beschränkt, denn aus der Monotonie folgt zunächst

$$\frac{1}{2} = s_1 \leqslant s_n \qquad \text{für alle } n.$$

Ferner gilt

$$s_n = \frac{1}{n+1} + \frac{1}{n+2} + \cdots + \frac{1}{2n} \leqslant \frac{1}{n+1} + \frac{1}{n+1} + \cdots + \frac{1}{n+1} =$$

$$= \frac{n}{n+1} < 1.$$

Also ist für alle n

$$\frac{1}{2} \leqslant s_n < 1.$$

Damit ist gezeigt, daß $\{s_n\}$ monoton wachsend und beschränkt ist; aus dem Hauptsatz über monotone Folgen ergibt sich daher wieder die Konvergenz der betrachteten Folge. Die Bestimmung des Grenzwertes s ist hier erheblich schwieriger als bei Beispiel 2.2.5 und mit den Methoden, die uns bisher zur Verfügung stehen, nicht zu erbringen. Aus der Ungleichung $\frac{1}{2} \leqslant s_n < 1$ für alle n ergibt sich jedoch eine Abschätzung für s, es muß nämlich gelten

$$\frac{1}{2} \leqslant s \leqslant 1.$$

2.2.2. Die EULERsche Zahl e

Wir kehren jetzt zu der in Beispiel 2.1.7 betrachteten wichtigen Folge $\{s_n\}$ mit

$$s_n = \left(1 + \frac{1}{n}\right)^n$$

zurück und zeigen mit Hilfe des Hauptsatzes über monotone Folgen, daß diese konvergiert.

2.2.7. Satz: Die Folge $\{s_n\}$ mit $s_n = \left(1 + \frac{1}{n}\right)^n$ ist konvergent.

Beweis:

1. Wir zeigen, daß $\{s_n\}$ monoton wachsend ist, d. h. daß für alle $n \geqslant 2$ gilt $\frac{s_n}{s_{n-1}} \geqslant 1$. Es ergibt sich

$$\frac{s_n}{s_{n-1}} = \frac{\left(1 + \frac{1}{n}\right)^n}{\left(1 + \frac{1}{n-1}\right)^{n-1}} = \frac{(n+1)^n \cdot (n-1)^{n-1}}{n^n \cdot n^{n-1}} =$$

$$= \frac{(n+1)^n \cdot (n-1)^n}{n^n \cdot n^n} \cdot \frac{n}{n-1} = \frac{(n^2-1)^n}{(n^2)^n} \cdot \frac{n}{n-1} =$$

$$= \left(1 - \frac{1}{n^2}\right)^n \cdot \frac{1}{1 - \frac{1}{n}}.$$

Aus der BERNOULLIschen Ungleichung (siehe Satz 1.4.3) folgt

$$\left(1 - \frac{1}{n^2}\right)^n \geqslant 1 - \frac{n}{n^2} = 1 - \frac{1}{n} \quad \text{bzw.} \quad \left(1 - \frac{1}{n^2}\right)^n \cdot \frac{1}{1 - \frac{1}{n}} \geqslant 1.$$

Also ist $\frac{s_n}{s_{n-1}} \geqslant 1$ und daher $\{s_n\}$ monoton wachsend.

2. Wir zeigen, daß $\{s_n\}$ beschränkt ist. Dazu beweisen wir, daß $2 \leqslant s_n < 3$ für alle $n \in \mathbb{N}$ gilt.

a) Da $\{s_n\}$ monoton wachsend ist, haben wir $2 = s_1 \leqslant s_n$ für alle $n \in \mathbb{N}$.

b) Wir berechnen $\left(1 + \frac{1}{n}\right)^n$ mit dem binomischen Satz und erhalten

$$\left(1 + \frac{1}{n}\right)^n = \sum_{\nu=0}^{n} \binom{n}{\nu} \cdot \frac{1}{n^\nu} = 1 + \binom{n}{1}\frac{1}{n} + \binom{n}{2}\frac{1}{n^2} + \cdots + \binom{n}{n}\frac{1}{n^n}.$$

Für $1 \leqslant \nu \leqslant n$ gilt die Abschätzung

$$\binom{n}{\nu}\frac{1}{n^\nu} = \frac{n(n-1)\cdots(n-\nu+1)}{\nu! \cdot n^\nu} = \frac{1}{\nu!} \cdot \frac{n}{n} \cdot \frac{n-1}{n} \cdots \frac{n-\nu+1}{n} \leqslant$$

$$\leqslant \frac{1}{\nu!} = \frac{1}{1 \cdot 2 \cdot 3 \cdots \nu} \leqslant \frac{1}{1 \cdot 2 \cdot 2 \cdots 2} = \frac{1}{2^{\nu-1}},$$

so daß wir unter Benutzung von Satz 1.4.1 erhalten

$$\left(1 + \frac{1}{n}\right)^n \leqslant 1 + \frac{1}{2^0} + \frac{1}{2^1} + \cdots + \frac{1}{2^{n-1}} = 1 + \sum_{\nu=0}^{n-1} \left(\frac{1}{2}\right)^\nu =$$

$$= 1 + \frac{1 - \frac{1}{2^n}}{1 - \frac{1}{2}} < 1 + \frac{1}{\frac{1}{2}} = 3.$$

Damit ist gezeigt, daß die Folge $\left\{\left(1 + \frac{1}{n}\right)^n\right\}$ monoton wachsend und beschränkt ist und daher nach dem Hauptsatz über monotone Folgen konvergiert.

Der Grenzwert der Folge $\left\{\left(1 + \frac{1}{n}\right)^n\right\}$ ist eine der für die gesamten Naturwissenschaften wichtigsten reellen Zahlen.

2.2.8. Definition: Der nach Satz 2.2.7 gesicherte Grenzwert der Folge $\left\{\left(1 + \frac{1}{n}\right)^n\right\}$ heißt EULERsche Zahl e.

2.2.9. Bemerkung: Man kann zeigen, daß e irrational ist. Die ersten Stellen der Dezimalbruchdarstellung von e sind

$$e = 2,71\ 82\ 81\ 82\ 84\ 59\ 04 \cdots$$

Wir berechnen einige Glieder der Folge $\left\{\left(1+\frac{1}{n}\right)^n\right\}$.

n	$s_n = \left(1+\frac{1}{n}\right)^n = \left(\frac{n+1}{n}\right)^n$	n	$s_n = \left(1+\frac{1}{n}\right)^n = \left(\frac{n+1}{n}\right)^n$
1	2	10	2,593742460
2	$\left(\frac{3}{2}\right)^2 = 2,25$	100	2,704813815
3	$\left(\frac{4}{3}\right)^3 = 2,37037$	1.000	2,716923842
4	$\left(\frac{5}{4}\right)^4 = 2,44141$	10.000	2,718145918
5	$\left(\frac{6}{5}\right)^5 = 2,48832$	100.000	2,718254646
6	$\left(\frac{7}{6}\right)^6 = 2,52163$	1.000.000	2,718281828

2.2.10. Bemerkung: Die Folge $\left\{\left(1+\frac{1}{n}\right)^{n+1}\right\}$ konvergiert ebenfalls gegen e, denn es gilt

$$\lim_{n\to\infty}\left(1+\frac{1}{n}\right)^{n+1} = \lim_{n\to\infty}\left(1+\frac{1}{n}\right)\cdot\lim_{n\to\infty}\left(1+\frac{1}{n}\right)^n = 1\cdot e = e.$$

Man zeigt leicht, daß diese Folge monoton fallend ist.

Als eine einfache Folgerung aus dieser Bemerkung zeigen wir noch

2.2.11. Satz: Die Folge $\left\{\left(1-\frac{1}{n}\right)^n\right\}$ konvergiert gegen $\frac{1}{e}$.

Beweis: Für $n > 1$ ist $1-\frac{1}{n} = \frac{n-1}{n} = \dfrac{1}{1+\frac{1}{n-1}}$, und aus Bemerkung 2.2.10 folgt

$$\lim_{n\to\infty}\left(1-\frac{1}{n}\right)^n = \frac{1}{\lim\limits_{n\to\infty}\left(1+\frac{1}{n-1}\right)^n} = \frac{1}{e}.$$

2.3. Das Einschließungskriterium

Zur Beurteilung der Konvergenz einer Folge haben wir bisher nur die $\epsilon - N_\epsilon$-Definition und den Hauptsatz über monotone Folgen zur Verfügung. Bei konkreten Beispielen ist es meist ziemlich unhandlich, die Konvergenz mit der $\epsilon - N_\epsilon$-Definition nachzuweisen. Der Hauptsatz ist bei Folgen, welche nicht monoton sind, nicht anwendbar. Wir lernen jetzt ein Konvergenzkriterium kennen, welches in der Praxis sehr oft angewendet wird.

2.3.1. Satz (Einschließungskriterium): Es seien $\{s_n\}$, $\{t_n\}$, $\{u_n\}$ Folgen mit

$$s_n \leqslant u_n \leqslant t_n .$$

Die Folgen $\{s_n\}$ und $\{t_n\}$ seien konvergent, und es gelte

$$\lim_{n\to\infty} s_n = \lim_{n\to\infty} t_n = s.$$

Dann konvergiert auch $\{u_n\}$, und es gilt

$$\lim_{n\to\infty} u_n - s.$$

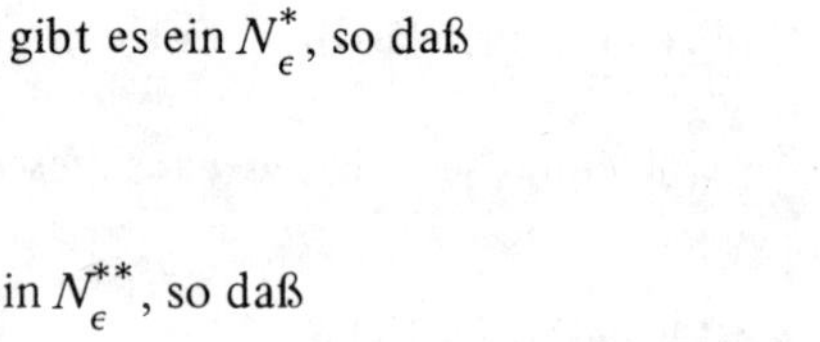

Abb. 2.3.1

Beweis: Es sei $\epsilon > 0$ gegeben. Wegen $s_n \to s$ gibt es ein N_ϵ^*, so daß

$$-\epsilon < s_n - s < \epsilon$$

für alle $n > N_\epsilon^*$, und wegen $t_n \to s$ gibt es ein N_ϵ^{**}, so daß

$$-\epsilon < t_n - s < \epsilon$$

für alle $n > N_\epsilon^{**}$. Aus $s_n \leqslant u_n \leqslant t_n$ folgt daher für alle $n > \max(N_\epsilon^*, N_\epsilon^{**})$

$$-\epsilon < s_n - s \leqslant u_n - s \leqslant t_n - s < \epsilon$$

also $|u_n - s| < \epsilon$, woraus sich die Behauptung ergibt.

Für eine Zahl $q \in \mathbb{R}$ sei die Folge $\{s_n\}$ gegeben durch $s_n = q^n$. Wir untersuchen die Konvergenz dieser Folge und beweisen durch eine Anwendung des Einschliessungskriteriums das folgende Ergebnis.

2.3.2. Satz: Die Folge $\{q^n\}$ konvergiert für $-1 < q \leqslant 1$ und divergiert für alle anderen Werte von q. Darüberhinaus gilt für $-1 < q < 1$

$$\lim_{n \to \infty} q^n = 0.$$

Beweis:

1. Ist $q = 0$, so konvergiert $\{q^n\}$ gegen Null, weil dann $q^n = 0$ ist.
2. Ist $0 < |q| < 1$, so gilt mit einem $a > 0$:

   $$|q| = \frac{1}{1+a}.$$

   Aus der BERNOULLIschen Ungleichung folgt

   $$(1+a)^n \geqslant 1 + na > na$$

   und daher

   $$|q^n| = |q|^n = \frac{1}{(1+a)^n} < \frac{1}{na},$$

   also

   $$-\frac{1}{na} < q^n < +\frac{1}{na},$$

   so daß nach dem Einschließungskriterium $\{q^n\}$ gegen Null konvergiert.
3. Für $q = 1$ konvergiert $\{q^n\}$ gegen 1, weil dann $q^n = 1$ ist.
4. Für $q = -1$ gilt $q^n = (-1)^n$, so daß $\{q^n\}$ in diesem Fall divergiert.
5. Ist $|q| > 1$, so gibt es ein $b > 0$ mit $|q| = 1 + b$. Aus der BERNOULLIschen Ungleichung folgt dann

   $$|q^n| = (1+b)^n \geqslant 1 + nb,$$

   so daß in diesem Fall $\{q^n\}$ nicht beschränkt und daher divergent ist.

Damit ist Satz 2.3.2 bewiesen.

2.4. Arithmetische und geometrische Folgen

In diesem Paragraphen wollen wir uns mit zwei wichtigen Typen von Folgen beschäftigen.

2.4.1. Arithmetische Folgen

2.4.1. Definition: Eine Folge $\{s_n\}_{n=0}^{\infty}$ heißt arithmetische Folge, wenn es eine Zahl d gibt mit

$$s_n = s_{n-1} + d$$

für alle $n \in \mathbb{N}$. Diese Zahl d heißt Differenz der Folge.

2.4.2. Beispiel: Es sei $s_n = \frac{2}{3}n + 5$. Dann ist $\{s_n\}$ eine arithmetische Folge, denn es gilt für alle $n \in \mathbb{N}$:

$$s_n = \frac{2}{3}n + 5 = \frac{2}{3}(n-1) + 5 + \frac{2}{3} = s_{n-1} + \frac{2}{3}.$$

Die Differenz dieser Folge ist daher $d = \frac{2}{3}$.

Eine arithmetische Folge $\{s_n\}$ ist eindeutig bestimmt durch ihr Anfangsglied s_0 und ihre Differenz d. Es ist nämlich

$$s_0 = s_0 + 0 \cdot d, \quad s_1 = s_0 + 1 \cdot d, \quad s_2 = s_1 + d = s_0 + 2d, \cdots$$

und allgemein

$$s_n = s_0 + nd.$$

Hieraus folgt sofort für $0 \leqslant n_0 \leqslant n$

$$s_n = s_{n_0} + (n - n_0)d.$$

Über die Konvergenz arithmetischer Folgen gilt

2.4.3. Satz: Jede arithmetische Folge $\{s_n\}$, deren Differenz $d \neq 0$ ist, divergiert.

Beweis: Im Falle $d \neq 0$ ist $s_n = s_0 + nd$ unbeschränkt und daher divergent.

Manchmal ist es wichtig, bei einer arithmetischen Folge $\{s_n\}$ die Summe der ersten $n + 1$ Glieder

$$s_0 + s_1 + s_2 + \cdots + s_n = \sum_{\nu=0}^{n} s_\nu$$

zu berechnen. Wir zeigen, daß diese Summe durch eine einfache Formel geschlossen dargestellt werden kann.

2.4.4. Satz: Es sei $\{s_n\}$ eine arithmetische Folge mit der Differenz d. Dann ist

$$\sum_{\nu=0}^{n} s_\nu = \frac{n+1}{2}(2s_0 + nd) = \frac{n+1}{2}(s_0 + s_n).$$

Beweis:

1. Es genügt, die erste Gleichung zu beweisen; wegen $2s_0 + nd = s_0 + (s_0 + nd) = s_0 + s_n$ folgt dann sofort auch die zweite.

2. a) Für $n = 0$ ist offenbar $\sum_{\nu=0}^{0} s_\nu = s_0 = \frac{1}{2}(2s_0 + 0d)$.

   b) Für ein $k \geqslant 0$ gelte $\sum_{\nu=0}^{k} s_\nu = \frac{k+1}{2}(2s_0 + kd)$. Dann folgt

$$\sum_{\nu=0}^{k+1} s_\nu = \sum_{\nu=0}^{k} s_\nu + s_{k+1} = \frac{k+1}{2}(2s_0 + kd) + s_0 + (k+1)d =$$

$$= \frac{k+2}{2}(2s_0 + (k+1)d).$$

Mit dem Prinzip der vollständigen Induktion ergibt sich die Behauptung.

2.4.5. Bemerkung: Für $s_0 = 0$, $d = 1$ erhalten wir $s_n = n$ und daher

$$0 + 1 + 2 + \cdots + n = \frac{n+1}{2}(s_0 + s_n) = \frac{n+1}{2} \cdot n.$$

Unser Satz 2.4.4 ist also eine Verallgemeinerung von Satz 1.4.7.

2.4.6. Beispiel: Die Erdtemperatur beträgt in 25 m Tiefe 10° C. Durch Beobachtungen wurde festgestellt, daß von hier ab die Temperatur um $\frac{1}{32}$ °C pro Meter zunimmt. Es gilt also, wenn wir mit s_n die Temperatur in n Meter Tiefe bezeichnen

$$s_{25} = 10, \quad s_{n+1} - s_n = \frac{1}{32} \qquad (n \geqslant 25).$$

Daher bildet $\{s_n\}$ eine arithmetische Folge, und es ergibt sich für $n \geqslant 25$:

$$s_n = s_{25} + (n - 25) \cdot \frac{1}{32} = 10 + (n - 25) \cdot \frac{1}{32}.$$

Wir erhalten hiernach
in einer Tiefe von 100 m die Temperatur

$$s_{100} = 10 + \frac{75}{32} = 12{,}34,$$

in einer Tiefe von 1 km = 1.000 m die Temperatur

$$s_{1000} = 10 + \frac{975}{32} = 40{,}47,$$

in einer Tiefe von 10 km = 10.000 m die Temperatur

$$s_{10.000} = 10 + \frac{9975}{32} = 321{,}72.$$

2.4.7. Beispiel: Es soll die Anzahl und die Summe der durch 7 teilbaren Zahlen zwischen 100 und 1.000 berechnet werden.

Die erste dieser Zahlen ist $s_0 = 105$, die letzte ist 994. Wir betrachten die arithmetische Folge

$$s_n = s_0 + 7n = 105 + 7n$$

und bestimmen dasjenige n mit $s_n = 994$. Hierfür ergibt sich

$$n = \frac{994 - 105}{7} = 127.$$

Daher liegen zwischen 100 und 1.000 die Zahlen $105 = s_0, s_1, \cdots, s_n = s_{127} = 994$, also genau $n + 1 = 128$ Zahlen, welche durch 7 teilbar sind. Deren Summe hat nach Satz 2.4.4 den Wert

$$\sum_{\nu=0}^{n} s_\nu = \frac{n+1}{2} \cdot (s_0 + s_n) = \frac{128}{2} \cdot (105 + 994) = 70.336.$$

2.4.2. Geometrische Folgen

2.4.8. Definition: Eine Folge $\{s_n\}_{n=0}^{\infty}$ heißt geometrische Folge, wenn $s_0 \neq 0$ ist und es eine Zahl q gibt mit

$$s_n = q \cdot s_{n-1}$$

für alle $n \in \mathbb{N}$. Diese Zahl q heißt Quotient der Folge.

2.4.9. Beispiel: Es sei $s_n = 7 \cdot \left(-\frac{3}{4}\right)^n$. Dann ist $\{s_n\}$ eine geometrische Folge, denn es gilt für alle $n \in \mathbb{N}$:

$$s_n = 7 \cdot \left(-\frac{3}{4}\right)^n = 7 \cdot \left(-\frac{3}{4}\right)^{n-1} \cdot \left(-\frac{3}{4}\right) = -\frac{3}{4} \cdot s_{n-1}.$$

Der Quotient dieser Folge ist daher $q = -\frac{3}{4}$.

Eine geometrische Folge $\{s_n\}$ ist ebenfalls eindeutig bestimmt durch ihr Anfangsglied s_0 und ihren Quotienten q. Es gilt nämlich

$$s_0 = s_0 \cdot q^0, \quad s_1 = s_0 \cdot q^1, \quad s_2 = s_1 \cdot q = s_0 \cdot q^2, \cdots$$

und allgemein

$$s_n = s_0 \cdot q^n.$$

Hieraus folgt sofort für $0 \leqslant n_0 \leqslant n$

$$s_n = s_{n_0} \cdot q^{n-n_0}.$$

Die Konvergenz einer geometrischen Folge ist demnach gekoppelt mit der Konvergenz der Folge $\{q^n\}$. Mit Satz 2.3.2 erhalten wir daher unmittelbar

2.4.10. Satz: Eine geometrische Folge $\{s_n\}$ mit dem Quotienten q konvergiert genau dann, wenn $-1 < q \leqslant 1$ ist. Im Falle $|q| < 1$ gilt $\lim_{n \to \infty} s_n = 0$; im Falle $q = 1$ ist $s_n = s_0$ für alle n.

Auch bei geometrischen Folgen ist es oft erforderlich, die Summe der ersten $n + 1$ Glieder

$$\sum_{\nu=0}^{n} s_\nu = s_0 + s_1 + \cdots + s_n$$

zu berechnen. Wir erhalten

2.4.11. Satz: Es sei $\{s_n\}$ eine geometrische Folge mit dem Quotienten q.

(1) Ist $q \neq 1$, so gilt $\displaystyle\sum_{\nu=0}^{n} s_\nu = \frac{1-q^{n+1}}{1-q}\, s_0$.

(2) Ist $q = 1$, so gilt $\displaystyle\sum_{\nu=0}^{n} s_\nu = (n+1)\, s_0$.

Beweis: Es gilt

$$\sum_{\nu=0}^{n} s_\nu = s_0 + s_0 q + s_0 q^2 + \cdots + s_0 q^n.$$

1. Im Falle $q \neq 1$ hat diese Summe nach Satz 1.4.1 den Wert $\dfrac{1-q^{n+1}}{1-q}\, s_0$.
2. Im Falle $q = 1$ sind alle $n + 1$ Summanden konstant gleich s_0, so daß deren Summe den Wert $(n + 1)s_0$ hat.

2.4.12. Beispiel: Das Radium-Isotop ^{228}Ra verliert jedes Jahr etwa 10% seiner Strahlungsintensität. Bezeichnen wir mit I_n die Strahlungsintensität nach n Jahren, so gilt für alle $n \in \mathbb{N}$

$$I_n = I_{n-1} - \frac{10}{100} \cdot I_{n-1} = \frac{9}{10}\, I_{n-1}.$$

Die Folge $\{I_n\}$ bildet also eine geometrische Folge mit dem Quotienten $q = \dfrac{9}{10}$.

Wir erhalten daher

$$I_n = \left(\frac{9}{10}\right)^n \cdot I_0 .$$

Nach $n = 4$ Jahren beträgt die Strahlungsintensität nur noch

$$I_4 = \left(\frac{9}{10}\right)^4 \cdot I_0 = \frac{6.561}{10.000} \cdot I_0 ,$$

also ist nach 4 Jahren nur noch knapp $\frac{2}{3}$ der ursprünglichen Intensität vorhanden.

2.4.13. Beispiel: Die Weltbevölkerung betrug 1976 etwa $4 \cdot 10^9$ Personen. Bei einer jährlichen Wachstumsrate von 2% gilt also für die Anzahl A_n im Jahre $1976 + n$ die Beziehung

$$A_n = A_{n-1} + \frac{2}{100} A_{n-1} = 1{,}02 \cdot A_{n-1} \qquad (n \geqslant 1),$$

so daß $\{A_n\}$ eine geometrische Folge mit dem Quotienten $q = 1{,}02$ ist. Wir erhalten

$$A_n = (1{,}02)^n \cdot A_0 = (1{,}02)^n \cdot 4 \cdot 10^9 \qquad (n \geqslant 0).$$

Nach dieser Formel beträgt die Weltbevölkerung

im Jahre 1980:	A_4	$= (1{,}02)^4$	$\cdot 4 \cdot 10^9 =$	$4{,}3 \cdot 10^9$,
im Jahre 1990:	A_{14}	$= (1{,}02)^{14}$	$\cdot 4 \cdot 10^9 =$	$5{,}3 \cdot 10^9$,
im Jahre 2000:	A_{24}	$= (1{,}02)^{24}$	$\cdot 4 \cdot 10^9 =$	$6{,}4 \cdot 10^9$,
im Jahre 2076:	A_{100}	$= (1{,}02)^{100}$	$\cdot 4 \cdot 10^9 =$	$28{,}9 \cdot 10^9$.

2.5. Potenzen

Wir haben uns in 1.2 kurz mit Potenzen der Form a^r beschäftigt, wobei a eine reelle und r eine ganze Zahl war. Unser Ziel ist es jetzt, den Ausdruck a^r für allgemeine reelle Zahlen r zu erklären. Wir beweisen zunächst eine einfache Ungleichung für Potenzen, deren Exponenten natürliche Zahlen sind.

2.5.1. Satz: Es sei $a_1 \geqslant 0$, $a_2 \geqslant 0$ und $n \in \mathbb{N}$. Dann gilt $a_1 < a_2$ genau dann, wenn $a_1^n < a_2^n$.

Beweis:

1. Es sei $0 \leqslant a_1 < a_2$. Wir zeigen, daß dann $a_1^n < a_2^n$ für alle $n \in \mathbb{N}$ gilt. Dies ist trivial, falls $n = 1$ ist. Ist $a_1^k < a_2^k$ für ein $k \geqslant 1$, so erhalten wir

$$a_1^{k+1} = a_1^k \cdot a_1 \leqslant a_1^k \cdot a_2 < a_2^k \cdot a_2 = a_2^{k+1} .$$

   Mit vollständiger Induktion ergibt sich also die Behauptung.

2. Es seien $a_1 \geqslant 0$, $a_2 \geqslant 0$ und für ein $n \in \mathbb{N}$ sei $a_1^n < a_2^n$. Wäre $a_1 = a_2$, so wäre $a_1^n = a_2^n$; wäre $a_2 < a_1$ so wäre nach 1. auch $a_2^n < a_1^n$. Also muß $a_1 < a_2$ gelten.

2.5.1. Potenzen mit rationalen Exponenten

Von grundlegender Bedeutung ist

2.5.2. Satz: Es sei $a \geqslant 0$ eine reelle Zahl und q eine natürliche Zahl. Dann gibt es genau eine reelle Zahl $x \geqslant 0$, die der Gleichung $x^q = a$ genügt.

Beweis: Ist $a = 0$, so ist $x = 0$ die eindeutig bestimmte Lösung der Gleichung $x^q = 0$. Wir brauchen daher nur den Fall $a > 0$ zu betrachten.

1. Wir konstruieren eine konvergente Folge $\{x_n\}$ mit $x_n^q \to a$. Für den Grenzwert x dieser Folge gilt dann $x^q = a$. Es sei

$$x_0 > 0, \quad x_{n+1} = x_n \cdot \left\{1 + \frac{1}{q} \cdot \left(\frac{a}{x_n^q} - 1\right)\right\} \qquad (n \geqslant 0).$$

   a) Für alle $n \geqslant 0$ ist $x_n > 0$. Im Falle $n = 0$ ist dies trivial, ist $x_k > 0$ für ein $k \geqslant 0$, so ist $\frac{1}{q}\left(\frac{a}{x_k^q} - 1\right) > -\frac{1}{q} \geqslant -1$ und daher auch $x_{k+1} > 0$. Mit vollständiger Induktion folgt die Behauptung.

   b) Mit der BERNOULLIschen Ungleichung folgt für $n \geqslant 0$

$$x_{n+1}^q = x_n^q \cdot \left\{1 + \frac{1}{q}\left(\frac{a}{x_n^q} - 1\right)\right\}^q \geqslant x_n^q \cdot \left\{1 + \frac{q}{q}\left(\frac{a}{x_n^q} - 1\right)\right\} =$$
$$= x_n^q + a - x_n^q = a.$$

   Also ergibt sich $x_n^q \geqslant a$ für alle $n \geqslant 1$.

c) Wegen $x_n > 0$, $x_n^q \geqslant a$ folgt für alle $n \geqslant 1$

$$x_{n+1} - x_n = \frac{x_n}{q} \cdot \frac{a - x_n^q}{x_n^q} \leqslant 0,$$

so daß $\{x_n\}_{n=1}^{\infty}$ monoton fallend und wegen $0 < x_n \leqslant x_1$ auch beschränkt ist. Nach dem Hauptsatz über monotone Folgen konvergiert $\{x_n\}$, der Grenzwert sei x. Wegen $x_n > 0$ für alle $n \in \mathbb{N}$ ist $x \geqslant 0$.

d) Aus der Beziehung $x_{n+1} = x_n \cdot \left\{1 + \frac{1}{q}\left(\frac{a}{x_n^q} - 1\right)\right\}$ ergibt sich

$$x_{n+1} x_n^{q-1} = x_n^q + \frac{1}{q}(a - x_n^q).$$

Hieraus erhalten wir für $n \to \infty$

$$x^q = x^q + \frac{1}{q}(a - x^q),$$

so daß $x^q = a$ sein muß.

2. Wir zeigen, daß x eindeutig bestimmt ist. Es sei $y \geqslant 0$ eine reelle Zahl mit $y^q = x^q = a$. Wäre $y < x$, so wäre nach Satz 2.5.1 auch $y^q < x^q$; wäre $y > x$, so wäre $y^q > x^q$. Also muß $y = x$ sein.

Damit ist der Satz bewiesen.

2.5.3. Definition: Es sei $a \geqslant 0$ eine reelle Zahl und q eine natürliche Zahl. Dann heißt die Lösung $x \geqslant 0$ der Gleichung $x^q = a$ die q-te Wurzel aus a. Wir schreiben

$$x = \sqrt[q]{a} = a^{\frac{1}{q}}.$$

2.5.4. Bemerkung: Es ist zu beachten, daß der Ausdruck $\sqrt[q]{a}$ nur erklärt ist, wenn $a \geqslant 0$ ist; es ist dann auch $\sqrt[q]{a} \geqslant 0$. Zusammenfassend können wir sagen, daß für $a \geqslant 0$ und $q \in \mathbb{N}$ gilt:

$$x = \sqrt[q]{a} \quad \text{genau dann, wenn} \quad x^q = a,\ x \geqslant 0.$$

2.5.5. Bemerkung: Ist $a = 0$, so hat die Gleichung $x^q = 0$ nur die Lösung $x = 0$. Ist $a > 0$ und q eine gerade Zahl, so hat die Gleichung $x^q = a$ außer der einzigen positiven Lösung $x_1 = \sqrt[q]{a}$ auch noch genau eine negative Lösung, nämlich $x_2 = -\sqrt[q]{a} = -x_1$. Es gilt ja

$$(x_2)^q = (-x_1)^q = (-1)^q \cdot x_1^q = x_1^q = a.$$

Ist $a > 0$ und q eine ungerade Zahl, so hat die Gleichung $x^q = a$ nur die eine positive Lösung $x = \sqrt[q]{a}$.

2.5.6. Bemerkung: Die in Satz 2.5.2 angegebene Folge $\{x_n\}$ mit beliebigem Startwert $x_0 > 0$ und

$$x_{n+1} = x_n \cdot \left\{1 + \frac{1}{q}\left(\frac{a}{x_n^q} - 1\right)\right\} \qquad (n \geqslant 0).$$

ist in hervorragender Weise geeignet, Wurzeln näherungsweise zu berechnen. Man kann nämlich zeigen, daß die Folge $\{x_n\}$ sehr „schnell" gegen ihren Grenzwert $x = \sqrt[q]{a}$ konvergiert. Dazu betrachten wir zwei Beispiele.

Es sei $q = 4$, $a = 625$. In diesem Falle konvergiert $\{x_n\}$ gegen $x = \sqrt[4]{625} = 5$. Wir berechnen die ersten Glieder der Folge $\{x_n\}$ bei zwei verschiedenen Startwerten x_0.

	$q = 4, a = 625, x_0 = 10$
n	x_n
0	10
1	7,656 25
2	6,090 341 756
3	5,259 420 100
4	5,018 570 415
5	5,000 102 822
6	5,000 000 003

	$q = 4, a = 625, x_0 = 4{,}5$
n	x_n
0	4,5
1	5,089 677 642
2	5,002 342 397
3	5,000 001 644
4	5,000 000 000

Für $q = 2$ geht obige Formel über in

$$x_{n+1} = \frac{1}{2}\left(x_n + \frac{a}{x_n}\right)$$

(man spricht in diesem Falle vom babylonischen Wurzelziehen). Wir berechnen für $a = 4$ die ersten Glieder der Folge $\{x_n\}$ bei zwei verschiedenen Startwerten x_0. Die Folge konvergiert nach Satz 2.5.2 gegen $x = \sqrt{4} = 2$.

	$q = 2, a = 4, x_0 = 1$
n	x_n
0	1
1	2,5
2	2,05
3	2,000 609 756
4	2,000 000 093

	$q = 2, a = 4, x_0 = 5$
n	x_n
0	5
1	2,9
2	2,139 655 172
3	2,004 557 643
4	2,000 005 181
5	2,000 000 000

Als nächstes erklären wir Potenzen mit rationalen Exponenten.

2.5.7. Definition:

(1) Es sei $a > 0$ eine reelle Zahl, und es sei r eine rationale Zahl mit $r = \frac{p}{q}$, wobei $p \in \mathbb{Z}$, $q \in \mathbb{N}$, p, q teilerfremd. Dann setzen wir

$$a^r = a^{\frac{p}{q}} = (a^{\frac{1}{q}})^p.$$

(2) Für $r > 0$ setzen wir noch $0^r = 0$.

2.5.2. Potenzen mit reellen Exponenten

Wir haben bisher die Potenz a^r für rationale Zahlen r erklärt. Jetzt wollen wir diesen Ausdruck auch für allgemeine reelle Zahlen r definieren. Wir bemerken dazu zunächst, daß jede reelle Zahl r der Grenzwert einer Folge von rationalen Zahlen ist. Ist nämlich r durch einen Dezimalbruch

$$r = r_0, r_1 r_2 r_3 \cdots$$

(ohne Periode 9) dargestellt und betrachten wir die Folge $\{s_n\}$, welche gegeben ist durch

$$
\begin{aligned}
s_0 &= r_0\\
s_1 &= r_0, r_1\\
s_2 &= r_0, r_1 r_2\\
&\vdots\\
s_n &= r_0, r_1 r_2 \cdots r_n ,
\end{aligned}
$$

so ist offenbar jedes Glied s_n ein periodischer Dezimalbruch, also eine rationale Zahl. Die Folge $\{s_n\}$ ist monoton und konvergent gegen r. Für gegebenes $a > 0$ bilden wir die Potenzen a^{s_n} (mit rationalen Exponenten) und betrachten die Folge $\{a^{s_n}\}$. Man zeigt leicht, daß diese ebenfalls monoton und beschränkt ist, also nach dem Hauptsatz über monotone Folgen konvergiert. Daher ist es möglich, folgendes zu definieren.

2.5.8. Definition: Es sei $a > 0$ eine reelle Zahl und r ebenfalls eine reelle Zahl. Wir setzen:

$$a^r = \lim_{n \to \infty} a^{s_n},$$

wobei $\{s_n\}$ die obige Folge rationaler Zahlen mit $\lim_{n \to \infty} s_n = r$ ist.

Für das Rechnen mit Potenzen mit reellen Exponenten gelten die folgenden Gesetze, die wir hier ohne Beweis angeben (siehe z. B. ENDL-LUH: Analysis I, S. 128).

2.5.9. Satz: Es seien a, a_1, a_2 positive reelle Zahlen und r, r_1, r_2 beliebige reelle Zahlen. Dann gilt:

(1) $a^{r_1} \cdot a^{r_2} = a^{r_1 + r_2}$,

(2) $a_1^r \cdot a_2^r = (a_1 a_2)^r$,

(3) $(a^{r_1})^{r_2} = a^{r_1 r_2}$.

Außerdem gelten die folgenden Ungleichungen.

2.5.10. Satz: Es seien a, a_1, a_2 positive reelle Zahlen und r, r_1, r_2 beliebige reelle Zahlen. Dann gilt:

(1) Ist $r > 0$, so ist $a_1^r < a_2^r$ genau dann, wenn $a_1 < a_2$.
Ist $r = 0$, so ist $a_1^r = a_2^r = 1$ für alle a_1 und a_2.
Ist $r < 0$, so ist $a_1^r < a_2^r$ genau dann, wenn $a_1 > a_2$.

(2) Ist $a > 1$, so ist $a^{r_1} < a^{r_2}$ genau dann, wenn $r_1 < r_2$.
Ist $a = 1$, so ist $a^{r_1} = a^{r_2} = 1$ für alle r_1 und r_2.
Ist $0 < a < 1$, so ist $a^{r_1} < a^{r_2}$ genau dann, wenn $r_1 > r_2$.

Zum Schluß zeigen wir noch, daß für jedes $a > 0$ und jede Nullfolge $\{x_n\}$ die Folge $\{a^{x_n}\}$ gegen 1 konvergiert.

2.5.11. Satz: Es sei $a > 0$ und $\{x_n\}$ eine Folge mit $\lim\limits_{n\to\infty} x_n = 0$. Dann gilt

$$\lim_{n\to\infty} a^{x_n} = 1.$$

Beweis:

1. Es sei zunächst $a \geqslant 1$. Zu $\epsilon > 0$ wählen wir eine feste natürliche Zahl m mit der Eigenschaft

$$1 - \epsilon < \frac{1}{1 + \frac{a}{m}}, \qquad 1 + \frac{a}{m} < 1 + \epsilon .$$

Wegen $x_n \longrightarrow 0$ gibt es ein N mit $-\frac{1}{m} \leqslant x_n \leqslant \frac{1}{m}$ für alle $n > N$, und es folgt $a^{-\frac{1}{m}} \leqslant a^{x_n} \leqslant a^{\frac{1}{m}}$. Setzen wir $a^{\frac{1}{m}} = 1 + t_m$, so ist $t_m \geqslant 0$, und mit der BERNOULLIschen Ungleichung ergibt sich

$$a = (1 + t_m)^m \geqslant 1 + mt_m \geqslant mt_m,$$

also

$$0 \leqslant t_m \leqslant \frac{a}{m}.$$

Hieraus folgt für alle $n > N$

$$a^{x_n} \leqslant a^{\frac{1}{m}} = 1 + t_m \leqslant 1 + \frac{a}{m} < 1 + \epsilon,$$

$$a^{x_n} \geqslant a^{-\frac{1}{m}} = \frac{1}{1 + t_m} \geqslant \frac{1}{1 + \frac{a}{m}} > 1 - \epsilon,$$

d. h. es ist $|a^{x_n} - 1| < \epsilon$ für alle $n > N$, und das bedeutet $\lim\limits_{n \to \infty} a^{x_n} = 1$.

2. Es sei $0 < a < 1$. Dann ist $b = \frac{1}{a} > 1$, und wir erhalten mit 1.

$$\lim_{n \to \infty} a^{x_n} = \lim_{n \to \infty} \left(\frac{1}{b}\right)^{x_n} = \frac{1}{\lim\limits_{n \to \infty} b^{x_n}} = 1.$$

2.6. Logarithmen

Von grundlegender Bedeutung ist

2.6.1. Satz: Es sei $b > 1$ und $c > 0$. Dann hat die Gleichung

$$b^x = c$$

genau eine Lösung $x \in \mathbb{R}$.

Der Beweis erfolgt durch Konstruktion einer konvergenten Folge $\{x_n\}$, für welche $\{b^{x_n}\}$ gegen c konvergiert. Der Grenzwert x dieser Folge $\{x_n\}$ erfüllt $b^x = c$. Auf Grund dieses Satzes ist es möglich, folgendes zu definieren.

2.6.2. Definition: Es sei $b > 1$ und $c > 0$. Die eindeutig bestimmte Lösung x der Gleichung $b^x = c$ heißt Logarithmus von c zur Basis b. Wir schreiben

$$x = \log_b c.$$

2.6.3. Bemerkung: Es ist zu beachten, daß $\log_b c$ nur für eine Basis $b > 1$ und eine Zahl $c > 0$ erklärt ist. Definitionsgemäß ist

$$x = \log_b c \quad \text{genau dann, wenn} \quad b^x = c.$$

2.6.4. Bemerkung: Die beiden wichtigsten Basen sind $b = 10$ und $b = e$. Im Falle $b = 10$ spricht man von dekadischen Logarithmen und schreibt

$$\log_{10} c = \lg c.$$

Im Falle $b = e$ spricht man von natürlichen Logarithmen und schreibt

$$\log_e c = \ln c.$$

Dekadische Logarithmen spielen eine wichtige Rolle beim numerischen Rechnen (Rechenschieber!), während die natürlichen Logarithmen bei der Beschreibung von Naturvorgängen wichtig sind. Beispiele hierzu werden wir später kennenlernen.

2.6.5. Beispiel: Es gilt:

1. $x = \log_{10} 1000$ genau dann, wenn $10^x = 1000$, also wenn $x = 3$ ist;
2. $x = \log_{\sqrt{2}} 2^4$ genau dann, wenn $(\sqrt{2})^x = 2^4$, also wenn $x = 8$ ist;
3. $x = \log_3 3^{\sqrt{2}}$ genau dann, wenn $3^x = 3^{\sqrt{2}}$, also wenn $x = \sqrt{2}$ ist;
4. $x = \log_5 5^{0{,}01}$ genau dann, wenn $5^x = 5^{0{,}01}$, also wenn $x = 0{,}01$ ist.

2.6.6. Beispiel: In einer wässrigen Lösung sind i.a. Wasserstoffionen vorhanden. Bezeichnet man mit $[H^+]$ die Konzentration dieser Ionen in $\frac{\text{mol}}{\text{l}}$, so versteht man unter dem pH-Wert der Lösung den Ausdruck

$$\text{pH} = -\lg [H^+].$$

Bei reinem Wasser ist $[H^+] = 10^{-7} \frac{\text{mol}}{\text{l}}$; der pH-Wert ist also pH = 7. Im Falle pH < 7 spricht man von saueren, im Falle pH > 7 von alkalischen Lösungen. Eine Lösung mit einer Wasserstoffionenkonzentration von $[H^+] = 10^{-2{,}87} \frac{\text{mol}}{\text{l}}$ hat einen pH-Wert von pH = 2,87, ist also eine sauere Lösung.

Für das Rechnen mit Logarithmen gelten die folgenden Gesetze.

2.6.7. Satz: Es sei $b > 1$; c, c_1, c_2 seien positiv und α sei reell.
Dann gilt:

(1) $\log_b 1 = 0, \quad \log_b b = 1;$

(2) $\log_b (c_1 c_2) = \log_b c_1 + \log_b c_2;$

(3) $\log_b (c^\alpha) = \alpha \cdot \log_b c;$

(4) $\log_b c_1 < \log_b c_2$ genau dann, wenn $c_1 < c_2$.

Beweis: Es gilt $x = \log_b c$ genau dann, wenn $b^x = c$. Also ist $b^{\log_b c} = c$.

1. Wegen $b^0 = 1$ ist $\log_b 1 = 0$, wegen $b^1 = b$ ist $\log_b b = 1$.
2. Wir erhalten

$$c_1 c_2 = b^{\log_b (c_1 c_2)},$$

$$c_1 \cdot c_2 = b^{\log_b c_1} \cdot b^{\log_b c_2} = b^{\log_b c_1 + \log_b c_2}.$$

Durch Vergleich der Exponenten folgt

$$\log_b (c_1 c_2) = \log_b c_1 + \log_b c_2.$$

3. Wir erhalten

$$c^\alpha = b^{\log_b (c^\alpha)},$$
$$c^\alpha = (b^{\log_b c})^\alpha = b^{\alpha \cdot \log_b c}.$$

Durch Vergleich der Exponenten folgt

$$\log_b (c^\alpha) = \alpha \cdot \log_b c.$$

4. Nach Satz 2.5.10 gilt

$$b^{x_1} < b^{x_2} \text{ genau dann, wenn } x_1 < x_2.$$

Setzen wir $x_1 = \log_b c_1$, $x_2 = \log_b c_2$, so erhalten wir

$$c_1 = b^{\log_b c_1} < b^{\log_b c_2} = c_2 \text{ genau dann, wenn } \log_b c_1 < \log_b c_2.$$

Bisweilen ist es erforderlich, Logarithmen mit verschiedenen Basen ineinander umzurechnen. Hierzu beweisen wir folgenden Satz.

2.6.8. Satz: Es sei $b_1 > 1$, $b_2 > 1$. Dann gilt für alle $c > 0$

$$\log_{b_2} c = M \cdot \log_{b_1} c$$

mit der Konstanten $M = \log_{b_2} b_1$.

Beweis: Wegen $c = b_1^{\log_{b_1} c}$ ist

$$\log_{b_2} c = \log_{b_2} (b_1^{\log_{b_1} c}) = \log_{b_1} c \cdot \log_{b_2} b_1 .$$

Besonders wichtig ist das Umrechnen von dekadischen Logarithmen $\lg c$ in natürliche Logarithmen $\ln c$ und umgekehrt. Dazu geht man – da man die erforderliche Konstante meistens nicht auswendig weiß – zweckmäßigerweise folgendermaßen vor. Man weiß, daß mit einer Konstanten M für alle $c > 0$ gilt

$$\ln c = M \cdot \lg c .$$

Setzt man hier speziell $c = 10$ ein, so folgt

$$\ln 10 = M \cdot \lg 10 = M.$$

Also gilt für jeden Wert $c > 0$

$$\ln c = \ln 10 \cdot \lg c, \qquad \lg c = \frac{1}{\ln 10} \cdot \ln c.$$

Numerisch ergibt sich $\ln 10 = 2{,}302585092994 \cdots$ und $\frac{1}{\ln 10} = 0{,}434294481903 \cdots$.

2.6.9. Beispiel: Es sei $b > 1$ und $\{x_n\}$ eine Folge mit $\lim\limits_{n \to \infty} x_n = 1$. Dann gilt

$$\lim_{n \to \infty} \log_b x_n = 0.$$

Ist nämlich ein $\epsilon > 0$ gegeben, so gibt es ein N mit der Eigenschaft, daß für alle $n > N$ gilt

$$\frac{1}{b^\epsilon} < x_n < b^\epsilon .$$

Durch Logarithmieren folgt $-\epsilon < \log_b x_n < \epsilon$, also $|\log_b x_n| < \epsilon$ für alle $n > N$, und das bedeutet $\lim\limits_{n \to \infty} \log_b x_n = 0$.

2.7. Beispiele zum numerischen Rechnen mit Logarithmen

Auf Grund von Satz 2.6.7 lassen sich viele komplizierte numerische Rechnungen durch die Verwendung von Logarithmen auf einfachere Rechnungen zurückfüh-

ren. Von besonderer Bedeutung sind hierbei die dekadischen Logarithmen (Logarithmen zur Basis $b = 10$). Man benötigt eine Tabelle („Logarithmentafel"), in der die Ausdrücke $\lg x$ bzw. 10^x tabelliert sind.
Wir erläutern im folgenden die Vereinfachungen gewisser numerischer Rechnungen durch die Verwendung von Logarithmen an einigen Beispielen. Dabei treten Ungenauigkeiten durch den Gebrauch der Logarithmentafel ein, welche an den entsprechenden Stellen durch das Zeichen „$\simeq$" angedeutet sind. Für präzise Rechnungen ist jedoch die Angabe von Fehlerschranken unerläßlich.

1. **Addition** und **Subtraktion** lassen sich durch die Verwendung von Logarithmen nicht weiter vereinfachen.

2. Eine **Multiplikation** läßt sich nach dem Gesetz

$$\lg(c_1 c_2) = \lg c_1 + \lg c_2$$

auf eine Addition der Logarithmen zurückführen. Potenzieren liefert danach das gewünschte Ergebnis

$$c_1 c_2 = 10^{\lg(c_1 c_2)} = 10^{\lg c_1 + \lg c_2}.$$

2.7.1. Beispiel: Es soll $x = 3{,}1 \cdot 21{,}7$ berechnet werden.

$$x = 3{,}1 \cdot 21{,}7\,,$$
$$\lg x = \lg 3{,}1 + \lg 21{,}7 \simeq 0{,}49136 + 1{,}33646 = 1{,}82782,$$
$$x \simeq 10^{1{,}82782} = 10 \cdot 10^{0{,}82782} = 67{,}27.$$

3. Eine **Division** läßt sich nach dem Gesetz

$$\lg \frac{c_1}{c_2} = \lg c_1 + \lg(c_2)^{-1} = \lg c_1 - \lg c_2$$

auf eine Subtraktion der Logarithmen zurückführen. Potenzieren liefert danach das gewünschte Ergebnis

$$\frac{c_1}{c_2} = 10^{\lg\frac{c_1}{c_2}} = 10^{\lg c_1 - \lg c_2}.$$

2.7.2. Beispiel: Es soll $x = \frac{3{,}321}{0{,}0007846}$ berechnet werden.

$$x = \frac{3{,}321}{0{,}0007846},$$

$$\begin{aligned} \lg x &= \lg 3{,}321 - \lg 0{,}0007846 = \lg 3{,}321 - \lg(7{,}846 \cdot 10^{-4}) = \\ &= 4 + \lg 3{,}321 - \lg 7{,}846 \simeq \\ &\simeq 4 + 0{,}52127 - 0{,}89465 = \\ &= 3{,}62662, \\ x &\simeq 10^{3{,}62662} \simeq 4.232{,}73. \end{aligned}$$

4. Das **Potenzieren** läßt sich nach dem Gesetz

$$\lg c^{\alpha} = \alpha \cdot \lg c$$

auf eine Multiplikation mit Logarithmen zurückführen. Potenzieren liefert danach wieder das gewünschte Ergebnis

$$c^{\alpha} = 10^{\lg c^{\alpha}} = 10^{\alpha \cdot \lg c}.$$

2.7.3. Beispiel: Es soll $x = (7{,}548)^{-\frac{2}{3}}$ berechnet werden.

$$x = (7{,}548)^{-\frac{2}{3}},$$

$$\begin{aligned} \lg x &= -\frac{2}{3} \cdot \lg 7{,}548 \simeq -\frac{2}{3} \cdot 0{,}87783 = -0{,}58522 = \\ &= -1 + 0{,}41478, \\ x &\simeq 10^{-1+0{,}41478} = \frac{1}{10} \cdot 10^{0{,}41478} \simeq \\ &\simeq 0{,}2599. \end{aligned}$$

2.8. Die FIBONACCI-Folge

Wir gehen jetzt kurz auf eine bei biologischen Problemen häufig auftretende Folge ein. Es handelt sich um die Folge der FIBONACCI-Zahlen.

2.8.1. Definition: Die Folge $\{f_n\}$, welche durch die Rekursionsformel

$$f_0 = 0, \quad f_1 = 1, \quad f_n = f_{n-1} + f_{n-2} \qquad (n \geqslant 2)$$

gegeben ist, heißt FIBONACCI-Folge.

Wir geben die ersten Glieder dieser Folge an.

n	0	1	2	3	4	5	6	7	8	9	10	11	12	13	14	15	16	17	18	19	20
f_n	0	1	1	2	3	5	8	13	21	34	55	89	144	233	377	610	987	1.597	2.584	4.181	6.765

2.8.2. Beispiel: FIBONACCI (1170–1230) stellte die Aufgabe, die Vermehrung von Kaninchen zahlenmäßig zu erfassen. Er machte die folgenden Annahmen:

1. zu Beginn des 1. Monats existiert ein Paar junger Kaninchen;
2. ein Kaninchen ist erwachsen, wenn es mindestens 2 Monate alt ist;
3. ein Paar erwachsener Kaninchen erzeugt jeden Monat ein Paar junger Kaninchen;
4. Kaninchen sterben nie

und berechnete die Anzahl der im n-ten Monat vorhandenen Kaninchenpaare.

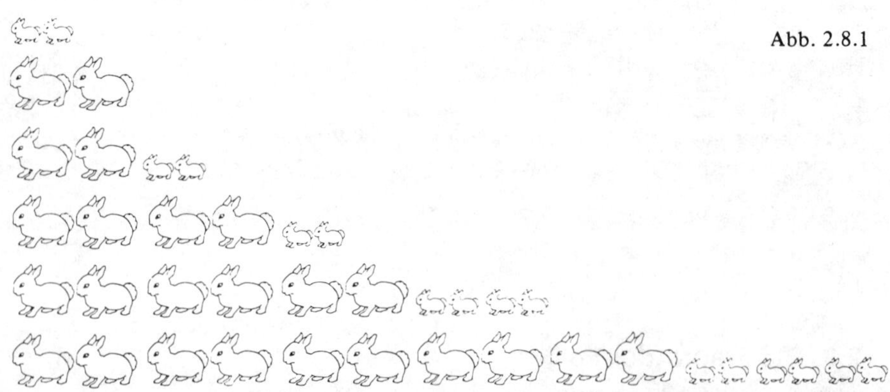

Abb. 2.8.1

Diese Anzahl ist gerade durch die Glieder der FIBONACCI-Folge gegeben.

n	erwachsene Paare	junge Paare	Gesamtzahl der Paare
1	0	1	1
2	1	0	1
3	1	1	2
4	2	1	3
5	3	2	5
6	5	3	8
7	8	5	13
8	13	8	21
9	21	13	34
10	34	21	55
11	55	34	89
12	89	55	144

Gemäß Definition 2.8.1 sind die Glieder der FIBONACCI-Folge durch eine Rekursionsformel erklärt. Es ist möglich, auch eine explizite Formel für die Glieder anzugeben.

2.8.3. Satz: Es sei $\{f_n\}$ die FIBONACCI-Folge. Dann gilt

$$f_n = \frac{1}{\sqrt{5}}(a^n - b^n) \quad \text{mit} \quad a = \frac{1}{2}(1 + \sqrt{5}),\ b = \frac{1}{2}(1 - \sqrt{5}).$$

Beweis: Die Konstanten a und b haben die Eigenschaft

$$1 + a = a^2, \qquad 1 + b = b^2.$$

1. Für $n = 0$ ist $f_0 = 0 = \dfrac{a^0 - b^0}{\sqrt{5}}$, und für $n = 1$ ist

$$f_1 = 1 = \frac{1}{\sqrt{5}}\left\{\frac{1}{2}(1 + \sqrt{5}) - \frac{1}{2}(1 - \sqrt{5})\right\} = \frac{1}{\sqrt{5}}(a^1 - b^1).$$

   Also stimmt die Behauptung für $n = 0$ und $n = 1$.

2. Es sei $k \geqslant 1$, wir nehmen an, daß die Behauptung für alle $n \leqslant k$ richtig sei. Dann folgt mit der Rekursionsformel

$$f_{k+1} = f_{k-1} + f_k = \frac{1}{\sqrt{5}}\{a^{k-1} - b^{k-1}\} + \frac{1}{\sqrt{5}}\{a^k - b^k\} =$$

$$= \frac{1}{\sqrt{5}}\{a^{k-1}(1 + a) - b^{k-1}(1 + b)\} = \frac{1}{\sqrt{5}}\{a^{k-1} \cdot a^2 - b^{k-1} \cdot b^2\} =$$

$$= \frac{1}{\sqrt{5}}\{a^{k+1} - b^{k+1}\}.$$

Mit vollständiger Induktion ergibt sich die Richtigkeit der Behauptung für alle $n \in \mathbb{N}$.

Die Konstante $a = \frac{1}{2}(1 + \sqrt{5}) = 1{,}618033989 \cdots$ spielt eine wichtige Rolle im Zusammenhang mit der FIBONACCI-Folge. So läßt sich zum Beispiel die Größenordnung der Glieder vermittels a beschreiben.

2.8.4. Satz: Es sei $\{f_n\}$ die FIBONACCI-Folge, und es sei $a = \frac{1}{2}(1 + \sqrt{5})$.

Dann gilt:

(1) $a^{n-2} \leqslant f_n \leqslant a^{n-1}$ für alle $n \geqslant 1$,

(2) $\lim\limits_{n \to \infty} \frac{f_{n+1}}{f_n} = a.$

Beweis:

1. Wir benutzen wieder, daß die Konstante $a = \frac{1}{2}(1 + \sqrt{5})$ die Eigenschaft $1 + a = a^2$ hat.

   a) Wegen $f_1 = f_2 = 1$ ist die Behauptung (1) für $n = 1$ und $n = 2$ trivialerweise erfüllt.

   b) Für ein $k \geqslant 2$ gelte (1) für alle $n \leqslant k$. Dann folgt

$$f_{k+1} = f_{k-1} + f_k \geqslant a^{k-3} + a^{k-2} = a^{k-3}(1 + a) = a^{k-3} \cdot a^2 = a^{k-1},$$
$$f_{k+1} = f_{k-1} + f_k \leqslant a^{k-2} + a^{k-1} = a^{k-2}(1 + a) = a^{k-2} \cdot a^2 = a^k.$$

   Mit vollständiger Induktion ergibt sich (1) für alle $n \in \mathbb{N}$.

2. Mit $b = \frac{1}{2}(1 - \sqrt{5})$ erhalten wir aus Satz 2.8.3 wegen $\left|\frac{b}{a}\right| < 1$:

$$\frac{f_{n+1}}{f_n} = \frac{\sqrt{5}\,(a^{n+1} - b^{n+1})}{\sqrt{5}\,(a^n - b^n)} = a \cdot \frac{1 - \left(\frac{b}{a}\right)^{n+1}}{1 - \left(\frac{b}{a}\right)^n} \to a \qquad (n \to \infty).$$

Damit ist der Satz bewiesen.

Wir berechnen für $a = \frac{1}{2}(1 + \sqrt{5}) = 1{,}618033989 \cdots$ die Ausdrücke a^{n-2}, a^{n-1} sowie f_n und $\frac{f_{n+1}}{f_n}$.

n	a^{n-2}	f_n	a^{n-1}	f_{n+1}/f_n
1	0,62	1	1,00	1,0000
2	1,00	1	1,62	2,0000
3	1,62	2	2,62	1,5000
4	2,62	3	4,24	1,6667
5	4,24	5	6,85	1,6000
6	6,85	8	11,09	1,6250
7	11,09	13	17,94	1,6154
8	17,94	21	29,03	1,6190
9	29,03	34	46,98	1,6176
10	46,98	55	76,01	1,6182

n	a^{n-2}	f_n	a^{n-1}	f_{n+1}/f_n
11	76,01	89	122,99	1,617977528
12	122,99	144	199,01	1,618055556
13	199,01	233	322,00	1,618025751
14	322,00	377	521,00	1,618037135
15	521,00	610	843,00	1,618032787
16	843,00	987	1.364,00	1,618034448
17	1.364,00	1.597	2.207,00	1,618033813
18	2.207,00	2.584	3.571,00	1,618034056
19	3.571,00	4.181	5.778,00	1,618033963
20	5.778,00	6.765	9.349,00	1,618033999

2.8.5. Beispiel: Die Folge der FIBONACCI-Zahlen tritt auch bei der Untersuchung der Blattanordnung (Phyllotaxis) von Pflanzen auf. Die Blätter einer Pflanze liegen auf einer Schraubenlinie. Benötigt man, vom 1. Blatt ausgehend, n Umläufe, um zum nächsten genau über diesem stehenden Blatt zu gelangen und passiert man dabei m Blätter, so spricht man von einer (n, m)-phyllotaxis. Bei den im Pflanzenreich vorkommenden Blattstellungen handelt es sich stets um eine (f_k, f_{k+2})-phyllotaxis, wobei f_k eine FIBONACCI-Zahl ist. Diese Gesetzmäßigkeiten garantieren, daß die Pflanzen mit ausreichend viel Licht versorgt werden. Wir geben einige Beispiele an.

(1,2)-phyllotaxis : Linde,
(1,3)-phyllotaxis : Buche,
(2,5)-phyllotaxis : Eiche,
(3,8)-phyllotaxis : Pappel,
(5,13)-phyllotaxis : Weide,
(8,21)-phyllotaxis : Pinie,
(13,34)-phyllotaxis: }
(21,55)-phyllotaxis: } Korbblütler.
(34,89)-phyllotaxis: }

Abb. 2.8.2

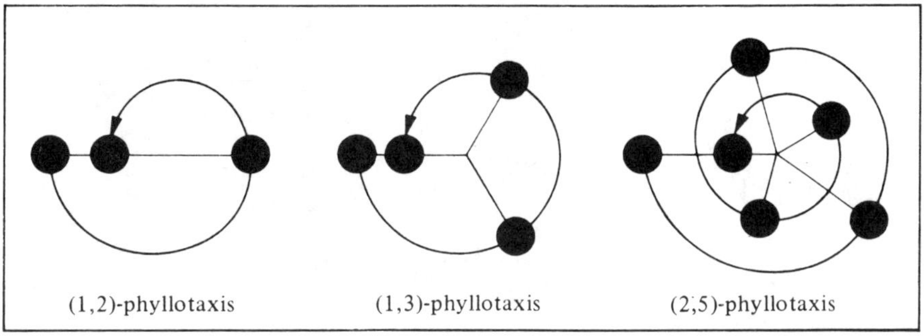

2.9. Übungsaufgaben

2.1 Die Folge $\{s_n\}$ sei definiert durch $s_n = \frac{2n}{3n+9}$. Man berechne die Glieder s_1, s_{100}, s_{1000} und vergleiche sie mit dem Wert $s = \frac{2}{3}$. Weiter gebe man zu den Zahlen $\epsilon = 0{,}1$; $\epsilon = 0{,}01$; $\epsilon = 10^{-100}$ ein N_ϵ an, so daß $|s_n - s| < \epsilon$ für alle $n > N_\epsilon$.

2.2 Man untersuche nachstehende Folgen auf Konvergenz und bestimme ggf. ihre Grenzwerte:

$$s_n = \frac{3n^2+4}{7n^3+1}, \quad t_n = \frac{2n-1}{3n+2}, \quad u_n = \frac{n^3+7n^2-1}{n^2+2}, \quad v_n = \frac{n}{2^n}, \quad w_n = \frac{2^n + 3\cdot 4^n}{3^n+4^n}.$$

2.3 Es seien a und b natürliche Zahlen. Man untersuche die Folgen

$$s_n = \frac{3n^a+4}{2+5n^b}, \quad t_n = \frac{3a^n+4}{2+5b^n}$$

auf Konvergenz und bestimme ggf. ihre Grenzwerte.

2.4 Die Folgen $\{s_n\}$ und $\{t_n\}$ seien gegeben durch:

$$s_1 = \sqrt{2}, \quad s_n = \sqrt{2\cdot s_{n-1}} \quad (n \geqslant 2); \quad t_1 = \sqrt{2}, \quad t_n = \sqrt{2 + t_{n-1}} \quad (n \geqslant 2).$$

Man untersuche, ob diese Folgen konvergieren und bestimme ggf. ihre Grenzwerte.

2.5 Man untersuche, ob die Folge $\{s_n\}$ mit $s_n = \sqrt{n+1} - \sqrt{n}$ konvergiert und bestimme ggf. ihren Grenzwert.

2.6 Man untersuche nachstehende Folgen auf Konvergenz und bestimme ggf. ihre Grenzwerte:

a) $s_n = \sqrt{n^2+n} - n,$ b) $s_n = \frac{n!}{n^n},$

c) $s_n = \frac{n^3+3}{n+1} - \frac{n^5+3n^2}{n^3+n^2+1},$ d) $s_n = \frac{(-1)^n \cdot n^4}{(n+2)^4},$

e) $s_n = \frac{e^{n+5}}{\sqrt[7]{e^{7n+4}}+2}$ f) $s_n = \frac{\sqrt{3n^3+n} - \sqrt{n}}{\sqrt{6n}\cdot\sqrt{2n^2+3}},$

g) $s_n = n\sqrt{n^2+1} - n,$ h) $s_n = \frac{(-1)^{n+1}\cdot n^2}{(-1)^{n+1}+n^2}.$

2.7 Mit Hilfe des Einschließungskriteriums zeige man, daß die Folge $\{t_n\}$ mit $t_n = \sqrt{n(n+c)} - n,\ c > 0$ konvergiert und berechne $t = \lim_{n\to\infty} t_n$. Weiter gebe man eine Abschätzung für $|t - t_n|$ an.

2.8 Man zeige durch Anwendung des Hauptsatzes über monotone Folgen, daß die Folge $\{s_n\}$ mit

$$s_n = \sum_{\nu=1}^{n} \frac{1}{\nu^2} = 1 + \frac{1}{4} + \frac{1}{9} + \cdots + \frac{1}{n^2}$$

konvergiert. Zum Nachweis der Beschränktheit zeigt man am besten (etwa durch vollständige Induktion), daß $s_n < 2 - \frac{1}{n} < 2$ für alle n ist.

2.9 Man zeige durch Anwendung des Hauptsatzes über monotone Folgen, daß die Folge $\{s_n\}$, welche durch

$$s_1 = \frac{1}{2}; \qquad s_{n+1} = s_n(2 - s_n) \qquad (n = 1, 2, \cdots)$$

definiert ist, konvergiert.
Anleitung: Man zeige, daß für alle n gilt: $0 < s_n \leqslant 1$ und $s_{n+1} \geqslant s_n$.

2.10 Man untersuche nachstehende Folgen auf Konvergenz und bestimme ggf. ihre Grenzwerte:

a) $s_n = \frac{1}{n^3} \sum_{\nu=1}^{n} \nu^2$; b) $s_n = \frac{1}{n+2} \cdot \sum_{\nu=1}^{n} \nu - \frac{n}{2}$, c) $s_n = \frac{1}{n^4} \cdot \sum_{\nu=1}^{n} \nu^3$,

d) $s_n = \frac{1}{n^2} \sum_{\nu=1}^{n} \nu^2 - \frac{n}{3}$, e) $s_n = \frac{1}{n^5} \sum_{\nu=1}^{n} \nu^3$.

2.11 Man beweise:

a) Eine Folge $\{s_n\}$ ist genau dann eine arithmetische Folge, wenn jedes Glied das arithmetische Mittel seiner Nachbarglieder ist, d. h., wenn gilt

$$2s_n = s_{n-1} + s_{n+1} \qquad \text{für alle } n \geqslant 1.$$

b) Eine Folge $\{s_n\}$ mit $s_0 \neq 0$ ist genau dann eine geometrische Folge, wenn jedes Glied das geometrische Mittel seiner Nachbarglieder ist, d. h., wenn gilt

$$s_n^2 = s_{n-1} \cdot s_{n+1} \qquad \text{für alle } n \geqslant 1.$$

c) Eine Folge $\{s_n\}$ ist genau dann gleichzeitig eine arithmetische und eine geometrische Folge, wenn $s_n = s_0$ für alle n gilt.

2.12 Es sei $\{s_n\}$ eine geometrische Folge.

a) Wann ist auch $\left\{\frac{1}{s_n}\right\}$ eine geometrische Folge?

b) Wann konvergieren sowohl $\{s_n\}$ als auch $\left\{\frac{1}{s_n}\right\}$?

c) Gilt ein entsprechendes Ergebnis für arithmetische Folgen?

2.13 Wievielmal mindestens muß man ein (hinreichend großes) Blatt Papier von 0,1 mm Stärke falten, um einen Papierstapel zu erhalten, der die Höhe des Kilimandscharo (h = 5 895 m) übertrifft?

2.14 Unter Verwendung von $\lim\limits_{n\to\infty}\left(1+\frac{1}{n}\right)^n = e$, $\lim\limits_{n\to\infty}\left(1-\frac{1}{n}\right)^n = \frac{1}{e}$ bestimme man die Grenzwerte der Folgen

a) $s_n = \left(1+\frac{1}{n}\right)^{2n}$, b) $s_n = \left(1-\frac{1}{n}\right)^{3n}$, c) $s_n = \left(1+\frac{1}{2n}\right)^{6n}$,

d) $s_n = \left(1-\frac{1}{3n}\right)^{-9n}$, e) $s_n = \left(1-\frac{1}{n^2+1}\right)^{-(2n^2+2)}$, f) $s_n = \left(1-\frac{1}{n^2}\right)^{n}$.

2.15 Einer Legende zufolge soll der Erfinder des Schachspiels sich folgende Belohnung ausbedungen haben: Er wünschte sich diejenige Menge an Weizenkörnern, die sich ergibt, wenn man auf das erste Feld des Schachbrettes ein Weizenkorn, auf das zweite zwei, auf das dritte vier etc., also auf jedes Feld die doppelte Menge an Weizenkörner legt wie auf das vorhergehende Feld. Wieviel Weizen konnte der bescheidene Mann erwarten?

2.16 Das Spektrum eines Wasserstoffatoms setzt sich aus einzelnen Linien zusammen, die, in Serien zusammengefaßt, durch Zahlenfolgen dargestellt werden. Mit der RYDBERG-Konstanten $R = 1{,}1 \cdot 10^5\ \text{cm}^{-1}$ ergeben sich für die Wellenzahlen in den einzelnen Serien folgende Beziehungen:

$f_n^{(k)} = R\left(\frac{1}{k^2} - \frac{1}{n^2}\right)$, $n > k$, $n \in \mathbb{N}$. Die einzelnen Serien tragen folgende Namen:

k	1	2	3	4	5
Serie	Lyman	Balmer	Paschen	Brackett	Pfund

Man bestimme für jede Serie die sog. Grenzwellenzahl $f^{(k)} = \lim\limits_{n\to\infty} f_n^{(k)}$ und die entsprechende Grenzwellenlänge.
(Die Wellenzahl gibt die Anzahl der Wellen pro Längeneinheit – hier pro cm – an; 1 Ångström $\triangleq 10^{-8}$ cm).

2.17 Man untersuche, ob die Folge $\{s_n\}$ mit $s_n = \frac{1\cdot 3\cdot 5\cdots(2n-1)}{2\cdot 4\cdot 6\cdots(2n)}$ konvergiert.

2.18 Man zeige durch Anwendung des Hauptsatzes über monotone Folgen, daß die Folge $\{s_n\}$ mit

$$s_1 = 1,\quad s_{n+1} = \frac{1}{4}s_n^2 + 1 \quad (n \geqslant 1)$$

konvergiert. (Man zeige zum Nachweis der Beschränktheit, daß gilt: $1 \leqslant s_n < 2$ für alle n).

2.19 Es sei $\{s_n\}$ eine arithmetische Folge und $\{t_n\}$ eine geometrische Folge. Man vervollständige nachstehende Tabellen.

s_0	5	−2	−1	
d	4	6		−3
n	9		9	9
s_n		16	39	−22

t_0	$\frac{3}{4}$	−81	125	
q	$-\frac{1}{2}$	$-\frac{1}{3}$		2,5
n	6		8	4
t_n		−1	0,2	15,625

2.20 1 l Schwefelsäure wird mit 3 l Wasser vermischt, danach wird 1 l dieser Mischung erneut mit 3 l Wasser vermischt usw. Diese Verdünnung wird insgesamt 10 mal wiederholt. Wieviel Schwefelsäure ist in der letzten Mischung noch vorhanden?

2.21 Für die Zahlen 2, 3, 5 sind folgende Näherungswerte für ihre Logarithmen gegeben: $\ln 2 \simeq 0{,}6931$; $\ln 3 \simeq 1{,}0986$; $\ln 5 \simeq 1{,}6094$.

Man berechne hiernach die Näherungswerte für ln 4; ln 9; $\ln \frac{1}{1024}$; ln 2,5; ln 125; ln 375.

2.22 a) Man bestimme den pH-Wert einer Lösung mit einer Wasserstoffionenkonzentration von $[H^+] = 3{,}7 \cdot 10^{-4}$ mol/l; $[H^+] = 103 \cdot 10^{-13}$ mol/l; $[H^+] = 0{,}02 \cdot 10^{-2}$ mol/l.

b) Das menschliche Blut hat einen pH-Wert zwischen 7,3 und 7,5 Man gebe eine Abschätzung für die Wasserstoffionenkonzentration an.

2.23 In Meereshöhe betrage der Luftdruck $p_0 = 760$ Torr. In unmittelbarer Nähe der Erdoberfläche nimmt erfahrungsgemäß der Luftdruck bei einem Höhenanstieg von 1 m um 0,1 Torr ab.

a) Welchen Wert hätte demnach der Druck in einer Höhe von $h = 10$ m, $h = 100$ m, $h = 1000$ m?

b) In welcher Höhe wäre nach der obigen Annahme der Luftdruck gleich Null?

c) Betrachtet man die Erdatmosphäre als eine „kompressible Flüssigkeit" konstanter Temperatur, dann gilt in besserer Näherung die sog. barometrische Höhenformel

$$p(h) = p_0 e^{-\alpha h}.$$

Hier ist p_0 der Druck an der Erdoberfläche, h die Höhe in m und $\alpha = 1{,}25 \cdot 10^{-4}\,\text{m}^{-1}$ eine Konstante. In welcher Höhe hat der Luftdruck den Wert $\frac{1}{2} p_0$? Wie groß ist er in 1000 m Höhe?

2.24 Man berechne folgende Potenzen ohne Verwendung irgendwelcher Hilfsmittel

a) $243^{2/5}$, b) $(15{,}625)^{-2/3}$, c) $1^{-0{,}0009}$,

d) $(0{,}0001)^{-7/2}$, e) $(10000)^{-3/4}$, f) $\left(\frac{1}{8^{0{,}04}}\right)^{5/3}$.

2.25 Die Weltbevölkerung betrug 1976 ungefähr $4 \cdot 10^9$ Personen, die jährliche Zuwachsrate ist zur Zeit etwa 2%. Wie groß war die Weltbevölkerung in den Jahren 1900, 1618, 843 unter der Hypothese, daß die Zuwachsrate zu allen Zeiten konstant ist?

2.26 Man ordne folgende Zahlen der Größe nach

$$(e^e)^{(e^e)}, \quad e^{(e^{(e^e)})}, \quad e^{(e^e)^e}, \quad ((e^e)^e)^e, \quad (e^{(e^e)})^e .$$

2.27 Es sei $s_0 = 0$, $s_1 = 1$; s_2 sei der Mittelpunkt der Strecke $\overline{s_0 s_1}$, s_3 der Mittelpunkt der Strecke $\overline{s_1 s_2}$, s_4 der Mittelpunkt der Strecke $\overline{s_2 s_3}$ usw. Gegen welchen Grenzwert konvergiert die so definierte Folge?

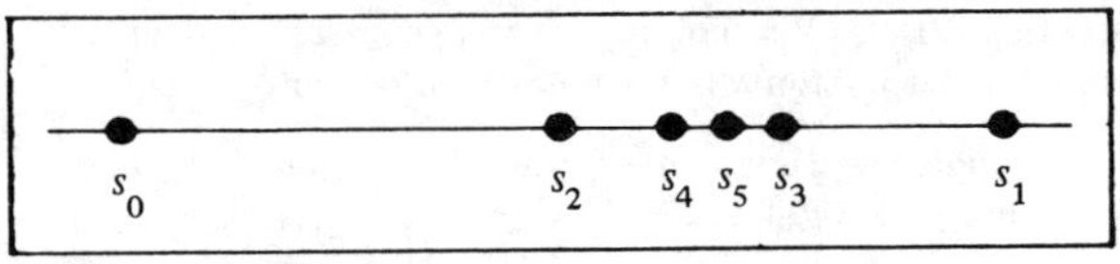

Abb. 2.9.1

2.28 Man zeige, daß die Folge $\{f_n\}$ der FIBONACCI-Zahlen für alle natürlichen Zahlen n folgenden Beziehungen genügt:

a) $1 + f_1 + f_2 + \cdots + f_n = f_{n+2}$,

b) $f_1^2 + f_2^2 + f_3^2 + \cdots + f_n^2 = f_n f_{n+1}$,

c) $f_1 + f_3 + f_5 + \cdots + f_{2n+1} = f_{2n+2}$,

d) $f_n^2 - f_{n-1} \cdot f_{n+1} = (-1)^{n+1}$.

3. FUNKTIONEN

3.1. Definitionen, Veranschaulichung von Funktionen

3.1.1. Motivierung: Auftreten von Funktionen

3.1.1. Beispiel: Ist ein ideales Gas in einem Kolben eingeschlossen, so besteht bei konstanter Temperatur nach dem BOYLE-MARIOTTEschen Gesetz zwischen seinem Druck p und seinem Volumen v die Beziehung

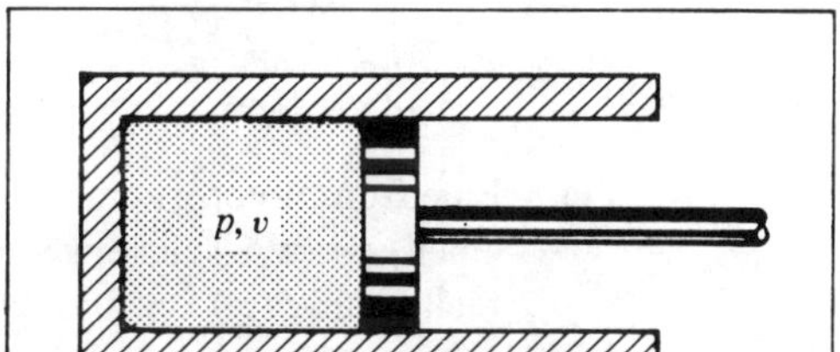

$$p \cdot v = c$$

Abb. 3.1.1

mit einer Konstanten c. Bei gegebenem Volumen v ist also p abhängig von v:

$$p = p(v) = \frac{c}{v}\ .$$

Man sagt, p sei eine ,,Funktion von v“. Das BOYLE-MARIOTTEsche Gesetz ist nur gültig innerhalb gewisser Volumengrenzen v_1, v_2. Man sagt, die ,,Funktion“ p habe als ,,Definitionsbereich“ die Menge der v-Werte mit $v_1 \leqslant v \leqslant v_2$.

Abb. 3.1.2

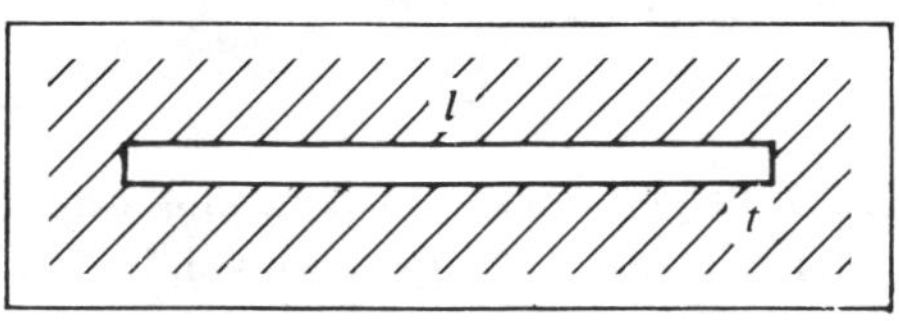

3.1.2. Beispiel: Beim Erhitzen eines Metallstabes ändert sich seine Länge nach dem Gesetz

$$l = l(t) = l_0(1 + \beta t),$$

wobei l_0 die Stablänge bei 0°C, β den linearen Ausdehnungskoeffizienten und t die Temperatur bedeutet. Auch hier ist die Länge l eine „Funktion" der Temperatur t. Obiges Gesetz ist natürlich auch nur innerhalb gewisser Grenzen von t gültig, so daß der „Definitionsbereich" der „Funktion" l ein gewisses Temperaturintervall ist.

3.1.2. Allgemeiner Begriff einer Funktion

Wir haben schon Funktionen kennengelernt: Folgen sind einfache Funktionen, die nur auf der Menge der natürlichen Zahlen erklärt sind. Jetzt erweitern wir diesen Begriff dadurch, daß wir als Definitionsbereich allgemeinere Teilmengen von $\mathbb{R}$ zulassen.

3.1.3. Definition:

(1) Eine Funktion f ist eine Vorschrift, durch welche jedem x einer gewissen Teilmenge $D(f) \subset \mathbb{R}$ in eindeutiger Weise eine reelle Zahl $f(x)$ zugeordnet wird.

(2) Die Menge $D(f)$ heißt Definitionsbereich von f.

(3) Die Menge $W(f) = \{y : y = f(x) \text{ mit } x \in D(f)\}$ heißt Wertebereich von f.

3.1.4. Bemerkung: Man macht einen Unterschied zwischen:

f : Funktionsvorschrift,
$f(x)$: Funktionswert von f an der Stelle x.

Es ist zu beachten, daß eine Funktion erst dann vollkommen bestimmt ist, wenn außer der Funktionsvorschrift auch noch der Definitionsbereich angegeben wird. Nur wenn keine Mißverständnisse zu befürchten sind, kann man von der „Funktion $y = f(x)$" sprechen.

3.1.5. Bemerkung: Die Definitionsbereiche von Funktionen werden bei uns meist Intervalle oder Vereinigungen von Intervallen sein. Es seien a und b reelle Zahlen.

Die Mengen

$[a, b] = \{x : a \leqslant x \leqslant b\}$

$(a, b) = \{x : a < x < b\}$

$[a, b) = \{x : a \leqslant x < b\}$

$(a, b] = \{x : a < x \leqslant b\}$

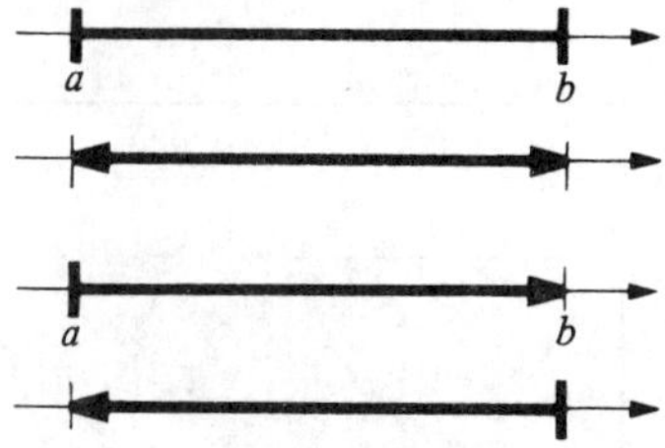

heißen endliche Intervalle; $[a, b]$ heißt abgeschlossenes, (a, b) heißt offenes Intervall. Die Mengen

$(-\infty, b) = \{x : x < b\}$

$(-\infty, b] = \{x : x \leqslant b\}$

$(a, \infty) = \{x : x > a\}$

$[a, \infty) = \{x : x \geqslant a\}$

$(-\infty, \infty) = \mathbb{R}$

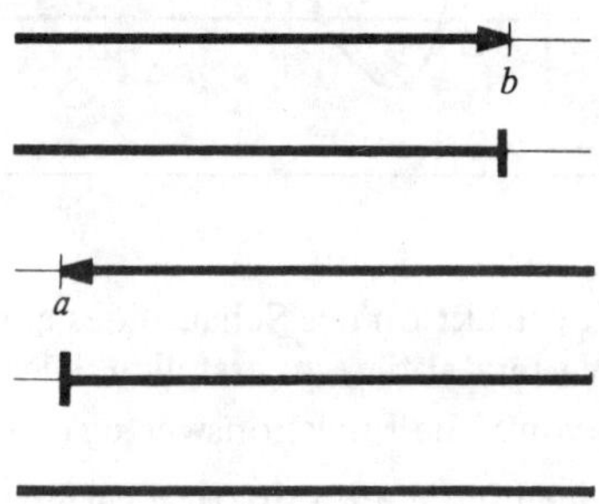

heißen unendliche Intervalle.

3.1.3. Veranschaulichung von Funktionen

Wir beschäftigen uns mit dem Problem der graphischen Darstellung einer Funktion f. Dazu benutzt man i. a. ein rechtwinkliges Koordinatensystem, also ein Paar von Zahlengeraden, welche sich in ihrem gemeinsamen Nullpunkt rechtwinklig schneiden. Dadurch wird eine Ebene erzeugt. Jedem geordneten Paar reeller Zahlen x und y ist eindeutig ein Punkt $P = (x, y)$ in dieser Ebene zu geordnet und umgekehrt.

Abb. 3.1.3

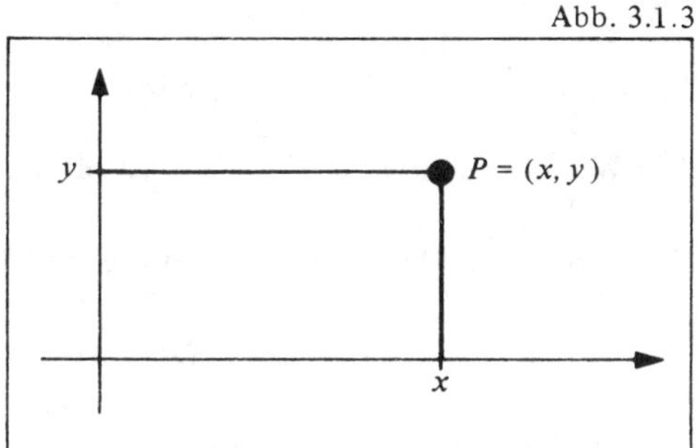

Das Schaubild oder der Graph der Funktion f ist die Menge aller Punkte $P = (x, y)$ mit $x \in D(f)$ und $y = f(x)$.

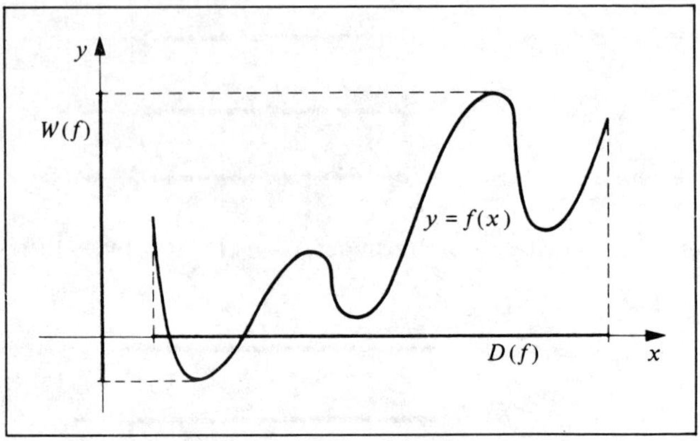

Abb. 3.1.4

Zur Konstruktion des Schaubildes einer Funktion f ist es häufig vorteilhaft, eine Wertetafel für f zu erstellen. Dies ist eine Tabelle, in welche für geeignete Werte von x die Funktionswerte $f(x)$ eingetragen werden.

Das Schaubild einer Funktion vermittelt oft einen guten Überblick über die Eigenschaften einer Funktion. Es muß jedoch betont werden, daß es nicht immer möglich ist, das Schaubild einer Funktion zu zeichnen.

3.1.4. Beispiele von Funktionen

3.1.6. Beispiel: Die Funktion f sei gegeben durch

$$f(x) = x^2, \quad D(f) = (-\infty, \infty).$$

Der Wertebereich dieser Funktion ist offenbar $W(f) = [0, \infty)$.

3.1.7. Beispiel: Die Funktion f sei gegeben durch

$$f(x) = |x|, \quad D(f) = (-\infty, \infty).$$

Der Wertebereich ist hier $W(f) = [0, \infty)$.

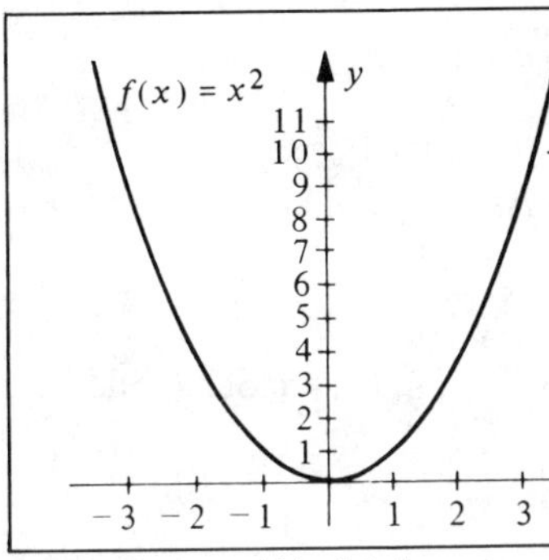

x	$f(x)$
−3	9
−2	4
−1	1
0	0
1	1
2	4
3	9

Abb. 3.1.5

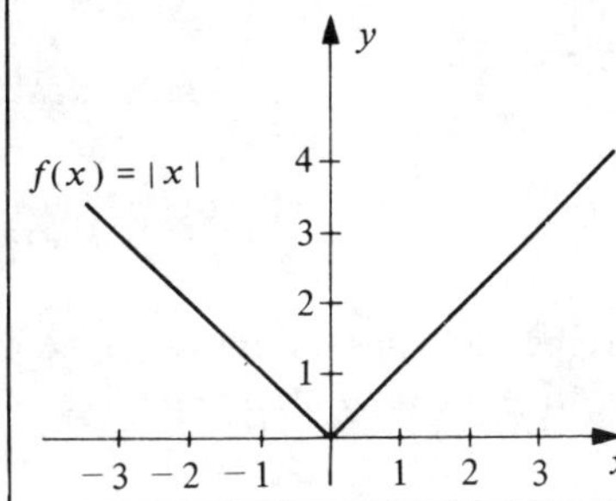

x	$f(x)$
−3	3
−2	2
−1	1
0	0
1	1
2	2
3	3

Abb. 3.1.6

3.1.8. Beispiel: Die Funktion f sei gegeben durch

$$f(x) = \sqrt{1-x^2}, \quad D(f) = [-1, 1].$$

Der Wertebereich dieser Funktion ist $W(f) = [0, 1]$. Das Schaubild stellt einen Halbkreis vom Radius 1 in der oberen Halbebene dar.

3.1.9. Beispiel: Die Funktion f sei gegeben durch

$$f(x) = \begin{cases} +1 & \text{falls } x > 0 \\ 0 & \text{falls } x = 0, \\ -1 & \text{falls } x < 0 \end{cases} \qquad D(f) = (-\infty, \infty).$$

Der Wertebereich dieser Funktion ist $W(f) = \{-1, 0, +1\}$. Man bezeichnet diese Funktion als Vorzeichenfunktion und schreibt auch $f(x) = \operatorname{sgn}(x)$ (signum von x).

Abb. 3.1.7

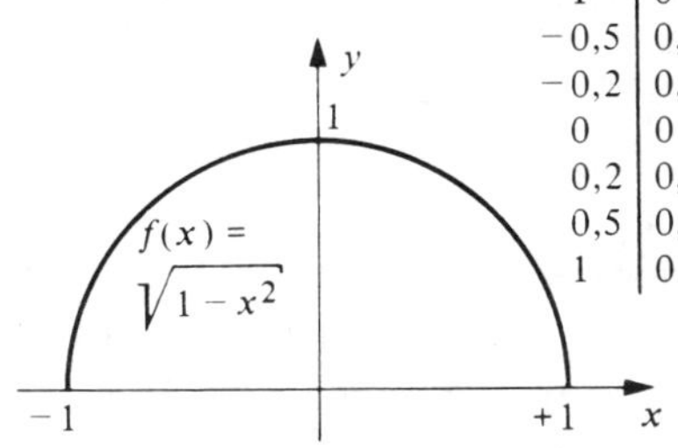

x	$f(x)$
−1	0
−0,5	0,866
−0,2	0,979
0	0
0,2	0,979
0,5	0,866
1	0

Abb. 3.1.8

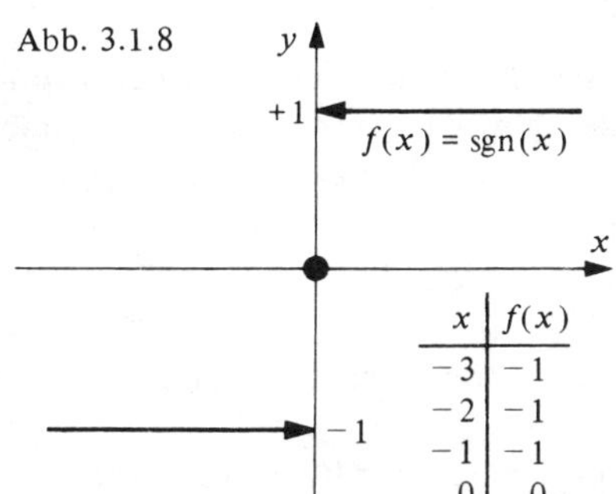

x	$f(x)$
−3	−1
−2	−1
−1	−1
0	0
1	1
2	1
3	1

3.1.10. Beispiel: Die Funktion f sei gegeben durch

$$f(x) = \begin{cases} 1 & \text{falls } x \text{ rational,} \\ 0 & \text{falls } x \text{ irrational} \end{cases} \qquad D(f) = (-\infty, \infty).$$

Der Wertebereich dieser Funktion ist die Menge $W(f) = \{0, 1\}$, ein Schaubild ist offensichtlich nicht zu zeichnen.

3.1.11. Bemerkung: In den meisten Fällen ist die Vorschrift, nach welcher die Werte $f(x)$ einer Funktion f zu berechnen sind, ein formelmäßiger Ausdruck für $f(x)$. Unter dem maximalen Definitionsbereich der Funktion f verstehen wir in diesem Falle diejenige Menge $D_{max}(f) \subset \mathbb{R}$ mit der Eigenschaft, daß die Formel für $f(x)$ für alle $x \in D_{max}(f)$ definiert ist, aber für $x \notin D_{max}(f)$ nicht definierbar ist. Zum Beispiel ist für

$$f(x) = \sqrt{x} \qquad D_{max}(f) = [0, \infty),$$

$$f(x) = \frac{1}{x} \qquad D_{max}(f) = (-\infty, 0) \cup (0, \infty).$$

Betrachtet man für f nur den maximalen Definitionsbereich, so genügt es natürlich, von der Funktion $f(x)$ zu sprechen.

3.2. Grenzwerte von Funktionen; Stetigkeit

Bisher haben wir nur Grenzwerte von Zahlenfolgen – d. h. von Funktionen einer ganzzahligen Veränderlichen – betrachtet. Diesen Begriff verallgemeinern wir jetzt für beliebige Funktionen. Grenzwerte von Funktionen werden u. a. in der Differentialrechnung von Wichtigkeit sein.

3.2.1. Grenzwerte von Funktionen

Gegeben sei eine Funktion f mit dem Definitionsbereich $D(f)$. Es sei $\{x_n\}$ eine Folge mit $x_n \in D(f)$, $x_n \neq x_0$, $x_n \to x_0$. Unser Ziel ist die Untersuchung der Folge $\{f(x_n)\}$. Dabei setzen wir stets voraus, daß der Definitionsbereich von f so beschaffen ist, daß eine solche Folge $\{x_n\}$ existiert.

3.2.1. Definition: Die Funktion f hat an der Stelle x_0 den Grenzwert g, wenn für jede Folge $\{x_n\}$ mit

$$x_n \in D(f), \quad x_n \neq x_0, \quad \lim_{n \to \infty} x_n = x_0$$

gilt

$$\lim_{n \to \infty} f(x_n) = g.$$

Wir schreiben dann auch $\lim\limits_{x \to x_0} f(x) = g$.

3.2.2. Bemerkung: Die Stelle x_0 kann zum Definitionsbereich der Funktion f gehören oder auch nicht. Ist $x_0 \in D(f)$, so spielt (wegen der Forderung $x_n \neq x_0$) der Funktionswert $f(x_0)$ bei der Grenzwertuntersuchung überhaupt keine Rolle.

3.2.3. Bemerkung: Wir schreiben $\lim\limits_{x \to +\infty} f(x) = g$, wenn für jede Folge $\{x_n\}$ mit $x_n \in D(f)$ und $\lim\limits_{n \to \infty} x_n = +\infty$ gilt $\lim\limits_{n \to \infty} f(x_n) = g$.

Analog schreiben wir $\lim\limits_{x \to -\infty} f(x) = g$, wenn für jede Folge $\{x_n\}$ mit $x_n \in D(f)$ und $\lim\limits_{n \to \infty} x_n = -\infty$ gilt $\lim\limits_{n \to \infty} f(x_n) = g$.

3.2.4. Beispiel: Wir betrachten die Funktion f mit $f(x) = x^2$ und $D(f) = (-\infty, \infty)$.

1. An der Stelle $x_0 = 2$ hat f den Grenzwert 4, denn es gilt für jede Folge $\{x_n\}$ mit $x_n \neq 2$, $x_n \to 2$

   $$f(x_n) = x_n^2 \to 4.$$

   Der Grenzwert von f an der Stelle $x_0 = 2$ stimmt hier offenbar mit dem Funktionswert an der Stelle $x_0 = 2$ überein.

2. Allgemein hat f an jeder Stelle $x_0 \in (-\infty, \infty)$ den Grenzwert $x_0^2 = f(x_0)$, denn es gilt für jede Folge $\{x_n\}$ mit $x_n \neq x_0$, $x_n \to x_0$

   $$f(x_n) = x_n^2 \to x_0^2 = f(x_0).$$

3.2.5. Beispiel: Wir betrachten die Funktion f mit

$$f(x) = \begin{cases} 1 & \text{falls } x > 0 \\ 0 & \text{falls } x = 0 \end{cases}, \qquad D(f) = [0, \infty)$$

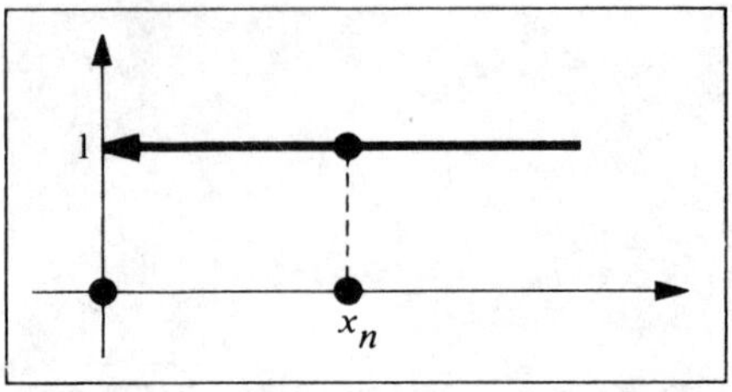

Abb. 3.2.1

und untersuchen, ob f an $x_0 = 0$ einen Grenzwert hat. Für jede Folge $\{x_n\}$ mit

$$x_n \in D(f),\ x_n \neq 0,\ x_n \to 0$$

gilt

$$f(x_n) = 1,$$

also hat f an der Stelle $x_0 = 0$ den Grenzwert 1, dieser Wert ist aber verschieden vom Funktionswert $f(0) = 0$. An jeder Stelle $x_0 > 0$ stimmen jedoch Grenzwert und Funktionswert überein.

3.2.6. Beispiel: Wir betrachten die Vorzeichenfunktion

$$f(x) = \operatorname{sgn}(x) = \begin{cases} +1 & \text{falls } x > 0 \\ 0 & \text{falls } x = 0, \\ -1 & \text{falls } x < 0 \end{cases} \quad D(f) = (-\infty, \infty)$$

und untersuchen, ob f an der Stelle $x_0 = 0$ einen Grenzwert hat. Für die Folge $\left\{\frac{1}{n}\right\}$ gilt

$$f\left(\frac{1}{n}\right) = 1 \to 1;$$

für die Folge $\left\{-\frac{1}{n}\right\}$ gilt

$$f\left(-\frac{1}{n}\right) = -1 \to -1.$$

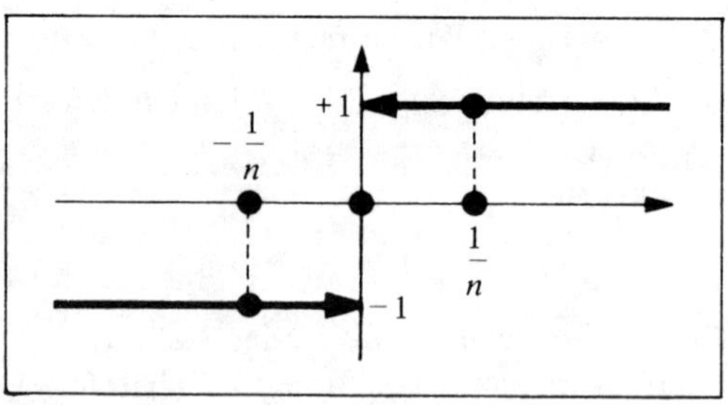

Abb. 3.2.2

Die Funktion f kann also an $x_0 = 0$ keinen Grenzwert haben (denn für jede Folge $x_n \to 0$, $x_n \neq 0$ müßte $f(x_n) \to g$ gelten). An jeder Stelle $x_0 \neq 0$ besitzt f jedoch einen Grenzwert, und dieser stimmt sogar mit dem Funktionswert überein.

3.2.7. Beispiel: Wir betrachten die Funktion f mit $f(x) = \frac{1}{x}$ und dem Definitionsbereich $D(f) = (-\infty, 0) \cup (0, \infty)$.

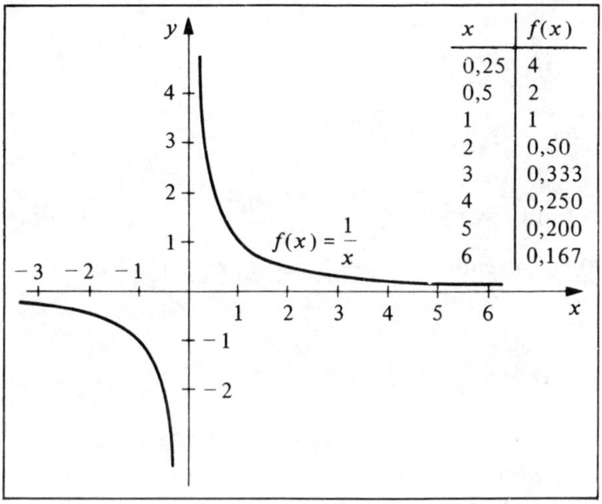

x	$f(x)$
0,25	4
0,5	2
1	1
2	0,50
3	0,333
4	0,250
5	0,200
6	0,167

Abb. 3.2.3

1. Es sei $x_0 \neq 0$ und $\{x_n\}$ eine Folge mit $x_n \in D(f)$, $x_n \neq x_0$, $x_n \to x_0$. Dann gilt

$$f(x_n) = \frac{1}{x_n} \to \frac{1}{x_0} = f(x_0).$$

Hier ist also ein Grenzwert vorhanden, welcher sogar mit dem Funktionswert übereinstimmt.

2. Es sei $x_0 = 0$. Für die Folge $\left\{\frac{1}{n}\right\}$ gilt

$$f\left(\frac{1}{n}\right) = \frac{1}{\frac{1}{n}} = n \to \infty,$$

und für die Folge $\left\{-\frac{1}{n}\right\}$ gilt

$$f\left(-\frac{1}{n}\right) = \frac{1}{-\frac{1}{n}} = -n \to -\infty.$$

Also hat f an der Stelle $x_0 = 0$ keinen Grenzwert.

3. Es sei $\{x_n\}$ eine Folge mit $x_n \longrightarrow +\infty$. Dann gilt

$$f(x_n) = \frac{1}{x_n} \longrightarrow 0.$$

Also haben wir $\lim\limits_{x \to +\infty} \frac{1}{x} = 0.$

4. Analog ist auch $\lim\limits_{x \to -\infty} \frac{1}{x} = 0.$

3.2.8. Beispiel: Die Funktion f mit $f(x) = \begin{cases} 1 & \text{falls } x \text{ rational} \\ 0 & \text{falls } x \text{ irradional} \end{cases}$ und dem Definitionsbereich $D(f) = (-\infty, \infty)$ hat offenbar an jeder Stelle x_0 keinen Grenzwert.

3.2.2. Stetigkeit von Funktionen

Wir behandeln jetzt den wichtigen Fall, daß der Grenzwert einer Funktion an der Stelle x_0 mit dem Funktionswert an x_0 übereinstimmt. In diesem Fall sagen wir: „die Funktion f ist stetig an x_0".

3.2.9. Definition:

(1) Die Funktion f heißt stetig an der Stelle $x_0 \in D(f)$, wenn für jede Folge $\{x_n\}$ mit

$$x_n \in D(f), \quad \lim_{n \to \infty} x_n = x_0$$

gilt

$$\lim_{n \to \infty} f(x_n) = f(x_0).$$

(2) Die Funktion f heißt stetig auf einer Teilmenge X von $D(f)$, wenn sie an jeder Stelle $x_0 \in X$ stetig ist.

3.2.10. Bemerkung: Im Gegensatz zur Grenzwertuntersuchung einer Funktion f an einer Stelle x_0 ist bei der Stetigkeitsuntersuchung erforderlich, daß f an x_0 definiert ist.

3.2.11. Bemerkung: Eine Funktion f heißt unstetig an $x_0 \in D(f)$, wenn sie dort nicht stetig ist. Dies bedeutet, daß es wenigstens eine Folge $\{x_n\}$ mit $x_n \in D(f)$,

$x_n \to x_0$ gibt, für welche die Folge der Funktionswerte $\{f(x_n)\}$ nicht konvergiert oder nicht gegen $f(x_0)$ konvergiert.

Über den Zusammenhang zwischen Stetigkeit und der Existenz eines Grenzwertes an x_0 ergibt sich unmittelbar

3.2.12. Satz: Es sei I ein beliebiges Intervall. Gegeben sei eine Funktion f mit $D(f) = I$. Dann ist f an $x_0 \in I$ genau dann stetig, wenn f an x_0 den Grenzwert $f(x_0)$ hat.

3.2.13. Beispiel: Es sei c eine beliebige Konstante. Dann ist die Funktion $f(x) = c$, $D(f) = (-\infty, \infty)$ stetig auf $(-\infty, \infty)$. Für jedes $x_0 \in (-\infty, \infty)$ und jede Folge $\{x_n\}$ mit $x_n \to x_0$ gilt ja dann $f(x_n) = c = f(x_0)$.

3.2.14. Beispiel: Die Funktion f mit $f(x) = x$, $D(f) = (-\infty, \infty)$ ist stetig auf $(-\infty, \infty)$. Für jedes $x_0 \in (-\infty, \infty)$ und jede Folge $\{x_n\}$ mit $x_n \to x_0$ gilt nämlich

$$f(x_n) = x_n \to x_0 = f(x_0).$$

3.2.15. Beispiel: Die Funktion f mit $f(x) = x^2$, $D(f) = (-\infty, \infty)$ ist stetig auf $(-\infty, \infty)$, weil nach Beispiel 3.2.4 an jeder Stelle x_0 Grenzwert und Funktionswert übereinstimmen.

3.2.16. Beispiel: Nach Beispiel 3.2.6 ist die Vorzeichenfunktion stetig an jeder Stelle $x_0 \neq 0$ und unstetig an $x_0 = 0$.

3.2.17. Beispiel: Nach Beispiel 3.2.8 ist die Funktion f mit

$$f(x) = \begin{cases} 1 & \text{falls } x \text{ rational} \\ 0 & \text{falls } x \text{ irrational} \end{cases}$$

unstetig an jeder Stelle $x_0 \in (-\infty, \infty)$.

3.2.18. Beispiel: Die Funktion f sei gegeben durch

$$f(x) = \begin{cases} \dfrac{x^4 - 1}{x^2 - 1} & \text{falls } x \neq 1,\ x \neq -1 \\ 2 & \text{falls } x = 1 \\ 5 & \text{falls } x = -1 \end{cases} \qquad D(f) = (-\infty, \infty).$$

Wir untersuchen, an welchen Stellen f stetig ist.

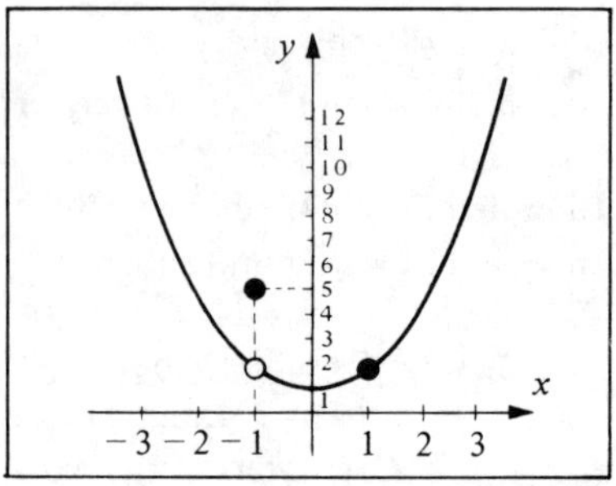

Abb. 3.2.4

1. Es sei $x_0 = 1$ und $\{x_n\}$ eine Folge mit $x_n \neq 1$, $x_n \neq -1$, $x_n \to 1$. Dann gilt:

$$f(x_n) = \frac{x_n^4 - 1}{x_n^2 - 1} = \frac{(x_n^2+1)(x_n^2-1)}{x_n^2 - 1} =$$

$$= x_n^2 + 1 \to 2 = f(1).$$

Also ist der Grenzwert von f an der Stelle 1 gleich dem Funktionswert an der Stelle 1 und damit ist f stetig an 1.

2. Es sei $x_0 = -1$ und $\{x_n\}$ eine Folge mit $x_n \neq 1$, $x_n \neq -1$, $x_n \to -1$. Dann gilt:

$$f(x_n) = \frac{x_n^4 - 1}{x_n^2 - 1} = \frac{(x_n^2+1)(x_n^2-1)}{x_n^2 - 1} = x_n^2 + 1 \to 2 \neq 5 = f(-1).$$

Also ist der Grenzwert von f an der Stelle -1 verschieden vom Funktionswert an der Stelle -1 und damit ist f unstetig an -1.

3. Für jedes x_0 mit $x_0 \neq 1$, $x_0 \neq -1$ ist f trivialerweise stetig.

Es folgt, daß f an allen Stellen $x_0 \neq -1$ stetig ist.

3.2.3. Arithmetische Operationen mit stetigen Funktionen

Wir wollen jetzt untersuchen, ob Summen, Produkte und Quotienten stetiger Funktionen wieder stetige Funktionen ergeben.

Sind zwei Funktionen f und g mit den Definitionsbereichen $D(f)$ bzw. $D(g)$ gegeben, so verstehen wir unter:

$f+g$ die Funktion mit $(f+g)(x) = f(x)+g(x)$; $D(f+g) = D(f) \cap D(g)$,

$f \cdot g$ die Funktion mit $(f \cdot g)(x) = f(x) \cdot g(x)$; $D(f \cdot g) = D(f) \cap D(g)$,

$\frac{f}{g}$ die Funktion mit $\frac{f}{g}(x) = \frac{f(x)}{g(x)}$; $D\left(\frac{f}{g}\right) = D(f) \cap \{x : x \in D(g), g(x) \neq 0\}$.

Über die Stetigkeit der durch diese algebraische Operationen entstandenen Funktionen gilt nun

3.2.19. Satz: Die Funktionen f und g seien stetig an x_0. Dann gilt:

(1) $f + g$ ist stetig an x_0,

(2) $f \cdot g$ ist stetig an x_0,

(3) $\frac{f}{g}$ ist stetig an x_0 sofern $g(x_0) \neq 0$.

Beweis: Es sei $\{x_n\}$ eine Folge mit $x_n \in D(f) \cap D(g)$, $x_n \to x_0$. Aus der Stetigkeit von f und g folgt dann $f(x_n) \to f(x_0)$, $g(x_n) \to g(x_0)$. Mit Satz 2.1.21 erhalten wir

$$(f+g)(x_n) = f(x_n) + g(x_n) \to f(x_0) + g(x_0) = (f+g)(x_0),$$

$$(f \cdot g)(x_n) = f(x_n) \cdot g(x_n) \to f(x_0) \cdot g(x_0) = (f \cdot g)(x_0).$$

Ist zusätzlich $x_n \in D\left(\frac{f}{g}\right)$, also $g(x_n) \neq 0$, so folgt

$$\frac{f}{g}(x_n) = \frac{f(x_n)}{g(x_n)} \to \frac{f(x_0)}{g(x_0)} = \frac{f}{g}(x_0).$$

Damit ist der Satz bewiesen.

3.2.20. Bemerkung: Der Satz 3.2.19 ist natürlich auch im Falle von endlich vielen Summanden bzw. Faktoren gültig.

3.2.4. Die Stetigkeit der einfachsten Funktionen

3.2.21. Definition:

(1) Ein Polynom P vom Grad n ist eine Funktion mit $D(P) = (-\infty, \infty)$ und

$$P(x) = a_0 + a_1 x + a_2 x^2 + \cdots + a_n x^n \quad \text{mit } a_n \neq 0.$$

(2) Eine rationale Funktion R ist der Quotient zweier Polynome:

$$R(x) = \frac{P(x)}{Q(x)}; \qquad D(R) = \{x : Q(x) \neq 0\}.$$

Über die Stetigkeit von Polynomen und rationalen Funktionen ergibt sich sehr leicht

3.2.22. Satz:

(1) Ein Polynom ist stetig auf $(-\infty, \infty)$.

(2) Eine rationale Funktion R ist stetig auf $D(R)$.

Beweis: Nach Beispiel 3.2.13 sind Konstanten auf $(-\infty, \infty)$ stetig, nach Beispiel 3.2.14 ist x stetig auf $(-\infty, \infty)$. Durch mehrmalige Anwendung von Satz 3.2.19 ergibt sich die Stetigkeit von Polynomen auf $(-\infty, \infty)$.

Eine rationale Funktion $R(x) = \dfrac{P(x)}{Q(x)}$ ist nach Satz 3.2.19 stetig an allen Stellen x mit $Q(x) \neq 0$, also auf $D(R)$.

Als nächstes beweisen wir die Stetigkeit allgemeiner Exponentialfunktionen.

3.2.23. Satz: Es sei $a > 0$. Dann ist die Exponentialfunktion

$$f(x) = a^x, \qquad D(f) = (-\infty, \infty)$$

stetig auf $(-\infty, \infty)$.

Beweis: Es sei $x_0 \in (-\infty, \infty)$ und $\{x_n\}$ eine Folge mit $x_n \to x_0$ $(n \to \infty)$. Wegen $x_n - x_0 \to 0$ folgt mit Satz 2.5.11

$$f(x_n) = a^{x_n} = a^{x_n - x_0} \cdot a^{x_0} \to 1 \cdot a^{x_0} = f(x_0) \qquad (n \to \infty).$$

Damit ist für jedes $a > 0$ die Stetigkeit der Exponentialfunktion $f(x) = a^x$ bewiesen. Insbesondere ist die „wichtigste“ Exponentialfunktion $f(x) = e^x$ stetig auf $(-\infty, \infty)$ (siehe Abb. 3.2.5).

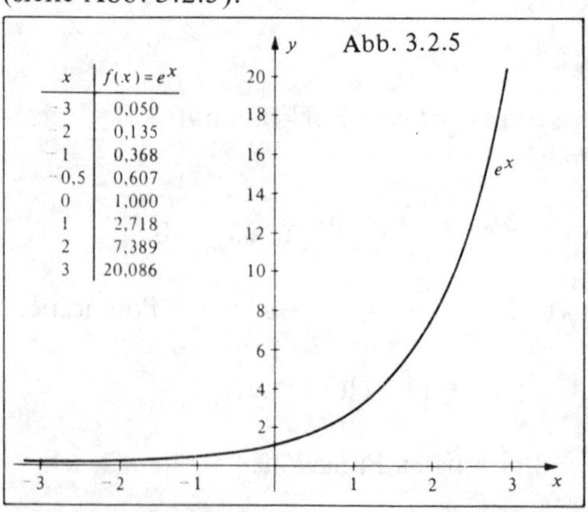

Abb. 3.2.5

x	$f(x) = e^x$
-3	0,050
-2	0,135
-1	0,368
-0,5	0,607
0	1,000
1	2,718
2	7,389
3	20,086

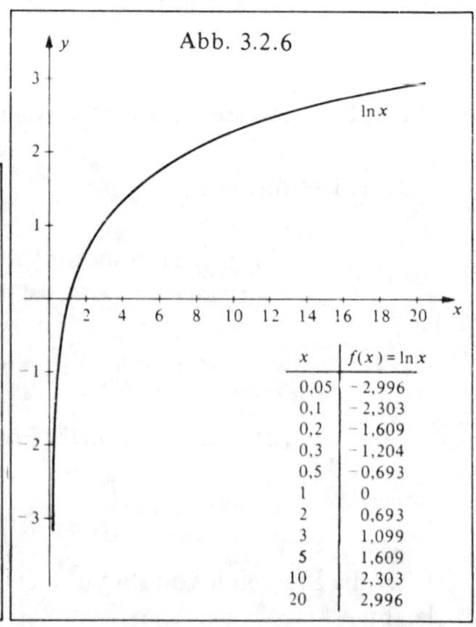

Abb. 3.2.6

x	$f(x) = \ln x$
0,05	-2,996
0,1	-2,303
0,2	-1,609
0,3	-1,204
0,5	-0,693
1	0
2	0,693
3	1,099
5	1,609
10	2,303
20	2,996

3.2.24. Satz: Es sei $b > 1$. Dann ist die Logarithmusfunktion

$$f(x) = \log_b x\,, \qquad D(f) = (0, \infty)$$

stetig auf $(0, \infty)$.

Beweis: Es sei $x_0 \in (0, \infty)$ und $\{x_n\}$ eine Folge mit $x_n \in (0, \infty)$ und $x_n \to x_0$ $(n \to \infty)$. Wegen $\frac{x_n}{x_0} \to 1$ folgt nach Beispiel 2.6.9

$$f(x_n) = \log_b x_n = \log_b \left(\frac{x_n}{x_0} \cdot x_0 \right) = \log_b \frac{x_n}{x_0} + \log_b x_0 \to \log_b x_0 = f(x_0).$$

Damit ist für jedes $b > 1$ die Stetigkeit der Logarithmusfunktion $f(x) = \log_b x$ bewiesen. Insbesondere ist die „wichtigste“ Logarithmusfunktion $f(x) = \ln x$ stetig auf $(0, \infty)$ (siehe Abb. 3.2.6).

3.2.25. Satz: Es sei r eine reelle Zahl. Dann ist die Potenzfunktion

$$f(x) = x^r, \qquad D(f) = (0, \infty)$$

stetig auf $(0, \infty)$.

Beweis: Es sei $x_0 \in (0, \infty)$ und $\{x_n\}$ eine Folge mit $x_n \in (0, \infty)$ und $x_n \to x_0$ $(n \to \infty)$. Wir müssen zeigen

$$f(x_n) = x_n^r \to x_0^r = f(x_0).$$

Es gilt

$$x_n^r = e^{r \cdot \ln x_n}\,, \qquad x_0^r = e^{r \cdot \ln x_0}.$$

Wegen der Stetigkeit der Funktion $\ln x$ folgt

$$r \cdot \ln x_n \to r \cdot \ln x_0.$$

Mit der Stetigkeit der Funktion e^x ergibt sich daher

$$f(x_n) = x_n^r = e^{r \cdot \ln x_n} \to e^{r \cdot \ln x_0} = x_0^r = f(x_0).$$

Damit ist für jedes $r \in \mathbb{R}$ die Stetigkeit der Potenzfunktion $f(x) = x^r$ auf $(0, \infty)$

bewiesen. Ist $r > 0$, so ergibt sich auch die Stetigkeit an $x_0 = 0$, also ist in diesem Falle $f(x) = x^r$ stetig auf $[0, \infty)$. Insbesondere ist die Funktion $f(x) = \sqrt{x}$ stetig auf $[0, \infty)$.

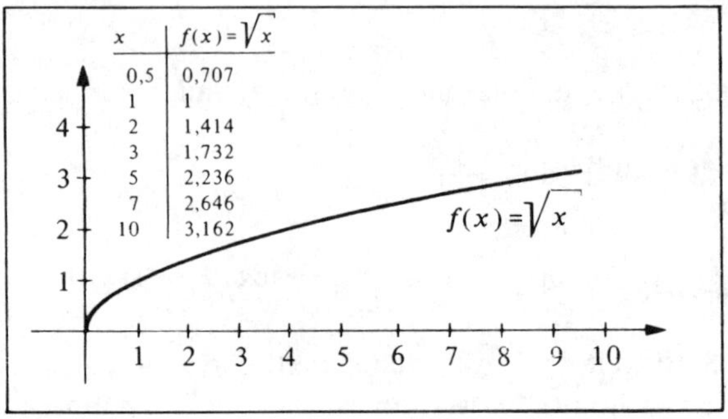

Abb. 3.2.7

3.3. Eigenschaften stetiger Funktionen

Unser Ziel ist die Formulierung wichtiger Sätze über Funktionen, die in abgeschlossenen Intervallen stetig sind. Die Aussagen dieser Sätze sind anschaulich vollkommen klar; ihre Beweise erfordern etwas tieferliegende Hilfsmittel (z. B. über beschränkte Zahlenfolgen), auf die wir hier nicht eingehen können.

3.3.1. **Satz** (Beschränktheit): Die Funktion f sei stetig auf dem abgeschlossenen Intervall $[a, b]$. Dann ist f beschränkt, d. h. es gibt eine Konstante M, so daß $|f(x)| \leqslant M$ ist für alle $x \in [a, b]$.

3.3.2. **Bemerkung**: Der Satz gilt nicht, wenn f nur im offenen Intervall (a, b) stetig ist. So ist etwa die Funktion f mit $f(x) = \frac{1}{x}$ stetig in $(0, 1)$, aber nicht beschränkt. Der Satz gilt außerdem nicht, wenn f zwar im abgeschlossenen Intervall $[a, b]$ erklärt, aber nicht stetig ist. So ist etwa die Funktion f mit

$$f(x) = \begin{cases} \frac{1}{x} & \text{falls } x \in (0, 1] \\ 0 & \text{falls } x = 0 \end{cases}, \qquad D(f) = [0, 1]$$

unbeschränkt in $[0, 1]$ (siehe Abb. 3.3.2).

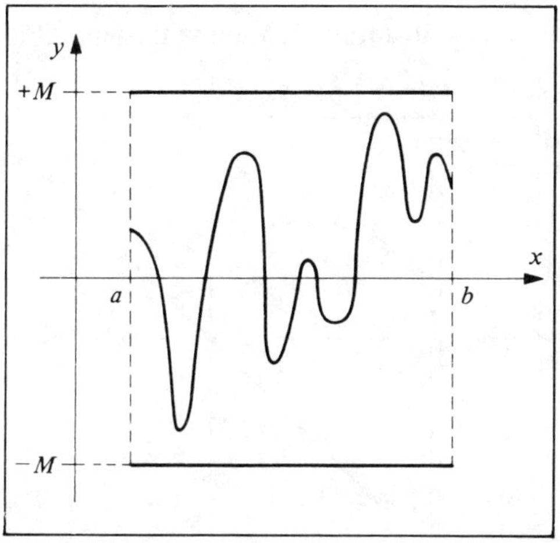

Abb. 3.3.1

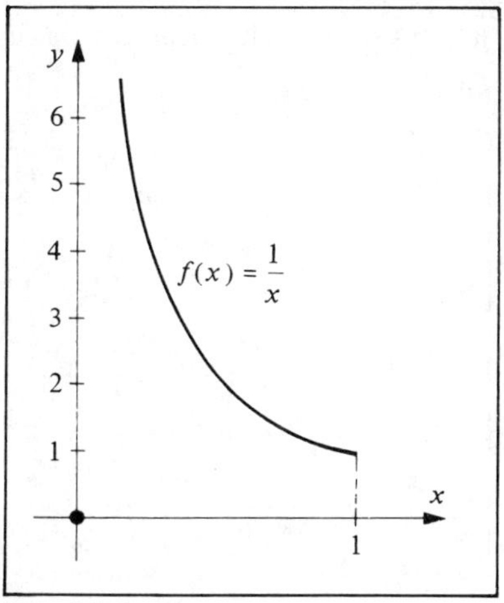

Abb. 3.3.2

3.3.3. Definition: Die Funktion f hat

(1) an einer Stelle $\xi \in D(f)$ ein absolutes Maximum, wenn $f(\xi) \geqslant f(x)$ ist für alle $x \in D(f)$; wir schreiben $f(\xi) = \max\limits_{D(f)} f(x)$;

(2) an einer Stelle $\eta \in D(f)$ ein absolutes Minimum, wenn $f(\eta) \leqslant f(x)$ ist für alle $x \in D(f)$; wir schreiben $f(\eta) = \min\limits_{D(f)} f(x)$.

Über das Auftreten absoluter Maxima und Minima bei stetigen Funktionen gilt

3.3.4. Satz (Maximum-Minimum): Die Funktion f sei stetig auf dem abgeschlossenen Intervall $[a, b]$. Dann hat f

(1) an wenigstens einer Stelle $\xi \in [a, b]$ ein absolutes Maximum,

(2) an wenigstens einer Stelle $\eta \in [a, b]$ ein absolutes Minimum.

3.3.5. Bemerkung: Der Satz gilt nicht, wenn f nur im offenen Intervall (a, b) stetig ist; die Funktion $f(x) = \frac{1}{x}$ hat in $(0, 1)$ kein absolutes Maximum und kein absolutes Minimum. Er gilt außerdem nicht, wenn f zwar in $[a, b]$ erklärt, aber nicht stetig ist. Die Funktion f mit

$$f(x) = x \quad \text{falls } -1 < x < +1,\ f(-1) = f(1) = 0; \quad D(f) = [-1, 1]$$

hat in $[-1, 1]$ kein absolutes Maximum und kein absolutes Minimum (siehe Abb. 3.3.4).

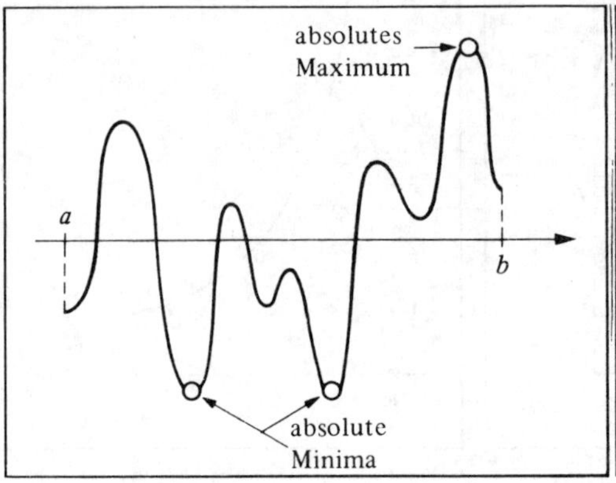

Abb. 3.3.3

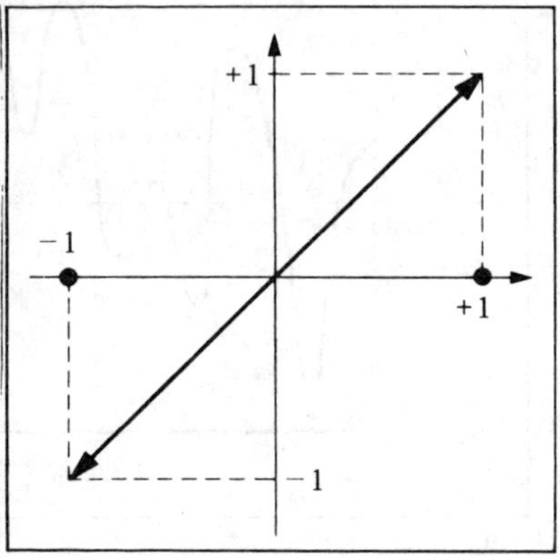

Abb. 3.3.4

In der Differentialrechnung werden wir Kriterien für die Bestimmung von Maxima und Minima kennenlernen.

3.3.6. Satz (Zwischenwertsatz): Die Funktion f sei stetig auf dem abgeschlossenen Intervall $[a, b]$. Es sei η eine Zahl mit

$$\min_{[a,b]} f(x) \leqslant \eta \leqslant \max_{[a,b]} f(x).$$

Dann gibt es ein $\xi \in [a, b]$ mit $f(\xi) = \eta$.

3.3.7. Bemerkung: Der Satz besagt, daß jeder Wert zwischen $\min\limits_{[a,b]} f(x)$ und $\max\limits_{[a,b]} f(x)$ mindestens einmal (evtl. sogar mehrmals) als Funktionswert angenommen wird. Er gilt nicht, wenn f unstetig ist. Betrachten wir etwa die Funktion

$$f(x) = \begin{cases} -1 & \text{falls } -1 \leqslant x < 0 \\ +1 & \text{falls } \quad 0 \leqslant x \leqslant 1 \end{cases}, \qquad D(f) = [-1, 1],$$

so gilt $\min\limits_{[-1,1]} f(x) = -1$, $\max\limits_{[-1,1]} f(x) = +1$, aber es gibt kein ξ mit $f(\xi) = 0$ (siehe Abb. 3.3.6).

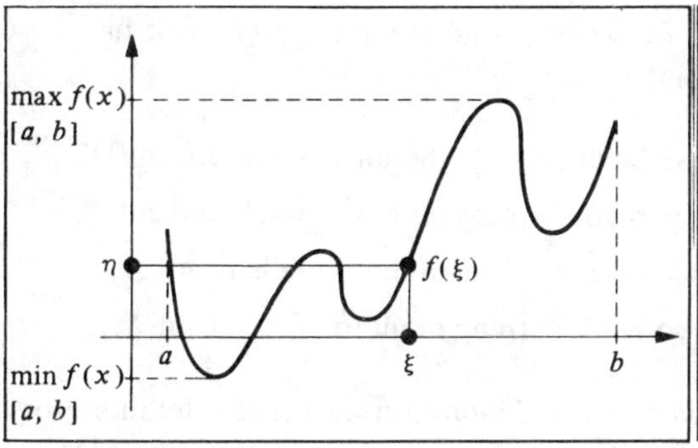

Abb. 3.3.5

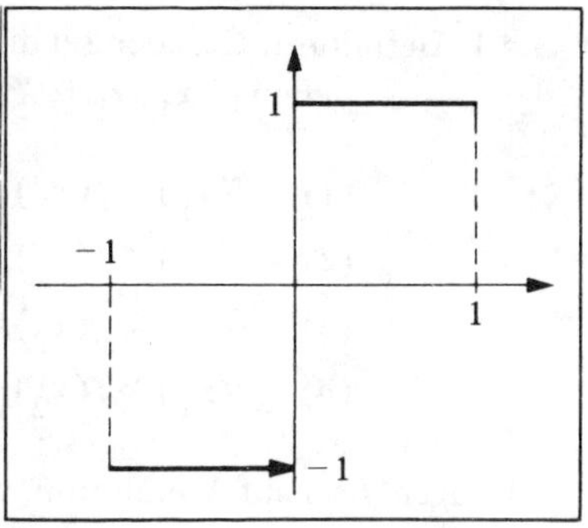

Abb. 3.3.6

3.4. Monotone Funktionen; Umkehrfunktionen

Eine Funktion f ordnet jedem $x \in D(f)$ in eindeutiger Weise ein $y \in W(f)$ zu. Bisweilen ist es erforderlich, durch eine sog. Umkehrfunktion f^* jedem Wert $y \in W(f)$ eindeutig einen Wert $x \in D(f)$ zuzuordnen. Dies ist jedoch nicht für jede Funktion f möglich. Dazu betrachten wir das Beispiel

$$y = f(x) = x^2\,, \qquad D(f) = [-1, 1].$$

Der Punkt $y = 1$ hat dann zwei Urbilder, nämlich $x_1 = -1$ und $x_2 = +1$, die beide $f(-1) = f(+1) = 1$ erfüllen. Eine eindeutige Zuordnung der x-Werte zu den y-Werten ist also hier nicht möglich.
Zur Umkehrung einer Funktion f ist es vielmehr erforderlich, daß f so beschaffen ist, daß aus $x_1, x_2 \in D(f)$ mit $x_1 \neq x_2$ stets folgt $f(x_1) \neq f(x_2)$, daß also jeder Punkt $y \in W(f)$ genau ein Urbild $x \in D(f)$ hat. Eine solche Funktion nennt man auch eineindeutig, sie besitzt offenbar eine Umkehrfunktion f^*, welche gegeben ist durch

$$\begin{aligned} f^*(y) &= x\,, \qquad \text{wobei} \quad y = f(x),\\ D(f^*) &= W(f). \end{aligned}$$

Ferner gilt $W(f^*) = D(f)$ sowie folgende einfache Beziehungen:

$$f^*(f(x)) = x, \qquad f(f^*(y)) = y, \qquad (f^*)^* = f.$$

Unser Ziel ist die Untersuchung von Funktionen, welche Umkehrfunktionen besitzen. Dazu beschäftigen wir uns zunächst mit monotonen Funktionen.

3.4.1. Definition: Gegeben sei die Funktion f; und es sei $X \subset D(f)$. Gilt für beliebige $x_1, x_2 \in X$ mit $x_1 < x_2$

(1) $f(x_1) \leq f(x_2)$, so heißt f monoton wachsend auf X,

(2) $f(x_1) < f(x_2)$, so heißt f streng monoton wachsend auf X,

(3) $f(x_1) \geq f(x_2)$, so heißt f monoton fallend auf X,

(4) $f(x_1) > f(x_2)$, so heißt f streng monoton fallend auf X.

Wir sagen, f sei auf X monoton, wenn f auf X monoton wachsend oder monoton fallend ist, und wir sagen, f sei auf X streng monoton, wenn f auf X entweder streng monoton wachsend oder streng monoton fallend ist.

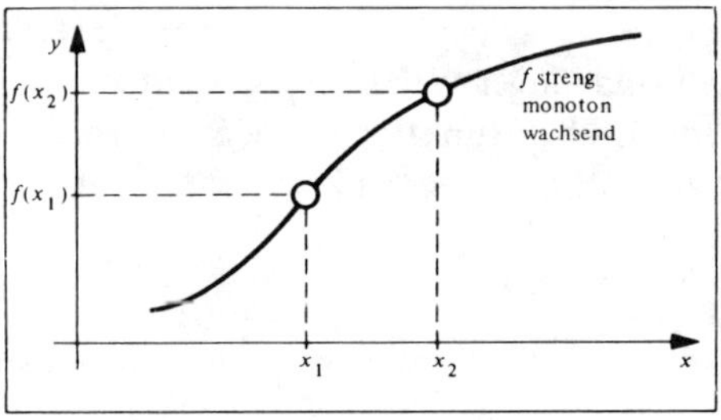

Abb. 3.4.1

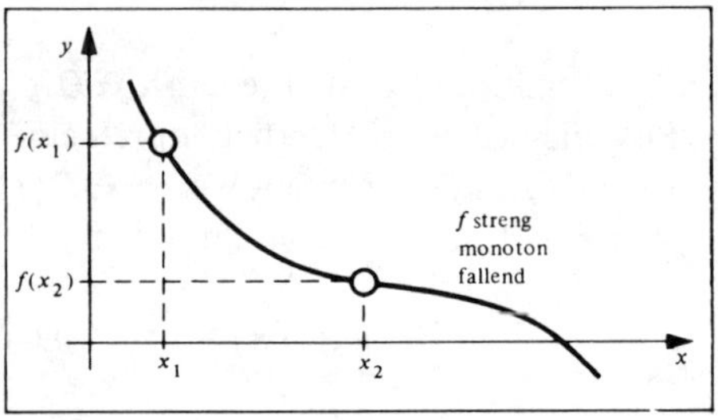

Abb. 3.4.2

3.4.2. Beispiel:

1. $f(x) = e^x$ ist auf $(-\infty, \infty)$ streng monoton wachsend; ist nämlich $x_1 < x_2$, so folgt aus Satz 2.5.10 auch $e^{x_1} < e^{x_2}$.

2. $f(x) = \ln x$ ist auf $(0, \infty)$ streng monoton wachsend; ist nämlich $0 < x_1 < x_2$, so folgt aus Satz 2.6.7 auch $\ln x_1 < \ln x_2$.

3. $f(x) = x^{-n}$ $(n \in \mathbb{N})$ ist auf $(0, \infty)$ streng monoton fallend; ist nämlich $0 < x_1 < x_2$, so folgt aus Satz 2.5.10 zunächst $x_1^n < x_2^n$ und daher $x_1^{-n} > x_2^{-n}$.

4. $f(x) = \operatorname{sgn}(x)$ ist monoton wachsend auf $(-\infty, \infty)$.

Ist die Funktion f streng monoton auf $[a, b]$, so besitzt sie offenbar eine Umkehrfunktion f^*. Die Eigenschaften von f^* fassen wir im folgenden Satz ohne Beweis zusammen.

3.4.3. Satz: Die Funktion $y = f(x)$ sei stetig und streng monoton auf $[a, b]$. Dann existiert die Umkehrfunktion $x = f^*(y)$, und es gilt:

(1) Ist f auf $[a, b]$ streng monoton wachsend, so ist f^* auf $[f(a), f(b)]$ stetig und streng monoton wachsend.

(2) Ist f auf $[a, b]$ streng monoton fallend, so ist f^* auf $[f(b), f(a)]$ stetig und streng monoton fallend.

3.4.4. Bemerkung: Die Umkehrfunktion $x = f^*(y)$ stellt gemäß ihrer Entstehung im Schaubild dieselbe Bildkurve wie $y = f(x)$ dar. Falls keine Verwechslungen zu befürchten sind, kann man die Funktion f^* wieder in Abhängigkeit von x be-

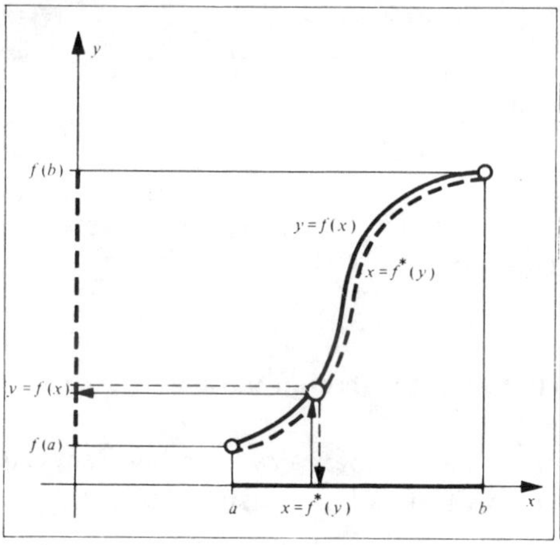

Abb. 3.4.3

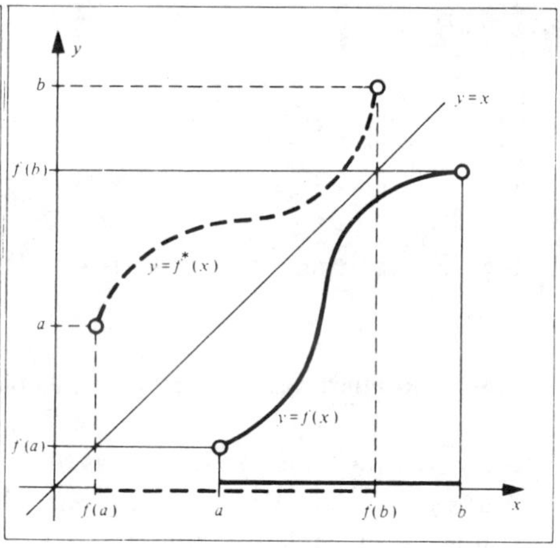

Abb. 3.4.4

trachten, also $y = f^*(x)$ bilden. Dies bedeutet eine Vertauschung der Variablen x und y. Das Schaubild der Bildkurve $y = f^*(x)$ geht daher aus dem Schaubild der Bildkurve $x = f^*(y)$ oder $y = f(x)$ durch Spiegelung an der Geraden $y = x$ hervor (siehe Abb. 3.4.3 und Abb. 3.4.4).

3.4.5. Beispiel: Die in $(-\infty, \infty)$ streng monoton wachsende Funktion $f(x) = e^x$ hat die ebenfalls streng monoton wachsende Umkehrfunktion $f^*(x) = \ln x$.

3.4.6. Beispiel: Für $n \in \mathbb{N}$ hat die in $[0, \infty)$ streng monoton wachsende Funktion

$f(x) = x^n$ die in $[0, \infty)$ ebenfalls streng monoton wachsende Umkehrfunktion $f^*(x) = \sqrt[n]{x}$.

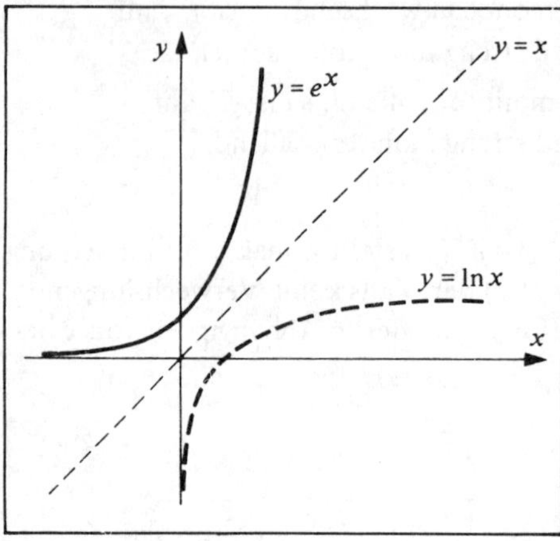

Abb. 3.4.5

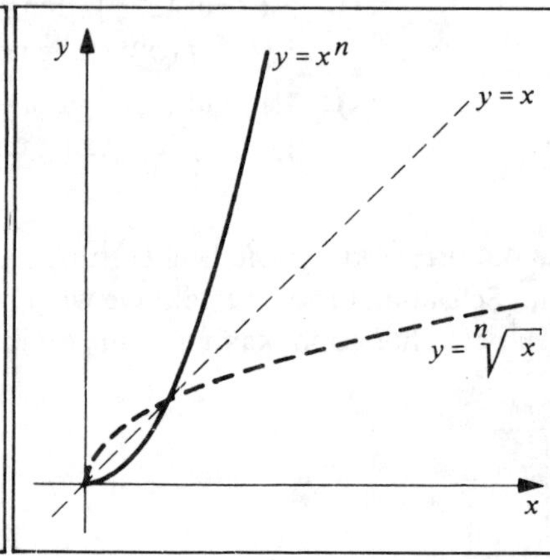

Abb. 3.4.6

3.5. Funktionen mit mehreren Variablen

3.5.1. Motivierung: Auftreten von Funktionen mit mehreren Variablen

3.5.1. **Beispiel**: Für ein reales Gas besteht bei der Temperatur t zwischen dem Gasdruck p und dem Molvolumen v nach der VAN DER WAALSschen Zustandsgleichung die folgende Beziehung:

$$p = p(t, v) = \frac{t \cdot R}{v - b} - \frac{a}{v^2}.$$

Dabei ist R die allgemeine Gaskonstante, a und b sind gasspezifische Konstanten. Der Druck p ist also hier nicht nur von einer Variablen, sondern von 2 Variablen (nämlich dem Paar (t, v)) abhängig und ändert sich, wenn t oder v sich ändert. Man sagt, p sei eine „Funktion von 2 Variablen". Obige Beziehung für p ist natürlich nur dann gültig, wenn t und v innerhalb gewisser Grenzen variieren, etwa $t_1 \leqslant t \leqslant t_2$ und $v_1 \leqslant v \leqslant v_2$. Man sagt, der „Definitionsbereich" der Funktion $p = p(t, v)$ sei die Menge

$$D(p) = \{(t, v) : t_1 \leqslant t \leqslant t_2 \quad \text{und} \quad v_1 \leqslant v \leqslant v_2\}.$$

3.5.2. Beispiel: An eine Wechselspannungsquelle mit maximaler Amplitude U und der Frequenz ω seien hintereinander ein Leiter mit OHMschem Widerstand R, eine Spule mit der Induktivität L und ein Kondensator mit der Kapazität C angeschlossen.

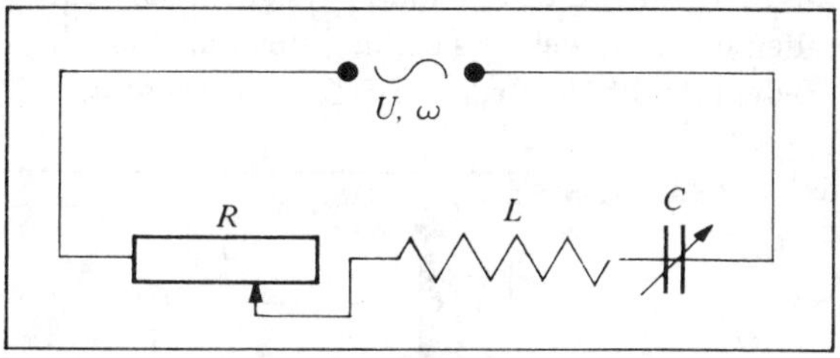

Abb. 3.5.1

Für den Strom I, der im Stromkreis fließt, gilt die Beziehung:

$$I = I(U, \omega, R, L, C) = \frac{U}{\sqrt{R^2 + \left(\omega L - \frac{1}{\omega C}\right)^2}} \quad .$$

Hierbei ist also I eine „Funktion" der 5 Variablen U, ω, R, L, C.

3.5.2. Der n-dimensionale Punktraum $\mathbb{R}^n$

Die reelle Zahlengerade $\mathbb{R}$ können wir als einen eindimensionalen Punktraum auffassen. Jeder Punkt P dieser Geraden ist charakterisierbar durch eine reelle Zahl x.

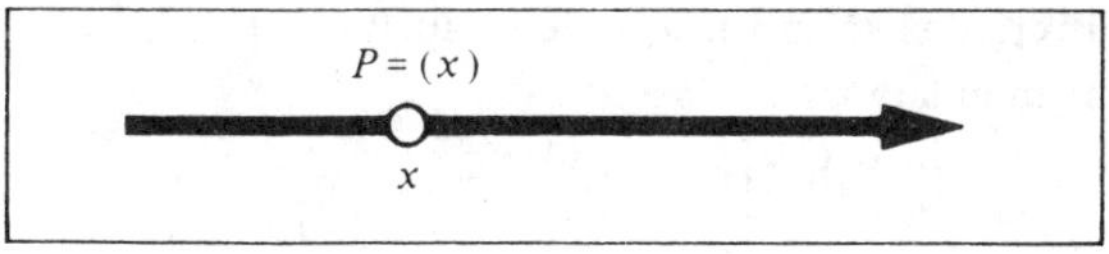

Abb. 3.5.2

Diesen Begriff verallgemeinern wir jetzt.

3.5.3. Definition:

(1) Es seien x_1, x_2 reelle Zahlen. Dann heißt (x_1, x_2) ein geordnetes 2-tupel oder Paar reeller Zahlen.

(2) Die Menge aller 2-tupel wird als 2-dimensionaler Punktraum $\mathbb{R}^2$ bezeichnet. $P = (x_1, x_2)$ heißt ein Punkt von $\mathbb{R}^2$; x_1 heißt 1. Koordinate von P, x_2 heißt 2. Koordinate von P.

Eine Veranschaulichung der Punkte des $\mathbb{R}^2$ ist etwa dadurch möglich, daß man zwei Exemplare von Zahlengeraden benutzt, welche sich im gemeinsamen Nullpunkt rechtwinklig schneiden. Jedem Punkt $P = (x_1, x_2) \in \mathbb{R}^2$ entspricht in eindeutiger Weise eine reelle Zahl x_1 auf der ersten und eine reelle Zahl x_2 auf der zweiten Zahlengeraden.

Abb. 3.5.3

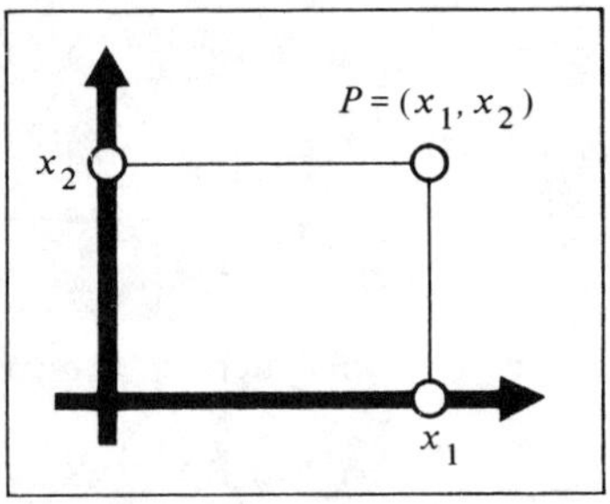

3.5.4. Bemerkung: Sehr oft bezeichnet man die Punkte des $\mathbb{R}^2$ auch mit (x, y).

Als nächstes beschäftigen wir uns mit dem allgemeinen n-dimensionalen Punktraum $\mathbb{R}^n$.

3.5.5. Definition: Es sei n eine natürliche Zahl.

(1) Es seien $x_1, x_2, \cdots, x_n$ reelle Zahlen. Dann heißt $(x_1, x_2, \cdots, x_n)$ ein geordnetes n-tupel reeller Zahlen.

(2) Die Menge aller n-tupel wird als n-dimensionaler Punktraum $\mathbb{R}^n$ bezeichnet. $P = (x_1, x_2, \cdots, x_n)$ heißt ein Punkt von $\mathbb{R}^n$; x_1 heißt 1. Koordinate von P, x_2 heißt 2. Koordinate von $P, \cdots,$ x_n heißt n-te Koordinate von P.

Eine Veranschaulichung der Punkte des $\mathbb{R}^n$ ist nur in den Fällen $n = 1, 2, 3$ möglich. Im Falle $n = 3$ schreibt man aus Gründen der Zweckmäßigkeit auch sehr oft $P = (x, y, z)$ für die Punkte von $\mathbb{R}^3$. Zur Veranschaulichung des $\mathbb{R}^3$ werden 3 Zahlengeraden benutzt, die sich in ihrem gemeinsamen Nullpunkt paarweise senkrecht schneiden.

Abb. 3.5.4

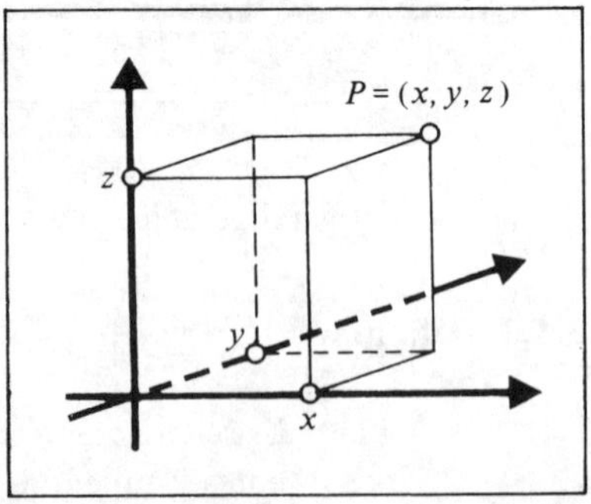

Wir definieren nun, was man unter einem Intervall des $\mathbb{R}^n$ versteht.

3.5.6. Definition: Gegeben seien die n-tupel $a = (a_1, \cdots, a_n)$ und $b = (b_1, \cdots, b_n)$ mit $a_i < b_i$ für $i = 1, \cdots, n$.

(1) Die Punktmenge

$$(a, b) = \{(x_1, \cdots, x_n): \quad a_i < x_i < b_i; \; i = 1, \cdots, n\}$$

heißt ein offenes Intervall im $\mathbb{R}^n$.

(2) Die Punktmenge

$$[a, b] = \{(x_1, \cdots, x_n): \quad a_i \leqslant x_i \leqslant b_i; \; i = 1, \cdots, n\}$$

heißt ein abgeschlossenes Intervall im $\mathbb{R}^n$.

3.5.7. Definition: Es sei X eine Teilmenge des $\mathbb{R}^n$.
Ein Punkt $(x_1^{(0)}, x_2^{(0)}, \cdots, x_n^{(0)}) \in X$ heißt innerer Punkt von X, wenn $\delta > 0$ existiert, so daß jeder Punkt $(x_1, x_2, \cdots, x_n) \in \mathbb{R}^n$, für welchen $|x_1 - x_1^{(0)}| < \delta, \cdots, |x_n - x_n^{(0)}| < \delta$ gilt, ebenfalls ein Punkt von X ist.

3.5.8. Beispiel: Bei einem zweidimensionalen offenen Intervall

$$I = \{(x, y) : a < x < b, \; c < y < d\}$$

ist jeder Punkt $(x_0, y_0) \in I$ innerer Punkt von I. Allgemein gilt diese Eigenschaft auch für alle offenen Intervalle im $\mathbb{R}^n$.

3.5.3. Funktionen im $\mathbb{R}^n$

Wir wollen nun Funktionen untersuchen, welche auf gewissen Teilmengen der soeben eingeführten Punkträume $\mathbb{R}^n$ erklärt sind. Zunächst beschäftigen wir uns mit dem anschaulichen Raum $\mathbb{R}^2$.

3.5.9. Definition:

(1) Eine Funktion von 2 Variablen ist eine Vorschrift f, durch welche jedem Punkt (x_1, x_2) einer gewissen Teilmenge $D(f) \subset \mathbb{R}^2$ in eindeutiger Weise eine reelle Zahl $f(x_1, x_2)$ zugeordnet wird.

(2) Die Menge $D(f)$ heißt Definitionsbereich von f.

(3) Die Menge $W(f) = \{x_3 : x_3 = f(x_1, x_2) \text{ mit } (x_1, x_2) \in D(f)\}$ heißt Wertebereich von f.

Für Funktionen von 2 Variablen schreibt man meistens $z = f(x, y)$. Eine Veranschaulichung solcher Funktionen ist im $\mathbb{R}^3$ möglich. Man betrachtet dazu die Menge aller Punkte $P = (x, y, z) \in \mathbb{R}^3$ mit der Eigenschaft, daß $(x, y) \in D(f)$ und $z = f(x, y)$ ist. Dadurch wird eine Fläche im $\mathbb{R}^3$ definiert.

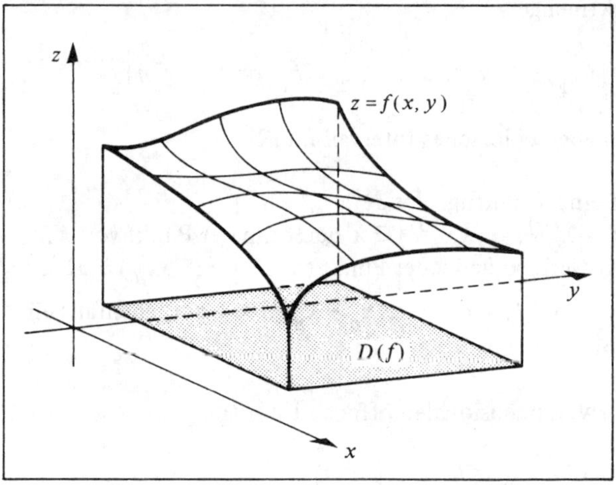

Abb. 3.5.5

3.5.10. Beispiel: Es sei

$$z = f(x, y) = x^2 + y^2, \quad D(f) = \mathbb{R}^2.$$

Dann ist $W(f) = [0, \infty)$; f stellt ein sog. Rotationsparaboloid dar (siehe Abb. 3.5.6).

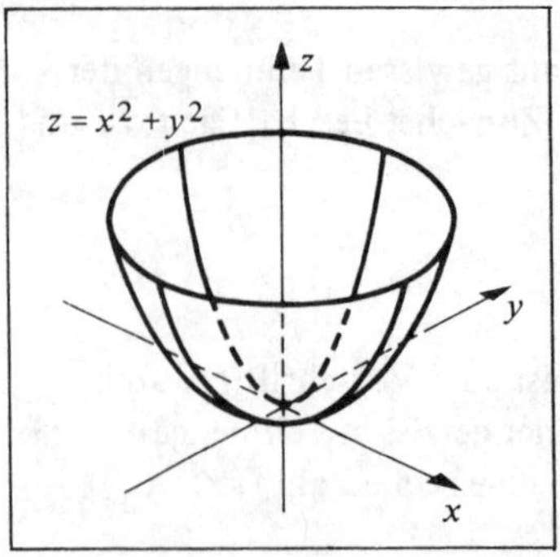

Abb. 3.5.6

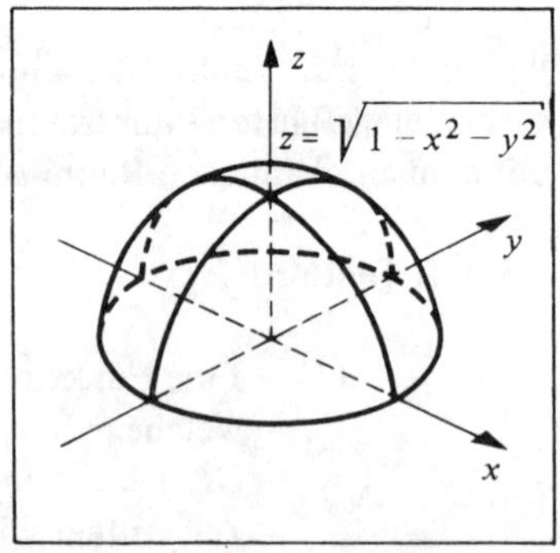

Abb. 3.5.7

3.5.11. Beispiel: Es sei $z = f(x, y) = \sqrt{1 - x^2 - y^2}$, $D(f) = \{(x, y) : x^2 + y^2 \leqslant 1\}$. Hier ist $D(f)$ ein Kreis um den Nullpunkt (0, 0) mit Radius 1. Es gilt $W(f) = [0, 1]$, und f stellt die Oberfläche einer Halbkugel vom Radius 1 mit dem Mittelpunkt (0, 0, 0) dar (siehe Abb. 3.5.7).

3.5.12. Beispiel: Es sei $z = f(x, y) = x \cdot y$, $D(f) = \mathbb{R}^2$. Dann ist $W(f) = (-\infty, \infty)$, f stellt ein sog. hyperbolisches Paraboloid dar (siehe Abb. 3.5.8).

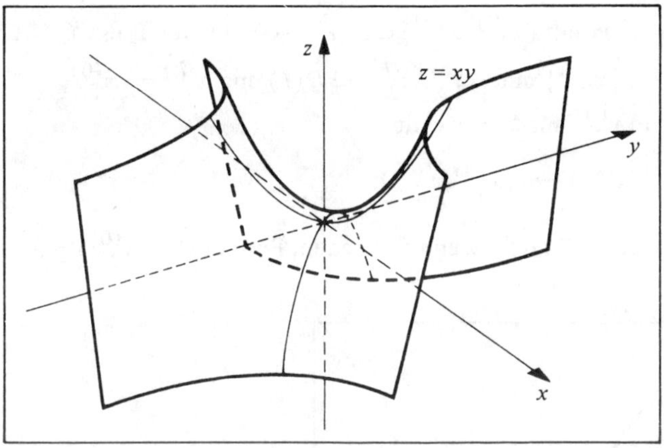

Abb. 3.5.8

Als nächstes definieren wir allgemein den Begriff einer Funktion von n Variablen.

3.5.13. Definition:

(1) Eine Funktion von n Variablen ist eine Vorschrift f, durch welche jedem Punkt $(x_1, x_2, \cdots, x_n)$ einer gewissen Teilmenge $D(f) \subset \mathbb{R}^n$ in eindeutiger Weise eine reelle Zahl $f(x_1, x_2, \cdots, x_n)$ zugeordnet wird.

(2) Die Menge $D(f)$ heißt Definitionsbereich von f.

(3) Die Menge $W(f) = \{x_{n+1} : x_{n+1} = f(x_1, x_2, \cdots, x_n)$ mit $(x_1, x_2, \cdots, x_n) \in D(f)\}$ heißt Wertebereich von f.

Eine geometrische Veranschaulichung von Funktionen mit n Variablen ist offenbar nur in den Fällen $n = 1$ und $n = 2$ möglich.

3.5.4. Stetigkeit von Funktionen mit mehreren Variablen

Bei der Stetigkeitsuntersuchung einer Funktion f einer Variablen an der Stelle $x_0 \in D(f)$ haben wir alle Folgen $\{x_k\}$ mit $x_k \in D(f)$ und $x_k \to x_0$ betrachtet. Wir haben f stetig genannt, wenn stets $f(x_k) \to f(x_0)$ gilt für $k \to \infty$. Dieses Vorgehen übertragen wir nun auf Funktionen im $\mathbb{R}^n$. Zunächst beschäftigen wir uns wieder mit dem anschaulichen Fall $n = 2$.

3.5.14. Definition: Eine Funktion f von 2 Variablen heißt

(1) stetig im Punkt $(x_1^{(0)}, x_2^{(0)}) \in D(f)$, wenn für alle Folgen $\{x_1^{(k)}\}, \{x_2^{(k)}\}$ mit $(x_1^{(k)}, x_2^{(k)}) \in D(f)$ und $x_1^{(k)} \to x_1^{(0)}$, $x_2^{(k)} \to x_2^{(0)}$ für $k \to \infty$ gilt
$$f(x_1^{(k)}, x_2^{(k)}) \to f(x_1^{(0)}, x_2^{(0)});$$

(2) stetig auf $X \subset D(f)$, wenn f an jedem Punkt $(x_1^{(0)}, x_2^{(0)}) \in X$ stetig ist.

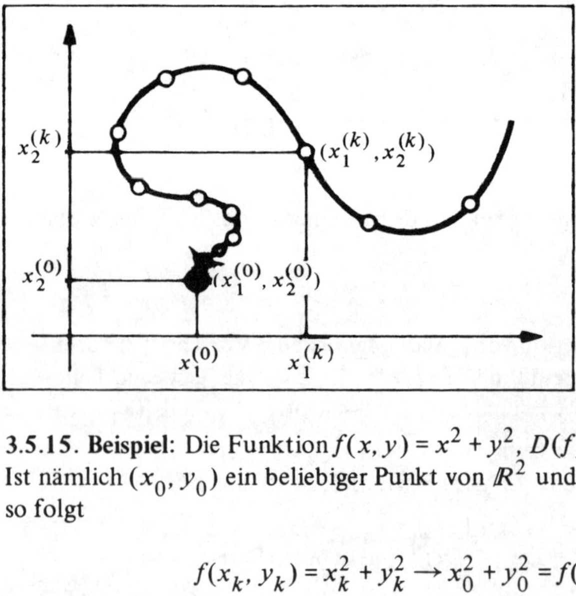

Abb. 3.5.9

3.5.15. Beispiel: Die Funktion $f(x, y) = x^2 + y^2$, $D(f) = \mathbb{R}^2$ ist auf $\mathbb{R}^2$ stetig. Ist nämlich (x_0, y_0) ein beliebiger Punkt von $\mathbb{R}^2$ und gilt $x_k \to x_0$, $y_k \to y_0$, so folgt

$$f(x_k, y_k) = x_k^2 + y_k^2 \to x_0^2 + y_0^2 = f(x_0, y_0).$$

3.5.16. Beispiel: Die Funktion $f(x, y) = x \cdot y$, $D(f) = \mathbb{R}^2$ ist auf $\mathbb{R}^2$ stetig. Ist nämlich (x_0, y_0) ein beliebiger Punkt von $\mathbb{R}^2$ und gilt $x_k \to x_0$, $y_k \to y_0$, so folgt

$$f(x_k, y_k) = x_k \cdot y_k \to x_0 \cdot y_0 = f(x_0, y_0).$$

3.5.17. Beispiel: Wir untersuchen die Funktion

$$f(x,y) = \begin{cases} \dfrac{xy}{x^2+y^2} & \text{falls } (x,y) \neq (0,0) \\ 0 & \text{falls } (x,y) = (0,0) \end{cases}, \quad D(f) = \mathbb{R}^2.$$

Betrachten wir die Folgen $x_k = \frac{1}{k}$, $y_k = \frac{1}{k}$, so erhalten wir

$$f(x_k, y_k) = \frac{\frac{1}{k} \cdot \frac{1}{k}}{\frac{1}{k^2} + \frac{1}{k^2}} = \frac{1}{2} \to \frac{1}{2} \neq 0 = f(0,0).$$

Hieraus folgt, daß f an der Stelle $(0,0)$ unstetig ist.

Zum Schluß definieren wir die Stetigkeit allgemeiner Funktionen von n Variablen.

3.5.18. Definition: Eine Funktion f von n Variablen heißt

(1) stetig im Punkt $(x_1^{(0)}, x_2^{(0)}, \cdots, x_n^{(0)}) \in D(f)$, wenn für alle Folgen $\{x_1^{(k)}\}, \{x_2^{(k)}\}, \cdots, \{x_n^{(k)}\}$ mit $x_1^{(k)} \to x_1^{(0)}$, $x_2^{(k)} \to x_2^{(0)}$, $\cdots, x_n^{(k)} \to x_n^{(0)}$ und $(x_1^{(k)}, x_2^{(k)}, \cdots, x_n^{(k)}) \in D(f)$ gilt:

$$f(x_1^{(k)}, x_2^{(k)}, \cdots, x_n^{(k)}) \to f(x_1^{(0)}, x_2^{(0)}, \cdots, x_n^{(0)});$$

(2) stetig auf $X \subset D(f)$, wenn f an jedem Punkt $(x_1^{(0)}, x_2^{(0)}, \cdots, x_n^{(0)}) \in X$ stetig ist.

3.6. Übungsaufgaben

3.1 Man zeichne Schaubilder folgender Funktionen.

a) $f(x) = (x-3)^2 - 2$, b) $f(x) = (x-1)^4 - (x-1)^2$,

c) $f(x) = \dfrac{x}{1+x^2}$, d) $f(x) = x \cdot e^x$,

e) $f(x) = e^x \cdot \ln x$, f) $f(x) = e^{-\frac{x^2}{2}}$.

3.2 Gegeben sei die Funktion $f(x) = x^2 + 3x + 2$. Man bestimme die Schnittpunkte des Schaubildes von f mit der x-Achse und mit der y-Achse.

3.3 a) Ein Trog der Länge L mit trapezförmigem Querschnitt (siehe Abb. 3.6.1) ist bis zur Höhe h mit einer Flüssigkeit gefüllt. Man berechne das Volumen dieser Flüssigkeit als Funktion von h.

b) Ein Trog der Länge L mit kreisförmigem Querschnitt (siehe Abb. 3.6.2) ist bis zur Höhe h mit einer Flüssigkeit gefüllt. Man berechne das Volumen dieser Flüssigkeit als Funktion von h.

Abb. 3.6.1

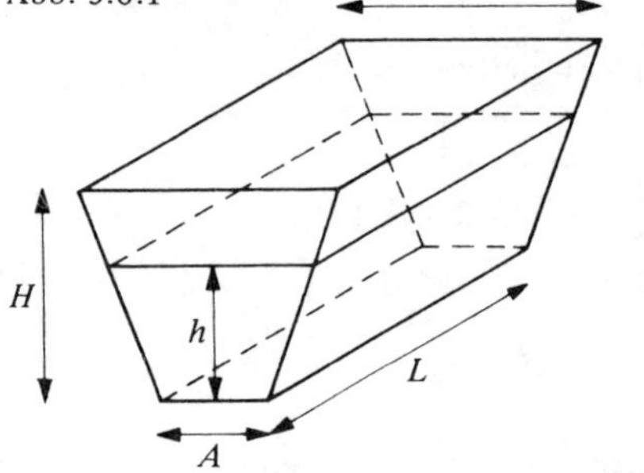

Abb. 3.6.2

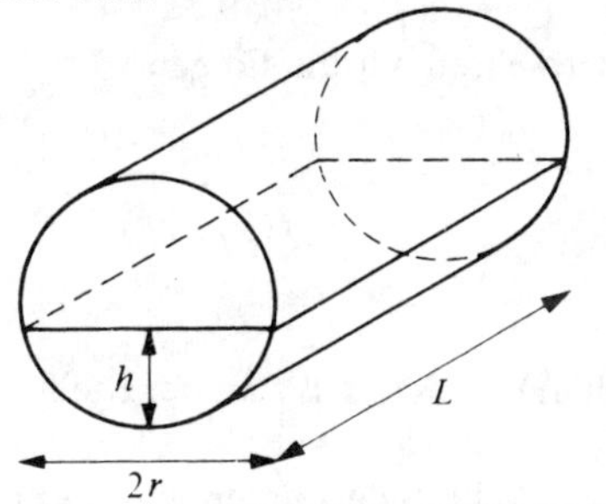

3.4 Temperaturen in Grad Fahrenheit F gemessen, hängen mit den Temperaturen in Grad Celsius C gemessen mit Konstanten α, β, γ gemäß der Beziehung

$$\alpha C = \beta F + \gamma$$

zusammen. Für C = 50 gilt F = 122 und für C = −25 gilt F = −13. Man berechne C als Funktion von F und F als Funktion von C.

3.5 Gegeben sei eine Kugel mit der Oberfläche F und dem Volumen V.

a) Man gebe V als Funktion von F an.

b) Man gebe F als Funktion von V an.

3.6 Gegeben sei ein Quader mit den Seiten a, b, c. Um wieviel % vergrößern sich seine Oberfläche und sein Volumen, wenn sich jede der Seiten um x% vergrößert? Welche Werte erhält man für $x = 10\%$?

3.7 Gegeben sei die Funktion $f(x) = \dfrac{|x-1|}{x^2 - 2x + 1}$. Man bestimme den maximalen Definitionsbereich, alle Stetigkeitsstellen und zeichne ein Schaubild.

3.8 Die Funktionen f und g seien definiert durch

$$f(x) = \begin{cases} 1 + x^2 & \text{falls } 0 \leqslant x \leqslant 1 \\ ax - x^3 & \text{falls } 1 < x \leqslant 2\,, \\ b(e^x - x^2) & \text{falls } 2 < x \leqslant 3 \end{cases} \qquad g(x) = \begin{cases} e^{cx+d} & \text{falls } -1 \leqslant x < 0 \\ 1 + \ln(1 + dx) & \text{falls } 0 \leqslant x < 1 \\ c + dx & \text{falls } 1 \leqslant x \leqslant 2 \end{cases}$$

Man bestimme a und b so, daß f in $[0, 3]$ stetig ist und c und d so, daß g in $[-1, 2]$ stetig ist.

3.9 Kann man die Konstanten a, b, c so bestimmen, daß die Funktion $f(x) = \ln(a + bx + cx^2)$ folgendes erfüllt: $f(0) = 0$, $f(1) = 1$, $f(2) = 2$?

3.10 Kann man die Konstanten a, b, c so bestimmen, daß die Funktion $f(x) = e^{a+bx+cx^2}$ folgendes erfüllt: $f(-1) = 1$, $f(0) = \frac{1}{e}$, $f(1) = 1$?

3.11 Der Druck p des gesättigten Wasserdampfes hängt von der Temperatur t in der folgenden Weise ab:

$$p = p(t) = at^2 + bt + c.$$

Man verfügt über folgende Daten

t °C	0	10	20
p Torr	4,6	9,2	17,5

a) Man bestimme die Konstanten a, b, c.

b) Man zeichne ein Schaubild von p.

3.12 Bei der Erwärmung eines Körpers wird zu gewissen Zeiten t seine Temperatur $f(t)$ gemessen. Man erhält folgende Meßreihe

t	0	10	20	30
$f(t)$	21	28	36	46

Läßt sich $f(t)$ in der Form $f(t) = at^2 + bt + c$ mit Konstanten a, b, c darstellen?

3.13 Gegeben sei die Funktion $f(x) = 2^x$. Man zeige: $f(x+3) - f(x-1) = \frac{15}{2} f(x)$, $\frac{f(x+3)}{f(x-1)} = f(4)$.

3.14 Es sei $a > 1$. Gegeben seien die Funktionen $f(x) = \log_a x$ und $F(x) = a^x$, jeweils mit maximalem Definitionsbereich. Man gebe den maximalen Definitionsbereich für $f(F(x))$ und $F(f(x))$ an und untersuche, wie diese beiden Funktionen zusammenhängen.

3.15 Bei der Verdünnung einer gewissen Menge Schwefelsäure mit x Gramm Wasser entsteht eine Wärmemenge von $w(x) = \frac{Ax}{x+B}$ Kalorien (A und B sind positive Konstanten). Man zeichne ein qualitativ richtiges Schaubild dieser Funktion und bestimme $w_{max} = \lim_{x\to\infty} w(x)$. Wieviel Gramm Wasser sind zur Verdünnung notwendig, damit 95 % dieser maximalen Wärmemenge entstehen?

3.16 Die Geburtenrate einer Tierpopulation sei g, ihre Sterberate sei s. Zur Zeit $t = 0$ sei eine Anzahl von $N_0 > 0$ an Tieren vorhanden. Die Anzahl $N(t)$ der Tiere zur Zeit $t > 0$ berechnet sich nach der Formel

$$N(t) = N_0 \cdot e^{(g-s)t}.$$

a) Unter welchen Bedingungen für g und s ist $N(t)$ streng monoton wachsend bzw. streng monoton fallend?

b) Man ermittle für diese beiden Fälle diejenigen Zeitpunkte τ bzw. τ^*, für welche gilt $N(\tau) = 2N_0$ bzw. $N(\tau^*) = \frac{1}{2} N_0$.

3.17 Bei einer chemischen Reaktion $A + B \longrightarrow AB$ seien zur Zeit $t = 0$ eine Anzahl von a Molekülen der Substanz A und eine Anzahl von b Molekülen der Substanz B vorhanden, dabei sei $a > b$. Die Anzahl der zur Zeit $t > 0$ umgesetzten Moleküle beträgt

$$f(t) = ab \cdot \frac{e^{(a-b)kt} - 1}{ae^{(a-b)kt} - b} \qquad (k\text{: Reaktionsgeschwindigkeitskonstante}).$$

Man berechne $\lim\limits_{t \to \infty} f(t)$ und denjenigen Zeitpunkt τ, für welchen $f(\tau) = \frac{b}{2}$ gilt. Wie ändert sich obige Formel, wenn a und b vertauscht werden?

3.18 Gegeben ist die Funktion $f(x) = x^3 - 3x^2 + 3x$, $D(f) = [0, 2]$.

a) Man zeige, daß f in $D(f)$ stetig und streng monoton ist und zeichne das Schaubild von f.

b) Man bestimme das absolute Maximum und das absolute Minimum von f in $D(f)$.

c) Besitzt f in $D(f)$ eine Umkehrfunktion f^*?

3.19 Es sei P ein Polynom mit ungeradem Grad n. Man zeige (durch Anwendung des Zwischenwertsatzes), daß P wenigstens eine reelle Nullstelle hat.

3.20 Zu den folgenden Funktionen gebe man die Umkehrfunktionen an:

a) $y = f(x) = ax + b$, $D(f) = \mathbb{R}$; b) $y = f(x) = \ln(x^2 + 1)$, $D(f) = [0, \infty)$.

3.21 Man untersuche, ob die Funktionen

$$f(x) = \begin{cases} x^2 - 1 & \text{falls } 0 \leqslant x < 1 \\ \ln(x^3) & \text{falls } 1 \leqslant x \leqslant e \end{cases}, \qquad g(x) = \begin{cases} \sqrt{3x+6} & \text{falls } -2 \leqslant x < 1 \\ 3e^{x^2-1} & \text{falls } 1 \leqslant x \leqslant 2 \end{cases}$$

Umkehrfunktionen besitzen und bestimme diese ggf.

3.22 Es seien f und g Funktionen, welche an der Stelle x_0 jeweils ein absolutes Maximum haben. Man zeige:

a) Die Funktion $f + g$ hat an x_0 ebenfalls ein absolutes Maximum.

b) Gilt $W(f) \subset [0, \infty)$ und $W(g) \subset [0, \infty)$, so hat auch $f \cdot g$ an x_0 ein absolutes Maximum.

3.23 Man untersuche, ob folgende Funktionen auf den angegebenen Mengen stetig sind.

a) $f(x, y) = e^{x-y}$ auf $\mathbb{R}^2$,

b) $f(x, y) = \ln(1 + x^4 + x^2 y^2)$ auf $\mathbb{R}^2$,

c) $f(x, y) = \begin{cases} \dfrac{x^2 + xy + y^2}{x^2 + y^2} & \text{falls } (x, y) \neq (0,0) \\ 0 & \text{falls } (x, y) = (0,0) \end{cases}$ an der Stelle $(0,0)$,

d) $f(x, y, z) = \begin{cases} \dfrac{yz}{x^2 + y^2 + z^2} & \text{falls } (x, y, z) \neq (0,0,0) \\ 1 & \text{falls } (x, y, z) = (0,0,0) \end{cases}$ an der Stelle $(0,0,0)$,

e) $f(x, y) = \begin{cases} \dfrac{x^3 + 3x^2 y + 3xy^2 + y^3}{x^2 + 2xy + y^2} & \text{falls } x + y \neq 0 \\ A & \text{falls } x + y = 0 \end{cases}$ auf $\mathbb{R}^2$.

3.24 Die Funktion f sei definiert durch

$$f(x, y) = \begin{cases} \dfrac{x + y}{x - y} & \text{falls } x \neq y \\ 0 & \text{falls } x = y \end{cases}$$

a) Man berechne $\lim\limits_{x \to 0} \left(\lim\limits_{y \to 0} f(x, y) \right)$.

b) Man berechne $\lim\limits_{y \to 0} \left(\lim\limits_{x \to 0} f(x, y) \right)$.

c) Man untersuche, ob f an der Stelle $(0,0)$ stetig ist.

4. DIFFERENTIALRECHNUNG

Bisher haben wir uns bei der Untersuchung von Funktionen auf die Stetigkeit beschränkt. Wir betrachten jetzt Funktionen, welche über die Stetigkeit hinausgehende Eigenschaften besitzen.

4.1. Der Begriff der Ableitung einer Funktion

4.1.1. Motivierung: Tangentenproblem

Ist eine Funktion f definiert in einem Intervall $[a, b]$, so ist für alle $x \in [a, b]$ der Funktionswert $f(x)$ zahlenmäßig bekannt. Für viele Zwecke ist es aber nicht ausreichend, die Funktionswerte zu kennen, sondern man benötigt sehr oft auch ein Urteil über die Art, in der sich f verändert, über die Stärke des Wachsens bzw. des Fallens. Anschaulich würde man dazu so vorgehen, daß man die Tangente an die Bildkurve in einem Punkt $(x_0, f(x_0))$ studiert und als Maß für den Anstieg der Kurve den Anstieg der Tangente – also einer Geraden – benutzt. Dies führt jedoch sofort zu Schwierigkeiten; denn der naive Begriff der Tangente als einer Geraden, welche die Kurve im betreffenden Punkt berührt, ist zwar für die meisten Kurven ausreichend, aber es gibt einfache Kurven, für welche er versagt.

Abb. 4.1.1

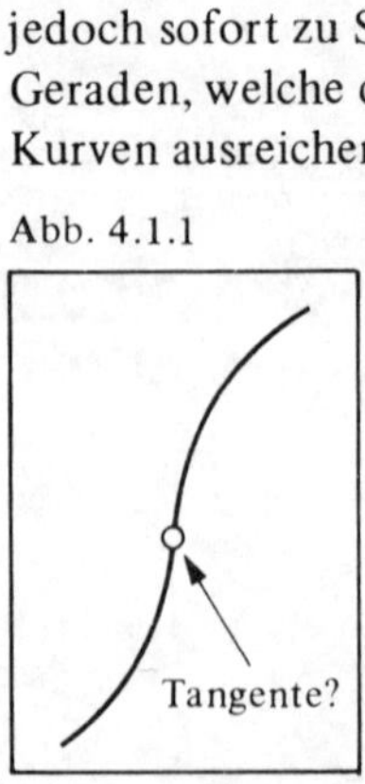

Abb. 4.1.2

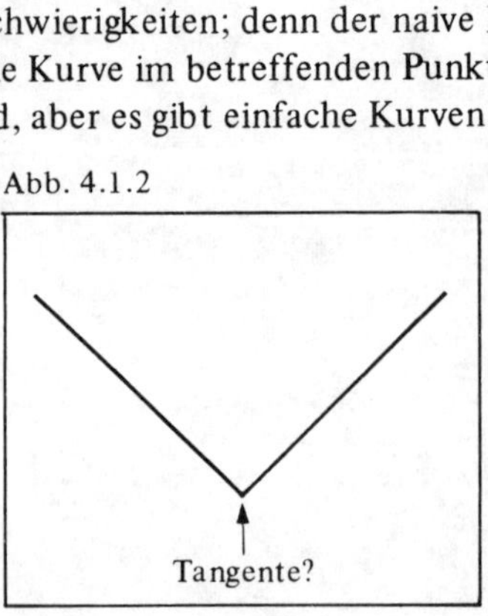

Abb. 4.1.3

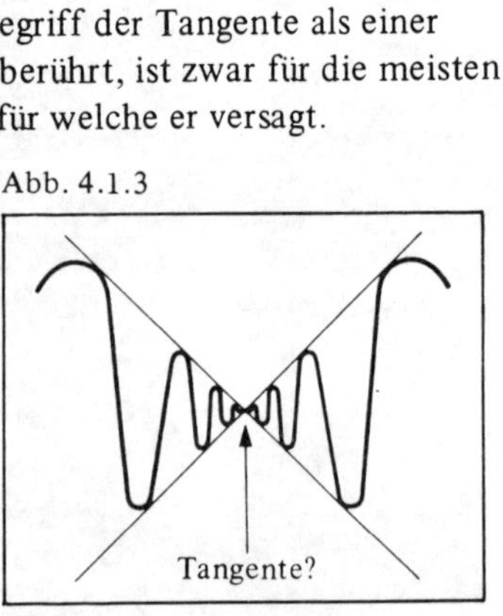

LEIBNIZ (1646–1716) hatte die für die damalige Zeit geniale Idee, die Fragestellung zu verändern, nicht zu fragen, was eine Tangente ist, sondern wie eine Tangente entsteht, also nicht von einer a priori existierenden Tangente auszugehen, sondern ein Verfahren anzugeben, wie die Tangente sinnvollerweise zu definieren ist (und natürlich so, daß sie der naiven Anschauung als Gerade, welche die Kurve in einem Punkt berührt, Rechnung trägt).

Wir untersuchen eine in einem Intervall $[a, b]$ definierte Funktion f und die durch sie gegebene Kurve im Schaubild. Um die Tangente im Kurvenpunkt $(x_0, f(x_0))$ zu erklären, betrachten wir einen Vergleichspunkt $(x, f(x))$ mit $x \neq x_0$ und die Sekante S durch diese beiden Punkte. Diese Sekante ist eindeutig bestimmt durch ihr Steigungsmaß

$$\frac{f(x)-f(x_0)}{x-x_0}$$

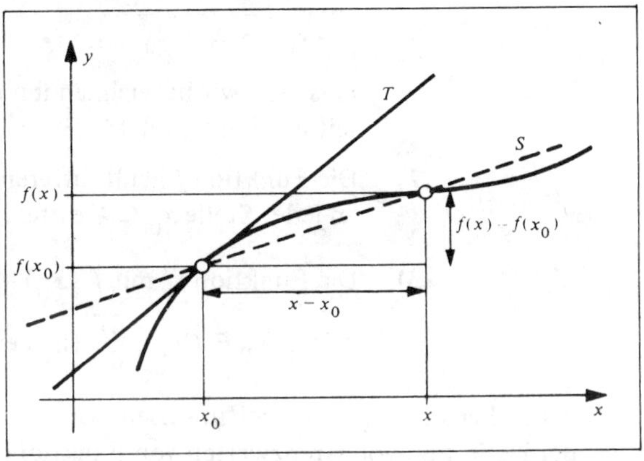

Abb. 4.1.4

(Verhältnis der Änderung von f zur Änderung von x).
Nähern sich nun für $x \to x_0$ diese Sekanten S einer Grenzgeraden T, so wird diese als Tangente im Kurvenpunkt $(x_0, f(x_0))$ angesehen. Wenn der Grenzwert

$$\lim_{x \to x_0} \frac{f(x)-f(x_0)}{x-x_0}$$

existiert, so ist er das Steigungsmaß der Tangenten.

Das LEIBNIZsche Tangentenproblem führt also auf das Problem, den Grenzwert des sogenannten Differenzenquotienten

$$\frac{f(x)-f(x_0)}{x-x_0}$$

für $x \to x_0$ zu berechnen. Dies ist ein rein analytischer Prozeß, der zunächst vollkommen losgelöst ist von den geometrischen Aspekten der Tangentenkonstruktion. Das Wesen der Differentialrechnung besteht darin, Verfahren anzugeben, wie solche Grenzwerte von Differenzenquotienten berechnet werden können.

4.1.2. Definition der Ableitung, Beispiele

4.1.1. Definition:

(1) Die Funktion f heißt differenzierbar an $x_0 \in D(f)$, wenn der Grenzwert

$$\lim_{x \to x_0} \frac{f(x)-f(x_0)}{x-x_0}$$

existiert; wir bezeichnen ihn mit $\frac{\mathrm{d}f}{\mathrm{d}x}(x_0)$ und nennen ihn Ableitung von f an der Stelle x_0.

(2) Die Funktion f heißt differenzierbar auf $X \subset D(f)$, wenn sie an jeder Stelle $x_0 \in X$ differenzierbar ist.

(3) Die Funktion f' mit $f'(x_0) = \frac{\mathrm{d}f}{\mathrm{d}x}(x_0)$ und $D(f') =$ $= \{x_0 : x_0 \in D(f), \frac{\mathrm{d}f}{\mathrm{d}x}(x_0)$ existiert$\}$ heißt Ableitung von f.

4.1.2. Bemerkung: Um nachzuweisen, daß f an x_0 differenzierbar ist, muß gemäß der Definition von Grenzwerten von Funktionen (siehe Definition 3.2.1) gezeigt werden, daß für jede Folge $\{x_n\}$ mit

$$x_n \in D(f), \quad x_n \neq x_0, \quad x_n \to x_0$$

für $n \to \infty$ gilt:

$$\frac{f(x_n)-f(x_0)}{x_n - x_0} \to f'(x_0).$$

4.1.3. Bemerkung: Die höheren Ableitungen einer Funktion f werden rekursiv definiert:

$$f'' = (f')', \quad f''' = (f'')', \cdots, \quad f^{(n+1)} = (f^{(n)})'.$$

Bisweilen ist es nützlich, die Funktion f als ihre nullte Ableitung zu bezeichnen und $f = f^{(0)}$ zu schreiben. Eine Funktion f wird auf der Menge X stetig differenzierbar genannt, wenn die Funktion f' auf X stetig ist. Sie heißt auf X n-mal stetig differenzierbar, wenn ihre n-te Ableitung $f^{(n)}$ auf X existiert und stetig ist.

4.1.4. Beispiel: Es sei c eine Konstante. Dann ist die Funktion $f(x) = c$ auf $(-\infty, \infty)$ differenzierbar, und es gilt für jedes x_0

$$f'(x_0) = 0.$$

Ist $\{x_n\}$ eine Folge mit $x_n \to x_0$, $x_n \neq x_0$, so folgt nämlich

$$\frac{f(x_n)-f(x_0)}{x_n - x_0} = \frac{c-c}{x_n - x_0} = 0.$$

4.1.5. Beispiel: Die Funktion $f(x) = x$ ist auf $(-\infty, \infty)$ differenzierbar, und es gilt für jedes x_0

$$f'(x_0) = 1.$$

Ist $\{x_n\}$ eine Folge mit $x_n \to x_0$, $x_n \neq x_0$, so folgt nämlich

$$\frac{f(x_n)-f(x_0)}{x_n - x_0} = \frac{x_n - x_0}{x_n - x_0} = 1.$$

4.1.6. Beispiel: Die Funktion $f(x) = x^2$ ist auf $(-\infty, \infty)$ differenzierbar, und es gilt für jedes x_0

$$f'(x_0) = 2x_0.$$

Ist $\{x_n\}$ eine Folge mit $x_n \to x_0$, $x_n \neq x_0$, so folgt nämlich

$$\frac{f(x_n)-f(x_0)}{x_n - x_0} = \frac{x_n^2 - x_0^2}{x_n - x_0} = \frac{(x_n + x_0)(x_n - x_0)}{x_n - x_0} = x_n + x_0 \to 2x_0.$$

4.1.7. Beispiel: Die Funktion $f(x) = |x|$ ist an der Stelle $x_0 = 0$ nicht differenzierbar.

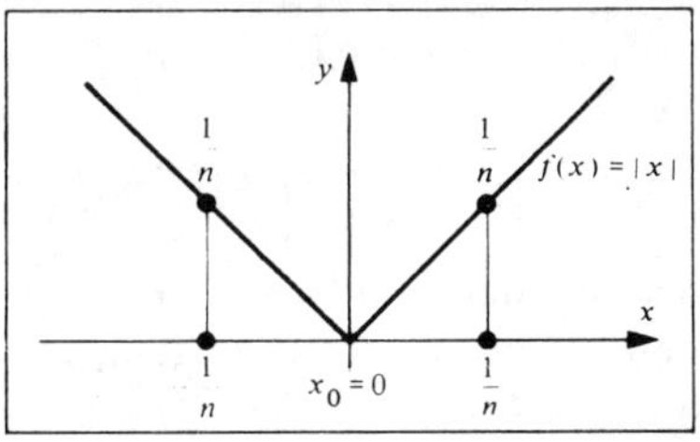

Abb. 4.1.5

Für die Folge $x_n = \frac{1}{n}$ gilt

$$\frac{f(x_n)-f(x_0)}{x_n - x_0} = \frac{\left|\frac{1}{n}\right| - |0|}{\frac{1}{n} - 0} = 1,$$

für die Folge $\widetilde{x}_n = -\frac{1}{n}$ gilt

$$\frac{f(\widetilde{x}_n)-f(x_0)}{\widetilde{x}_n - x_0} = \frac{\left|-\frac{1}{n}\right| - |0|}{-\frac{1}{n} - 0} = \frac{\frac{1}{n}}{-\frac{1}{n}} = -1.$$

Hieraus folgt, daß f an $x_0 = 0$ nicht differenzierbar sein kann, denn für beide Folgen von Differenzenquotienten müßte derselbe Grenzwert herauskommen.

Wir zeigen nun, daß jede differenzierbare Funktion auch stetig ist.

4.1.8. Satz: Ist die Funktion f differenzierbar auf einer Menge X, so ist sie auf X stetig.

Beweis: Es sei $x_0 \in X$, und es sei $\{x_n\}$ eine Folge mit $x_n \in D(f)$, $x_n \neq x_0$, $x_n \to x_0$. Wir müssen zeigen: $f(x_n) \to f(x_0)$ bzw. $f(x_n) - f(x_0) \to 0$. Aus der Differenzierbarkeit von f an x_0 ergibt sich

$$f(x_n) - f(x_0) = \frac{f(x_n) - f(x_0)}{x_n - x_0} \cdot (x_n - x_0) \to f'(x_0) \cdot 0 = 0.$$

Hieraus folgt die Behauptung.

4.1.9. Bemerkung: Die Umkehrung dieses Satzes ist falsch. Aus der Stetigkeit einer Funktion folgt nicht ihre Differenzierbarkeit. So ist die Funktion $f(x) = |x|$ stetig auf $(-\infty, \infty)$, aber an $x_0 = 0$ nicht differenzierbar. Es sei darauf hingewiesen, daß es auf $(-\infty, \infty)$ stetige Funktionen gibt, welche an keiner Stelle differenzierbar sind.

Abb. 4.1.6

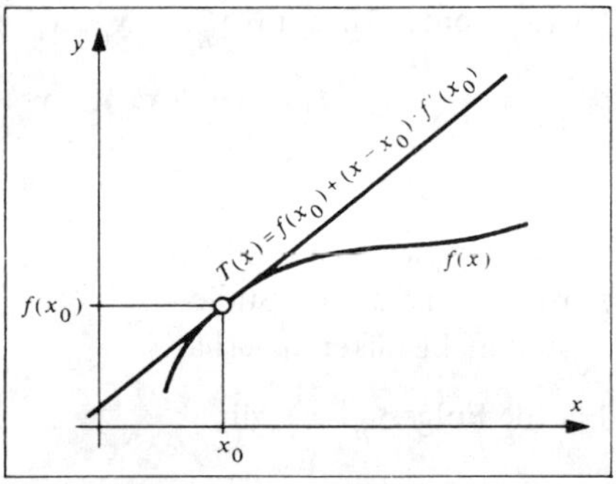

4.1.10. Bemerkung:

Ist die Funktion f an x_0 differenzierbar, so existiert im Kurvenpunkt $(x_0, f(x_0))$ die Tangente, und diese ist durch die Gleichung

$$T(x) = f(x_0) + (x - x_0) \cdot f'(x_0)$$

gegeben. Bei der Funktion $f(x) = x^2$ erhalten wir also für die Gleichung der Tangente im Punkt $(-3, 9)$ die Beziehung (nach Beispiel 4.1.6 gilt $f'(-3) = -6$):

$$T(x) = 9 + (x + 3) \cdot (-6) = -9 - 6x.$$

4.2. Ableitungsregeln

Die Ableitung einer Funktion f an einer Stelle x_0 mit Hilfe der Definition 4.1.1 zu berechnen, ist ein komplizierter Prozeß. Es muß daher das Ziel sein, einfachere

Differentiationsregeln zu gewinnen, durch deren Anwendung in der Praxis diese komplizierte Grenzwertbestimmung entfällt. Solche Regeln werden wir jetzt bereitstellen.

4.2.1. Satz (Summenregel, Produktregel, Quotientenregel):
Die Funktionen f und g seien in $[a, b]$ definiert und beide an $x_0 \in [a, b]$ differenzierbar. Dann gilt:

(1) $f + g$ ist differenzierbar an x_0, und es ist

$$(f+g)'(x_0) = f'(x_0) + g'(x_0);$$

(2) $f \cdot g$ ist differenzierbar an x_0, und es ist

$$(f \cdot g)'(x_0) = f'(x_0) \cdot g(x_0) + f(x_0) \cdot g'(x_0);$$

(3) ist $g(x_0) \neq 0$, so ist auch $\frac{f}{g}$ differenzierbar an x_0, und es ist

$$\left(\frac{f}{g}\right)'(x_0) = \frac{f'(x_0) \cdot g(x_0) - f(x_0) \cdot g'(x_0)}{g^2(x_0)}.$$

Beweis: Es sei $\{x_n\}$ eine Folge mit $x_n \in [a, b]$, $x_n \neq x_0$, $x_n \to x_0$.

1. Es gilt

$$\frac{(f+g)(x_n) - (f+g)(x_0)}{x_n - x_0} = \frac{f(x_n) + g(x_n) - f(x_0) - g(x_0)}{x_n - x_0} =$$

$$= \frac{f(x_n) - f(x_0)}{x_n - x_0} + \frac{g(x_n) - g(x_0)}{x_n - x_0} \to f'(x_0) + g'(x_0).$$

2. Aus der Differenzierbarkeit von g an x_0 folgt die Stetigkeit an dieser Stelle und daher gilt $g(x_n) \to g(x_0)$. Es folgt

$$\frac{(f \cdot g)(x_n) - (f \cdot g)(x_0)}{x_n - x_0} = \frac{f(x_n) \cdot g(x_n) - f(x_0) \cdot g(x_0)}{x_n - x_0} =$$

$$= \frac{f(x_n) - f(x_0)}{x_n - x_0} \cdot g(x_n) + f(x_0) \cdot \frac{g(x_n) - g(x_0)}{x_n - x_0} \to$$

$$\to f'(x_0) g(x_0) + f(x_0) g'(x_0).$$

3. Wie in 2. ist g stetig an x_0. Wegen $g(x_0) \neq 0$ folgt daher, daß ein N existiert, so daß auch $g(x_n) \neq 0$ ist für alle $n > N$. Es ergibt sich dann für $n > N$

$$\frac{\frac{f}{g}(x_n) - \frac{f}{g}(x_0)}{x_n - x_0} = \frac{\frac{f(x_n)}{g(x_n)} - \frac{f(x_0)}{g(x_0)}}{x_n - x_0} =$$

$$= \frac{1}{g(x_n) \cdot g(x_0)} \cdot \left[\frac{f(x_n)g(x_0) - f(x_0)g(x_n)}{x_n - x_0}\right] =$$

$$= \frac{1}{g(x_n) \cdot g(x_0)} \cdot \left[\frac{f(x_n) - f(x_0)}{x_n - x_0} \cdot g(x_0) - f(x_0) \cdot \frac{g(x_n) - g(x_0)}{x_n - x_0}\right] \to$$

$$\to \frac{1}{g^2(x_0)} \cdot [f'(x_0) \cdot g(x_0) - f(x_0) \cdot g'(x_0)] .$$

Damit ist der Satz bewiesen.

Als eine Anwendung dieses Satzes beweisen wir das folgende Ergebnis über die Differentiation von Potenzen.

4.2.2. Satz: Es sei n eine natürliche Zahl. Dann ist die Funktion $f(x) = x^n$ auf $(-\infty, \infty)$ differenzierbar, und es gilt

$$f'(x) = n \cdot x^{n-1} .$$

Beweis: Wir benutzen das Prinzip der vollständigen Induktion.

1. Für $n = 1$ ist $f(x) = x$. Nach Beispiel 4.1.5 ist diese Funktion auf $(-\infty, \infty)$ differenzierbar und hat die Ableitung $f'(x) = 1 = x^0 = 1 \cdot x^{1-1}$. Damit stimmt die Behauptung also für $n = 1$.
2. a) Für eine natürliche Zahl $k \geqslant 1$ sei x^k auf $(-\infty, \infty)$ differenzierbar, und es gelte $(x^k)' = k \cdot x^{k-1}$.

   b) Aus der Differenzierbarkeit von x und x^k folgt mit der Produktregel die Differenzierbarkeit von $x^{k+1} = x \cdot x^k$ auf $(-\infty, \infty)$, und wir erhalten

$$(x^{k+1})' = (x \cdot x^k)' = 1 \cdot x^k + x \cdot k \cdot x^{k-1} =$$
$$= x^k + k \cdot x^k = (k+1) \cdot x^k .$$

Hieraus ergibt sich die Behauptung für alle $n \in \mathbb{N}$.

4.2.3. Beispiel: Die Funktion $f(x) = x^{17}$ ist differenzierbar auf $(-\infty, \infty)$, und es gilt $f'(x) = 17 \cdot x^{16}$.

4.2.4. Beispiel: Jedes Polynom ist auf $(-\infty, \infty)$ differenzierbar. Ist

$$P(x) = a_0 + a_1 x + a_2 x^2 + a_3 x^3 + \cdots + a_n x^n$$

ein Polynom vom Grad n, so folgt aus Satz 4.2.2 und mehrfacher Anwendung der Summenregel

$$P'(x) = a_1 + 2a_2 x + 3a_3 x^2 + \cdots + na_n x^{n-1}.$$

Die Funktion P' ist also ein Polynom vom Grad $n - 1$.

4.2.5. Beispiel: Eine rationale Funktion $R(x) = \frac{P(x)}{Q(x)}$ (siehe Definition 3.2.21) ist nach der Quotientenregel an allen Stellen differenzierbar, an welchen $Q(x) \neq 0$ ist. Das bedeutet, daß R auf $D(R)$ differenzierbar ist. Für die Ableitung ergibt sich

$$R'(x) = \frac{P'(x) \cdot Q(x) - P(x) \cdot Q'(x)}{Q^2(x)}.$$

Als nächstes beschäftigen wir uns mit der Differentiation von Funktionen der Form $f(x) = g(h(x))$, welche also aus zwei Funktionen, h und g, zusammengesetzt sind.

4.2.6. Satz (Kettenregel): Die Funktion $y = h(x)$ sei definiert in $[a, b]$ und differenzierbar an $x_0 \in [a, b]$. Die Funktion $g(y)$ mit $D(g) \supset W(h)$ sei differenzierbar an $y_0 = h(x_0)$. Dann ist die zusammengesetzte Funktion

$$f(x) = g(h(x))$$

differenzierbar an x_0, und es gilt

$$f'(x_0) = g'(y_0) \cdot h'(x_0) = g'(h(x_0)) \cdot h'(x_0).$$

4.2.7. Bemerkung: Es ist zu beachten, daß g nach der Variablen y und h nach der Variablen x zu differenzieren sind. Mit sog. Differentialen schreibt sich obige Formel folgendermaßen

$$\frac{df}{dx} = \frac{dg}{dy} \cdot \frac{dh}{dx} \qquad \text{(wobei } y = h(x)\text{).}$$

Beweis: Es sei $\{x_n\}$ eine Folge mit $x_n \in [a, b]$, $x_n \to x_0$, $x_n \neq x_0$.

1. Wir nehmen an, daß h so beschaffen ist, daß es ein N gibt mit

$$y_n = h(x_n) \neq h(x_0) = y_0 \qquad \text{für alle } n > N.$$

Dann gilt für $n > N$

$$\frac{f(x_n) - f(x_0)}{x_n - x_0} = \frac{g(h(x_n)) - g(h(x_0))}{x_n - x_0} = \frac{g(y_n) - g(y_0)}{y_n - y_0} \cdot \frac{h(x_n) - h(x_0)}{x_n - x_0} \to$$

$$\to g'(y_0) \cdot h'(x_0) = g'(h(x_0)) \cdot h'(x_0).$$

2. Wir nehmen an, h sei so beschaffen, daß ein solches N nicht existiert. Aus der Folge $\{x_n\}$ können wir dann eine sog. Teilfolge $\{x_{n_k}\}$ auswählen mit $x_{n_k} \to x_0$ für $k \to \infty$ und $h(x_{n_k}) = h(x_0)$. Es folgt dann

$$\lim_{k \to \infty} \frac{h(x_{n_k}) - h(x_0)}{x_{n_k} - x_0} = 0.$$

Da h an der Stelle x_0 differenzierbar ist, muß daher $h'(x_0) = 0$ gelten.
Nun zerlegen wir die gegebene Folge $\{x_n\}$ in zwei Folgen $\{x_n^*\}$ und $\{x_n^{**}\}$ gemäß

$$x_n^*: \quad h(x_n^*) = h(x_0),$$

$$x_n^{**}: \quad h(x_n^{**}) \neq h(x_0).$$

Es gilt dann für die Folge $\{x_n^*\}$

$$\frac{f(x_n^*) - f(x_0)}{x_n^* - x_0} = \frac{g(h(x_n^*)) - g(h(x_0))}{x_n^* - x_0} = 0,$$

und für die Folge $\{x_n^{**}\}$ erhalten wir analog wie in 1.

$$\frac{f(x_n^{**})-f(x_0)}{x_n^{**}-x_0}=\frac{g(h(x_n^{**}))-g(h(x_0))}{h(x_n^{**})-h(x_0)}\cdot\frac{h(x_n^{**})-h(x_0)}{x_n^{**}-x_0}\to$$

$$\to g'(h(x_0))\cdot h'(x_0)=0.$$

Also gilt auch in diesem Fall die Behauptung.

4.2.8. Beispiel: Es soll $f(x)=(x^3+7x^2+1)^{12}$ differenziert werden. Dazu setzen wir

$$y=h(x)=x^3+7x^2+1\,,\qquad g(y)=y^{12}.$$

Die Funktion f ist dann gemäß $f(x)=g(h(x))$ aus h und g zusammengesetzt. Wegen

$$h'(x_0)=3x_0^2+14x_0\,,\quad g'(y_0)=12\,y_0^{11}$$

ergibt sich für die Ableitung von f an der Stelle x_0 mit der Kettenregel

$$\begin{aligned} f'(x_0) &= g'(y_0)\cdot h'(x_0)=g'(h(x_0))\cdot h'(x_0)=\\ &=12\,(x_0^3+7x_0^2+1)^{11}\cdot(3x_0^2+14x_0). \end{aligned}$$

Nach einiger Übung ist die Kettenregel meistens auch direkt, d. h. ohne explizite Angabe der Funktionen h und g, anzuwenden.

4.2.9. Beispiel: Es soll $f(x)=\left(\frac{2x^2+3}{x-1}\right)^7$ differenziert werden. Wir erhalten

$$f'(x)=7\cdot\left(\frac{2x^2+3}{x-1}\right)^6\cdot\left(\frac{2x^2+3}{x-1}\right)'=7\cdot\left(\frac{2x^2+3}{x-1}\right)^6\cdot\frac{4x\cdot(x-1)-1\cdot(2x^2+3)}{(x-1)^2}=$$

$$=7\cdot\frac{(2x^2+3)^6\cdot(4x^2-4x-2x^2-3)}{(x-1)^8}=$$

$$=7\cdot(2x^2+3)^6\cdot\frac{2x^2-4x-3}{(x-1)^8}\quad.$$

Zum Schluß beschäftigen wir uns mit der Differentiation von Umkehrfunktionen.

4.2.10. Satz (Ableitung von Umkehrfunktionen): Die Funktion $y = f(x)$ sei stetig und streng monoton in $D(f) = [a, b]$. Ferner sei f differenzierbar an $x_0 \in [a, b]$ mit $f'(x_0) \neq 0$. Dann ist die Umkehrfunktion $x = f^*(y)$ differenzierbar an $y_0 = f(x_0)$, und es gilt

$$f^{*\prime}(y_0) = \frac{1}{f'(x_0)} .$$

Beweis: Es sei $\{y_n\}$ eine Folge mit $y_n \in D(f^*)$, $y_n \neq y_0$, $y_n \to y_0$. Setzen wir $x_n = f^*(y_n)$, so erhalten wir wegen der Stetigkeit und Monotonie der Umkehrfunktion f^*

$$x_n \in [a, b], \quad x_n \neq x_0, \quad x_n \to x_0; \quad f(x_n) \neq f(x_0).$$

Es folgt

$$\frac{f^*(y_n) - f^*(y_0)}{y_n - y_0} = \frac{x_n - x_0}{f(x_n) - f(x_0)} = \frac{1}{\dfrac{f(x_n) - f(x_0)}{x_n - x_0}} \to \frac{1}{f'(x_0)} .$$

Also ist f^* differenzierbar an y_0, und es gilt die behauptete Formel.

4.2.11. Beispiel: Es sei n eine natürliche Zahl. Dann ist die Funktion $y = f(x) = x^n$ stetig und streng monoton wachsend in jedem Intervall $[a, b]$ mit $0 < a$. Die Umkehrfunktion ist $x = f^*(y) = y^{1/n}$. Ist $x_0 \in [a, b]$, so ist f differenzierbar an x_0 und hat die Ableitung $f'(x_0) = n \cdot x_0^{n-1} \neq 0$. Aus Satz 4.2.10 folgt, daß die Umkehrfunktion f^* an $y_0 = f(x_0) = x_0^n$ differenzierbar ist, und es gilt

$$f^{*\prime}(y_0) = \frac{1}{f'(x_0)} = \frac{1}{n \cdot x_0^{n-1}} = \frac{1}{n} \cdot x_0^{1-n} = \frac{1}{n} \cdot (y_0^{\frac{1}{n}})^{1-n} = \frac{1}{n} \cdot y_0^{\frac{1}{n} - 1} .$$

Vertauschen wir die Variablen x und y, so erhalten wir aus diesem Ergebnis (da a und x_0 beliebig waren), daß die auf $(0, \infty)$ definierte Funktion $x^{1/n}$ an jeder Stelle ihres Definitionsbereiches differenzierbar ist und daß gilt:

$$\left(x^{\frac{1}{n}}\right)' = \frac{1}{n} \cdot x^{\frac{1}{n} - 1} .$$

4.3. Die Ableitungen von ln x, e^x, x^α

Bekanntlich gilt $\lim\limits_{n\to\infty}\left(1+\frac{1}{n}\right)^n = e$. Dieses Ergebnis können wir so interpretieren, daß für die spezielle Nullfolge $x_n = \frac{1}{n}$ gilt

$$\lim_{n\to\infty}(1+x_n)^{\frac{1}{x_n}} = e.$$

Hieraus ergibt sich das Problem, für allgemeine Nullfolgen $\{x_n\}$ den Grenzwert $\lim\limits_{n\to\infty}(1+x_n)^{1/x_n}$ zu bestimmen.

4.3.1. Satz: Ist $\{x_n\}$ eine Folge mit $x_n \neq 0$, $x_n > -1$, $x_n \to 0$, so gilt

$$\lim_{n\to\infty}(1+x_n)^{1/x_n} = e.$$

Beweis: ENDL-LUH: Analysis I, S. 131.

4.3.2. Bemerkung: Aus diesem Satz ergibt sich sofort, daß die Funktion $f(x) = e^x$ folgende Darstellung besitzt

$$e^x = \lim_{n\to\infty}\left(1+\frac{x}{n}\right)^n.$$

Für $x = 0$ ist diese Darstellung offensichtlich richtig; ist $x \neq 0$, so ist $\left\{\frac{x}{n}\right\}$ eine Nullfolge mit $\frac{x}{n} > -1$ für hinreichend große n, und es ergibt sich aus Satz 4.3.1

$$\lim_{n\to\infty}\left(1+\frac{x}{n}\right)^n = \lim_{n\to\infty}\left[\left(1+\frac{x}{n}\right)^{\frac{n}{x}}\right]^x = e^x.$$

4.3.3. Satz: Für alle $x \in (0,\infty)$ gilt $(\ln x)' = \frac{1}{x}$.

Beweis: Es sei $x_0 \in (0,\infty)$ und $\{x_n\}$ eine Folge mit $x_n > 0$, $x_n \neq x_0$, $x_n \to x_0$. Setzen wir zur Abkürzung $y_n = \frac{x_n - x_0}{x_0}$, so gilt $y_n \neq 0$, $y_n \to 0$ und aus Satz 4.3.1 ergibt sich

$$(1+y_n)^{\frac{1}{y_n}} \to e.$$

Nun erhalten wir unter Benutzung der Stetigkeit der Logarithmusfunktion an der Stelle e:

$$\frac{\ln x_n - \ln x_0}{x_n - x_0} = \frac{1}{x_n - x_0} \cdot \ln \frac{x_n}{x_0} = \frac{1}{x_n - x_0} \cdot \ln\left(1 + \frac{x_n - x_0}{x_0}\right) =$$

$$= \frac{1}{x_0 \cdot y_n} \cdot \ln(1 + y_n) = \frac{1}{x_0} \cdot \ln\left[(1 + y_n)^{\frac{1}{y_n}}\right] \to$$

$$\to \frac{1}{x_0} \cdot \ln e = \frac{1}{x_0}.$$

Da x_0 beliebig war, folgt unsere Behauptung.

4.3.4. Satz: Für alle $x \in (-\infty, \infty)$ gilt $(e^x)' = e^x$.

Beweis: Betrachten wir die Funktion $y = f(x) = \ln x$, so ist die Umkehrfunktion gegeben durch $x = f^*(y) = e^y$. Ist $y_0 \in (-\infty, \infty)$ und $x_0 = e^{y_0}$, also $y_0 = \ln x_0$, so folgt aus Satz 4.3.3

$$f'(x_0) = \frac{1}{x_0} \neq 0,$$

und mit der Regel für die Ableitung von Umkehrfunktionen erhalten wir

$$f^{*\prime}(y_0) = \frac{1}{f'(x_0)} = \frac{1}{\frac{1}{x_0}} = x_0 = e^{y_0}.$$

Da y_0 beliebig war, folgt unsere Behauptung.

4.3.5. Bemerkung: Mit Hilfe unserer beiden letzten Ergebnisse können wir die Sonderrolle, welche die EULERsche Zahl e spielt, interpretieren.

1. Für ein $b > 1$ gilt $\log_b x = \log_b e \cdot \ln x$ und daher

$$(\log_b x)' = (\log_b e \cdot \ln x)' = \frac{\log_b e}{x}.$$

Unter allen Logarithmusfunktionen $\log_b x$ ist daher die „natürliche" Logarithmusfunktion $\ln x$ ($b = e$) diejenige, welche die einfachste Ableitung besitzt (nämlich $(\ln x)' = \frac{1}{x}$).

2. Für ein $a > 0$ gilt $a^x = e^{x \cdot \ln a}$, und es folgt mit der Kettenregel

$$(a^x)' = (e^{x \cdot \ln a})' = e^{x \cdot \ln a} \cdot (x \cdot \ln a)' = e^{x \cdot \ln a} \cdot \ln a = a^x \cdot \ln a.$$

Unter allen Exponentialfunktionen a^x ist daher die „natürliche“ Exponentialfunktion e^x $(a = e)$ wiederum diejenige, welche die einfachste Ableitung besitzt (nämlich $(e^x)' = e^x$).

4.3.6. Satz: Es sei α eine feste reelle Zahl. Dann gilt für alle $x \in (0, \infty)$

$$(x^\alpha)' = \alpha \cdot x^{\alpha - 1}.$$

Beweis: Wir können schreiben $x^\alpha = e^{\alpha \cdot \ln x}$. Zur Differentiation dieses Ausdruckes benutzen wir die Kettenregel und erhalten

$$(x^\alpha)' = (e^{\alpha \cdot \ln x})' = e^{\alpha \cdot \ln x} \cdot (\alpha \cdot \ln x)' = x^\alpha \cdot \alpha \cdot \frac{1}{x} = \alpha \cdot x^{\alpha - 1}.$$

4.3.7. Beispiel:

1. Für $f(x) = \ln(\ln x)$ mit $D(f) = (1, \infty)$ gilt

$$f'(x) = \frac{1}{\ln x} \cdot (\ln x)' = \frac{1}{x \cdot \ln x}.$$

2. Es sei $\alpha \in \mathbb{R}$ und $f(x) = (\ln x)^\alpha$, $D(f) = (1, \infty)$. Dann gilt

$$f'(x) = \alpha \cdot (\ln x)^{\alpha - 1} \cdot (\ln x)' = \frac{\alpha}{x} \cdot (\ln x)^{\alpha - 1}.$$

3. Es sei $\alpha \in \mathbb{R}$ und $f(x) = x^\alpha \cdot \ln x$, $D(f) = (0, \infty)$. Dann gilt

$$f'(x) = \alpha \cdot x^{\alpha - 1} \cdot \ln x + x^\alpha \cdot \frac{1}{x} = x^{\alpha - 1} \cdot (1 + \alpha \ln x).$$

4. Für $f(x) = x^x$ mit $D(f) = (0, \infty)$ gilt

$$f'(x) = (x^x)' = (e^{x \cdot \ln x})' = e^{x \cdot \ln x} \cdot (x \cdot \ln x)' =$$
$$= x^x \cdot \left(\ln x + \frac{x}{x}\right) = x^x \cdot (1 + \ln x).$$

5. Für $f(x) = e^{e^{2x}}$ mit $D(f) = (-\infty, \infty)$ gilt

$$f'(x) = e^{e^{2x}} \cdot (e^{2x})' = 2\, e^{2x} \cdot e^{e^{2x}}.$$

6. Für $f(x) = (e^x)^x = e^{x^2}$ mit $D(f) = (-\infty, \infty)$ gilt

$$f'(x) = (e^{x^2})' = e^{x^2} \cdot (x^2)' = 2x \cdot e^{x^2}.$$

7. Für $f(x) = e^{x^x}$ mit $D(f) = (0, \infty)$ gilt (vgl. 4.)

$$f'(x) = e^{x^x} \cdot (x^x)' = e^{x^x} \cdot x^x \cdot (1 + \ln x).$$

Bei der Differentiation von Potenz- und Exponentialausdrücken ist häufig die folgende Ableitungsregel von Nutzen, welche als „logarithmisches Differenzieren" bezeichnet wird.

4.3.8. Satz: Die Funktion f sei differenzierbar in $[a, b]$, und es gelte $f(x) \neq 0$ in $[a, b]$. Dann ist die Funktion $g(x) = \ln |f(x)|$ in $[a, b]$ differenzierbar, und es gilt

$$g'(x) = \frac{f'(x)}{f(x)}.$$

Hieraus ergibt sich die Regel des logarithmischen Differenzierens:

$$f'(x) = f(x) \cdot [\ln |f(x)|]'.$$

Beweis: Wegen der Differenzierbarkeit von f in $[a, b]$ ist f stetig in $[a, b]$, und wegen $f(x) \neq 0$ ist entweder $f(x) > 0$ in $[a, b]$ oder $f(x) < 0$ in $[a, b]$.

1. Ist $f(x) > 0$, so gilt $g(x) = \ln f(x)$ und mit der Kettenregel folgt

$$g'(x) = \frac{f'(x)}{f(x)}.$$

2. Ist $f(x) < 0$, so gilt $g(x) = \ln(-f(x))$ und mit der Kettenregel folgt

$$g'(x) = \frac{-f'(x)}{-f(x)} = \frac{f'(x)}{f(x)}.$$

Daraus ergibt sich die Behauptung.

4.3.9. Beispiel:

1. Für $f(x) = -3^{-x^2}$ erhalten wir $\ln |f(x)| = \ln 3^{-x^2} = -x^2 \cdot \ln 3$. Also folgt

$$[\ln |f(x)|]' = -2x \cdot \ln 3$$

und mit logarithmischer Differentiation

$$f'(x) = f(x) \cdot [\ln |f(x)|]' = -3^{-x^2} \cdot (-2x \ln 3) = 2x \cdot 3^{-x^2} \cdot \ln 3.$$

2. Für $f(x) = x^{e^{-x^2}}$ erhalten wir $\ln |f(x)| = e^{-x^2} \cdot \ln x$. Also folgt

$$[\ln |f(x)|]' = e^{-x^2} \cdot (-2x) \cdot \ln x + \frac{1}{x} e^{-x^2} = e^{-x^2} \cdot \left(\frac{1}{x} - 2x \ln x\right)$$

und mit logarithmischer Differentiation

$$f'(x) = f(x) \cdot [\ln |f(x)|]' = x^{e^{-x^2}} \cdot e^{-x^2} \cdot \left(\frac{1}{x} - 2x \ln x\right).$$

3. Logarithmische Differentiation erweist sich insbesondere bei Funktionen der Form

$$\varphi(x) = f(x)^{g(x)} \quad \text{mit} \quad f(x) > 0$$

als vorteilhaft. Hier erhalten wir

$$\varphi'(x) = f(x)^{g(x)} \cdot \{g(x) \ln f(x)\}'.$$

In der folgenden Tabelle stellen wir noch einmal die wichtigsten Ableitungsregeln zusammen.

4.3.10. Tabelle (Ableitungsregeln):

Funktion	Ableitung	Bezeichnung
$f(x) + g(x)$	$f'(x) + g'(x)$	Summenregel
$f(x) \cdot g(x)$	$f'(x)g(x) + f(x)g'(x)$	Produktregel
$\frac{f(x)}{g(x)}$	$\frac{f'(x)g(x) - f(x)g'(x)}{g^2(x)}$	Quotientenregel
$f(g(x))$	$f'(g(x)) \cdot g'(x)$	Kettenregel
$f^*(x)$	$\frac{1}{f'(f^*(x))}$	Umkehrregel
$f(x)^{g(x)}$	$f(x)^{g(x)} \cdot \{g(x) \cdot \ln f(x)\}'$	logarithmisches Differenzieren

4.4. Die geometrische Bedeutung der Ableitung

4.4.1. Der Satz von ROLLE, der Mittelwertsatz

Wir haben in Definition 3.3.3 erklärt, was wir unter dem absoluten Maximum bzw. Minimum einer Funktion verstehen. Wir beschäftigen uns jetzt mit sog. relativen oder lokalen Maxima und Minima.

4.4.1. Definition: Die Funktion f sei erklärt in (a, b); f hat an einer Stelle $\xi \in (a, b)$ ein

(1) lokales Maximum, wenn es ein $\delta > 0$ gibt, so daß gilt

$$f(\xi) \geqslant f(x) \qquad \text{für alle } x \in (\xi - \delta, \xi + \delta);$$

(2) lokales Minimum, wenn es ein $\delta > 0$ gibt, so daß gilt

$$f(\xi) \leqslant f(x) \qquad \text{für alle } x \in (\xi - \delta, \xi + \delta).$$

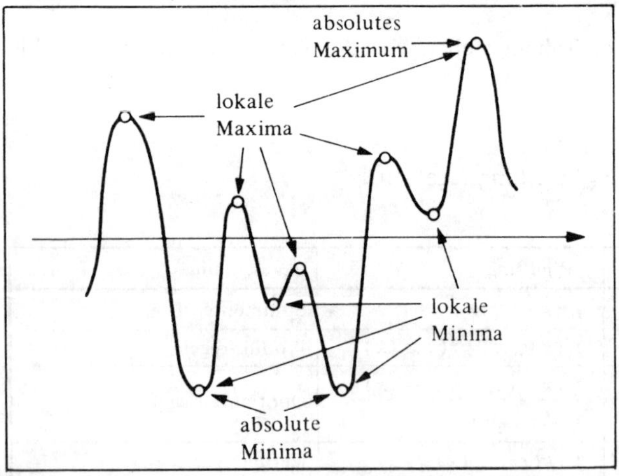

Abb. 4.4.1

Die absoluten und lokalen Maxima bzw. Minima einer Funktion f bezeichnen wir zusammenfassend als deren Extremstellen. Für das Vorliegen einer Extremstelle gilt folgendes notwendige Kriterium.

4.4.2. Satz: Die Funktion f sei definiert in (a, b) und differenzierbar an $\xi \in (a, b)$. Hat f an ξ eine Extremstelle, so gilt notwendig $f'(\xi) = 0$.

Beweis: Wir nehmen an, daß f an ξ ein lokales Maximum hat (im Falle eines lokalen Minimums verläuft der Beweis analog). Es gibt dann ein $\delta > 0$, so daß $f(\xi) \geqslant f(x)$ ist für alle $x \in (\xi - \delta, \xi + \delta)$.
Da f an ξ differenzierbar ist, gilt

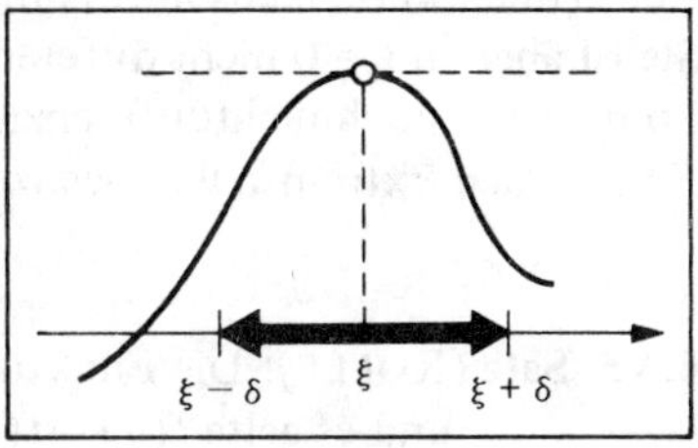

Abb. 4.4.2

$$f'(\xi) = \lim_{n \to \infty} \frac{f\left(\xi + \frac{1}{n}\right) - f(\xi)}{\frac{1}{n}} = \lim_{n \to \infty} \frac{f\left(\xi - \frac{1}{n}\right) - f(\xi)}{-\frac{1}{n}}.$$

1. Für alle hinreichend großen n ist $\xi + \frac{1}{n} \in (\xi - \delta, \xi + \delta)$ und daher $f(\xi) \geqslant f\left(\xi + \frac{1}{n}\right)$. Hieraus folgt

$$\frac{f\left(\xi + \frac{1}{n}\right) - f(\xi)}{\frac{1}{n}} \leqslant 0$$

und damit $f'(\xi) \leqslant 0$.

2. Für alle hinreichend großen n ist $\xi - \frac{1}{n} \in (\xi - \delta, \xi + \delta)$ und daher $f(\xi) \geqslant f\left(\xi - \frac{1}{n}\right)$. Hieraus folgt

$$\frac{f\left(\xi - \frac{1}{n}\right) - f(\xi)}{-\frac{1}{n}} \geqslant 0$$

und damit $f'(\xi) \geqslant 0$.

3. Wegen $f'(\xi) \leqslant 0$ und $f'(\xi) \geqslant 0$ ist $f'(\xi) = 0$.

Abb. 4.4.3

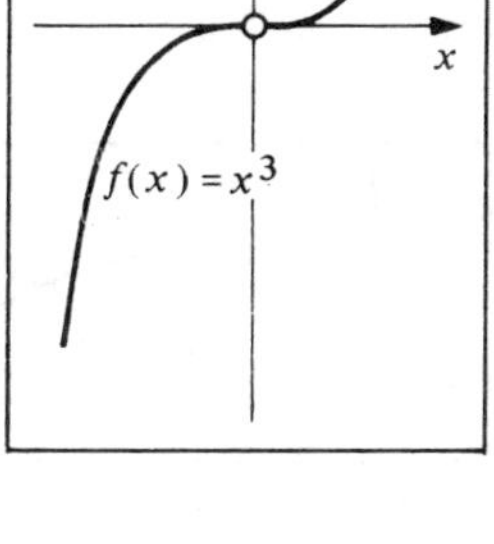

4.4.3. Bemerkung: Die Funktion $f(x) = x^3$ mit $D(f) = [-1, 1]$ hat die Ableitung $f'(x) = 3x^2$. Es gilt also $f'(0) = 0$, aber f hat an der Stelle $\xi = 0$ keine Extremstelle. Die Bedingung $f'(\xi) = 0$ ist also eine notwendige, aber keine hinreichende Bedingung für das Vorliegen einer Extremstelle.

4.4.4. Bemerkung: Die Funktion $f(x) = |x|$ mit $D(f) = (-1, 1)$ hat an $\xi = 0$ eine Extremstelle (und zwar ein absolutes Minimum). Sie ist aber an $\xi = 0$ nicht differenzierbar. Es können also auch nichtdifferenzierbare Funktionen Extremstellen besitzen.

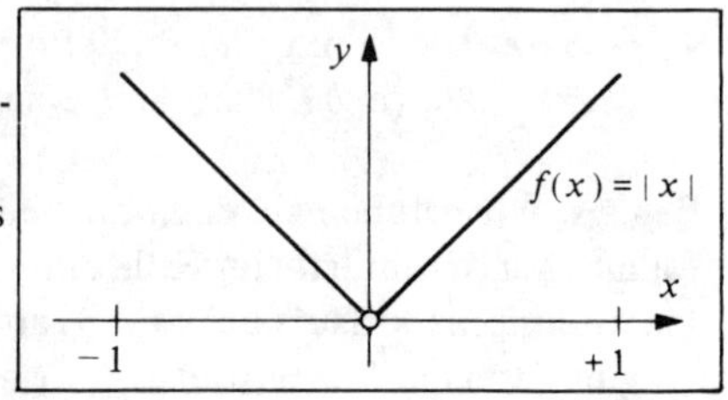

Abb. 4.4.4

4.4.5. Satz (ROLLE): Die Funktion f sei stetig in $[a, b]$, differenzierbar in (a, b), und es gelte $f(a) = f(b) = 0$. Dann gibt es mindestens ein $\xi \in (a, b)$ mit $f'(\xi) = 0$.

Beweis: Da f in $[a, b]$ stetig ist, nimmt f in $[a, b]$ nach Satz 3.3.4 ein absolutes Maximum und ein absolutes Minimum an.

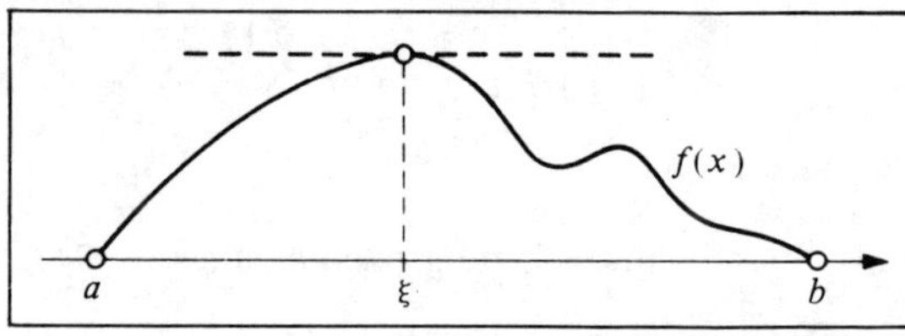

Abb. 4.4.5

1. Wir nehmen an, daß sowohl das absolute Maximum als auch das absolute Minimum an den Intervallenden angenommen werden. In diesem Fall gilt $f(x) = 0$ für alle $x \in [a, b]$ und damit $f'(\xi) = 0$ für jedes $\xi \in (a, b)$.

2. Wir nehmen an, daß wenigstens eine dieser Extremstellen nicht an einem Intervallende angenommen wird. In diesem Fall gibt es also eine Extremstelle $\xi \in (a, b)$. Nach Satz 4.4.2 folgt hierfür $f'(\xi) = 0$.

4.4.6. Beispiel: Wir betrachten die Funktion $f(x) = x - x^2$ mit $D(f) = [0, 1]$. Es gilt $f(0) = f(1) = 0$, und nach dem Satz von ROLLE gibt es ein $\xi \in (0, 1)$ mit $f'(\xi) = 0$. Wegen $f'(x) = 1 - 2x$ leistet in diesem Beispiel $\xi = 1/2$ das Gewünschte.

4.4.7. Beispiel: Wir betrachten die Funktion $f(x) = 1 - |x|$ mit $D(f) = [-1, 1]$. Es gilt $f(-1) = f(1) = 0$, aber es existiert kein ξ mit $f'(\xi) = 0$ (die Funktion f ist an $\xi = 0$ nicht differenzierbar).

Abb. 4.4.6

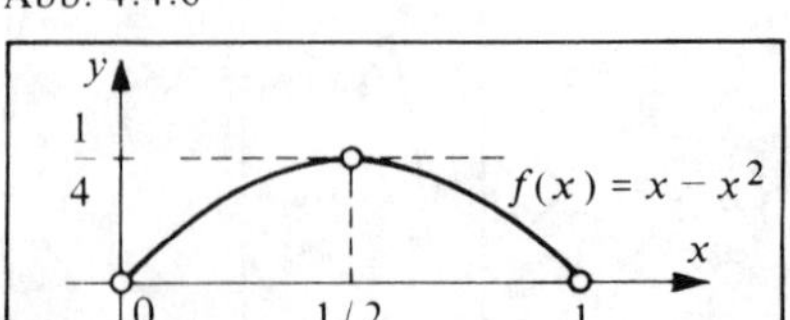

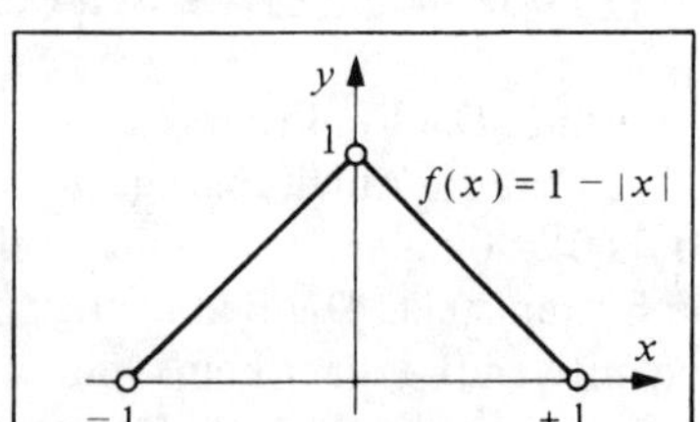

Abb. 4.4.7

4.4.8. Beispiel: Wir untersuchen, wieviel reelle Nullstellen das Polynom

$$P(x) = x^{45} + 5x^{17} + 2x - 8$$

hat. Offensichtlich ist $P(1) = 0$. Ferner haben wir

$$P'(x) = 45x^{44} + 85x^{16} + 2 \geqslant 2 > 0.$$

Nach dem Satz von ROLLE hat daher $P(x)$ keine von 1 verschiedene reelle Nullstelle (andernfalls müßte $P'(x)$ eine Nullstelle besitzen).

4.4.9. Satz (Mittelwertsatz): Die Funktion f sei stetig in $[a, b]$ und differenzierbar in (a, b). Dann gibt es mindestens ein $\xi \in (a, b)$ mit

$$\frac{f(b) - f(a)}{b - a} = f'(\xi).$$

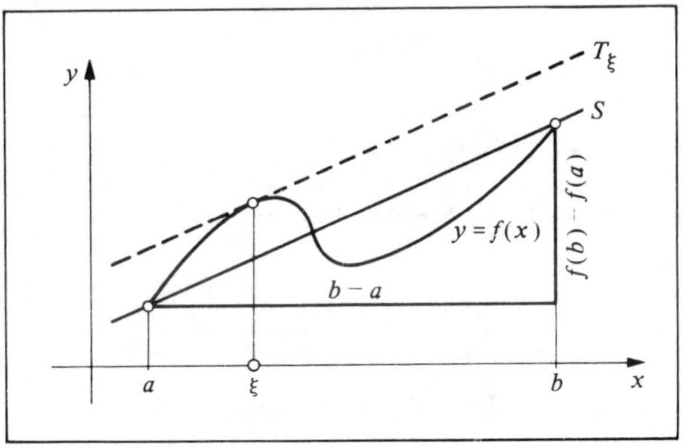

Abb. 4.4.8

4.4.10. Bemerkung: Die Aussage des Mittelwertsatzes gestattet folgende geometrische Interpretation. Der Ausdruck $\frac{f(b) - f(a)}{b - a}$ gibt die Steigung der Geraden S durch die Punkte $(a, f(a))$ und $(b, f(b))$ an. Die Ableitung $f'(\xi)$ gibt die Steigung der Tangente T_ξ im Kurvenpunkt $(\xi, f(\xi))$ an. Der Mittelwertsatz besagt also, daß es eine Stelle $\xi \in (a, b)$ mit der Eigenschaft gibt, daß T_ξ und S parallel verlaufen. Dabei ist allerdings die Lage einer solchen Stelle ξ i.a. leider nicht bekannt.

Beweis: Wir beweisen den Mittelwertsatz durch eine geschickte Anwendung des Satzes von ROLLE. Dazu betrachten wir die Hilfsfunktion

$$\varphi(x) = f(x) - f(a) - \frac{f(b) - f(a)}{b - a} \cdot (x - a).$$

Die Funktion φ ist stetig in $[a, b]$, differenzierbar in (a, b), und es gilt

$$\varphi(a) = f(a) - f(a) - \frac{f(b) - f(a)}{b - a}(a - a) = 0,$$

$$\varphi(b) = f(b) - f(a) - \frac{f(b) - f(a)}{b - a}(b - a) = 0,$$

φ erfüllt also die Voraussetzungen des Satzes von ROLLE, so daß ein $\xi \in (a, b)$ mit $\varphi'(\xi) = 0$ existiert. Wegen

$$\varphi'(x) = f'(x) - \frac{f(b) - f(a)}{b - a}$$

ergibt sich für $x = \xi$

$$0 = \varphi'(\xi) = f'(\xi) - \frac{f(b) - f(a)}{b - a}$$

und damit

$$f'(\xi) = \frac{f(b) - f(a)}{b - a},$$

womit der Satz bewiesen ist.

4.4.11. Beispiel: Wir betrachten die Funktion $f(x) = x^2 + 2x + 2$ im Intervall $[a, b] = [1, 3]$. Es gilt

$$\frac{f(b) - f(a)}{b - a} = \frac{f(3) - f(1)}{2} = \frac{17 - 5}{2} = 6.$$

Wegen $f'(x) = 2x + 2$ gilt bei diesem Beispiel

$$f'(2) = \frac{f(3) - f(1)}{2}.$$

4.4.2. Folgerungen aus dem Mittelwertsatz

Mit Hilfe des Mittelwertsatzes ist es möglich, aus Eigenschaften der Ableitungsfunktion f' Informationen über das Verhalten der Funktion f zu gewinnen.

4.4.12. Satz: Eine in $[a, b]$ differenzierbare Funktion f ist genau dann konstant wenn für alle $x \in [a, b]$ gilt: $f'(x) = 0$.

Beweis:

1. Ist f auf $[a, b]$ konstant, so gilt $f'(x) = 0$ für alle $x \in [a, b]$.

2. Es sei f differenzierbar auf $[a, b]$ und $f'(x) = 0$ für alle $x \in [a, b]$.
Wir zeigen, daß dann für alle $x_0 \in (a, b]$ gilt $f(x_0) = f(a)$. Wenden wir den Mittelwertsatz auf das Intervall $[a, x_0]$ an, so folgt mit einem $\xi \in (a, x_0)$

$$f(x_0) - f(a) = \frac{f(x_0) - f(a)}{x_0 - a}(x_0 - a) = f'(\xi) \cdot (x_0 - a) = 0.$$

Da x_0 beliebig war, ergibt sich unsere Behauptung.

4.4.13. Bemerkung: Die Funktionen f und g seien auf $[a, b]$ differenzierbar, und es gelte $f'(x) = g'(x)$ für alle $x \in [a, b]$. Dann gilt mit einer Konstanten c

$$f(x) = g(x) + c \qquad \text{für alle } x \in [a, b].$$

Für die Funktion $h(x) = f(x) - g(x)$ folgt nämlich $h'(x) = 0$ für alle $x \in [a, b]$, also ist $h(x) = c$ mit einer Konstanten c und damit $f(x) = g(x) + c$.

4.4.14. Satz: Ist die Funktion f differenzierbar in $[a, b]$ und gilt für alle $x \in (a, b)$

(1) $f'(x) > 0$, so ist f in $[a, b]$ streng monoton wachsend;

(2) $f'(x) < 0$, so ist f in $[a, b]$ streng monoton fallend.

Beweis:

1. Es sei $f'(x) > 0$ für alle $x \in (a, b)$. Wir müssen zeigen, daß aus $a \leqslant x_1 < x_2 \leqslant b$ folgt $f(x_1) < f(x_2)$. Die Anwendung des Mittelwertsatzes auf das Intervall $[x_1, x_2]$ ergibt mit einem $\xi \in (x_1, x_2)$:

$$f(x_2) - f(x_1) = \frac{f(x_2) - f(x_1)}{x_2 - x_1} \cdot (x_2 - x_1) = f'(\xi) \cdot (x_2 - x_1) > 0.$$

Also ist f streng monoton wachsend.

2. Ist $f'(x) < 0$, so wird analog gezeigt, daß f streng monoton fallend ist.

Abb. 4.4.9

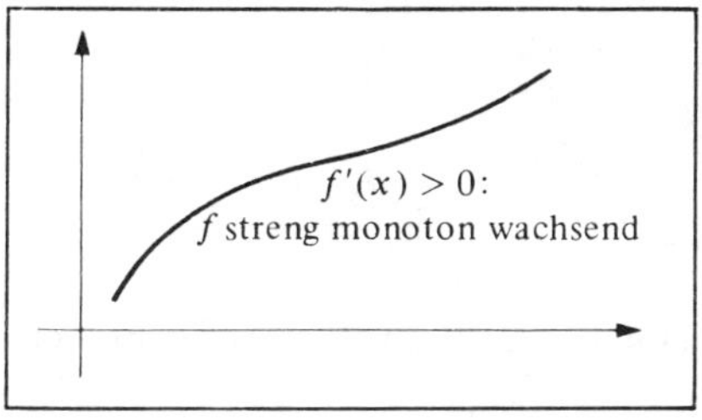

Abb. 4.4.10

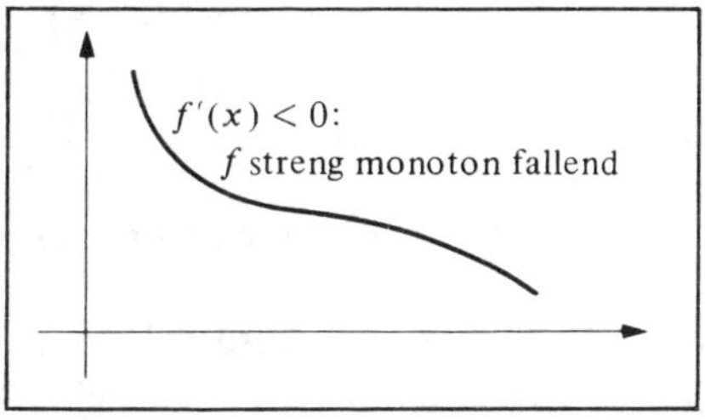

4.4.15. Beispiel: Wir betrachten die Funktion $f(x) = 2x^3 - 3x^2 + 2$. Es gilt:

$$f'(x) = 6x^2 - 6x = 6x(x-1).$$

Für $x \in (-\infty, 0)$ ist $f'(x) > 0$ und daher ist f streng monoton wachsend in $(-\infty, 0]$. Im Intervall $(0, 1)$ ist $f'(x) < 0$ und folglich ist f streng monoton fallend in $[0, 1]$. Für $x \in (1, \infty)$ ist $f'(x) > 0$ und daher ist f streng monoton wachsend in $[1, \infty)$.

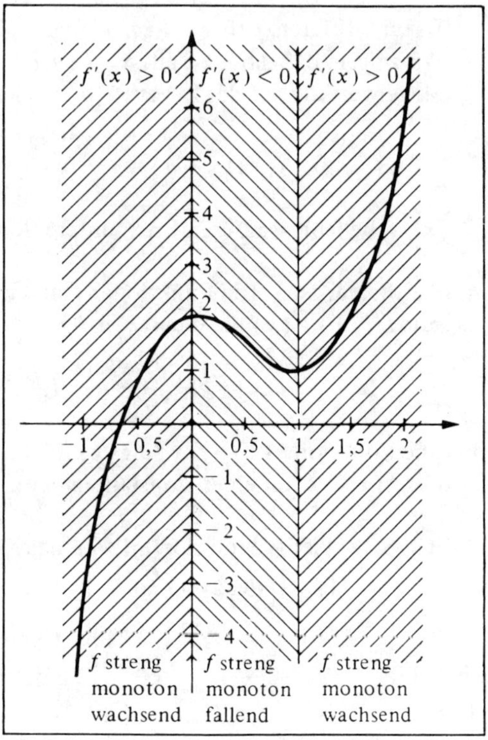

Abb. 4.4.11

4.4.16. Bemerkung: Ist die Funktion f in $[a, b]$ differenzierbar und gilt $f'(x) > 0$ oder $f'(x) < 0$ für alle $x \in (a, b)$, so existiert nach Satz 3.4.3 die Umkehrfunktion zu f.

4.4.3. Anwendungen des Mittelwertsatzes für Fehlerabschätzungen

Betrachten wir eine differenzierbare Funktion f in einem Intervall $[a, x]$ mit festem a und variablem x, so gibt es nach dem Mittelwertsatz ein $\xi \in (a, x)$ mit der Eigenschaft

$$\frac{f(x) - f(a)}{x - a} = f'(\xi)$$

oder

$$f(x) = f(a) + (x - a) \cdot f'(\xi).$$

Durch Abschätzung des Ausdruckes $f'(\xi)$ gelingt es dadurch sehr häufig, brauchbare Abschätzungen für $f(x)$ anzugeben.

4.4.17. Beispiel: Wir betrachten $f(t) = e^t$ in $[0, x]$ mit $0 < x < 1$ und erhalten

$$e^x = e^0 + x \cdot e^\xi = 1 + x \cdot e^\xi, \quad \text{wobei } 0 < \xi < x.$$

Aus $\xi > 0$ folgt $e^\xi > e^0 = 1$ und daher

$$e^x > 1 + x,$$

aus $\xi < x$ folgt $e^\xi < e^x$ bzw. $e^x = 1 + x \cdot e^\xi < 1 + x \cdot e^x$ oder

$$e^x < \frac{1}{1-x},$$

so daß wir für $0 < x < 1$ folgende Abschätzung für e^x bekommen

$$1 + x < e^x < \frac{1}{1-x}.$$

Für $x = 0{,}01$ ergibt sich hieraus

$$1{,}01 < e^{0{,}01} < \frac{1}{1-0{,}01} = 1{,}\overline{01},$$

der präzise Wert ist $e^{0{,}01} = 1{,}010050 \cdots$.

4.4.18. Beispiel: Wir betrachten $f(t) = \ln t$ im Intervall $[1, 1 + x]$ mit $x > 0$ und erhalten mit einem $\xi \in (1, 1 + x)$

$$\ln(1 + x) = \ln 1 + \frac{x}{\xi} = \frac{x}{\xi}.$$

Aus $1 < \xi < 1 + x$ folgt $\dfrac{x}{1+x} < \dfrac{x}{\xi} < x$, so daß wir für $x > 0$ folgende Abschätzung für $\ln(1 + x)$ bekommen

$$\frac{x}{1+x} < \ln(1 + x) < x.$$

Für $x = 0{,}01$ ergibt sich hieraus

$$0{,}\overline{0099} = \frac{0{,}01}{1{,}01} < \ln 1{,}01 < 0{,}01.$$

Der präzise Wert ist $\ln 1{,}01 = 0{,}009950 \cdots$.

4.5. Extremstellen differenzierbarer Funktionen

4.5.1. Hinreichende Kriterien für Extremstellen

Unser Ziel ist jetzt die Gewinnung hinreichender Kriterien für die Bestimmung der Maxima und Minima bei differenzierbaren Funktionen. Ein notwendiges Kriterium liefert uns Satz 4.4.2: Ist f differenzierbar in (a, b) und hat f an $\xi \in (a, b)$ eine Extremstelle, so gilt notwendig $f'(\xi) = 0$. Dieses Kriterium ist jedoch (wie uns das Beispiel $f(x) = x^3$ zeigte) nicht hinreichend für das Vorliegen einer Extremstelle. Als Extremstellen kommen jedoch nur solche Stellen ξ in Frage, für welche $f'(\xi) = 0$ ist. Die Entscheidung, ob an ξ tatsächlich eine Extremstelle vorliegt, kann u.a. durch Untersuchung der höheren Ableitungen von f erfolgen.
Wir beginnen mit folgendem Kriterium.

4.5.1. Satz: Die Funktion f sei in (a, b) differenzierbar. An der Stelle $\xi \in (a, b)$ gelte $f'(\xi) = 0$.

(1) Hat f' an ξ einen Vorzeichenwechsel, so hat f an ξ ein Extremum. Es handelt sich um ein

lokales Maximum, wenn $f'(x)$ von + nach − wechselt,
lokales Minimum, wenn $f'(x)$ von − nach + wechselt.

(2) Hat f' an ξ keinen Vorzeichenwechsel, so hat f an ξ kein Extremum.

Abb. 4.5.1

links von ξ_1:	$f'(x) < 0$	lokales Minimum
rechts von ξ_1:	$f'(x) > 0$	an ξ_1
links von ξ_2:	$f'(x) > 0$	lokales Maximum
rechts von ξ_2:	$f'(x) < 0$	an ξ_2
links von ξ_3:	$f'(x) < 0$	kein Extremum
rechts von ξ_3:	$f'(x) < 0$	an ξ_3

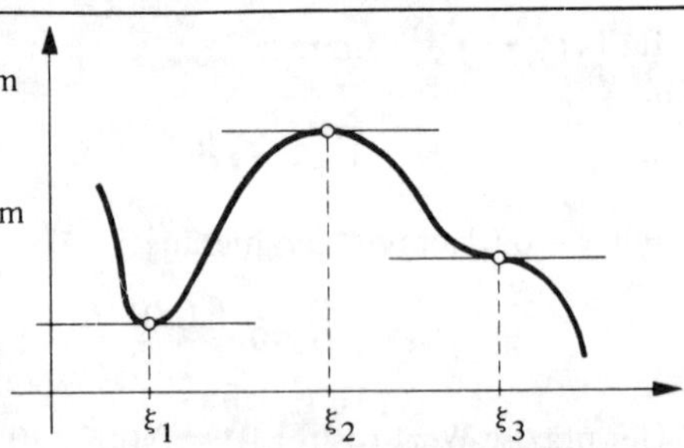

Beweis:

1. Die Funktion f' habe an ξ einen Vorzeichenwechsel von + nach −. Es gibt dann ein $\delta > 0$, so daß gilt

$$f'(x) > 0 \text{ für } x \in (\xi - \delta, \xi), \qquad f'(x) < 0 \text{ für } x \in (\xi, \xi + \delta).$$

   Nach Satz 4.4.14 ist daher f im Intervall $[\xi - \delta, \xi]$ streng monoton wachsend und im Intervall $[\xi, \xi + \delta]$ streng monoton fallend. Es folgt $f(\xi) \geqslant f(x)$ für alle $x \in [\xi - \delta, \xi + \delta]$ und daher hat f an der Stelle ξ ein lokales Maximum.

2. Analog wird gezeigt, daß im Falle eines Vorzeichenwechsels von f' von − nach + ein lokales Minimum und im Falle keines Vorzeichenwechsels von f' kein Extremum vorliegt.

4.5.2. Satz: Die Funktion f sei in (a, b) zweimal differenzierbar. An der Stelle $\xi \in (a, b)$ gelte $f'(\xi) = 0$.

(1) Ist $f''(\xi) < 0$, so hat f an ξ ein lokales Maximum.
(2) Ist $f''(\xi) > 0$, so hat f an ξ ein lokales Minimum.

Beweis:

1. Es sei $f'(\xi) = 0$ und $f''(\xi) < 0$, so daß also gilt

$$\lim_{x \to \xi} \frac{f'(x) - f'(\xi)}{x - \xi} = f''(\xi) < 0.$$

   Hieraus folgt, daß es ein $\delta > 0$ gibt, so daß

$$\frac{f'(x) - f'(\xi)}{x - \xi} < 0 \quad \text{für} \quad x \in (\xi - \delta, \xi + \delta), \ x \neq \xi$$

   (andernfalls würde der Grenzwert nicht existieren). Wegen $f'(\xi) = 0$ ergibt sich nun aus dieser Beziehung

$$f'(x) > 0 \quad \text{für} \quad \xi - \delta < x < \xi,$$
$$f'(x) < 0 \quad \text{für} \quad \xi < x < \xi + \delta.$$

   Damit hat f' an ξ einen Vorzeichenwechsel von + nach −. Aus Satz 4.5.1 folgt, daß f an ξ ein lokales Maximum hat.

2. In analoger Weise wird gezeigt, daß im Falle $f'(\xi) = 0, f''(\xi) > 0$ die Funktion f' an ξ einen Vorzeichenwechsel von − nach + hat und damit ein lokales Minimum vorliegt.

Der Satz 4.5.2 versagt, wenn $f'(\xi) = f''(\xi) = 0$ ist. In diesem Falle können die höheren Ableitungen von f für die Bestimmung von Extremstellen herangezogen werden. Hierzu geben wir das folgende Kriterium ohne Beweis an.

4.5.3. Satz: Die Funktion f sei in (a, b) n-mal differenzierbar ($n \geqslant 2$). An der Stelle $\xi \in (a, b)$ gelte

$$f'(\xi) = f''(\xi) = \cdots = f^{(n-1)}(\xi) = 0; \qquad f^{(n)}(\xi) \neq 0.$$

(1) Ist n eine gerade Zahl, so hat f an ξ ein Extremum und zwar im Falle

$f^{(n)}(\xi) < 0$ ein lokales Maximum,

$f^{(n)}(\xi) > 0$ ein lokales Minimum.

(2) Ist n eine ungerade Zahl, so hat f an ξ kein Extremum.

4.5.4. Bemerkung: Für $n = 2$ ergibt sich wieder Satz 4.5.2.

4.5.2. Beispiele zur Bestimmung von Extremstellen

4.5.5. Beispiel: Wir betrachten die Funktion $f(x) = \frac{1}{3} x^2 (x - 3)$. Für ihre Ableitung ergibt sich

$$f'(x) = \frac{2}{3} x (x - 3) + \frac{1}{3} x^2 = x(x - 2).$$

Als Extremstellen kommen also $\xi_1 = 0$, $\xi_2 = 2$ in Frage. An der Stelle $\xi_1 = 0$ hat f' einen Vorzeichenwechsel von + nach −, und an der Stelle $\xi_2 = 2$ hat f' einen Vorzeichenwechsel von − nach +. Nach Satz 4.5.1 hat f an ξ_1 ein lokales Maximum und an ξ_2 ein lokales Minimum. Die Bestimmung dieser Extremstellen kann auch mit Satz 4.5.2 erfolgen. Für die zweite Ableitung erhalten wir

$$f''(x) = 2x - 2.$$

Wegen $f''(0) = -2 < 0$ haben wir an $\xi_1 = 0$ ein lokales Maximum, und wegen $f''(2) = 2 > 0$ haben wir an $\xi_2 = 2$ ein lokales Minimum.

4.5.6. Beispiel: Wir betrachten die Funktion $f(x) = x^4 - 2$. Für ihre Ableitungen erhalten wir

$$f'(x) = 4x^3, \quad f''(x) = 12x^2, \quad f'''(x) = 24x, \quad f^{(4)}(x) = 24.$$

Als Extremstelle kommt nur $\xi = 0$ in Frage. Es gilt: $f'(0) = f''(0) = f'''(0) = 0$, $f^{(4)}(0) > 0$. Nach Satz 4.5.3 liegt an $\xi = 0$ ein lokales Minimum vor.

4.5.7. Bemerkung: Sollen in einem **abgeschlossenen** Intervall $[a, b]$ alle Extrema einer Funktion f bestimmt werden, so sind außer den Stellen, an welchen $f'(x) = 0$ ist, auch noch die Intervallenden zu untersuchen, denn hier können nach Satz 3.3.4 absolute Maxima oder Minima vorliegen.

4.5.8. Beispiel: Wir betrachten die Funktion $f(x) = \frac{1}{3}x^2(x-3)$ in $[-2, 4]$. Nach Beispiel 4.5.5 hat f an $\xi_1 = 0$ ein lokales Maximum, an $\xi_2 = 2$ ein lokales Minimum. Das absolute Maximum von f im Intervall $[-2, 4]$ liegt jedoch bei $\xi_3 = 4$ und das absolute Minimum bei $\xi_4 = -2$. Für die Funktionswerte an diesen Stellen gilt

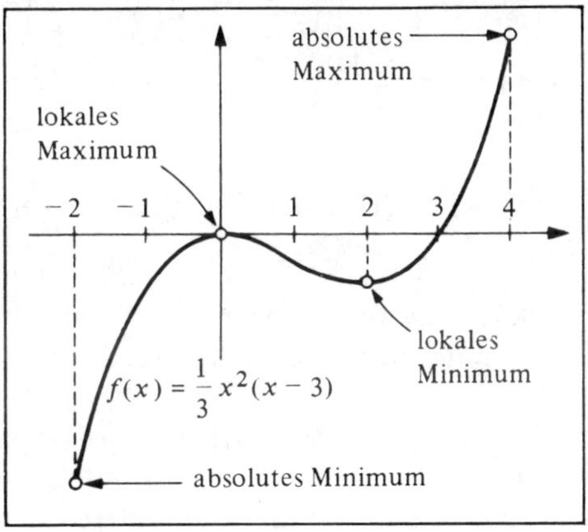

Abb. 4.5.2

$$f(-2) = -\frac{20}{3}, \; f(0) = 0, \; f(2) = -\frac{4}{3}, \; f(4) = \frac{16}{3}.$$

4.5.9. Bemerkung: Bei der Diskussion einer Funktion f empfiehlt es sich meistens folgendermaßen vorzugehen:

1. Ermittlung des maximalen Definitionsbereiches von f (sofern $D(f)$ nicht vorgegeben ist);
2. Bestimmung der Nullstellen von $f(x)$;
3. Bestimmung der Extremstellen von $f(x)$;
4. Bestimmung der Extremstellen von $f'(x)$ (Wendepunkte von f). An einem Wendepunkt von f ändert sich (anschaulich) der Drehsinn der Tangente;

5. Verhalten von f für $x \to +\infty$ bzw. für $x \to -\infty$ (sofern der Definitionsbereich von f diese Betrachtungen zuläßt);
6. Darstellung von f in einem Schaubild.

4.5.10. Beispiel (Ionenminimum des Wassers): Auch reines Wasser ist in H^+ und OH^--Ionen dissoziiert. Deren Konzentrationen bezeichnen wir mit $[H^+]$ bzw. $[OH^-]$; sie werden in mol/l gemessen. Es gilt

$$H_2O \rightleftharpoons H^+ + OH^-$$

und aus dem Massenwirkungsgesetz folgt

$$\frac{[H^+]\cdot[OH^-]}{[H_2O]} = \kappa_w = 1{,}8\cdot 10^{-16}.$$

Mit $[H_2O] = \frac{1000}{18}\cdot\frac{\text{mol}}{\text{l}}$ ergibt sich also die Beziehung (Ionenprodukt des Wassers):

$$[H^+]\cdot[OH^-] = [H_2O]\cdot 1{,}8\cdot 10^{-16} = \frac{1000}{18}\cdot 1{,}8\cdot 10^{-16} = 10^{-14} = \kappa.$$

Bei Zusatz von H^+ oder OH^--Ionen verschiebt sich dieses Gleichgewicht. Wir wollen untersuchen, wann der Ausdruck

$$S = [H^+] + [OH^-]$$

ein Minimum hat (d. h. wir untersuchen, wann am „wenigsten" Ionen in der Lösung vorhanden sind). Wegen $[OH^-] = \frac{\kappa}{[H^+]}$ gilt

$$S = S([H^+]) = [H^+] + \frac{\kappa}{[H^+]}.$$

Für die Ableitungen dieser Funktion ergibt sich

$$S'([H^+]) = 1 - \frac{\kappa}{[H^+]^2}, \qquad S''([H^+]) = \frac{2\kappa}{[H^+]^3}.$$

Als Extremstelle kommt nur $[H^+] = \sqrt{\kappa} = \sqrt{10^{-14}} = 10^{-7}$ in Frage. Wegen $S''([H^+]) > 0$ liegt an dieser Stelle ein Minimum vor. Das Ionenminimum befindet sich also bei $[H^+] = [OH^-] = 10^{-7}$, d. h. bei reinem Wasser.

4.6. Die Regeln von DE L'HOSPITAL

In diesem Paragraphen wollen wir Regeln für die Auswertung von Grenzwerten der Form $\lim \frac{f(x)}{g(x)}$ bereitstellen, wobei f und g beide gegen 0 oder beide gegen ∞ streben.

4.6.1. Der Fall „$\frac{0}{0}$"

4.6.1. Satz: Die Funktionen f und g seien in $[a, b]$ stetig, in (a, b) differenzierbar, und es gelte $f(a) = g(a) = 0$, $g'(x) \neq 0$ für alle $x \in (a, b)$. Existiert der Grenzwert

$$\lim_{x \to a} \frac{f'(x)}{g'(x)},$$

so existiert auch der Grenzwert $\lim\limits_{x \to a} \frac{f(x)}{g(x)}$, und es gilt

$$\lim_{x \to a} \frac{f(x)}{g(x)} = \lim_{x \to a} \frac{f'(x)}{g'(x)}.$$

Beweis: Aus der Voraussetzung $g'(x) \neq 0$ folgt zunächst, daß $g(x) \neq g(a) = 0$ ist für alle $x \in (a, b]$ (andernfalls hätte nach dem Satz von ROLLE g' in (a, b) eine Nullstelle).
Es sei nun $\{x_n\}$ eine beliebige Folge mit $a < x_n \leqslant b$, $x_n \to a$. In den Intervallen $[a, x_n]$ betrachten wir die Funktionen

$$\varphi_n(t) = f(t) - \frac{f(x_n)}{g(x_n)} \cdot g(t).$$

Es gilt

$$\varphi_n(a) = f(a) - \frac{f(x_n)}{g(x_n)} \cdot g(a) = 0, \quad \varphi_n(x_n) = f(x_n) - \frac{f(x_n)}{g(x_n)} \cdot g(x_n) = 0.$$

Nach dem Satz von ROLLE gibt es daher ein $\xi_n \in (a, x_n)$ mit $\varphi_n'(\xi_n) = 0$, bzw.

$$f'(\xi_n) - \frac{f(x_n)}{g(x_n)} \cdot g'(\xi_n) = 0.$$

Hieraus folgt

$$\frac{f(x_n)}{g(x_n)} = \frac{f'(\xi_n)}{g'(\xi_n)}.$$

Wegen $a < \xi_n < x_n$ konvergiert $\{\xi_n\}$ für $n \to \infty$ gegen a, so daß sich ergibt

$$\lim_{n\to\infty} \frac{f(x_n)}{g(x_n)} = \lim_{n\to\infty} \frac{f'(\xi_n)}{g'(\xi_n)}.$$

Hieraus folgt unsere Behauptung.

4.6.2. Bemerkung: Ein entsprechender Satz gilt unter den Voraussetzungen $\lim_{x\to\infty} f(x) = \lim_{x\to\infty} g(x) = 0$. Aus der Existenz von $\lim_{x\to\infty} \frac{f'(x)}{g'(x)}$ folgt dann die Existenz von $\lim_{x\to\infty} \frac{f(x)}{g(x)}$ und die Gültigkeit von

$$\lim_{x\to\infty} \frac{f(x)}{g(x)} = \lim_{x\to\infty} \frac{f'(x)}{g'(x)} .$$

4.6.3. Beispiel:

1. $$\lim_{x\to 0} \frac{\ln(1+x)}{x} = \lim_{x\to 0} \frac{\frac{1}{1+x}}{1} = \lim_{x\to 0} \frac{1}{1+x} = 1.$$

2. $$\lim_{x\to 1} \frac{\sqrt{x}-1}{\sqrt{x-1}} = \lim_{x\to 1} \frac{\frac{1}{2\sqrt{x}}}{\frac{1}{2\sqrt{x-1}}} = \lim_{x\to 1} \frac{\sqrt{x-1}}{\sqrt{x}} = 0.$$

3. $$\lim_{x\to 0} \frac{e^x + e^{-x} - 2}{x^2} = \lim_{x\to 0} \frac{e^x - e^{-x}}{2x} = \lim_{x\to 0} \frac{e^x + e^{-x}}{2} = 1,$$

   dieses Beispiel zeigt, daß die Regel von DE L'HOSPITAL auch mehrmals angewendet werden kann.

4. $$\lim_{x\to 0} (1+x)^{\frac{1}{x}} = \lim_{x\to 0} e^{\frac{1}{x}\cdot\ln(1+x)} = e^{\lim_{x\to 0} \frac{1}{x}\cdot\ln(1+x)} = e^1 = e$$

   nach 1. Dieses Beispiel zeigt, daß bei Grenzwertbestimmungen, bei denen nicht der Fall „$\frac{0}{0}$“ vorliegt, evtl. durch eine geeignete Umformung dieser Typ erzeugt werden kann.

4.6.2. Der Fall „$\frac{\infty}{\infty}$"

4.6.4. Satz: Die Funktionen f und g seien in (a, b) differenzierbar, und es gelte $g'(x) \neq 0$ für alle $x \in (a, b)$. Ferner sei $\lim\limits_{x \to a} g(x) = \infty$ (oder $\lim\limits_{x \to a} g(x) = -\infty$). Existiert der Grenzwert

$$\lim_{x \to a} \frac{f'(x)}{g'(x)},$$

so existiert auch der Grenzwert $\lim\limits_{x \to a} \frac{f(x)}{g(x)}$, und es gilt

$$\lim_{x \to a} \frac{f(x)}{g(x)} = \lim_{x \to a} \frac{f'(x)}{g'(x)}.$$

Ohne Beweis.

4.6.5. Bemerkung: Man beachte, daß keine Voraussetzung über $\lim\limits_{x \to a} f(x)$ gemacht ist.

4.6.6. Bemerkung: Ein entsprechender Satz gilt wieder im Falle $\lim\limits_{x \to \infty} \frac{f(x)}{g(x)}$.

4.6.7. Beispiel:

1. $\lim\limits_{x \to 0} x \cdot \ln x = \lim\limits_{x \to 0} \dfrac{\ln x}{\frac{1}{x}} = \lim\limits_{x \to 0} \dfrac{\frac{1}{x}}{-\frac{1}{x^2}} = \lim\limits_{x \to 0} (-x) = 0.$

2. $\lim\limits_{x \to \infty} \dfrac{\ln(x^5)}{x^2} = \lim\limits_{x \to \infty} \dfrac{\frac{5x^4}{x^5}}{2x} = \dfrac{5}{2} \cdot \lim\limits_{x \to \infty} \dfrac{1}{x^2} = 0.$

3. $\lim\limits_{x \to \infty} x^{\frac{1}{x}} = \lim\limits_{x \to \infty} e^{\frac{1}{x} \cdot \ln x} = e^{\lim\limits_{x \to \infty} \frac{\ln x}{x}} = e^{\lim\limits_{x \to \infty} \frac{1}{x}} = e^0 = 1.$

   Setzen wir speziell $x = n \in \mathbb{N}$, so ergibt sich insbesondere

$$\lim_{n \to \infty} \sqrt[n]{n} = \lim_{n \to \infty} n^{\frac{1}{n}} = 1.$$

4.6.8. Satz: Für jedes $\alpha > 0$ gilt $\lim\limits_{x \to 0} x^{\alpha} \cdot \ln x = 0.$

Beweis: Wir erhalten:

$$\lim_{x\to 0} x^{\alpha}\cdot \ln x = \lim_{x\to 0}\frac{\ln x}{x^{-\alpha}} = \lim_{x\to 0}\frac{\frac{1}{x}}{(-\alpha)x^{-\alpha-1}} = \lim_{x\to 0}\frac{x^{\alpha}}{-\alpha} = 0.$$

4.6.9. Satz: Für jedes $\alpha \in \mathbb{R}$ gilt $\lim\limits_{x\to\infty}\frac{e^x}{x^{\alpha}} = \infty$.

Beweis:

1. Die Behauptung ist trivial, wenn $\alpha \leqslant 0$ ist.
2. Es sei $\alpha > 0$. Wir wählen eine natürliche Zahl $k \geqslant \alpha$. Für $x \geqslant 1$ gilt dann $x^{\alpha} \leqslant x^k$ und

$$\frac{e^x}{x^{\alpha}} \geqslant \frac{e^x}{x^k}.$$

Es genügt daher zu zeigen, daß $\lim\limits_{x\to\infty}\frac{e^x}{x^k} = \infty$ ist. Durch k-malige Anwendung der Regel von DE L'HOSPITAL folgt:

$$\lim_{x\to\infty}\frac{e^x}{x^k} = \lim_{x\to\infty}\frac{e^x}{k\cdot x^{k-1}} = \lim_{x\to\infty}\frac{e^x}{k(k-1)x^{k-2}} = \cdots = \lim_{x\to\infty}\frac{e^x}{k!} = \infty.$$

4.6.10. Bemerkung: Der Satz 4.6.9 besagt, daß die Exponentialfunktion e^x für $x \to \infty$ stärker wächst als jede Potenz x^{α}.

4.6.11. Definition: Zwei Funktionen f und g heißen in der Nähe von x_0 annähernd gleich, wenn $\lim\limits_{x\to x_0}\frac{f(x)}{g(x)} = 1$ gilt. Wir schreiben dann

$$f(x) \approx g(x) \quad \text{für} \quad x \approx x_0.$$

4.6.12. Beispiel:

1. Es ist $x^2 \approx 2x$ für $x \approx 2$.
2. Es ist $\ln(1+x) \approx x$ für $x \approx 0$, denn nach Beispiel 4.6.3 ist $\lim\limits_{x\to 0}\frac{\ln(1+x)}{x} = 1$.
3. Es ist $e^x - 1 \approx x$ für $x \approx 0$, denn es ist $\lim\limits_{x\to 0}\frac{e^x-1}{x} = \lim\limits_{x\to 0}\frac{e^x}{1} = 1$.

4. Es ist $\frac{x^2-1}{x^2+5} \approx \frac{1}{3}(x-1)$ für $x \approx 1$, denn es ist

$$\frac{x^2-1}{x^2+5} = \frac{x+1}{x^2+5} \cdot (x-1) \approx \frac{1}{3}(x-1).$$

5. Es ist $\frac{x^2+5x+2}{x^2-1} \approx \frac{4}{x-1}$ für $x \approx 1$, denn es ist

$$\frac{x^2+5x+2}{x^2-1} = \frac{x^2+5x+2}{x+1} \cdot \frac{1}{x-1} \approx \frac{4}{x-1}.$$

4.7. Partielle Ableitungen

Wir haben uns bis jetzt nur mit der Differentialrechnung von Funktionen einer Variablen beschäftigt. Die Ableitung einer Funktion f an einer Stelle $x_0 \in D(f)$ wurde definiert als

$$f'(x_0) = \frac{\mathrm{d}f}{\mathrm{d}x}(x_0) = \lim_{x \to x_0} \frac{f(x) - f(x_0)}{x - x_0}.$$

Setzen wir hierbei $h = x - x_0$, so gilt $x \to x_0$ genau dann, wenn $h \to 0$ gilt, und wir können auch schreiben

$$f'(x_0) = \frac{\mathrm{d}f}{\mathrm{d}x}(x_0) = \lim_{h \to 0} \frac{f(x_0+h) - f(x_0)}{h}.$$

Wir gehen jetzt auf die Differentialrechnung bei Funktionen mehrerer Variablen ein.

4.7.1. Funktionen im $\mathbb{R}^2$

Gegeben sei eine Funktion $z = f(x, y)$ von zwei Variablen mit $D(f) \subset \mathbb{R}^2$, und es sei $(x_0, y_0) \in D(f)$ ein fester Punkt. Die Funktion

$$\varphi(x) = f(x, y_0), \qquad D(\varphi) = \{x : (x, y_0) \in D(f)\}$$

ist eine Funktion der einen Variablen x, und wir können diese Funktion auf

Differenzierbarkeit an der Stelle x_0 untersuchen, also die Existenz des Grenzwertes

$$\frac{d\varphi}{dx}(x_0) = \lim_{h\to 0} \frac{\varphi(x_0+h)-\varphi(x_0)}{h} = \lim_{h\to 0} \frac{f(x_0+h, y_0)-f(x_0, y_0)}{h}$$

studieren. Wenn der Grenzwert existiert, sagt man, die Funktion $f(x, y)$ sei an der Stelle (x_0, y_0) partiell nach der Variablen x differenzierbar.
Analog ist die Funktion

$$\psi(y) = f(x_0, y), \quad D(\psi) = \{y : (x_0, y) \in D(f)\}$$

eine Funktion der einen Variablen y, und wir können auch diese Funktion auf Differenzierbarkeit an der Stelle y_0 untersuchen, also jetzt die Existenz des Grenzwertes

$$\frac{d\psi}{dy}(y_0) = \lim_{h\to 0} \frac{\psi(y_0+h)-\psi(y_0)}{h} = \lim_{h\to 0} \frac{f(x_0, y_0+h)-f(x_0, y_0)}{h}$$

studieren. Wenn der Grenzwert existiert, sagt man, die Funktion $f(x, y)$ sei an der Stelle (x_0, y_0) partiell nach der Variablen y differenzierbar.

4.7.1. Definition: Die Funktion $f(x, y)$ heißt an der Stelle $(x_0, y_0) \in D(f)$

(1) partiell differenzierbar nach der Variablen x, wenn der Grenzwert

$$\lim_{h\to 0} \frac{f(x_0+h, y_0)-f(x_0, y_0)}{h}$$

existiert, wir bezeichnen ihn mit $\frac{\partial f}{\partial x}(x_0, y_0)$ oder mit $f_x(x_0, y_0)$;

(2) partiell differenzierbar nach der Variablen y, wenn der Grenzwert

$$\lim_{h\to 0} \frac{f(x_0, y_0+h)-f(x_0, y_0)}{h}$$

existiert, wir bezeichnen ihn mit $\frac{\partial f}{\partial y}(x_0, y_0)$ oder mit $f_y(x_0, y_0)$.

4.7.2. Bemerkung: Aus dieser Definition der partiellen Ableitungen folgt sofort, daß man eine partielle Ableitung dadurch gewinnt, daß man die gewöhnliche Ableitung nach der betreffenden Variablen bildet und die andere Variable als Parameter festhält. Ferner ergibt sich mit dieser Interpretation auch, daß sich die Ableitungsregeln für Funktionen einer Variablen auf die partiellen Ableitungen von Funktionen mehrerer Variablen übertragen.

4.7.3. Beispiel: Es sei $f(x,y) = x^3y - 2x^2y^4$ mit $D(f) = \mathbb{R}^2$. An einer Stelle $(x_0, y_0) \in \mathbb{R}^2$ erhalten wir

$$\frac{\partial f}{\partial x}(x_0, y_0) = f_x(x_0, y_0) = 3x_0^2y_0 - 4x_0y_0^4,$$

$$\frac{\partial f}{\partial y}(x_0, y_0) = f_y(x_0, y_0) = x_0^3 - 8x_0^2y_0^3.$$

4.7.4. Beispiel: Es sei $f(x,y) = \ln(xy)$ mit $D(f) = \{(x,y): xy > 0\}$. Der Definitionsbereich besteht hier aus dem 1. und 3. Quadranten der (x,y)-Ebene (siehe Abb. 4.7.1). An einer Stelle $(x_0, y_0) \in D(f)$ erhalten wir

$$\frac{\partial f}{\partial x}(x_0, y_0) = \frac{y_0}{x_0y_0} = \frac{1}{x_0}; \quad \frac{\partial f}{\partial y}(x_0, y_0) = \frac{x_0}{x_0y_0} = \frac{1}{y_0}.$$

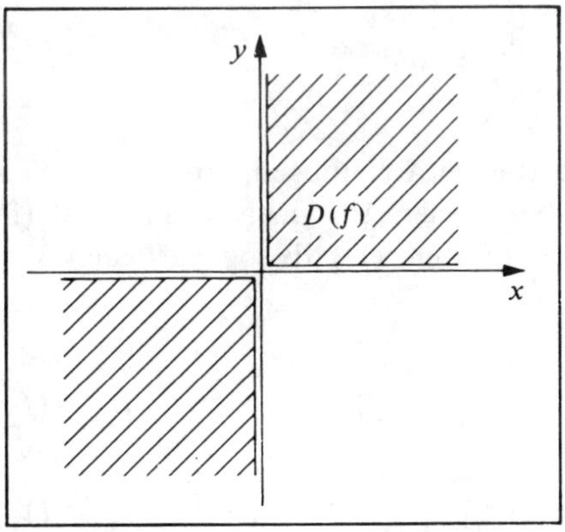

Abb. 4.7.1

4.7.5. Beispiel: Es sei $f(x,y) = x \cdot e^{x+y^2}$ mit $D(f) = \mathbb{R}^2$. An einer Stelle $(x,y) \in \mathbb{R}^2$ ergibt sich

$$\frac{\partial f}{\partial x}(x,y) = f_x(x,y) = e^{x+y^2} + x \cdot e^{x+y^2} = (1+x) \cdot e^{x+y^2},$$

$$\frac{\partial f}{\partial y}(x,y) = f_y(x,y) = 2xy \cdot e^{x+y^2}.$$

4.7.6. Beispiel: Bei einem realen Gas besteht zwischen seinem Druck p und seinem Volumen v bei der Temperatur t die VAN DER WAALSsche Zustandsgleichung

$$p = p(t, v) = \frac{Rt}{v-b} - \frac{a}{v^2},$$

dabei sind a, b, R positive Konstanten, Der Fall $a = b = 0$ ergibt die Zustandsgleichung eines idealen Gases.
Bei einer isothermen Zustandsänderung (d. h. bei konstant gehaltener Temperatur t) ändert sich der Druck gemäß

$$\frac{\partial p}{\partial v} = -\frac{Rt}{(v-b)^2} + \frac{2a}{v^3}.$$

Für das ideale Gas ergibt sich also $\frac{\partial p}{\partial v} = -\frac{Rt}{v^2}$.

Bei einer isochoren Zustandsänderung (d. h. bei konstant gehaltenem Volumen v) ändert sich der Druck gemäß

$$\frac{\partial p}{\partial t} = \frac{R}{v-b}.$$

Für das ideale Gas gilt also $\frac{\partial p}{\partial t} = \frac{R}{v}$.

Die bisher behandelten partiellen Ableitungen werden bisweilen auch als partielle Ableitungen 1. Ordnung bezeichnet. Aus ihnen gewinnt man (indem man diese Funktionen erneut partiell differenziert) die sog. partiellen Ableitungen höherer Ordnung, z. B.:

$$\frac{\partial^2 f}{\partial x^2} = \frac{\partial}{\partial x}\left(\frac{\partial f}{\partial x}\right) \quad \text{oder} \quad f_{xx} = (f_x)_x,$$

$$\frac{\partial^2 f}{\partial y \partial x} = \frac{\partial}{\partial y}\left(\frac{\partial f}{\partial x}\right) \quad \text{oder} \quad f_{xy} = (f_x)_y,$$

$$\frac{\partial^2 f}{\partial x \partial y} = \frac{\partial}{\partial x}\left(\frac{\partial f}{\partial y}\right) \quad \text{oder} \quad f_{yx} = (f_y)_x,$$

$$\frac{\partial^2 f}{\partial y^2} = \frac{\partial}{\partial y}\left(\frac{\partial f}{\partial y}\right) \quad \text{oder} \quad f_{yy} = (f_y)_y$$

usw.

4.7.7. Beispiel: Für die Funktion $f(x, y) = x^3 y + xe^y$ mit $D(f) = \mathbb{R}^2$ gilt:

$$\left.\begin{array}{llll} f_x &= 3x^2 y + e^y, & f_y &= x^3 + xe^y, \end{array}\right\} \text{ partielle Ableitungen 1. Ordnung,}$$

$$\left.\begin{array}{llll} f_{xx} &= 6xy, & f_{xy} &= 3x^2 + e^y, \\ f_{yx} &= 3x^2 + e^y, & f_{yy} &= xe^y, \end{array}\right\} \text{ partielle Ableitungen 2. Ordnung,}$$

$$\left.\begin{array}{llll} f_{xxx} &= 6y, & f_{xxy} &= 6x, \\ f_{xyx} &= 6x, & f_{xyy} &= e^y, \\ f_{yxx} &= 6x, & f_{yxy} &= e^y, \\ f_{yyx} &= e^y, & f_{yyy} &= xe^y \end{array}\right\} \text{ partielle Ableitungen 3. Ordnung.}$$

Man sieht, daß bei diesem Beispiel die Reihenfolge, in der die partiellen Differentiationen vorgenommen werden, vertauscht werden kann. Z. B. gilt hier $f_{xy} = f_{yx}$, $f_{xxy} = f_{xyx} = f_{yxx}$ usw.

Wir weisen jedoch ausdrücklich darauf hin, daß etwa aus der Existenz der partiellen Ableitungen f_{xy} und f_{yx} i. a. noch nicht ihre Gleichheit folgt (ein einfaches Beispiel ist die Funktion $f(x, y) = xy \dfrac{x^2 - y^2}{x^2 + y^2}$ falls $(x, y) \neq (0, 0)$ und $f(0, 0) = 0$; hier gilt $f_{xy}(0, 0) = -1$, $f_{yx}(0, 0) = +1$). Analoges gilt für die partiellen Ableitungen höherer Ordnung. Erst unter Zusatzvoraussetzungen kann auf die Vertauschbarkeit geschlossen werden. Im folgenden Satz geben wir ein solches Kriterium an.

4.7.8. Satz (SCHWARZ): Hat die Funktion $f(x, y)$ partielle Ableitungen n-ter Ordnung und sind diese stetig, so ist bei den partiellen Ableitungen n-ter Ordnung die Reihenfolge der Differentiationen vertauschbar.

Ohne Beweis.

4.7.2. Funktionen im $\mathbb{R}^n$

Die partiellen Ableitungen von Funktionen $f(x_1, x_2, \cdots, x_n)$ mit n Variablen werden sinngemäß zu Definition 4.7.1 erklärt.

4.7.9. Definition: Die Funktion $f(x_1, x_2, \cdots, x_n)$ heißt an der Stelle $(x_1^{(0)}, x_2^{(0)}, \cdots, x_n^{(0)}) \in D(f)$ partiell nach der Variablen x_k $(1 \leqslant k \leqslant n)$ differenzierbar, wenn der Grenzwert

$$\lim_{h \to 0} \frac{f(x_1^{(0)}, \cdots, x_{k-1}^{(0)}, x_k^{(0)} + h, x_{k+1}^{(0)}, \cdots, x_n^{(0)}) - f(x_1^{(0)}, \cdots, x_{k-1}^{(0)}, x_k^{(0)}, x_{k+1}^{(0)}, \cdots, x_n^{(0)})}{h}$$

existiert. Wir bezeichnen ihn mit $\frac{\partial f}{\partial x_k}(x_1^{(0)}, x_2^{(0)}, \cdots, x_n^{(0)})$ oder mit $f_{x_k}(x_1^{(0)}, x_2^{(0)}, \cdots, x_n^{(0)})$.

4.8. Extremstellen von Funktionen mit mehreren Variablen

4.8.1. Notwendige Bedingungen für Extremstellen

Wir definieren zunächst, was man unter einem absoluten Extremum einer Funktion mit n Variablen versteht.

4.8.1. Definition: Die Funktion $f(x_1, \cdots, x_n)$ hat an einem Punkt $(x_1^{(0)}, \cdots, x_n^{(0)}) \in D(f)$

(1) ein absolutes Maximum, wenn $f(x_1^{(0)}, \cdots, x_n^{(0)}) \geqslant f(x_1, \cdots, x_n)$ für alle $(x_1, \cdots, x_n) \in D(f)$;

(2) ein absolutes Minimum, wenn $f(x_1^{(0)}, \cdots, x_n^{(0)}) \leqslant f(x_1, \cdots, x_n)$ für alle $(x_1, \cdots, x_n) \in D(f)$.

4.8.2. Beispiel: Wir betrachten die Funktion $f(x, y) = x^2 + y^2$ mit $D(f) = \mathbb{R}^2$. Es gilt

$$f(0,0) = 0 \leqslant x^2 + y^2 = f(x, y)$$

für alle $(x, y) \in \mathbb{R}^2$. Also hat f an $(0, 0)$ ein absolutes Minimum.

Über das Auftreten absoluter Maxima und Minima bei stetigen Funktionen gilt die folgende Verallgemeinerung von Satz 3.3.4.

4.8.3. Satz: Die Funktion $f(x_1, \cdots, x_n)$ sei stetig auf einem abgeschlossenen Intervall I im $\mathbb{R}^n$. Dann besitzt f auf I ein absolutes Maximum und ein absolutes Minimum.

Ohne Beweis.

Der Satz 4.8.3 gilt i. a. nicht mehr, wenn f auf einem offenen Intervall stetig ist. So ist etwa die Funktion $f(x, y) = x^2 + y^2$ auf dem zweidimensionalen offenen Intervall $I = \{(x, y) : 0 < x < 1,\ 0 < y < 1\}$ stetig, sie besitzt aber auf I weder ein absolutes Maximum noch ein absolutes Minimum.

Als nächstes beschäftigen wir uns mit lokalen Extrema einer Funktion mit n Variablen.

4.8.4. Definition: Die Funktion $f(x_1, \cdots, x_n)$ hat an einem inneren Punkt $(x_1^{(0)}, \cdots, x_n^{(0)}) \in D(f)$

(1) ein lokales Maximum, wenn ein $\delta > 0$ existiert mit

$$f(x_1^{(0)}, \cdots, x_n^{(0)}) \geqslant f(x_1, \cdots, x_n)$$

für alle $(x_1, \cdots, x_n) \in D(f)$ mit $|x_1 - x_1^{(0)}| < \delta, \cdots, |x_n - x_n^{(0)}| < \delta$;

(2) ein lokales Minimum, wenn ein $\delta > 0$ existiert mit

$$f(x_1^{(0)}, \cdots, x_n^{(0)}) \leqslant f(x_1, \cdots, x_n)$$

für alle $(x_1, \cdots, x_n) \in D(f)$ mit $|x_1 - x_1^{(0)}| < \delta, \cdots, |x_n - x_n^{(0)}| < \delta$.

Es ist klar, daß ein lokales Extremum kein absolutes Extremum zu sein braucht. Umgekehrt muß ein absolutes Extremum nicht unbedingt ein lokales Extremum sein (weil es unter Umständen in einem Punkt vorliegt, der kein innerer Punkt des Definitionsbereiches ist).

Über das Vorliegen lokaler Extrema gilt folgendes notwendige Kriterium

4.8.5. Satz: Die Funktion $f(x_1, \cdots, x_n)$ sei an dem inneren Punkt $(x_1^{(0)}, \cdots, x_n^{(0)}) \in D(f)$ partiell differenzierbar nach jeder Variablen. Hat f an $(x_1^{(0)}, \cdots, x_n^{(0)})$ ein lokales Extremum, so gilt

$$f_{x_1}(x_1^{(0)}, \cdots, x_n^{(0)}) = f_{x_2}(x_1^{(0)}, \cdots, x_n^{(0)}) = \cdots = f_{x_n}(x_1^{(0)}, \cdots, x_n^{(0)}) = 0.$$

Beweis: Da $f(x_1, \cdots, x_n)$ an $(x_1^{(0)}, \cdots, x_n^{(0)})$ ein lokales Extremum hat, hat für $1 \leqslant i \leqslant n$ auch jede der Funktionen

$$\varphi_i(x_i) = f(x_1^{(0)}, \cdots, x_{i-1}^{(0)}, x_i, x_{i+1}^{(0)}, \cdots, x_n^{(0)})$$

der einen Variablen x_i an $x_i^{(0)}$ ein lokales Extremum, d. h. es gilt

$$\varphi_i'(x_i^{(0)}) = 0.$$

Das bedeutet aber

$$f_{x_i}(x_1^{(0)}, \cdots, x_n^{(0)}) = \varphi_i'(x_i^{(0)}) = 0.$$

Da $1 \leqslant i \leqslant n$ beliebig war, folgt die Behauptung.

4.8.6. Beispiel: Die Funktion $f(x, y) = x^2 + y^2$ hat an der Stelle $(0, 0)$ ein absolutes Minimum. Es gilt

$$f_x(x, y) = 2x, \qquad f_y(x, y) = 2y,$$

also ist $f_x(0, 0) = f_y(0, 0) = 0$.

4.8.7. Bemerkung: Die in Satz 4.8.5 angegebene Bedingung ist notwendig, aber nicht hinreichend für das Vorliegen einer Extremstelle. Betrachten wir etwa die Funktion

$$f(x, y) = xy \quad \text{mit} \quad D(f) = \mathbb{R}^2,$$

so gilt

$$f_x(x, y) = y, \qquad f_y(x, y) = x,$$

und es ist $f_x(0, 0) = f_y(0, 0) = 0$. Die Funktion f hat jedoch an $(0, 0)$ kein Extremum, denn in beliebiger Nähe von $(0, 0)$ gibt es sowohl positive als auch negative Funktionswerte.

4.8.2. Hinreichende Bedingungen für Extremstellen

Wir geben ein hinreichendes Kriterium für die Bestimmung von Extremstellen bei Funktionen mit zwei Variablen an.

4.8.8. Satz: Gegeben sei die Funktion $f(x, y)$. In dem inneren Punkt $(x_0, y_0) \in D(f)$ habe f stetige partielle Ableitungen erster und zweiter Ordnung, und es sei

$$f_x(x_0, y_0) = f_y(x_0, y_0) = 0.$$

Wir setzen

$$\Delta(x_0, y_0) = f_{xx}(x_0, y_0) \cdot f_{yy}(x_0, y_0) - f_{xy}^2(x_0, y_0).$$

(1) Ist $\Delta(x_0, y_0) > 0$, so hat f an (x_0, y_0) ein Extremum und zwar ein

lokales Maximum falls $f_{xx}(x_0, y_0) < 0$,
lokales Minimum falls $f_{xx}(x_0, y_0) > 0$.

(2) Ist $\Delta(x_0, y_0) < 0$, so hat f an (x_0, y_0) sicher kein Extremum.

Ohne Beweis.

4.8.9. Bemerkung: Ist $\Delta(x_0, y_0) = 0$, so ist eine Entscheidung über das Vorliegen eines Extremums vermittels Satz 4.8.8 nicht möglich. Im Falle $\Delta(x_0, y_0) > 0$ folgt übrigens, daß $f_{xx}(x_0, y_0)$ und $f_{yy}(x_0, y_0)$ das gleiche Vorzeichen haben müssen.

4.8.10. Beispiel: Wir betrachten die Funktion

$$f(x, y) = xy + x - y + 1 \quad \text{mit} \quad D(f) = \mathbb{R}^2.$$

Es gilt

$$\begin{aligned} f_x(x, y) &= y + 1, & & & f_{xx}(x, y) &= 0, \\ & & f_{xy}(x, y) &= 1, & & \\ f_y(x, y) &= x - 1, & & & f_{yy}(x, y) &= 0. \end{aligned}$$

Als Extremstellen für f kommen nur diejenigen Punkte (x_0, y_0) mit $f_x(x_0, y_0) = f_y(x_0, y_0) = 0$ in Frage; im vorliegenden Beispiel also nur der Punkt $(1, -1)$. Es gilt

$$\Delta(1, -1) = f_{xx}(1, -1) \cdot f_{yy}(1, -1) - f_{xy}^2(1, -1) = -1 < 0.$$

Nach Satz 4.8.8 hat daher f keine Extremstelle.

4.8.11. Beispiel: Wir betrachten die Funktion

$$f(x, y) = x^3 - 12xy + 8y^3.$$

Es gilt

$$f_x(x, y) = 3x^2 - 12y, \qquad f_{xy}(x, y) = -12, \qquad f_{xx}(x, y) = 6x,$$
$$f_y(x, y) = -12x + 24y^2, \qquad f_{yy}(x, y) = 48y.$$

Als Extremstellen für f kommen nur diejenigen Punkte (x_0, y_0) mit

$$3x_0^2 - 12y_0 = 0,$$
$$-12x_0 + 24y_0^2 = 0$$

in Frage. Aus der ersten Gleichung folgt $y_0 = \frac{1}{4}x_0^2$, einsetzen in die zweite Gleichung ergibt

$$-12x_0 + \frac{24}{16}x_0^4 = 0 \quad \text{also} \quad x_0^4 - 8x_0 = 0.$$

Diese Gleichung hat nur die Lösungen $x_0^{(1)} = 0$ und $x_0^{(2)} = 2$ (warum?). Als Extremstellen kommen also nur die Punkte $(0, 0)$ und $(2, 1)$ in Frage. Wegen

$$\Delta(0, 0) = f_{xx}(0, 0) \cdot f_{yy}(0, 0) - f_{xy}^2(0, 0) = -144 < 0$$

hat f an $(0, 0)$ keine Extremstelle, und wegen

$$\Delta(2, 1) = f_{xx}(2, 1) \cdot f_{yy}(2, 1) - f_{xy}^2(2, 1) = 432 > 0$$

hat f an $(2, 1)$ ein lokales Extremum; weil $f_{xx}(2, 1) = 12 > 0$ ist, handelt es sich um ein lokales Minimum.

4.8.3. Extremstellen mit Nebenbedingungen

In vielen Problemen tritt nicht nur eine Funktion $f(x_1, \cdots, x_n)$ auf, die auf Extremstellen untersucht werden muß, sondern es ist zusätzlich noch eine Nebenbedingung gestellt, der die Variablen $x_1, \cdots, x_n$ unterworfen sind. Diese ist meist in der Form $g(x_1, \cdots, x_n) = 0$ gegeben. Zur Lösung einer solchen Extremwertaufgabe mit Nebenbedingung geht man zweckmäßigerweise so vor, daß man versucht, in der Beziehung $g(x_1, \cdots, x_n) = 0$ eine Variable zu eliminieren, diese dann in $f(x_1, \cdots, x_n)$ einsetzt und die so entstehende Funktion mit $n - 1$ Variablen auf Extremstellen untersucht. Eine andere Lösungsmöglichkeit besteht in der Verwendung sog. LAGRANGE-Multiplikatoren (siehe hierzu ENDL-LUH, Analysis II, 222ff.).

4.8.12. Beispiel: Wir betrachten eine rechteckige Schachtel ohne Deckel mit vorgeschriebenem Volumen V (siehe Abb. 4.8.1). Gesucht sind die Abmessungen dieser Schachtel, damit ihre Herstellungskosten minimal werden. Sind x, y, z die Seitenlängen der Schachtel, so sind ihr Volumen V und ihre Oberfläche O gegeben durch

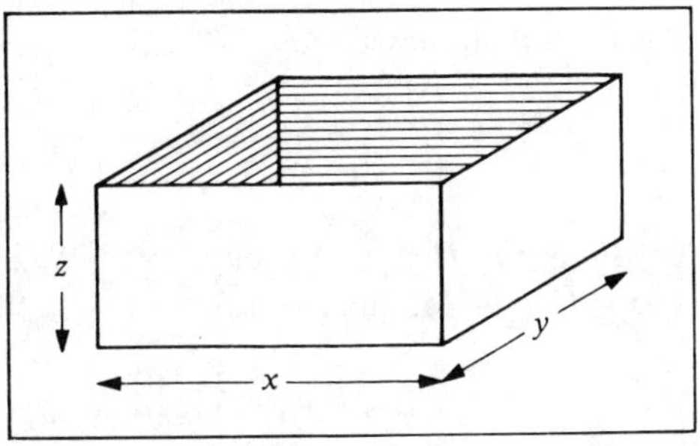

Abb. 4.8.1

$$V = xyz, \quad O = xy + 2xz + 2yz.$$

Da die Herstellungskosten proportional zur Oberfläche sind, handelt es sich um die Bestimmung des Minimums der Funktion $f(x, y, z) = xy + 2xz + 2yz$ unter der Nebenbedingung, daß $xyz = V$ ist. Wir eliminieren die Variable z

$$z = \frac{V}{xy},$$

erhalten also

$$f(x, y, z) = xy + 2x\frac{V}{xy} + 2y\frac{V}{xy} = xy + \frac{2V}{y} + \frac{2V}{x} = F(x, y)$$

und untersuchen diese Funktion $F(x, y)$ von zwei Variablen auf Extremstellen. Es gilt

$$F_x(x, y) = y - \frac{2V}{x^2}, \qquad F_{xx} = \frac{4V}{x^3},$$

$$F_{xy} = 1,$$

$$F_y(x, y) = x - \frac{2V}{y^2}, \qquad F_{yy} = \frac{4V}{y^3}.$$

Als Extremstellen von $F(x, y)$ kommen diejenigen Stellen (x_0, y_0) mit $F_x(x_0, y_0) = F_y(x_0, y_0) = 0$ in Frage. Dies gilt genau dann, wenn

$$x_0 = \sqrt[3]{2V} \quad \text{und} \quad y_0 = \sqrt[3]{2V}$$

ist. Wir erhalten

$$\Delta(x_0, y_0) = F_{xx}(x_0, y_0)F_{yy}(x_0, y_0) - F_{xy}^2(x_0, y_0) = \frac{4V}{2V}\cdot\frac{4V}{2V} - 1 = 3 > 0,$$

so daß die Funktion $F(x, y)$ an der Stelle (x_0, y_0) ein Extremum hat. Wegen $F_{xx}(x_0, y_0) = \frac{4V}{2V} = 2 > 0$ handelt es sich um ein Minimum. Für den zugehörigen Wert z_0 erhalten wir

$$z_0 = \frac{V}{x_0 y_0} = \frac{2V}{2(2V)^{2/3}} = \frac{1}{2} \cdot \sqrt[3]{2V} = \frac{1}{2} x_0 = \frac{1}{2} y_0.$$

Die Funktion $f(x, y, z) = xy + 2xz + 2yz$ hat daher unter der Nebenbedingung $xyz = V$ ihren Minimalwert für

$$x_0 = y_0 = \sqrt[3]{2V}, \quad z_0 = \frac{1}{2} \cdot \sqrt[3]{2V}.$$

Bei einem Volumen von $V = 500 \text{ cm}^3$ sind die optimalen Abmessungen der Schachtel gegeben durch

$$x_0 = 10 \text{ cm}, \quad y_0 = 10 \text{ cm}, \quad z_0 = 5 \text{ cm}.$$

4.8.13. Beispiel: Bewegt sich ein Quantenteilchen der Masse m in einem Quader mit den Seiten a, b, c, so ist seine Energie gegeben durch

$$E = \frac{h^2}{8ma^2b^2c^2} \cdot \{b^2c^2x^2 + a^2c^2y^2 + a^2b^2z^2\},$$

wobei x, y, z Quantenzahlen sind. Gesucht ist die Minimalenergie E_{min} des Teilchens, wenn die Summe der Quantenzahlen konstant ist: $x + y + z = N$. Zur Lösung des Problems bestimmen wir die Extremstellen der Funktion

$$f(x, y, z) = \frac{1}{2}\{b^2c^2x^2 + a^2c^2y^2 + a^2b^2z^2\}$$

unter der Nebenbedingung $x + y + z = N$. Es ist $z = N - x - y$ und daher

$$f(x, y, z) = \frac{1}{2}\{b^2c^2x^2 + a^2c^2y^2 + a^2b^2(N - x - y)^2\} = F(x, y).$$

Wir ermitteln die Extremstellen von $F(x, y)$. Es gilt:

$$F_x(x, y) = b^2c^2x - a^2b^2(N - x - y), \qquad F_{xx}(x, y) = b^2c^2 + a^2b^2,$$

$$F_{xy}(x, y) = a^2b^2,$$

$$F_y(x, y) = a^2c^2y - a^2b^2(N - x - y), \qquad F_{yy}(x, y) = a^2c^2 + a^2b^2.$$

Es ist $F_x(x_0, y_0) = F_y(x_0, y_0) = 0$ genau dann, wenn

$$x_0 = \frac{a^2}{a^2+b^2+c^2} N, \quad y_0 = \frac{b^2}{a^2+b^2+c^2} N.$$

Wir erhalten

$$\Delta(x_0, y_0) = F_{xx}(x_0, y_0) F_{yy}(x_0, y_0) - F_{xy}^2 (x_0, y_0) =$$
$$= (b^2c^2 + a^2b^2)(a^2c^2 + a^2b^2) - a^4b^4 = a^2b^2c^2(a^2+b^2+c^2) > 0,$$

so daß F im Punkt (x_0, y_0) ein Extremum besitzt. Wegen $F_{xx}(x_0, y_0) = b^2c^2 + a^2b^2 > 0$ handelt es sich um ein Minimum.

Aus $z = N - x - y$ folgt, daß die Energie minimal wird, wenn gilt

$$x = \frac{a^2}{a^2+b^2+c^2} N, \quad y = \frac{b^2}{a^2+b^2+c^2} N, \quad z = N - x - y = \frac{c^2}{a^2+b^2+c^2} N.$$

Für die minimale Energie ergibt sich:

$$E_{\min} = \frac{h^2}{8ma^2b^2c^2} \left\{ \frac{a^4b^2c^2N^2 + a^2b^4c^2N^2 + a^2b^2c^4N^2}{(a^2+b^2+c^2)^2} \right\} = \frac{h^2N^2}{8m(a^2+b^2+c^2)}.$$

4.9. Ausgleichen von Meßfehlern, Methode der kleinsten Quadrate

Bei naturwissenschaftlichen Experimenten tritt häufig das Problem auf, empirisch gefundene Werte, die naturgemäß mit Meßfehlern behaftet sind, gegeneinander auszugleichen und durch „wahrscheinlichere" Werte zu ersetzen. Wir gehen jetzt auf zwei Verfahren ein, wie eine solche Ausgleichung von Meßfehlern in der Praxis vorgenommen werden kann.

Zunächst werde durch eine Versuchsanordnung eine gewisse Größe N mal gemessen. Es ergeben sich N Meßwerte $a_1, \cdots, a_N$, die mit mehr oder weniger großen Meßfehlern behaftet sind. Gesucht ist derjenige Wert a, der von $a_1, \cdots, a_N$ am „wenigsten" abweicht. Es ist nach GAUSS üblich, a so zu bestimmen, daß der Ausdruck

$$\sum_{i=1}^{N} (x - a_i)^2$$

für $x = a$ minimal wird. Diesen Wert a nennt man den GAUSSschen Mittelwert der Meßwerte $a_1, \cdots, a_N$.

4.9.1. Satz: Der GAUSSsche Mittelwert von N Werten $a_1, \cdots, a_N$ ist das arithmetische Mittel von $a_1, \cdots, a_N$, nämlich

$$a = \frac{1}{N} \cdot \sum_{i=1}^{N} a_i .$$

Beweis: Für die Funktion $f(x) = \sum_{i=1}^{N} (x - a_i)^2$ gilt

$$f'(x) = 2 \cdot \sum_{i=1}^{N} (x - a_i), \quad f''(x) = 2 \cdot \sum_{i=1}^{N} 1 = 2N.$$

Als Extremstelle für f kommt derjenige Punkt x_0 in Frage, für welchen $f'(x_0) = 0$ gilt. Dies ist genau dann der Fall, wenn

$$\sum_{i=1}^{N} (x_0 - a_i) = x_0 \cdot N - \sum_{i=1}^{N} a_i = 0$$

also

$$x_0 = \frac{1}{N} \cdot \sum_{i=1}^{N} a_i$$

ist. Wegen $f''(x_0) = 2N > 0$ liegt an dieser Stelle ein Minimum vor.

4.9.2. Beispiel: Der GAUSSsche Mittelwert von

2,18 2,14 2,19 2,20 2,15 2,16 2,17 2,16 2,19 2,16

ist der Wert $a = 2{,}17$.

Bei einer anderen auftretenden Problematik soll durch ein Experiment der funktionale Zusammenhang einer Größe y mit einer Größe x, also die Funktion $y = y(x)$ bestimmt werden. Dazu werden für eine Reihe von paarweise verschiedenen Punkten $x_1, \cdots, x_N$ die zugehörigen Größen $y_1, \cdots, y_N$ mehr oder weniger genau gemessen. Dies ergibt N Punktepaare

$$(x_1, y_1), (x_2, y_2), \cdots, (x_N, y_N).$$

Das Problem besteht nun darin, aus diesen Informationen Aussagen über die Funktion $y(x)$ zu gewinnen. Hierbei handelt es sich i. a. um ein nichttriviales Problem. Wir beschränken uns auf den Fall, daß $y(x)$ als eine lineare Funktion, also eine Gerade $y(x) = ax + b$ angenommen wird und versuchen die Konstanten a, b so zu bestimmen, daß $y(x)$ von den Meßpunkten am „wenigsten" abweicht. Darunter wird verstanden, daß der Ausdruck

$$\sum_{i=1}^{N} \{y(x_i) - y_i\}^2$$

minimal wird. Die Gerade, welche diese Forderung erfüllt, wird Ausgleichsgerade bzgl. der Punkte $(x_1, y_1), \cdots, (x_N, y_N)$ genannt.

4.9.3. Satz: Die Ausgleichgerade bzgl. der Punkte $(x_1, y_1), \cdots, (x_N, y_N)$ mit $N > 1$ ist gegeben durch $y(x) = ax + b$, wobei

$$a = \frac{N \cdot \sum_{i=1}^{N} x_i y_i - \left\{\sum_{i=1}^{N} x_i\right\} \cdot \left\{\sum_{i=1}^{N} y_i\right\}}{N \cdot \sum_{i=1}^{N} x_i^2 - \left\{\sum_{i=1}^{N} x_i\right\}^2},$$

$$b = \frac{\left\{\sum_{i=1}^{N} y_i\right\} \cdot \left\{\sum_{i=1}^{N} x_i^2\right\} - \left\{\sum_{i=1}^{N} x_i\right\} \cdot \left\{\sum_{i=1}^{N} x_i y_i\right\}}{N \cdot \sum_{i=1}^{N} x_i^2 - \left\{\sum_{i=1}^{N} x_i\right\}^2}.$$

Beweis: Für $y(x) = ax + b$ gilt

$$\sum_{i=1}^{N} \{y(x_i) - y_i\}^2 = \sum_{i=1}^{N} \{ax_i + b - y_i\}^2 = f(a, b).$$

Diese Funktion $f(a, b)$ soll minimalisiert werden. Es gilt:

$$f_a(a,b) = 2 \cdot \sum_{i=1}^{N} x_i \{a x_i + b - y_i\},$$

$$f_b(a,b) = 2 \cdot \sum_{i=1}^{N} \{a x_i + b - y_i\},$$

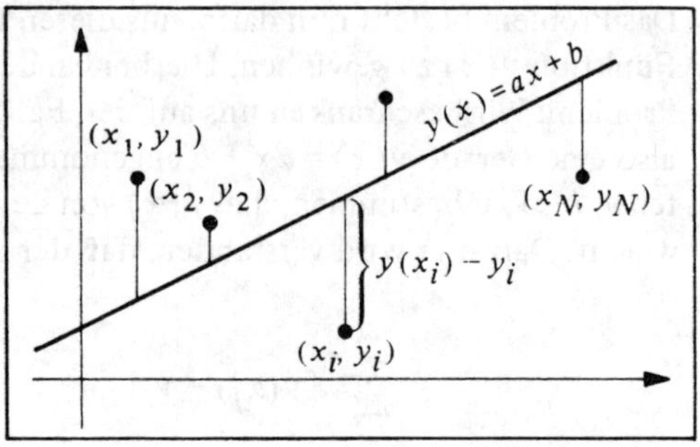

Abb. 4.9.1

$$f_{aa}(a,b) = 2 \cdot \sum_{i=1}^{N} x_i^2, \quad f_{bb}(a,b) = 2N, \quad f_{ab}(a,b) = 2 \cdot \sum_{i=1}^{N} x_i.$$

Als Extremstellen für f kommen diejenigen a, b in Frage, für welche $\frac{\partial f}{\partial a}(a,b) = \frac{\partial f}{\partial b}(a,b) = 0$ gilt. Dies ist genau dann der Fall, wenn a und b, die in der Formulierung des Satzes angegebenen Werte annehmen. Ferner berechnet man leicht

$$\Delta(a,b) = f_{aa}(a,b) \cdot f_{bb}(a,b) - f_{ab}^2(a,b) = 4N \cdot \sum_{i=1}^{N} x_i^2 - 4 \cdot \left\{\sum_{i=1}^{N} x_i\right\}^2 > 0,$$

so daß wegen $f_{bb}(a,b) = 2N > 0$ ein Minimum vorliegt.

4.9.4. Beispiel: Es soll die Ausgleichsgerade bzgl. der $N = 5$ Punkte

$$(-2,0), \quad (-1,0), \quad (0,1), \quad (1,3), \quad (2,2)$$

ermittelt werden. Wir berechnen

$$\sum_{i=1}^{N} x_i = 0, \quad \sum_{i=1}^{N} x_i^2 = 10, \quad \sum_{i=1}^{N} x_i y_i = 7, \quad \sum_{i=1}^{N} y_i = 6.$$

Also ist

$$a = \frac{5 \cdot 7 - 0}{5 \cdot 10 - 0} = \frac{7}{10}, \qquad b = \frac{6 \cdot 10 - 0}{5 \cdot 10 - 0} = \frac{6}{5},$$

und die gesuchte Ausgleichsgerade ist daher $y(x) = \frac{7}{10}x + \frac{6}{5}$.

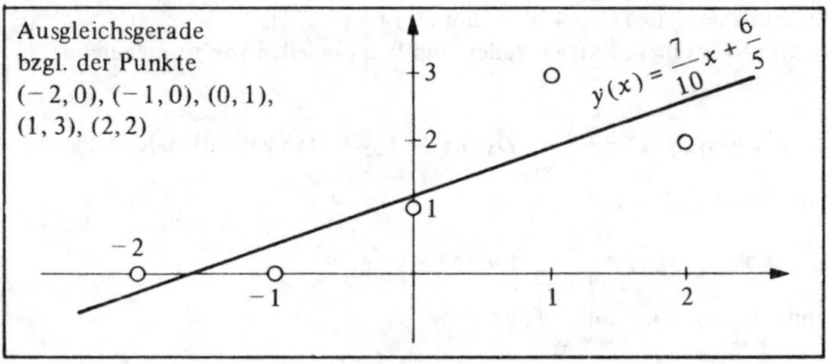

Abb. 4.9.2

4.10. Übungsaufgaben

4.1 Für die folgenden Funktionen gebe man den maximalen Definitionsbereich an und berechne ihre Ableitungen:

$$f_1(x) = 2x^3 + 3x^2 + 6x - 8; \quad f_2(x) = 2x^{1/2} - 6x^{1/3} + 2x^{3/2};$$

$$f_3(x) = e^x(x^2 - 2x + 2); \quad f_4(x) = \frac{3x^2 + 2x^3}{x^4 + x^2 + 1}.$$

4.2 Für die folgenden Funktionen gebe man den maximalen Definitionsbereich an und berechne ihre Ableitungen:

$$f_1(x) = \sqrt{1 + \sqrt{x}}; \quad f_2(x) = \ln(x + \sqrt{x^2 + 1}); \quad f_3(x) = \frac{(x-1)^3(x+2)^7}{\sqrt{x+4}\sqrt{(x+1)^3}};$$

$$f_4(x) = x^{\ln x}; \quad f_5(x) = \ln|x^2 - 1|.$$

4.3 Für die folgenden Funktionen gebe man den maximalen Definitionsbereich an und berechne ihre Ableitungen:

$$f_1(x) = \frac{x-1}{x+1}; \quad f_2(x) = \sqrt{x\sqrt{x\sqrt{x}}}; \quad f_3(x) = \ln\sqrt{\left|\frac{1-x}{1+x}\right|};$$

$$f_4(x) = \ln|1 - x^3|; \quad f_5(x) = 2^{2^x}; \quad f_6(x) = 2^{x^2}; \quad f_7(x) = (2^x)^2.$$

4.4 Man berechne die Ableitungen folgender Funktionen:

$$f_1(x) = \ln\sqrt{x^2 + 3}; \quad f_2(x) = \frac{\ln x^2}{x^2};$$

$$f_3(x) = e^{x^3}; \quad f_4(x) = \frac{e^{x^2+1} - 1}{e^{x^2+1} + 1};$$

$$f_5(x) = \ln\{(x^3 + 2)(x^2 + 3)\}; \quad f_6(x) = 2^{3x^4};$$

$$f_7(x) = \frac{x^4}{4}\left\{(\ln x)^2 - \frac{1}{2}\ln x + \frac{1}{8}\right\}.$$

4.5 Gegeben sei die Funktion $f(x) = \sqrt{4-x^2}$ mit $D(f) = [-2, 2]$.
Man bestimme alle Nullstellen, Extremstellen und Wendestellen von f und zeichne ein Schaubild von f.

4.6 Gegeben sei die Funktion $f(x) = \dfrac{1}{1+x}$, $D(f) = (-1, \infty)$. Man gebe die Gleichung der Tangente im Punkt $P_0 = (x_0, f(x_0))$ an.

4.7 Gegeben sei die Funktion $f(x) = \dfrac{2x}{1+x^2}$, $D(f) = (-\infty, \infty)$.

a) Man berechne $\lim\limits_{x\to\infty} f(x)$, $\lim\limits_{x\to-\infty} f(x)$.

b) Man bestimme die Gleichung der Tangenten in den Punkten $(x_i, f(x_i))$; $x_1 = 1$, $x_2 = 0$, $x_3 = -2$.

c) Man zeichne ein Schaubild.

4.8 Gegeben sei die Funktion $f(x) = x^{x+\ln x}$.

a) Man bestimme den maximalen Definitionsbereich von f.
b) Man berechne $f'(x)$.
c) Man berechne die Gleichung der Tangente an das Schaubild von f im Punkt $x_0 = 1$.

4.9 Die Funktionen $f_1, f_2, \cdots, f_n$ seien differenzierbar in $[a, b]$, und es gelte $f_i(x) \neq 0$ für $i = 1, \cdots, n$ und alle $x \in [a, b]$. Man beweise

$$\frac{\{f_1(x)f_2(x)\cdots f_n(x)\}'}{f_1(x)f_2(x)\cdots f_n(x)} = \frac{f_1'(x)}{f_1(x)} + \frac{f_2'(x)}{f_2(x)} + \cdots + \frac{f_n'(x)}{f_n(x)}.$$

4.10 Man zeige, daß die Funktion $f(x) = x + x \cdot \ln x$ der Beziehung $x^2 f''(x) - xf'(x) + f(x) = 0$ (einer sog. Differentialgleichung) genügt.

4.11 Man zeige, daß die Funktion $f(x) = 1 + x^2 + c_1 x + c_2 e^{-x}$ für alle Konstanten c_1, c_2 der Differentialgleichung

$$(1+x)f''(x) + xf'(x) - f(x) = (1+x)^2$$

genügt. Ist die Funktion $g(x) = (1+x)^2$ Lösung der Differentialgleichung?

4.12 Man zeige, daß die Funktion $f(x) = c_1 e^{-x} + c_2 e^{-2x}$ für beliebige Konstanten c_1 und c_2 der Differentialgleichung

$$f''(x) + 3f'(x) + 2f(x) = 0$$

genügt.

4.13 Ausgehend von der geometrischen Summenformel

$$f(x) = 1 + x + x^2 + \cdots + x^n = \begin{cases} \dfrac{1-x^{n+1}}{1-x} & \text{falls } x \neq 1 \\ n+1 & \text{falls } x = 1 \end{cases}, \text{ berechne man}$$

einen geschlossenen Ausdruck für die Summe $g(x) = 1 + 2x + 3x^2 + \cdots + nx^{n-1}$.

4.14 Zwei Wagen starten zur Zeit $t = 0$ im gleichen Punkt. Der erste fährt mit der konstanten Geschwindigkeit von $60 \frac{\text{km}}{\text{h}}$ in nördlicher Richtung, der zweite mit der konstanten Geschwindigkeit von $80 \frac{\text{km}}{\text{h}}$ in westlicher Richtung. Mit welcher Geschwindigkeit bewegen sich die Wagen zur Zeit $t > 0$ voneinander weg?

4.15 Durch Anwendung des Mittelwertsatzes auf die Funktion $f(x) = x^n$ zeige man, daß für alle $n \in \mathbb{N}$, $n \geqslant 2$ und alle a, b mit $0 \leqslant a < b$ gilt:

$$na^{n-1} < \frac{b^n - a^n}{b - a} < nb^{n-1}.$$

4.16 Gegeben sei die Funktion $f(x) = x^4 + 2x^3 + 3x^2 + 2x + 1$. Man zeige, daß f keine reellen Nullstellen besitzt.

4.17 Gegeben sei die Funktion $f(x) = a + bx + x^3$. Es gelte $27a^2 + 4b^3 < 0$. Man zeige, daß f drei verschiedene reelle Nullstellen hat.

4.18 Eine Funktion f heißt im Intervall $[a, b]$ konvex (konkav), wenn für je zwei Punkte $x_1, x_2 \in [a, b]$ die Strecke $\overline{f(x_1), f(x_2)}$ oberhalb (unterhalb) des Schaubildes von $f(x)$ für $x_1 < x < x_2$ liegt. Man zeige:

a) Ist $f''(x) > 0$ in $[a, b]$, so ist f konvex in $[a, b]$.

b) Ist $f''(x) < 0$ in $[a, b]$, so ist f konkav in $[a, b]$.

4.19 Gegeben sei eine Funktion f mit $f(0) = 0$, $f'(0) = 0$. Man bestimme denjenigen Kreis

$$x^2 + (y - R)^2 = R^2,$$

der die Kurve im Punkt $(0, 0)$ am besten annähert (Krümmungskreis). (Anleitung: Man fordere, daß die erste und zweite Ableitung beider Kurven im Nullpunkt übereinstimmen). Man bestimme diesen Kreis für die Funktionen $f(x) = x^2$, $f(x) = e^x - x - 1$.

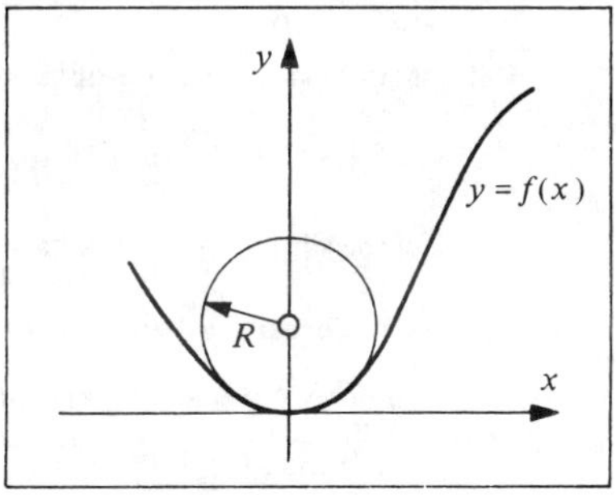

Abb. 4.10.1

4.20 Gegeben sei die Funktion $f(x) = x^3 - 3x^2$ mit $D(f) = \mathbb{R}$.
Man bestimme alle Nullstellen, Extremstellen und Wendestellen von f und zeichne ein Schaubild von f.

4.21 Man bestimme alle Extremstellen der Funktion $f(x) = (x-1)^4 - (x-1)^2$ im Intervall $\left[\frac{1}{2}, 3\right]$.

4.22 Man bestimme alle Extremstellen der Funktion $f(x) = (x-1)^2(x+2)$ im Intervall $[-2, +2]$.

4.23 Man bestimme die Extremstellen der Funktionen

a) $f(x) = x^2 \ln x$ in $(0, \infty)$, b) $f(x) = x^2 e^{-x}$ in $(-\infty, \infty)$,

c) $f(x) = x \ln^2 x$ in $(0, \infty)$, d) $f(x) = x^{-2} e^x$ in $(0, \infty)$.

4.24 Die Dichte ρ des Wassers ändert sich im Temperaturintervall von 0°C bis 10°C nach folgendem Gesetz:
$\rho = \rho(t) = -7{,}8429 \cdot 10^{-6} t^2 + 6{,}4114 \cdot 10^{-5} t + 0{,}99986897.$
Bei welcher Temperatur t_0 ist die Dichte am größten?

4.25 Man bestimme die Konstanten a, b, c so, daß die Funktion $f(x) = a + bx + cx^2 + x^3$ an $x = -1$ ein lokales Maximum, an $x = +1$ ein lokales Minimum hat und daß $f(1) = 0$ gilt.

4.26 Es sei $x + y = 1$. Für welche Werte von x und y wird der Ausdruck $D = x^2 + y^2$ minimal?

4.27 Man bestimme das Maximum von xy unter der Nebenbedingung, daß $x^2 + y^2 = 1$ ist.

4.28 Einem geraden Kegel mit Grundkreisradius R und der Höhe H soll ein Zylinder mit maximalem Volumen einbeschrieben werden.

4.29 a) Man bestimme zwei Zahlen, deren Summe $n > 0$ ergibt, so, daß die Summe ihrer Quadrate minimal ist.

b) Man bestimme zwei Zahlen, deren Produkt $n > 0$ ergibt, so, daß ihre Summe minimal ist.

4.30 Man bestimme das größte Rechteck mit achsenparallelen Seiten, welches der Ellipse

$$\left(\frac{x}{a}\right)^2 + \left(\frac{y}{b}\right)^2 = 1$$

einbeschrieben werden kann.

4.31 Ein Körper wird zur Zeit $t = 0$ mit der Anfangsgeschwindigkeit $v_0 = 30\ \frac{\mathrm{m}}{\mathrm{s}}$ von der Höhe $s(0) = 0$ aus senkrecht nach oben geworfen. Zur Zeit $t \geq 0$ befindet er sich in der Höhe $s(t) = v_0 t - \frac{1}{2} g t^2$.
Die Fallbeschleunigung g beträgt auf der Erde $g = 9{,}8\ \frac{\mathrm{m}}{\mathrm{s}^2}$, auf dem Mond $g = 1{,}7\ \frac{\mathrm{m}}{\mathrm{s}^2}$.
Man berechne für Erde und Mond:

a) Die Geschwindigkeit des Körpers zur Zeit t,

b) den Zeitpunkt, nach welchem der Körper zu fallen beginnt,

c) die maximale Wurfhöhe.

4.32 Ein Gas der Anfangstemperatur T_1 und des Anfangsdruckes p_1 wird durch eine zweistufige, reversible, adiabatische Kompression auf den Enddruck p_2 komprimiert. Um den Zwischendruck p zu erreichen, ist die Arbeit:

$$A(p) = nRT_1 \cdot \frac{\kappa}{\kappa - 1} \cdot \left\{ \left(\frac{p}{p_1}\right)^{\frac{\kappa-1}{\kappa}} - 2 + \left(\frac{p}{p_2}\right)^{-\frac{\kappa-1}{\kappa}} \right\}$$

erforderlich (n: Molzahl, R: allgemeine Gaskonstante, $\kappa = c_p/c_v > 1$).
Man bestimme die Extremstellen der Funktion $A(p)$ im Intervall (p_1, p_2).

4.33 Man bestimme die folgenden Grenzwerte:

a) $\lim\limits_{x\to 0} \dfrac{x}{e^x - 1}$, b) $\lim\limits_{x\to 1} \dfrac{x^2 + x - 2}{\ln x}$, c) $\lim\limits_{x\to 1} \dfrac{e^x - ex}{(\ln x)^2}$,

d) $\lim\limits_{x\to\infty} \dfrac{\ln x^\alpha}{x^\alpha}$ $(\alpha \geqslant 0)$, e) $\lim\limits_{x\to 0} x^x$, f) $\lim\limits_{x\to\infty} \dfrac{x}{x + \ln x}$.

4.34 Man bestimme folgende Grenzwerte:

a) $\lim\limits_{x\to\alpha} \dfrac{(x-\beta)^n - (\alpha-\beta)^n}{x - \alpha}$ $(\alpha, \beta \in \mathbb{R};\ n \in \mathbb{N})$,

b) $\lim\limits_{x\to 1} \dfrac{x^n - nx + n - 1}{(x-1)^2}$ $(n \in \mathbb{N})$,

c) $\lim\limits_{x\to a} \dfrac{(x-a)^2}{x(\ln x - 2) - a(\ln a - 2)}$ $(a > 0)$.

4.35 An eine Spannungsquelle der Spannung U seien hintereinander ein Leiter mit dem Widerstand R und eine Spule mit der Induktivität L angeschlossen. Nach dem Einschalten fließt in diesem Stromkreis zur Zeit $t \geqslant 0$ der Strom

$$I(t) = \frac{U}{R} \cdot \left\{ 1 - e^{-\frac{R}{L}t} \right\}.$$

Man bestimme $\lim\limits_{R\to 0} I(t)$.

4.36 Betrachtet werde ein reales Gas, welches der VAN DER WAALSschen Zustandsgleichung

$$\left(p + \frac{a}{v^2}\right)(v - b) = Rt$$

genügt.

a) Man berechne $\dfrac{\partial v}{\partial t}$.

b) Man zeige $\left(\dfrac{\partial p}{\partial v}\right) \cdot \left(\dfrac{\partial v}{\partial t}\right) \cdot \left(\dfrac{\partial t}{\partial p}\right) = -1$.

4.37 Im sog. kritischen Punkt eines realen Gases, welches der VAN DER WAALSschen Zustandsgleichung

$$\left(p + \frac{a}{v^2}\right)(v - b) = Rt$$

genügt, gilt $\dfrac{\partial p}{\partial v} = \dfrac{\partial^2 p}{\partial v^2} = 0$.

a) Man verifiziere, daß der kritische Punkt für $t = \frac{8a}{27bR}$, $v = 3b$ angenommen wird.

b) Welchen Wert hat der Druck im kritischen Punkt?

4.38 Man zeige, daß eine Funktion $f(x, y)$ genau dann $f_{xx}(x, y) = 0$ für alle (x, y) erfüllt, wenn gilt $f(x, y) = x \cdot g(y) + h(y)$, wobei $g(y)$ und $h(y)$ beliebige, nur von y abhängige Funktionen sind.

4.39 Eine Funktion $f(x, y)$ heißt harmonisch, wenn in ihrem Definitionsbereich die partiellen Ableitungen f_{xx}, f_{yy} stetig sind und der partiellen Differentialgleichung

$$\Delta f = f_{xx} + f_{yy} = 0$$

genügen (harmonische Funktionen spielen in vielen Bereichen der Naturwissenschaften eine wichtige Rolle). Man untersuche, ob folgende Funktionen harmonisch sind.

a) $f(x, y) = x^2 - y^2$, b) $f(x, y) = \frac{x + y}{x^2 + y^2}$, c) $f(x, y) = \sqrt{x^2 + y^2}$.

4.40 Gegeben sei die Funktion f mit

$$f(x, y) = \ln \sqrt{x^2 + y^2}, \quad D(f) = \{(x, y) : (x, y) \neq (0, 0)\}.$$

Man zeige, daß f den Beziehungen

$$x f_x(x, y) + y f_y(x, y) = 1,$$
$$\Delta f(x, y) = f_{xx}(x, y) + f_{yy}(x, y) = 0$$

genügt.

4.41 Gegeben sei die Funktion $f(x, y) = \frac{1}{\sqrt{1 - 2xy + y^2}}$. Man zeige, daß f der partiellen Differentialgleichung

$$\frac{\partial}{\partial x}\left[(1 - x^2)\frac{\partial f}{\partial x}\right] + \frac{\partial}{\partial y}\left[y^2 \frac{\partial f}{\partial y}\right] = 0$$

genügt.

4.42 Man untersuche (ohne Differentiationen), ob folgende Funktionen an $(0, 0)$ eine Extremstelle besitzen.

a) $x^6 + y^6$, b) $x^6 - y^6$,

c) $x^3 + y^3$, d) $x^\alpha \cdot y^\beta$ mit $\alpha \in \mathbb{Z}$, $\beta \in \mathbb{Z}$.

4.43 Man bestimme alle Extremstellen folgender Funktionen:

a) $f(x, y) = x^2 + xy + y^2 + ax + by$, b) $f(x, y) = \sqrt{(1 - x)(1 - y)(x + y - 1)}$,

c) $f(x, y) = x^3 y^2 (1 - x - y)$, d) $f(x, y) = \frac{1 + x + y}{\sqrt{1 + x^2 + y^2}}$.

4.44 Man bestimme den größten Quader mit achsenparallelen Seiten, der einem Ellipsoid

$$\left(\frac{x}{a}\right)^2 + \left(\frac{y}{b}\right)^2 + \left(\frac{z}{c}\right)^2 = 1$$

einbeschrieben werden kann.

4.45 Man bestimme die Ausgleichsgerade bzgl. der Punkte

$(-1.5,\ 1.6)$, $(-1,\ 2.6)$, $(-0.5,\ 3.5)$, $(0,\ 4.7)$, $(0.5,\ 6.0)$, $(1.0,\ 7.0)$.

5. DIE ELEMENTAREN FUNKTIONEN

In diesem Kapitel wird ein Überblick über die wichtigsten Funktionen in der Analysis gegeben.

5.1. Polynome

In Definition 3.2.21 haben wir eine Funktion vom Typ

$$f(x) = a_0 + a_1 x + a_2 x^2 + \cdots + a_n x^n \qquad \text{mit } a_n \neq 0,\ D(f) = (-\infty, \infty)$$

als ein Polynom vom Grad n bezeichnet. Einfache Beispiele für Polynome sind:

$$\begin{aligned} n = 0:&\quad f(x) = a_0, \\ n = 1:&\quad f(x) = a_0 + a_1 x, \\ n = 2:&\quad f(x) = a_0 + a_1 x + a_2 x^2, \\ n = 3:&\quad f(x) = a_0 + a_1 x + a_2 x^2 + a_3 x^3. \end{aligned}$$

Das Polynom $f(x) = 0$ bezeichnen wir auch als Nullpolynom. Polynome haben in der Mathematik große theoretische und praktische Bedeutung.

5.1.1. Berechnung von Polynomwerten mit dem HORNER-Schema

Gegeben sei ein Polynom vom Grad n

$$f(x) = \sum_{\nu=0}^{n} a_\nu x^\nu = a_n x^n + a_{n-1} x^{n-1} + \cdots + a_1 x + a_0 \qquad (a_n \neq 0).$$

Wir behandeln das Problem einer möglichst effektiven Berechnung des Polynomwertes $f(x_0)$ für ein $x_0 \in \mathbb{R}$. Die Idee ist, das Polynom $f(x)$ in der folgenden Weise darzustellen

$$f(x) = (x - x_0) \cdot (b_{n-1} x^{n-1} + b_{n-2} x^{n-2} + \cdots + b_1 x + b_0) + f(x_0).$$

Eine solche Darstellung für $f(x)$ ist sicher dann richtig, wenn die Koeffizienten $b_{n-1}, b_{n-2}, \cdots, b_n$ folgenden Bedingungen genügen (die man durch Ausmultiplizieren und Vergleich der Koeffizienten bei gleichen Potenzen erhält):

$$\begin{aligned}
b_{n-1} &= a_n, \\
b_{n-2} &= a_{n-1} + x_0 b_{n-1}, \\
b_{n-3} &= a_{n-2} + x_0 b_{n-2}, \\
&\vdots \\
b_0 &= a_1 + x_0 b_1, \\
f(x_0) &= a_0 + x_0 b_0 .
\end{aligned}$$

Aus dieser Überlegung ergibt sich eine ziemlich mühelose Berechnung des Polynomwertes $f(x_0)$ an Hand des sog. HORNER-Schemas.

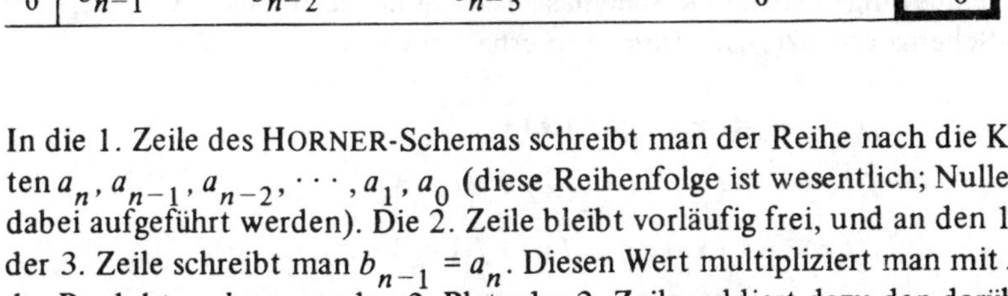

In die 1. Zeile des HORNER-Schemas schreibt man der Reihe nach die Koeffizienten $a_n, a_{n-1}, a_{n-2}, \cdots, a_1, a_0$ (diese Reihenfolge ist wesentlich; Nullen müssen dabei aufgeführt werden). Die 2. Zeile bleibt vorläufig frei, und an den 1. Platz der 3. Zeile schreibt man $b_{n-1} = a_n$. Diesen Wert multipliziert man mit x_0, schreibt das Produkt $x_0 b_{n-1}$ an den 2. Platz der 2. Zeile, addiert dazu den darüberstehenden Wert in der ersten Zeile und schreibt die Summe $x_0 b_{n-1} + a_{n-1} = b_{n-2}$ an den 2. Platz der 3. Zeile. Dieser Wert b_{n-2} wird dann wieder mit x_0 multipliziert usw. Zum Schluß erhält man den gewünschten Polynomwert $f(x_0)$.

5.1.1. Beispiel: Gegeben sei das Polynom $f(x) = 2x^4 - 3x^3 + x - 2$. Wir berechnen mit dem HORNER-Schema die Werte $f(1)$ und $f(-3)$.

	2	−3	0	1	−2
		2	−1	−1	0
1	2	−1	−1	0	−2

	2	−3	0	1	−2
		−6	27	−81	240
−3	2	−9	27	−80	238

Wir erhalten also $f(1) = -2$, $f(-3) = 238$.

Das HORNER-Schema kann in geeigneter Weise vervollständigt werden, um auch für die Berechnung der Ableitungswerte von f herangezogen werden zu können. Dazu beachten wir, daß die 3. Zeile des mit den Koeffizienten von f gebildeten HORNER-Schemas die Koeffizienten $b_{n-1}, \cdots, b_0$ desjenigen Polynoms

$$f_1(x) = \sum_{\nu=1}^{n-1} b_\nu x^\nu \qquad \text{vom Grad } n-1$$

liefert, für welches gilt

$$f(x) = (x - x_0) f_1(x) + f(x_0).$$

Für $f_1(x)$ ergibt sich in analoger Weise mit einem Polynom f_2 vom Grad $n - 2$

$$f_1(x) = (x - x_0) f_2(x) + f_1(x_0).$$

Die Koeffizienten von f_2 gewinnt man durch ein HORNER-Schema, das mit den Koeffizienten von f_1 gebildet wird, bei dem man also am zweckmäßigsten von der 3. Zeile des obigen HORNER-Schemas ausgeht und sie zu einem weiteren HORNER-Schema ergänzt; usw. Insgesamt erhalten wir

$$\begin{aligned}
f(x) &= (x - x_0) f_1(x) + f(x_0),\\
f_1(x) &= (x - x_0) f_2(x) + f_1(x_0),\\
f_2(x) &= (x - x_0) f_3(x) + f_2(x_0),\\
&\vdots\\
f_{n-1}(x) &= (x - x_0) f_n(x) + f_{n-1}(x_0),\\
f_n(x) &= \qquad\qquad\qquad f_n(x_0),
\end{aligned}$$

wobei die auftretenden Polynome f_i, $1 \leqslant i \leqslant n$ jeweils den Grad $n-i$ haben. Mit Hilfe eines HORNER-Schemas werden aus den Koeffizienten des Polynoms f_i die Koeffizienten des Polynoms f_{i+1} sowie der für das folgende wichtige Polynomwert $f_i(x_0)$ gewonnen. Aus obigen Gleichungen folgt nämlich durch sukzessives Einsetzen

$$f(x) = (x-x_0)^n f_n(x_0) + (x-x_0)^{n-1} f_{n-1}(x_0) + \cdots + (x-x_0) f_1(x_0) + f(x_0),$$

und mehrmalige Differentiation dieses Ausdruckes sowie Einsetzen von $x = x_0$ ergibt den folgenden Zusammenhang zwischen den Polynomwerten $f_i(x_0)$ und den Ableitungen $f^{(i)}(x_0)$ des Ausgangspolynoms:

$$f_1(x_0) = \frac{f'(x_0)}{1!}, \; f_2(x_0) = \frac{f''(x_0)}{2!}, \; \cdots, f_n(x_0) = \frac{f^{(n)}(x_0)}{n!}.$$

Da die schrittweise Vervollständigung des HORNER-Schemas der Reihe nach die Werte $f_1(x_0), f_2(x_0), \cdots, f_n(x_0)$ liefert, ergeben sich aus diesem Zusammenhang sofort die Ableitungen $f'(x_0), f''(x_0), \cdots, f^{(n)}(x_0)$.

5.1.2. Beispiel: Wir berechnen alle Ableitungen des Polynoms $f(x) = x^4 - 3x^3 - 2x^2 + x - 4$ an der Stelle $x_0 = -2$ mit Hilfe des vollständigen HORNER-Schemas.

	1	−3	−2	1	−4	
		−2	10	−16	30	
−2	1	−5	8	−15	**26**	$f(-2) = 26$,
		−2	14	−44		
−2	1	−7	22	**−59**		$f'(-2) = 1! \cdot (-59) = -59$,
		−2	18			
−2	1	−9	**40**			$f''(-2) = 2! \cdot 40 = 80$,
		−2				
−2	1	**−11**				$f'''(-2) = 3! \cdot (-11) = -66$,
−2	**1**					$f^{(4)}(-2) = 4! \cdot 1 = 24$.

Die obigen Ergebnisse fassen wir noch im folgenden Satz zusammen.

5.1.3. Satz: Das Polynom $f(x) = \sum_{\nu=0}^{n} a_\nu x^\nu$ vom Grad n kann für jedes $x_0 \in \mathbb{R}$ in der folgenden Weise dargestellt werden

$$f(x) = \sum_{\nu=0}^{n} \frac{f^{(\nu)}(x_0)}{\nu!} \cdot (x - x_0)^\nu.$$

Dabei können die Werte $\frac{f^{(\nu)}(x_0)}{\nu!}$ mit dem vollständigen HORNER-Schema gewonnen werden.

5.1.2. Nullstellen von Polynomen

Von besonderer Wichtigkeit ist die Bestimmung der Nullstellen von Polynomen. Wir definieren zunächst, was wir allgemein unter der Ordnung der Nullstelle einer Funktion verstehen.

5.1.4. Definition: Eine Funktion φ hat an der Stelle x_0 eine Nullstelle der Ordnung (oder der Vielfachheit) $k \geqslant 1$, wenn gilt:

$$\varphi(x_0) = \varphi'(x_0) = \cdots = \varphi^{(k-1)}(x_0) = 0, \quad \varphi^{(k)}(x_0) \neq 0.$$

Der folgende Satz zeigt, daß ein Polynom mit einer k-fachen Nullstelle an x_0 den Faktor $(x - x_0)^k$ enthält.

5.1.5. Satz: Es sei f ein Polynom vom Grad n. Die Stelle $x_0 \in \mathbb{R}$ ist genau dann eine k-fache Nullstelle von f, wenn ein Polynom $\widetilde{f}$ vom Grad $n - k$ existiert mit

$$f(x) = (x - x_0)^k \cdot \widetilde{f}(x), \qquad \widetilde{f}(x_0) \neq 0.$$

Beweis:

1. Hat f die Darstellung $f(x) = (x - x_0)^k \cdot \widetilde{f}(x)$ mit einem Polynom $\widetilde{f}$ vom

Grad $n-k$ und $\tilde{f}(x_0) \neq 0$, so folgt durch Differentiationen mit der Produktregel

$$f(x_0) = f'(x_0) = \cdots = f^{(k-1)}(x_0) = 0, \quad f^{(k)}(x_0) = k!\,\tilde{f}(x_0) \neq 0,$$

so daß x_0 eine k-fache Nullstelle von f ist.

2. Hat f an x_0 eine k-fache Nullstelle, so gilt $f(x_0) = \cdots = f^{(k-1)}(x_0) = 0$, $f^{(k)}(x_0) \neq 0$. Aus Satz 5.1.3 erhalten wir dann

$$f(x) = \sum_{\nu=0}^{n} \frac{f^{(\nu)}(x_0)}{\nu!}(x-x_0)^\nu = \sum_{\nu=k}^{n} \frac{f^{(\nu)}(x_0)}{\nu!}(x-x_0)^\nu =$$

$$= (x-x_0)^k \cdot \sum_{\nu=k}^{n} \frac{f^{(\nu)}(x_0)}{\nu!}(x-x_0)^{\nu-k} = (x-x_0)^k \cdot \tilde{f}(x),$$

wobei wir $\tilde{f}(x) = \sum_{\nu=k}^{n} \frac{f^{(\nu)}(x_0)}{\nu!}(x-x_0)^{\nu-k}$ gesetzt haben. Diese Funktion $\tilde{f}$ ist ein Polynom vom Grad $n-k$ und erfüllt $\tilde{f}(x_0) = \frac{1}{k!} \cdot f^{(k)}(x_0) \neq 0$.

Aus diesem Satz folgt nun

5.1.6. Satz: Ein Polynom vom Grad n hat höchstens n reelle Nullstellen.

Beweis: Wir beweisen die Behauptung vermittels vollständiger Induktion.

1. Ein Polynom vom Grad 1, also eine Funktion der Form $a_0 + a_1 x$ mit $a_1 \neq 0$, hat genau eine relle Nullstelle, nämlich $x_0 = -\frac{a_0}{a_1}$.
2. Wir nehmen an, die Behauptung sei richtig für eine natürliche Zahl $k \geqslant 1$. Es sei f ein Polynom vom Grad $k+1$. Hat f keine reelle Nullstelle, so sind wir fertig; hat f eine Nullstelle x_0, so gibt es nach Satz 5.1.5 ein Polynom $\tilde{f}$ vom Grad k mit $f(x) = (x-x_0)\tilde{f}(x)$. Nach der Induktionsannahme hat $\tilde{f}$ höchstens k reelle Nullstellen. Daraus folgt, daß f höchstens $k+1$ reelle Nullstellen haben kann.

5.1.7. Beispiel: Wir betrachten drei verschiedene Polynome vom Grad $n = 2$.

1. $f(x) = x^2 - 1$ hat 2 verschiedene reelle Nullstellen $x_1 = 1$, $x_2 = -1$.
2. $f(x) = x^2 - 2x + 1$ hat die Nullstelle $x_1 = 1$ mit der Ordnung 2.
3. $f(x) = x^2 + 1$ hat keine reellen Nullstellen, denn für alle $x \in \mathbb{R}$ ist $f(x) \geqslant 1 > 0$.

Mit Hilfe von Satz 5.1.6 ergibt sich sofort:

5.1.8. Satz: Es seien f und g beides Polynome vom Grad kleiner oder gleich n. An $n + 1$ paarweise verschiedenen Stellen $x_1, x_2, \cdots, x_{n+1}$ gelte $f(x_i) = g(x_i)$ $(i = 1, \cdots, n + 1)$. Dann ist $f(x) = g(x)$ für alle x.

Beweis: Das Polynom $h(x) = f(x) - g(x)$ hat einen Grad kleiner oder gleich n. Ferner hat es die $n + 1$ Nullstellen $x_1, x_2, \cdots, x_{n+1}$. Aus Satz 5.1.6 folgt daher, daß h das Nullpolynom und damit $f(x) = g(x)$ für alle x sein muß.

Die Bestimmung der Nullstelle eines Polynoms vom Grad 1 ist problemlos; für Polynome vom Grad 2 geben wir im folgenden Satz Formeln zur Berechnung der Nullstellen an.

5.1.9. Satz: Es sei $f(x) = a + bx + cx^2$ ein Polynom vom Grad 2 (also mit $c \neq 0$).

(1) Im Falle $b^2 - 4ac > 0$ hat f die Nullstellen

$$x_1 = -\frac{b}{2c} + \frac{1}{2c}\sqrt{b^2 - 4ac}, \qquad x_2 = -\frac{b}{2c} - \frac{1}{2c}\sqrt{b^2 - 4ac}.$$

(2) Im Falle $b^2 - 4ac = 0$ hat f die Nullstelle $x_1 = -\dfrac{b}{2c}$ der Ordnung 2.

(3) Im Falle $b^2 - 4ac < 0$ hat f keine reellen Nullstellen.

Beweis: Es ergibt sich durch sog. quadratische Ergänzung

$$f(x) = a + bx + cx^2 = c\left[\left(x + \frac{b}{2c}\right)^2 - \frac{b^2 - 4ac}{4c^2}\right].$$

1. Es sei $b^2 - 4ac < 0$. In diesem Fall ist $[\,] > 0$, so daß f keine reellen Nullstellen haben kann.
2. Ist $b^2 - 4ac > 0$, so können wir schreiben

$$f(x) = c \cdot \left(x + \frac{b}{2c} + \frac{1}{2c}\sqrt{b^2 - 4ac}\right) \cdot \left(x + \frac{b}{2c} - \frac{1}{2c}\sqrt{b^2 - 4ac}\right).$$

An dieser Darstellung von f liest man unmittelbar ab, daß f genau die beiden angegebenen Nullstellen hat.

3. Ist $b^2 - 4ac = 0$, so gilt

$$f(x) = c \cdot \left(x + \frac{b}{2c}\right)^2,$$

so daß f nur die Nullstelle $x_1 = -\frac{b}{2c}$ hat. Wegen $f'(x) = b + 2cx$ gilt auch $f'(x_1) = 0$, weiter ist $f''(x_1) = 2c \neq 0$, so daß x_1 eine Nullstelle der Ordnung 2 ist.

5.1.10. Bemerkung: Für Polynome vom Grad von 3 oder 4 gibt es (allerdings ziemlich unhandliche) Formeln zur Bestimmung ihrer Nullstellen. Man kann zeigen, daß für Polynome vom Grad $n \geqslant 5$ keine allgemeingültigen Formeln zur Bestimmung der Nullstellen existieren.

5.2. Exponentialfunktionen

Der allgemeine Typ einer Exponentialfunktion ist

$$f(x) = a^x \quad \text{mit} \quad D(f) = (-\infty, \infty),$$

wobei $a > 0$ eine feste Konstante bedeutet. Wegen

$$f(x) = a^x = e^{x \cdot \ln a}$$

genügt es offensichtlich, die einfachste und zugleich wichtigste Exponentialfunktion

$$f(x) = e^x$$

zu untersuchen. Diese kann durch eine sog. Differentialgleichung charakterisiert werden.

5.2.1. Satz:

(1) Die Funktion $y(x) = c \cdot e^{\alpha x}$ (c, α seien Konstanten) genügt der Differentialgleichung

$$y'(x) = \alpha \cdot y(x).$$

(2) Genügt eine Funktion $y(x)$ der Differentialgleichung $y'(x) = \alpha \cdot y(x)$, so gilt mit einer Konstanten c

$$y(x) = c \cdot e^{\alpha x}.$$

Beweis:

1. Für $y(x) = c \cdot e^{\alpha x}$ gilt $y'(x) = \alpha \cdot c \cdot e^{\alpha x} = \alpha \cdot y(x)$.
2. Es sei $y(x)$ eine Funktion, welche der Differentialgleichung $y'(x) = \alpha y(x)$ genügt. Wir betrachten die Funktion

$$v(x) = y(x) \cdot e^{-\alpha x}.$$

Diese erfüllt für alle x die Beziehung

$$v'(x) = y'(x) \cdot e^{-\alpha x} - \alpha y(x) \cdot e^{-\alpha x} =$$
$$= \alpha y(x) \cdot e^{-\alpha x} - \alpha y(x) \cdot e^{-\alpha x} = 0.$$

Weil $v'(x) = 0$ für alle x, ist $v(x) = c$ mit einer Konstanten c. Also ist für alle x

$$v(x) = y(x) \cdot e^{-\alpha x} = c \quad \text{bzw.} \quad y(x) = c \cdot e^{\alpha x}.$$

Die soeben betrachtete Differentialgleichung $y'(x) = \alpha \cdot y(x)$ spielt bei sehr vielen Naturvorgängen eine wichtige Rolle. Dazu geben wir das folgende Beispiel an.

5.2.2. Beispiel: Wir untersuchen den radioaktiven Zerfall einer Substanz. Zur Zeit $t = 0$ seien $N(0) = N_0$ Atome vorhanden, und zur Zeit $t > 0$ sei $N(t)$ die Anzahl

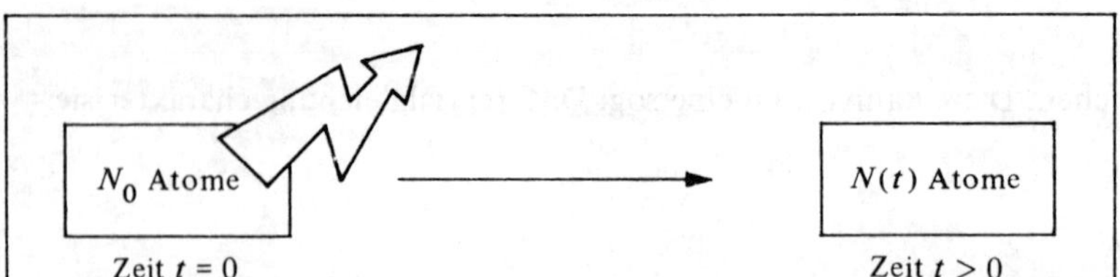

Abb. 5.2.1

der noch vorhandenen (d. h. nicht zerfallenen) Atome. Die Abnahme der Teilchen ist zu jedem Zeitpunkt proportional zur Anzahl der vorhandenen Teilchen.

Mit einer positiven Konstanten γ (Zerfallskonstante) erhalten wir also die Beziehung

$$N'(t) = -\gamma \cdot N(t).$$

Dies ist eine Differentialgleichung zur Bestimmung der Funktion $N(t)$. Ihre Lösung ist nach Satz 5.2.1 mit einer Konstanten c

$$N(t) = c \cdot e^{-\gamma t}.$$

Zur Bestimmung der Konstanten c beachten wir, daß für $t = 0$ gilt: $N(0) = N_0$ (das ist eine sog. Anfangsbedingung). Setzen wir $t = 0$ in unsere Lösungsfunktion ein, so erhalten wir

$$N_0 = N(0) = c \cdot e^{-\gamma \cdot 0} = c;$$

damit haben wir c bestimmt und bekommen als Lösung

$$N(t) = N_0 \cdot e^{-\gamma t}.$$

Die Anzahl der noch nicht zerfallenen Teilchen nimmt demnach exponentiell ab.

Als Halbwertszeit der radioaktiven Substanz bezeichnet man denjenigen Zeitpunkt τ mit der Eigenschaft

$$N(\tau) = \frac{1}{2} \cdot N_0.$$

Für τ muß daher gelten

$$\frac{1}{2} N_0 = N_0 \cdot e^{-\gamma\tau}$$

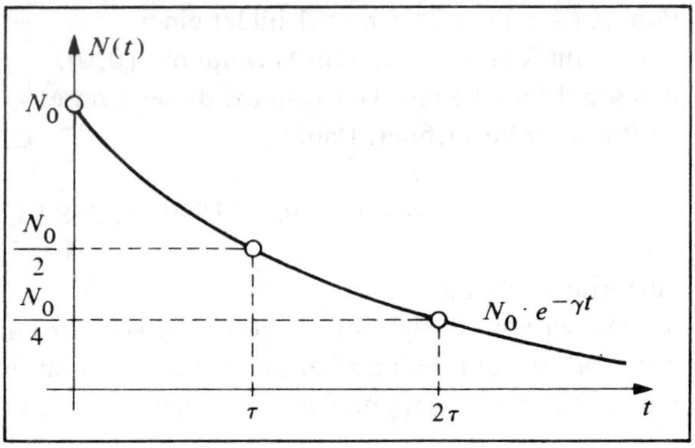

Abb. 5.2.2

also $\frac{1}{2} = e^{-\gamma\tau}$, bzw. durch Logarithmieren

$$\ln \frac{1}{2} = -\gamma\tau.$$

Wegen $\ln \frac{1}{2} = -\ln 2$ erhalten wir

$$\tau = \frac{\ln 2}{\gamma}.$$

Dieser Wert ist offenbar von N_0 unabhängig und ist charakteristisch für die betrachtete radioaktive Substanz. Für einige radioaktive Substanzen geben wir ihre Halbwertszeiten an

$$\begin{aligned} U_{92}^{238} &: \quad \tau = 4{,}5 \cdot 10^9 \text{ Jahre,} \\ Ra_{88}^{226} &: \quad \tau = 1\,580 \text{ Jahre,} \\ Ra_{84}^{214} &: \quad \tau = 1{,}5 \cdot 10^{-4} \text{ sec.} \end{aligned}$$

5.2.3. **Bemerkung**: Für die Exponentialfunktion $f(x) = e^x$ wird bisweilen auch die Schreibweise $f(x) = \exp(x)$ verwendet.

5.3. Trigonometrische Funktionen

Abb. 5.3.1

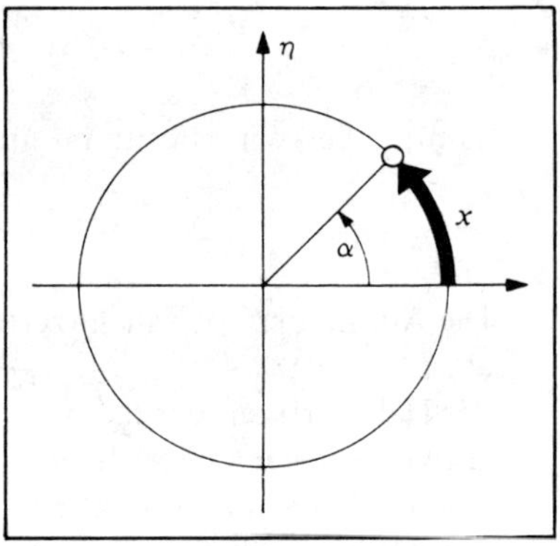

5.3.1. Die Definitionen der trigonometrischen Funktionen

Wir betrachten ein rechtwinkliges Koordinatensystem in der $\xi - \eta$-Ebene. Die Menge aller Punkte (ξ, η) mit $\xi^2 + \eta^2 = 1$ bildet einen Kreis vom Radius 1 mit dem Mittelpunkt $(0, 0)$, den sog. Einheitskreis. Der Umfang dieses Kreises wird mit 2π bezeichnet. Dabei ist

$$\pi = 3{,}141\,592\,653\,589\,793\,238\,462\,643\,383\,279\,50 \cdots$$

eine irrationale Zahl.

Tragen wir vom Nullpunkt aus gegen die ξ-Achse einen Winkel von $\alpha°$ ab, so wird dadurch auf dem Einheitskreis ein Bogen mit einer gewissen Länge x definiert. Über den Zusammenhang zwischen α und x gilt

$$\frac{\alpha°}{360°} = \frac{x}{2\pi} .$$

Ein Winkel wird also entweder durch die Angabe von α oder durch die Angabe von x eindeutig beschrieben. Dabei wird α als Gradmaß, x als Bogenmaß des betreffenden Winkels bezeichnet; x wird positiv genommen, wenn der Winkel eine Drehung entgegen dem Uhrzeigersinn erzeugt, im anderen Fall negativ. In der Analysis wird für die Beschreibung von Winkeln stets das Bogenmaß verwendet.

Betrachten wir einen Winkel mit dem Bogenmaß x, so wird dadurch in eindeutiger Weise ein Punkt $P = (\xi, \eta)$ auf dem Einheitskreis erzeugt, dessen Koordinaten ξ, η von x abhängig sind (siehe Abb. 5.3.2).

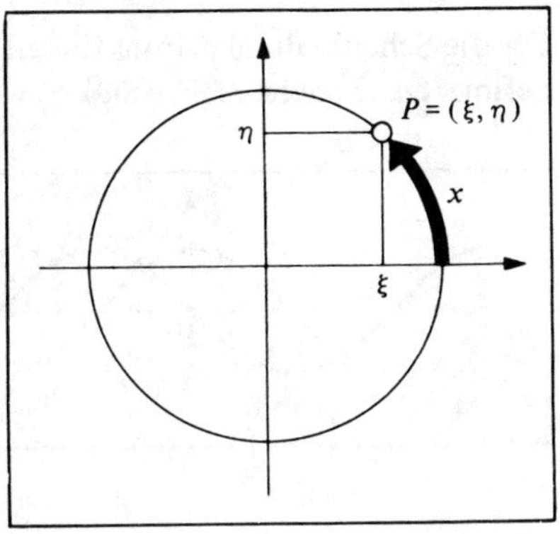

Abb. 5.3.2

5.3.1. Definition: Wir bezeichnen

$$\xi = \cos x, \qquad \eta = \sin x.$$

Abb. 5.3.3

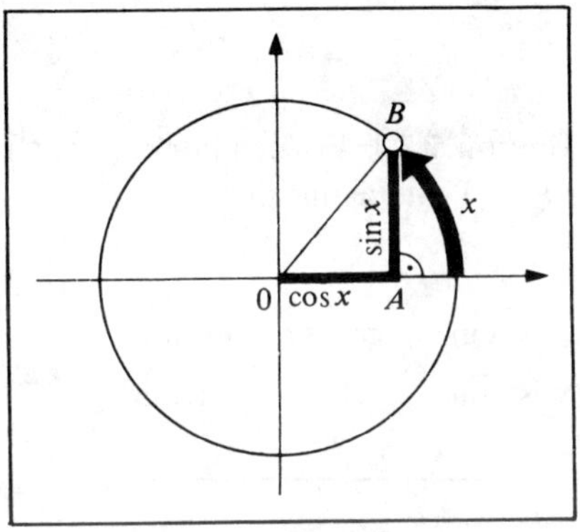

5.3.2. Bemerkung: Betrachten wir das durch x erklärte rechtwinklige Dreieck 0, A, B (siehe Abb. 5.3.3) im Einheitskreis, so gilt

$$\sin x = \overline{AB},$$
$$\cos x = \overline{0A}.$$

Es gilt offenbar für alle Werte von x

$$\sin(x + 2\pi) = \sin x, \qquad \cos(x + 2\pi) = \cos x.$$

Wir sagen, $\sin x$ und $\cos x$ seien periodische Funktionen mit der Periode 2π.

Ferner ergeben sich sofort die folgenden speziellen Werte:

$$\begin{array}{llll} \sin 0 = 0, & & \cos 0 = 1, \\ \sin \frac{\pi}{2} = 1, & & \cos \frac{\pi}{2} = 0, \\ \sin \pi = 0, & & \cos \pi = -1, \\ \sin \frac{3\pi}{2} = -1, & & \cos \frac{3\pi}{2} = 0, \\ \vdots & & \vdots \\ \sin(k\pi) = 0 \quad (k = 0, \pm 1, \pm 2, \cdots), & & \cos\left(\frac{\pi}{2} + k\pi\right) = 0 \quad (k = 0, \pm 1, \pm 2, \cdots). \end{array}$$

Für die Schaubilder der Funktionen $\sin x$ und $\cos x$, die beide auf $(-\infty, \infty)$ definiert sind, siehe Abb. 5.3.4.

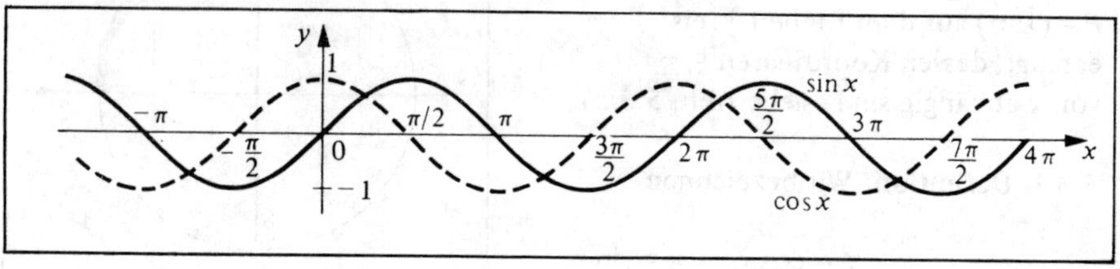

Abb. 5.3.4

5.3.3. Satz: Für alle x gilt $\sin^2 x + \cos^2 x = 1$.

Beweis: Die Behauptung folgt sofort aus Definition 5.3.1. Für den Punkt $P(\xi, \eta)$ gilt (weil er auf dem Einheitskreis liegt) $\eta^2 + \xi^2 = 1$ und damit $\sin^2 x + \cos^2 x = 1$.

5.3.4. Satz: Für alle x gilt

(1) $\sin(-x) = -\sin x$ ($\sin x$ ist eine ungerade Funktion),

(2) $\cos(-x) = \cos x$ ($\cos x$ ist eine gerade Funktion).

Beweis: Erzeugt der Winkel x auf dem Einheitskreis den Punkt (ξ, η), so erzeugt der Winkel $-x$ den Punkt $(\xi, -\eta)$ (siehe Abb. 5.3.5). Hieraus folgt

$$\sin(-x) = -\eta = -\sin x,$$

$$\cos(-x) = \xi = \cos x.$$

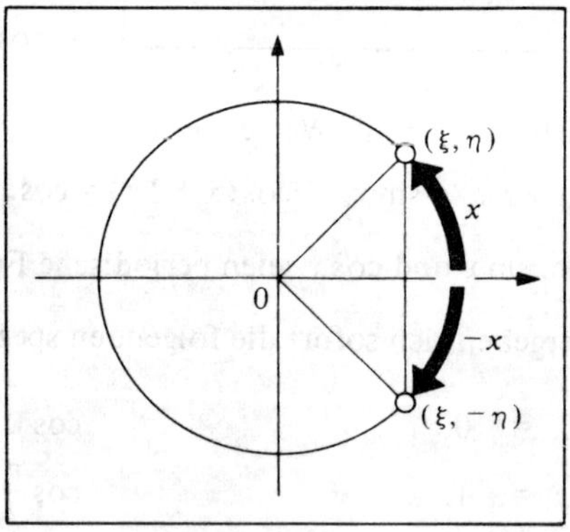

Abb. 5.3.5

5.3.5. Satz (Additionstheoreme): Für alle Werte von x_1, x_2 gilt

(1) $\sin(x_1 + x_2) = \sin x_1 \cdot \cos x_2 + \sin x_2 \cdot \cos x_1$,

(2) $\cos(x_1 + x_2) = \cos x_1 \cdot \cos x_2 - \sin x_1 \cdot \sin x_2$.

Ohne Beweis.

Als Spezialfälle aus den Additionstheoremen ergeben sich folgende Beziehungen

$$\sin\left(x+\frac{\pi}{2}\right) = \sin x \cdot \cos\frac{\pi}{2} + \sin\frac{\pi}{2} \cdot \cos x = \cos x,$$
$$\sin(x+\pi) = \sin x \cdot \cos\pi + \sin\pi \cdot \cos x = -\sin x,$$
$$\cos\left(x+\frac{\pi}{2}\right) = \cos x \cdot \cos\frac{\pi}{2} - \sin x \cdot \sin\frac{\pi}{2} = -\sin x,$$
$$\cos(x+\pi) = \cos x \cdot \cos\pi - \sin x \cdot \sin\pi = -\cos x.$$

Als nächstes definieren wir die Funktionen $\tan x$ und $\cot x$.

5.3.6. Definition:

(1) Für $x \neq \pm\frac{\pi}{2}, \pm\frac{3\pi}{2}, \pm\frac{5\pi}{2}, \cdots$ setzen wir $\tan x = \dfrac{\sin x}{\cos x}$.

(2) Für $x \neq 0, \pm\pi, \pm 2\pi, \cdots$ setzen wir $\cot x = \dfrac{\cos x}{\sin x}$.

Für gegebenes x können die Werte $\tan x$ und $\cot x$ gemäß Abb. 5.3.6 am Einheitskreis veranschaulicht werden.

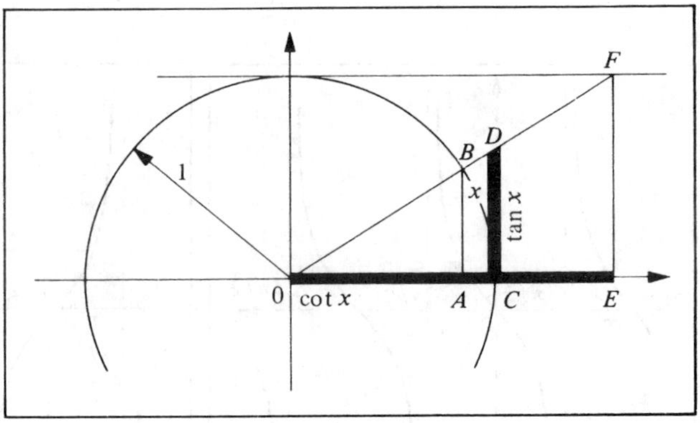

Abb. 5.3.6

5.3.7. Satz: Es gilt (siehe Abb. 5.3.6) **(1)** $\tan x = \overline{CD}$,

(2) $\cot x = \overline{0E}$.

Beweis: Es ist $\sin x = \overline{AB}$, $\cos x = \overline{0A}$ und $\overline{0C} = 1$, $\overline{EF} = 1$.
Mit Hilfe des Strahlensatzes ergibt sich

$$\tan x = \frac{\sin x}{\cos x} = \frac{\overline{AB}}{\overline{0A}} = \frac{\overline{CD}}{\overline{0C}} = \overline{CD},$$

$$\cot x = \frac{\cos x}{\sin x} = \frac{\overline{0A}}{\overline{AB}} = \frac{\overline{0E}}{\overline{EF}} = \overline{0E}.$$

5.3.8. Satz: Für alle x im jeweiligen Definitionsbereich gilt

$$\tan(x+\pi) = \tan x, \qquad \cot(x+\pi) = \cot x .$$

Die Funktionen $\tan x$ und $\cot x$ sind also periodisch mit der Periode π.

Beweis: Es gilt

$$\tan(x+\pi) = \frac{\sin(x+\pi)}{\cos(x+\pi)} = \frac{-\sin x}{-\cos x} = \frac{\sin x}{\cos x} = \tan x .$$

Analog wird die Beziehung $\cot(x+\pi) = \cot x$ bewiesen.

Für die Schaubilder von $\tan x$ und $\cot x$ siehe Abb. 5.3.7 und Abb. 5.3.8.

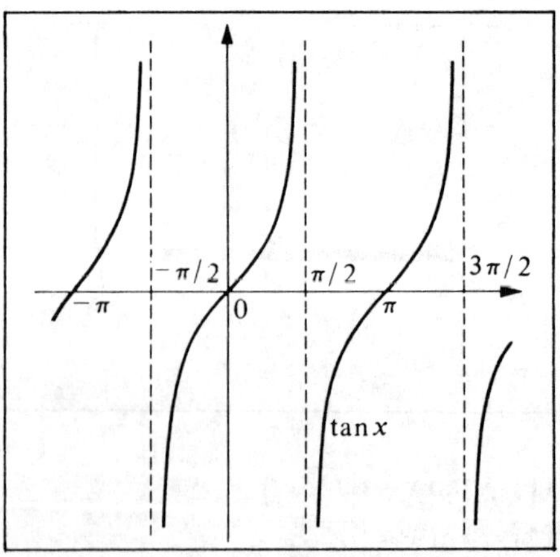

Abb. 5.3.7

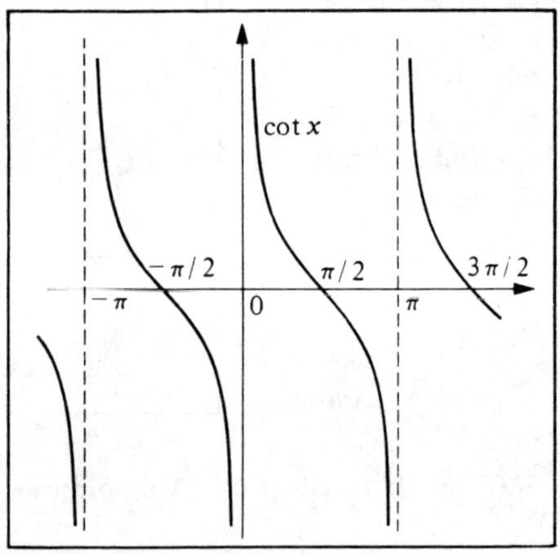

Abb. 5.3.8

Als nächstes beweisen wir zwei Grenzwertbeziehungen, welche wir bei der Differentiation von $\sin x$ benötigen.

5.3.9. Satz: Es gilt $\lim\limits_{x\to 0} \dfrac{\sin x}{x} = 1, \qquad \lim\limits_{x\to 0} \dfrac{\cos x - 1}{x} = 0.$

Beweis:

1. Wir zeigen $\sin x \to 0$, $\cos x \to 1$ für $x \to 0$.

   a) Für $0 < x < 1$ gilt (siehe Abb. 5.3.9)

$$0 < \sin x < x.$$

Also folgt $\sin x \to 0$ für $x > 0$, $x \to 0$. Ferner ergibt sich aus dieser Beziehung

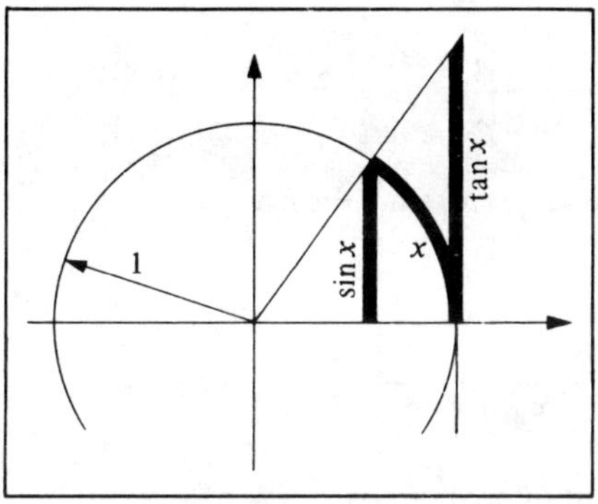

Abb. 5.3.9

$$1 \geqslant \cos x = \sqrt{1-\sin^2 x} > \sqrt{1-x^2}$$

und damit gilt $\cos x \to 1$ für $x > 0$, $x \to 0$.

   b) Für $x < 0$, $x \to 0$ gilt

$$\sin x = -\sin(-x) \to 0,$$
$$\cos x = \cos(-x) \to 1.$$

2. Wir zeigen $\frac{\sin x}{x} \to 1$ für $x \to 0$. Wegen

$$\frac{\sin(-x)}{-x} = \frac{-\sin x}{-x} = \frac{\sin x}{x}$$

genügt es, die Gültigkeit der Beziehung für $x > 0$, $x \to 0$ zu beweisen. Aus Abb. 5.3.9 ergibt sich für $0 < x < \frac{\pi}{2}$

$$\sin x < x < \tan x = \frac{\sin x}{\cos x}$$

oder

$$\cos x < \frac{\sin x}{x} < 1.$$

Wegen $\cos x \to 1$ für $x \to 0$ folgt hieraus die Behauptung.

3. Es gilt wegen $\frac{\sin x}{x} \to 1$, $\sin x \to 0$, $\cos x \to 1$ für $x \to 0$

$$\frac{\cos x - 1}{x} = \frac{(\cos x - 1)(\cos x + 1)}{x \cdot (\cos x + 1)} = \frac{\cos^2 x - 1}{x \cdot (\cos x + 1)} = -\frac{\sin x}{x} \cdot \frac{\sin x}{\cos x + 1} \to 0.$$

Wir sind nun in der Lage, die Ableitungen der vier trigonometrischen Funktionen zu berechnen.

5.3.10. Satz: Die Funktionen $\sin x$, $\cos x$, $\tan x$, $\cot x$ sind an jeder Stelle ihres Definitionsbereiches differenzierbar, und es gilt

$$(\sin x)' = \cos x, \qquad (\cos x)' = -\sin x,$$

$$(\tan x)' = \frac{1}{\cos^2 x} = 1 + \tan^2 x, \quad (\cot x)' = -\frac{1}{\sin^2 x} = -1 - \cot^2 x.$$

Beweis:

1. Wir zeigen $(\sin x)' = \cos x$. Es sei $\{x_n\}$ eine Folge mit $x_n \to x$, $x_n \neq x$. Dann gilt nach den Additionstheoremen und Satz 5.3.9

$$\frac{\sin(x_n) - \sin x}{x_n - x} = \frac{\sin(x_n - x + x) - \sin x}{x_n - x} =$$

$$= \frac{\sin(x_n - x)\cdot\cos x + \cos(x_n - x)\sin x - \sin x}{x_n - x} =$$

$$= \frac{\sin(x_n - x)}{x_n - x}\cdot\cos x + \frac{\cos(x_n - x) - 1}{x_n - x}\cdot\sin x \to \cos x.$$

Folglich ist $\sin x$ differenzierbar, und es ist $(\sin x)' = \cos x$.

2. Es gilt

$$(\cos x)' = \left(\sin\left(x + \frac{\pi}{2}\right)\right)' = \cos\left(x + \frac{\pi}{2}\right) = -\sin x.$$

3. Mit der Quotientenregel folgt

$$(\tan x)' = \left(\frac{\sin x}{\cos x}\right)' = \frac{\cos^2 x + \sin^2 x}{\cos^2 x} = \frac{1}{\cos^2 x} = 1 + \tan^2 x,$$

$$(\cot x)' = \left(\frac{\cos x}{\sin x}\right)' = \frac{-\sin^2 x - \cos^2 x}{\sin^2 x} = -\frac{1}{\sin^2 x} = -1 - \cot^2 x.$$

5.3.11. Bemerkung: Aus Satz 4.1.8 ergibt sich, daß die trigonometrischen Funktionen in ihrem Definitionsbereich stetig sind.

Wir stellen nun in einer Tabelle einige oft benötigte Werte der trigonometrischen Funktionen zusammen.

5.3.12. **Tabelle** spezieller Werte trigonometrischer Funktionen

x Bogenmaß	0	$\frac{\pi}{6}$	$\frac{\pi}{4}$	$\frac{\pi}{3}$	$\frac{\pi}{2}$	$\frac{2\pi}{3}$	$\frac{3\pi}{4}$	$\frac{5\pi}{6}$	π
Gradmaß	0°	30°	45°	60°	90°	120°	135°	150°	180°
$\sin x$	0	$\frac{1}{2}$	$\frac{\sqrt{2}}{2}$	$\frac{\sqrt{3}}{2}$	1	$\frac{\sqrt{3}}{2}$	$\frac{\sqrt{2}}{2}$	$\frac{1}{2}$	0
$\cos x$	1	$\frac{\sqrt{3}}{2}$	$\frac{\sqrt{2}}{2}$	$\frac{1}{2}$	0	$-\frac{1}{2}$	$-\frac{\sqrt{2}}{2}$	$-\frac{\sqrt{3}}{2}$	-1
$\tan x$	0	$\frac{\sqrt{3}}{3}$	1	$\sqrt{3}$	–	$-\sqrt{3}$	-1	$-\frac{\sqrt{3}}{3}$	0
$\cot x$	–	$\sqrt{3}$	1	$\frac{\sqrt{3}}{3}$	0	$-\frac{\sqrt{3}}{3}$	-1	$-\sqrt{3}$	–

5.3.2. Einige Anwendungen trigonometrischer Funktionen

5.3.13. Beispiel: Ein Lichtstrahl bewegt sich vom Punkt $A = (a_1, a_2)$ zum Punkt $B = (b_1, b_2)$ und durchläuft dabei 2 Medien ① und ② (siehe Abb. 5.3.10). Seine Geschwindigkeit in den Medien ① bzw. ② beträgt v_1 bzw. v_2. Gesucht ist derjenige Weg von A nach B, für welchen die Durchlaufzeit minimal wird (Prinzip von FERMAT).

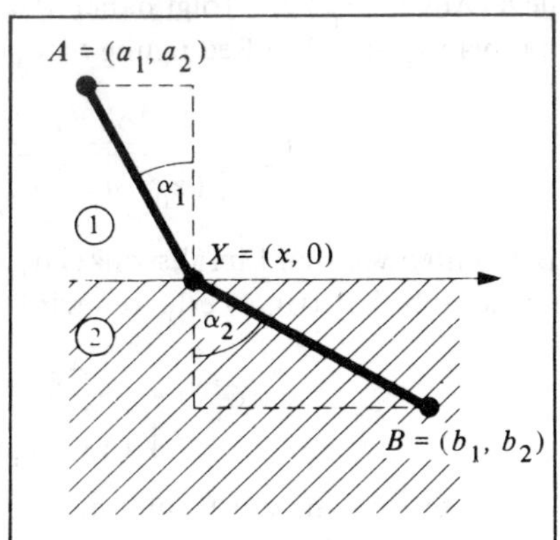

Abb. 5.3.10

Es ist klar, daß der Strahl von A bis zum Punkt $X = (x, o)$ auf der Mediengrenze geradlinig verlaufen muß und ebenfalls von X bis zum Punkt B. Die Abstände der Punkte A und X bzw. X und B voneinander sind

$$\overline{AX} = \sqrt{(x-a_1)^2 + a_2^2}, \quad \overline{XB} = \sqrt{(b_1-x)^2 + b_2^2},$$

und daher sind die Durchlaufzeiten

$$\text{für } \overline{AX}: \quad \frac{1}{v_1} \cdot \sqrt{(x-a_1)^2 + a_2^2}\,,$$

$$\text{für } \overline{XB}: \quad \frac{1}{v_2} \cdot \sqrt{(b_1-x)^2 + b_2^2}\,.$$

Als Gesamtzeit ergibt sich die Funktion

$$t(x) = \frac{1}{v_1} \cdot \sqrt{(x-a_1)^2 + a_2^2} + \frac{1}{v_2} \cdot \sqrt{(b_1-x)^2 + b_2^2}\,,$$

deren absolutes Minimum gesucht ist. Wir erhalten

$$t'(x) = \frac{1}{v_1} \cdot \frac{x-a_1}{\sqrt{(x-a_1)^2 + a_2^2}} - \frac{1}{v_2} \cdot \frac{b_1-x}{\sqrt{(b_1-x)^2 + b_2^2}}\,,$$

$$t''(x) = \frac{1}{v_1} \cdot \frac{a_2^2}{\{(x-a_1)^2 + a_2^2\}^{3/2}} + \frac{1}{v_2} \cdot \frac{b_2^2}{\{(b_1-x)^2 + b_2^2\}^{3/2}}\,.$$

Es ist $t''(x) > 0$ für alle x und daher $t'(x)$ streng monoton wachsend; wegen $t'(a_1) < 0$, $t'(b_1) > 0$ hat t' genau eine Nullstelle x_0, welche zwischen a_1 und b_1 liegt. Aus $t''(x_0) > 0$ folgt daher, daß t genau ein Extremum und zwar ein Minimum an x_0 hat. Die Bedingung $t'(x_0) = 0$ liefert die Beziehung

$$v_2 \cdot \frac{x_0-a_1}{\sqrt{(x_0-a_1)^2 + a_2^2}} = v_1 \cdot \frac{b_1-x_0}{\sqrt{(b_1-x_0)^2 + b_2^2}}\,.$$

Betrachten wir den Einfallswinkel α_1 des Strahles und den Ausfallswinkel α_2 (siehe Abb. 5.3.10), so erhalten wir

$$\sin\alpha_1 = \frac{x_0-a_1}{\sqrt{(x_0-a_1)^2 + a_2^2}}\,, \qquad \sin\alpha_2 = \frac{b_1-x_0}{\sqrt{(b_1-x_0)^2 + b_2^2}}\,,$$

so daß genau dann ein Minimum vorliegt, wenn der Punkt X so gewählt ist, daß $v_2 \sin\alpha_1 = v_1 \sin\alpha_2$ gilt oder

$$\frac{v_1}{v_2} = \frac{\sin\alpha_1}{\sin\alpha_2}\,.$$

Das hergeleitete Brechungsgesetz wurde von SNELLIUS entdeckt, es gilt für die Ausbreitung aller Wellen.

Als nächstes zeigen wir, daß die Funktionen $\cos x$ und $\sin x$ durch eine Differentialgleichung charakterisiert werden können.

5.3.14. Satz: Es sei ω eine Konstante, $\omega \neq 0$.

(1) Die Funktion $y(x) = a \cos \omega x + b \sin \omega x$ (a, b seien Konstanten) genügt der Differentialgleichung

$$y''(x) + \omega^2 y(x) = 0.$$

(2) Jede Lösung der Differentialgleichung $y''(x) + \omega^2 y(x) = 0$ ist mit Konstanten a, b von der Form

$$y(x) = a \cos \omega x + b \sin \omega x.$$

Beweis:

1. Für $y(x) = a \cos \omega x + b \sin \omega x$ erhalten wir

$$y'(x) = -a\,\omega \sin \omega x + b\,\omega \cos \omega x,$$

$$y''(x) = -a\,\omega^2 \cos \omega x - b\,\omega^2 \sin \omega x = -\omega^2 (a \cos \omega x + b \sin \omega x) =$$
$$= -\omega^2 y(x).$$

2. Es sei $y(x)$ eine Lösung der Differentialgleichung. Wir betrachten die Funktionen

$$g(x) = y(x) \sin \omega x + \frac{1}{\omega}\, y'(x) \cos \omega x\,,$$

$$h(x) = y(x) \cos \omega x - \frac{1}{\omega}\, y'(x) \sin \omega x.$$

Offensichtlich ist

$$y(x) = h(x) \cos \omega x + g(x) \sin \omega x.$$

Für alle x gilt nun wegen $y''(x) + \omega^2 y(x) = 0$:

$$g'(x) = y'(x) \sin \omega x + \omega y(x) \cos \omega x + \frac{1}{\omega} y''(x) \cos \omega x - y'(x) \sin \omega x =$$

$$= \frac{1}{\omega} \{y''(x) + \omega^2 y(x)\} \cos \omega x = 0$$

und

$$h'(x) = y'(x)\cos\omega x - \omega y(x)\sin\omega x - \frac{1}{\omega}y''(x)\sin\omega x - y'(x)\cos\omega x =$$

$$= -\frac{1}{\omega}\{y''(x) + \omega^2 y(x)\}\sin\omega x = 0.$$

Es gibt daher Konstanten a und b mit $h(x) = a,\ g(x) = b$ für alle x und damit

$$y(x) = a\cos\omega x + b\sin\omega x.$$

Damit ist der Satz bewiesen.

Die im Satz 5.3.14 diskutierte Differentialgleichung tritt bei zahlreichen Schwingungsproblemen auf (sie wird daher auch Schwingungsgleichung genannt). Wir behandeln ein Beispiel für ihr Auftreten.

5.3.15. Beispiel: Ein Körper mit der Masse m sei an einer Feder aufgehängt. Zur Zeit $t = t_0$ befinde sich der Körper in Ruhe. Entfernt man ihn aus dieser Ruhelage, so vollführt er Schwingungen. Wir bezeichnen mit $y(t)$ die Entfernung des schwingenden Körpers zur Zeit t von seiner Ruhelage ($y(t)$ wird nach unten positiv gerechnet) und versuchen, die Funktion $y(t)$ zu bestimmen.
In einem Zeitpunkt $t > t_0$ greift am Körper eine rücktreibende Kraft $K(t)$ an, welche proportional zur Auslenkung $y(t)$ ist, für die wir also mit einer Konstanten c (Federkonstante) erhalten

$$K(t) = -\,c \cdot y(t).$$

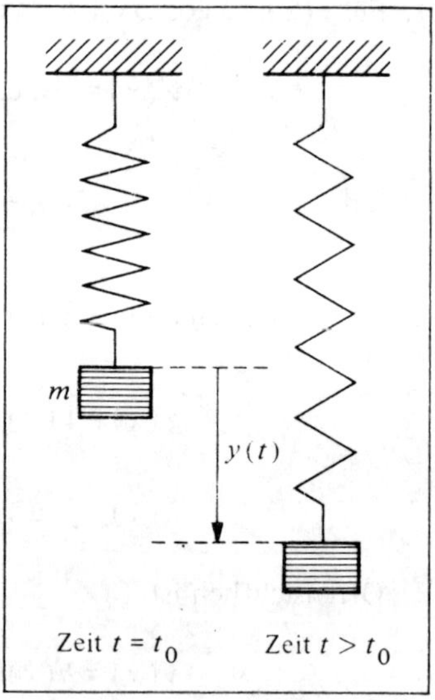

Abb. 5.3.11

Andererseits gilt mit der Beschleunigung $b(t) = y''(t)$ nach dem NEWTONschen Gesetz

$$K(t) = m \cdot b(t) = m \cdot y''(t).$$

Wir erhalten daher durch Gleichsetzen der beiden Formeln für $K(t)$

$$my''(t) = -cy(t)$$

oder, wenn wir $\frac{c}{m} = \omega^2$ setzen,

$$y''(t) + \omega^2 y(t) = 0.$$

Nach Satz 5.3.14 ist die Lösung dieser Differentialgleichung mit Konstanten a und b von der Form

$$y(t) = a \cos \omega t + b \sin \omega t.$$

Die Konstanten a und b können aus den physikalischen Gegebenheiten des Schwingungsvorganges ermittelt werden. Sind z. B. $y(0) = y_0$ und $y'(0) = v_0$ bekannt, so ergeben sich wegen $y'(t) = -a\,\omega \sin \omega t + b\,\omega \cos \omega t$ die Beziehungen $y_0 = a$, $v_0 = b\,\omega$. Also ist in diesem Fall

$$y(t) = y_0 \cos \omega t + \frac{v_0}{\omega} \sin \omega t.$$

Da $\cos x$ und $\sin x$ die Periode 2π haben, ist die Dauer T einer vollen Schwingung gegeben durch $T = \frac{2\pi}{\omega}$. Den Ausdruck $f = \frac{1}{T} = \frac{\omega}{2\pi}$ nennt man Frequenz des Schwingungsvorganges (Anzahl der Schwingungen pro Zeiteinheit).

5.4. Zyklometrische Funktionen

Wir beschäftigen uns jetzt mit dem Problem, Umkehrfunktionen zu den trigonometrischen Funktionen zu bestimmen. Es ist klar, daß diese nicht in ihrem gesamten Definitionsbereich Umkehrfunktionen besitzen können, da sie ja nicht streng monoton sind. Jedoch können nach Beschränkung auf geeignete Intervalle Umkehrfunktionen angegeben werden.

Die Funktion $y = f(x) = \sin x$ ist stetig und streng monoton wachsend im Intervall $\left[-\frac{\pi}{2}, \frac{\pi}{2}\right]$. Also existiert in diesem Intervall die Umkehrfunktion

$$x = f^*(y) = \operatorname{arc\,sin} y \qquad \text{(Arcussinus)}.$$

Die Funktion $f^*(x) = \text{arc}\,\sin x$ ist demnach definiert in $[-1, 1]$, hat den Wertebereich $\left[-\frac{\pi}{2}, \frac{\pi}{2}\right]$ und ist streng monoton wachsend.

Die Funktion $y = f(x) = \cos x$ ist stetig und streng monoton fallend in $[0, \pi]$. Also existiert in diesem Intervall die Umkehrfunktion

$$x = f^*(y) = \text{arc}\,\cos y \qquad \text{(Arcuscosinus).}$$

Die Funktion $f^*(x) = \text{arc}\,\cos x$ ist demnach definiert in $[-1, 1]$, hat den Wertebereich $[0, \pi]$ und ist streng monoton fallend.

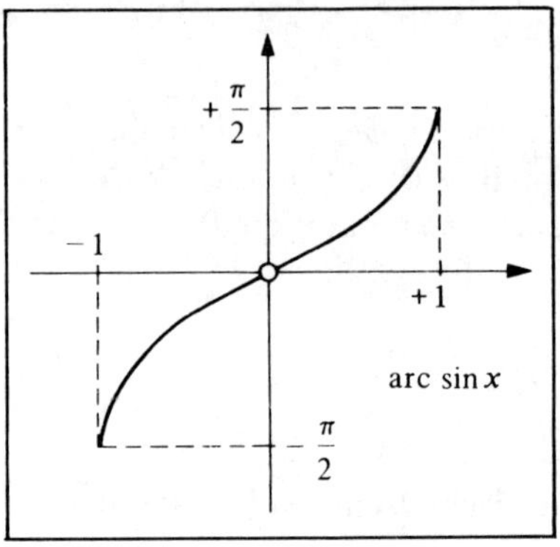

Abb. 5.4.1

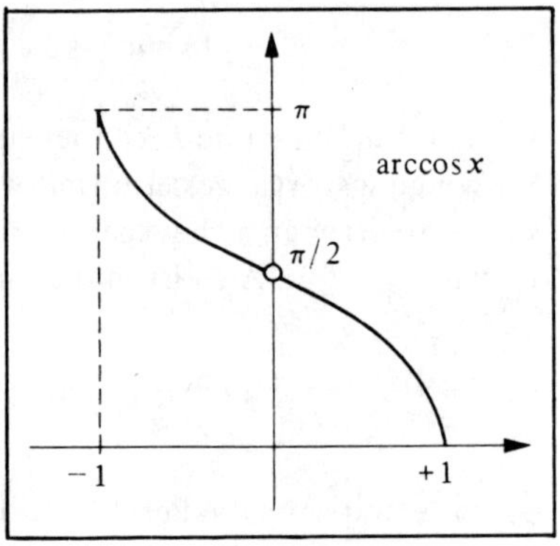

Abb. 5.4.2

Die Funktion $y = f(x) = \tan x$ ist stetig und streng monoton wachsend in $\left(-\frac{\pi}{2}, +\frac{\pi}{2}\right)$. Also existiert in diesem Intervall die Umkehrfunktion

$$x = f^*(y) = \text{arc}\,\tan y \qquad \text{(Arcustangens).}$$

Die Funktion $f^*(x) = \text{arc}\,\tan x$ ist demnach definiert in $(-\infty, \infty)$, hat den Wertebereich $\left(-\frac{\pi}{2}, \frac{\pi}{2}\right)$ und ist streng monoton wachsend.

Die Funktion $y = f(x) = \cot x$ ist stetig und streng monoton fallend in $(0, \pi)$. Also existiert in diesem Intervall die Umkehrfunktion

$$x = f^*(y) = \text{arc}\,\cot y \qquad \text{(Arcuscotangens).}$$

Die Funktion $f^*(x) = \text{arc}\,\cot x$ ist demnach definiert in $(-\infty, \infty)$, hat den Wertebereich $(0, \pi)$ und ist streng monoton fallend.

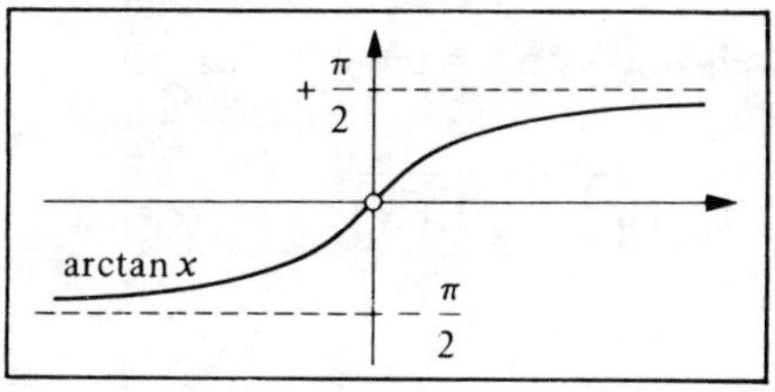

Abb. 5.4.3

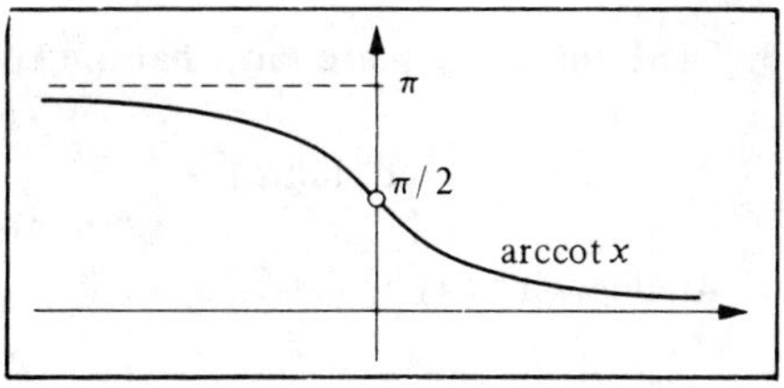

Abb. 5.4.4

Diese vier Funktionen werden zyklometrische Funktionen oder Arcusfunktionen genannt.

Über die Ableitungen der zyklometrischen Funktionen gilt

5.4.1. Satz:

(1) arc sin x ist differenzierbar in $(-1, 1)$; $(\text{arc}\sin x)' = \dfrac{1}{\sqrt{1-x^2}}$,

(2) arc cos x ist differenzierbar in $(-1, 1)$; $(\text{arc}\cos x)' = \dfrac{-1}{\sqrt{1-x^2}}$,

(3) arc tan x ist differenzierbar in $(-\infty, \infty)$; $(\text{arc}\tan x)' = \dfrac{1}{1+x^2}$,

(4) arc cot x ist differenzierbar in $(-\infty, \infty)$; $(\text{arc}\cot x)' = \dfrac{-1}{1+x^2}$.

Beweis: Wir benutzen die Formel für die Ableitung von Umkehrfunktionen. Hat $y = f(x)$ die Umkehrfunktion $x = f^*(y)$, so gilt (siehe Satz 4.2.10)

$$f'(x) = \frac{1}{f^{*\prime}(y)} .$$

1. Die Funktion $y = \text{arc}\sin x$ hat die Umkehrfunktion $x = \sin y$. Für $x \in (-1, 1)$ ist $y = \text{arc}\sin x \in \left(-\frac{\pi}{2}, \frac{\pi}{2}\right)$ und daher $\cos y \in (0, 1)$. Es ergibt sich

$$(\text{arc}\sin x)' = \frac{1}{(\sin y)'} = \frac{1}{\cos y} = \frac{1}{\sqrt{1-\sin^2 y}} = \frac{1}{\sqrt{1-x^2}} .$$

2. Analog wird (2) bewiesen.

3. Die Funktion $y = \text{arc tan}\, x$ hat die Umkehrfunktion $x = \tan y$. Daher gilt

$$(\text{arc tan}\, x)' = \frac{1}{(\tan y)'} = \frac{1}{1 + \tan^2 y} = \frac{1}{1 + x^2}\,.$$

4. Analog wird (4) bewiesen.

5.5. Hyperbolische Funktionen

Wir lernen jetzt neue Funktionen kennen, welche Linearkombinationen der Funktionen e^x und e^{-x} sind. Diese sog. Hyperbelfunktionen spielen in den Anwendungen eine wichtige Rolle.

5.5.1. Definition: Wir führen folgende Bezeichnungen ein:

(1) $\sinh x = \frac{1}{2}(e^x - e^{-x}), \quad x \in (-\infty, \infty);$ (Sinushyperbolicus),

(2) $\cosh x = \frac{1}{2}(e^x + e^{-x}), \quad x \in (-\infty, \infty);$ (Cosinushyperbolicus),

(3) $\tanh x = \frac{\sinh x}{\cosh x}, \quad x \in (-\infty, \infty);$ (Tangenshyperbolicus),

(4) $\coth x = \frac{\cosh x}{\sinh x}, \quad x \neq 0;$ (Cotangenshyperbolicus).

5.5.2. Bemerkung: Diese Funktionen werden Hyperbelfunktionen genannt, weil sie in ähnlicher Beziehung zu einer Hyperbel stehen wie die trigonometrischen Funktionen zum Kreis. Die Bezeichnungen Sinushyperbolicus usw. bringen gewisse Analogien zu den Funktionen Sinus usw. zum Ausdruck. Für die Schaubilder der Hyperbelfunktionen siehe Abb. 5.5.1–5.5.4.

Speziell erhalten wir zum Beispiel:

$$\sinh(0) = 0, \quad \cosh(0) = 1, \quad \tanh(0) = 0,$$

$$\lim_{x \to \infty} \tanh x = \lim_{x \to \infty} \frac{e^x - e^{-x}}{e^x + e^{-x}} = \lim_{x \to \infty} \frac{1 - e^{-2x}}{1 + e^{-2x}} = 1.$$

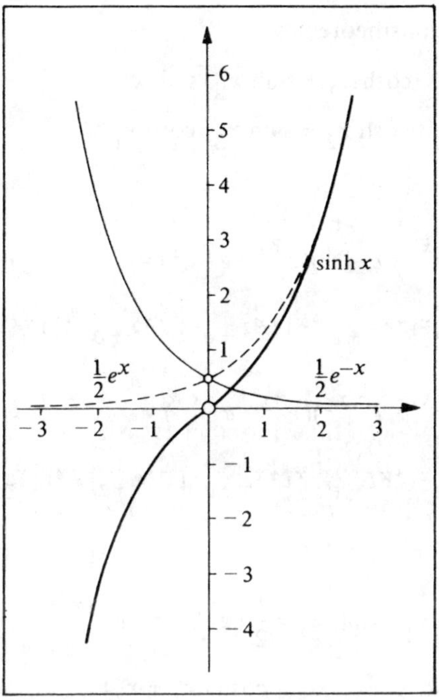

Abb. 5.5.1

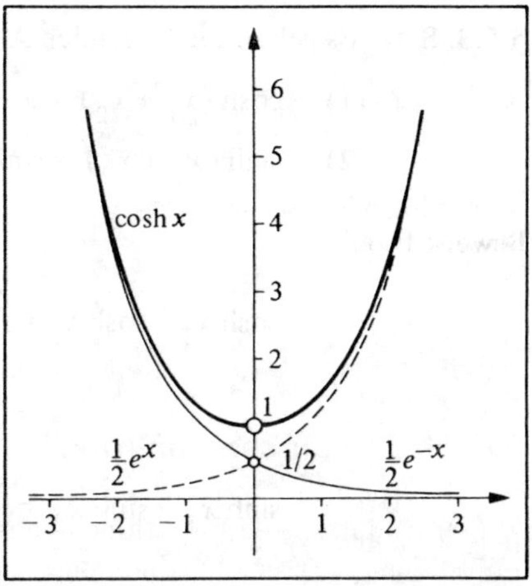

Abb. 5.5.2

Abb. 5.5.3

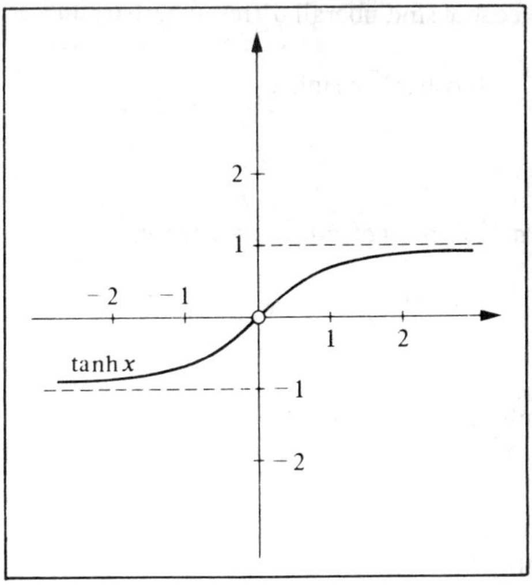

Abb. 5.5.4

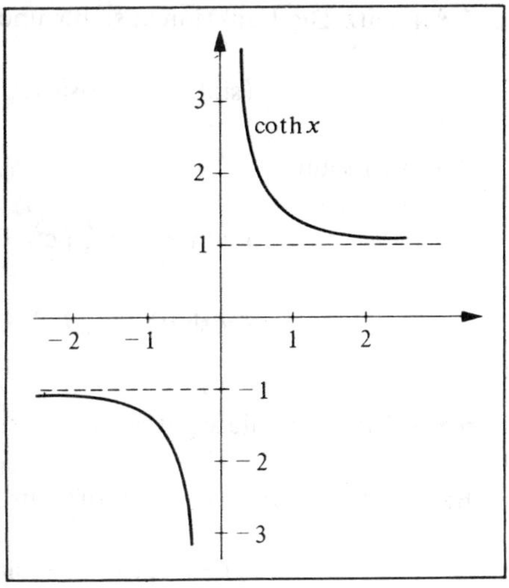

5.5.3. Satz: Es gelten die folgenden Additionstheoreme:

(1) $\cosh(x_1 + x_2) = \cosh x_1 \cdot \cosh x_2 + \sinh x_1 \cdot \sinh x_2$,

(2) $\sinh(x_1 + x_2) = \sinh x_1 \cdot \cosh x_2 + \sinh x_2 \cdot \cosh x_1$.

Beweis: Es gilt

$$\cosh x_1 \cdot \cosh x_2 = \frac{1}{4}(e^{x_1} + e^{-x_1})(e^{x_2} + e^{-x_2}) =$$
$$= \frac{1}{4}(e^{x_1+x_2} + e^{-x_1+x_2} + e^{x_1-x_2} + e^{-(x_1+x_2)}),$$
$$\sinh x_1 \cdot \sinh x_2 = \frac{1}{4}(e^{x_1} - e^{-x_1})(e^{x_2} - e^{-x_2}) =$$
$$= \frac{1}{4}(e^{x_1+x_2} - e^{-x_1+x_2} - e^{x_1-x_2} + e^{-(x_1+x_2)}).$$

Die Addition dieser Ausdrücke ergibt

$$\cosh x_1 \cdot \cosh x_2 + \sinh x_1 \cdot \sinh x_2 = \frac{1}{2}(e^{x_1+x_2} + e^{-(x_1+x_2)}) =$$
$$= \cosh(x_1 + x_2).$$

Damit ist (1) bewiesen; der Beweis von (2) erfolgt analog.

5.5.4. Satz: Die Funktionen $\sinh x$ und $\cosh x$ sind überall differenzierbar, und es gilt

$$(\sinh x)' = \cosh x; \qquad (\cosh x)' = \sinh x.$$

Beweis: Es gilt

$$(\sinh x)' = \frac{1}{2}(e^x - e^{-x})' = \frac{1}{2}(e^x + e^{-x}) = \cosh x,$$
$$(\cosh x)' = \frac{1}{2}(e^x + e^{-x})' = \frac{1}{2}(e^x - e^{-x}) = \sinh x.$$

5.5.5. Satz: Für alle x gilt $\cosh^2 x - \sinh^2 x = 1$.

Beweis: Wir betrachten die Funktion

$$\varphi(x) = \cosh^2 x - \sinh^2 x$$

und beweisen, daß φ eine Konstante ist, indem wir zeigen, daß $\varphi'(x) = 0$ ist. Es gilt für alle x

$$\varphi'(x) = 2 \cosh x \cdot \sinh x - 2 \sinh x \cdot \cosh x = 0.$$

Also ist φ eine Konstante, und es gilt $\varphi(x) = \varphi(0) = 1$ für alle x.

5.5.6. Satz:

(1) $\tanh x$ ist differenzierbar in $(-\infty, \infty)$, und es gilt

$$(\tanh x)' = \frac{1}{\cosh^2 x} = 1 - \tanh^2 x;$$

(2) $\coth x$ ist differenzierbar für $x \neq 0$, und es gilt

$$(\coth x)' = -\frac{1}{\sinh^2 x} = 1 - \coth^2 x.$$

Beweis: Es gilt:

$$(\tanh x)' = \left(\frac{\sinh x}{\cosh x}\right)' = \frac{\cosh^2 x - \sinh^2 x}{\cosh^2 x} = \frac{1}{\cosh^2 x} = 1 - \tanh^2 x;$$

$$(\coth x)' = \left(\frac{\cosh x}{\sinh x}\right)' = \frac{\sinh^2 x - \cosh^2 x}{\sinh^2 x} = \frac{-1}{\sinh^2 x} = 1 - \coth^2 x.$$

Wir geben abschließend zwei motivierende Beispiele für das Auftreten von Hyperbelfunktionen an.

Abb. 5.5.5

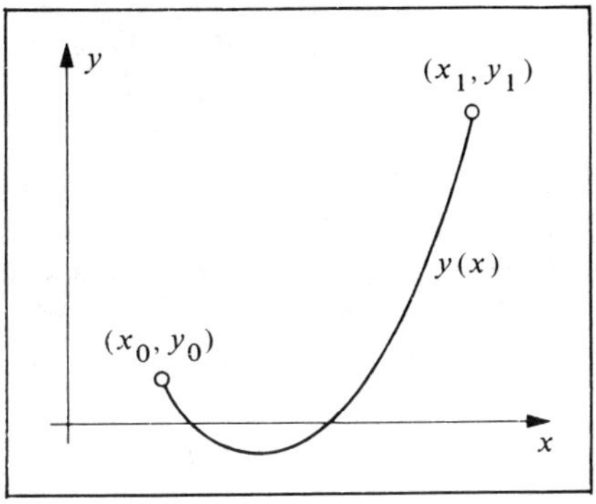

5.5.7. Beispiel: Zwischen zwei Punkten (x_0, y_0) und (x_1, y_1) sei ein Seil der Länge L aufgehängt. Gesucht ist die Gleichung der Kurve, welche das Seil beschreibt. Man kann zeigen, daß die gesuchte Kurve durch eine Funktion $y(x)$ beschrieben wird, welche der Differentialgleichung

$$a \cdot y''(x) = \sqrt{1 + y'^2(x)}$$

genügt. Dabei ist a eine Materialkonstante, die nur von der Beschaffenheit des Seiles abhängt. Die Lösung dieser Differentialgleichung ist die Funktion

$$y(x) = a \cdot \cosh \frac{x - c_1}{a} + c_2 .$$

Dabei sind c_1, c_2 Konstanten, welche durch die Länge des Seiles und die sog. Randbedingungen $y(x_0) = y_0$, $y(x_1) = y_1$ festgelegt sind.

5.5.8. Beispiel: Wenn ein Körper in einer Flüssigkeit oder in einem Gas unter dem Einfluß der Erdbeschleunigung fällt, so ist der nach der Zeit t zurückgelegte Weg $s(t)$ gegeben durch die Formel

$$s(t) = \frac{c^2}{g} \ln \left\{\cosh \frac{g}{c} t\right\} .$$

Dabei ist c eine Konstante, die sowohl vom betrachteten Körper, als auch von der vom Gas bzw. von der Flüssigkeit bedingten Reibung abhängig ist. Für die Geschwindigkeit des Körpers im Zeitpunkt t gilt

$$v(t) = \frac{d}{dt} s(t) = \frac{c^2}{g} \cdot \frac{\sinh \frac{g}{c} t}{\cosh \frac{g}{c} t} \cdot \frac{g}{c} =$$

$$= c \cdot \tanh \frac{g}{c} t .$$

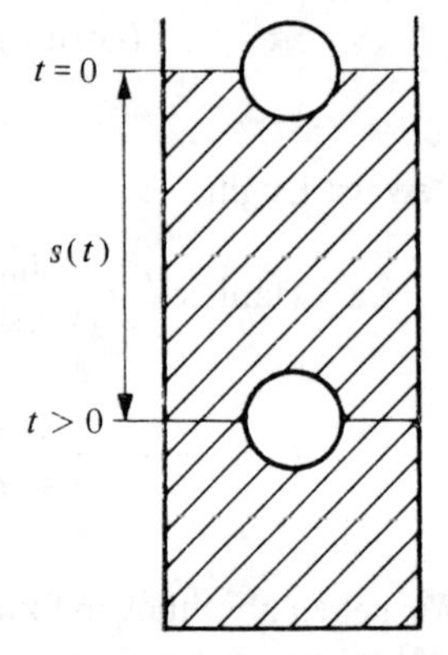

Abb. 5.5.6

Für $t \to \infty$ ergibt sich $\tanh \frac{g}{c} t \to 1$, und es folgt

$$v_\infty = \lim_{t \to \infty} v(t) = c \cdot \lim_{t \to \infty} \tanh \frac{g}{c} t = c.$$

Für große Werte von t kann man davon ausgehen, daß $v(t)$ praktisch gleich v_∞ ist, die Geschwindigkeit des Körpers also annähernd gleich c ist.
Mit diesem Prinzip ist es in der Praxis möglich, Viskositäten zu messen (HÖPPLERsches Viskosimeter).
Es ist interessant, die Grenzwerte

$$\lim_{c \to \infty} s(t) \qquad \text{bzw.} \qquad \lim_{c \to \infty} v(t)$$

zu ermitteln. Dazu setzen wir zur Abkürzung $x = \frac{g}{c}$, so daß wir

$$s(t) = g \cdot \frac{c^2}{g^2} \ln \left\{\cosh \frac{g}{c} t\right\} = g \cdot \frac{\ln \{\cosh xt\}}{x^2},$$

$$v(t) = g \cdot \frac{c}{g} \cdot \tanh \frac{g}{c} t = g \cdot \frac{\tanh xt}{x}$$

erhalten und untersuchen die entsprechenden Grenzwerte für $x \to 0$. Durch Anwendung der Regeln von DE L'HOSPITAL folgt

$$\lim_{x \to 0} s(t) = g \cdot \lim_{x \to 0} \frac{\ln \{\cosh xt\}}{x^2} = g \cdot \lim_{x \to 0} \frac{t \cdot \sinh xt}{2x \cdot \cosh xt} =$$

$$= \frac{gt}{2} \cdot \frac{1}{\cosh 0} \cdot \lim_{x \to 0} \frac{\sinh xt}{x} = \frac{gt}{2} \cdot \lim_{x \to 0} \frac{t \cosh xt}{1} = \frac{gt^2}{2}$$

sowie

$$\lim_{x \to 0} v(t) = g \cdot \lim_{x \to 0} \frac{\tanh xt}{x} = g \cdot \lim_{x \to 0} \frac{(1 - \tanh^2 xt) \cdot t}{1} = gt.$$

Für $x \to 0$, also für $c \to \infty$, ergeben sich diejenigen Beziehungen für $s(t)$ und $v(t)$, welche uns vom freien, reibungslosen Fall bekannt sind.

Zum Schluß stellen wir in einer Tabelle (siehe Seite 222) noch einmal die Ableitungen der elementaren Funktionen zusammen.

5.6. Übungsaufgaben

5.1 Für die folgenden Funktionen gebe man jeweils den maximalen Definitionsbereich an und bestimme ihre Ableitungen:

$f_1(x) = \cot x + \frac{\tan x}{x}$, $\quad f_2(x) = \frac{1}{2} \tan^2 x + \ln(\cos x)$,

$f_3(x) = (\cos x)^{\cos x}$, $\quad f_4(x) = \frac{1}{x} \sinh x - \tanh x$,

$f_5(x) = e^x \tanh x + e^{\coth x}$, $\quad f_6(x) = \ln(\operatorname{arc} \sin(x^2))$,

$f_7(x) = \frac{\sinh x}{x^2} - \tanh^2 x + x^2 \cosh x$, $\quad f_8(x) = \operatorname{arc} \cot \frac{1}{1+x}$,

$f_9(x) = \sin(\cos x^2 + \tan 3x)$, $\quad f_{10}(x) = (x^2 - 1) \cdot \left(\cot x^2 + \frac{\tan x}{1+x^2}\right)$,

$f_{11}(x) = \operatorname{arc} \cos \frac{1 + 2\cos x}{2 + \cos x}$, $\quad f_{12}(x) = \frac{x^3}{3} - a^2 x - a^3 \operatorname{arc} \cot \frac{x}{a}$.

5.2 Man berechne folgende Grenzwerte:

a) $\lim\limits_{x \to 1} \arcsin(x-1) \cdot \cot(x-1)$, b) $\lim\limits_{x \to 0} \dfrac{\sin \alpha x + \cos \alpha x - 1}{\sin \beta x + \cos \beta x - 1}$ $(\alpha, \beta \in \mathbb{R})$,

c) $\lim\limits_{x \to 0} \dfrac{2\cosh x - x^2 - 2}{\cos 2x + 2x^2 - 1}$, d) $\lim\limits_{x \to 0} \dfrac{2 \arctan x - \arcsin^2 x}{\sinh x + \cosh x - 1}$,

e) $\lim\limits_{x \to 0} (\cos 2x)^{\frac{1}{x^2}}$, f) $\lim\limits_{x \to 1} x^{\frac{2}{\sin(x-1)}}$,

g) $\lim\limits_{x \to 1} \dfrac{1 + \cos \pi x}{x^2 - 2x + 1}$, h) $\lim\limits_{x \to 0} \dfrac{\ln(\cos 3x)}{\ln(\cos 2x)}$.

5.3 Man beweise, daß für $x \approx 0$ folgende Beziehungen bestehen (vgl. Definition 4.6.11):

a) $\sin x \approx x$, b) $\cos x - 1 \approx -\dfrac{x^2}{2}$, c) $\sin x - x \approx -\dfrac{x^3}{3!}$,

d) $\tan x \approx x$, e) $\tan x - x \approx \dfrac{x^3}{3}$, f) $\cot x \approx \dfrac{1}{x}$.

5.4 Für $\alpha \in \mathbb{R}$, $\alpha \geqslant 0$ sei die Funktion f_α gegeben durch

$$f_\alpha(x) = \begin{cases} x^\alpha \sin \dfrac{1}{x} & \text{falls } x \neq 0 \\ 0 & \text{falls } x = 0 \end{cases}.$$

Für welche α ist die Funktion f_α

a) stetig an $x = 0$?, b) differenzierbar an $x = 0$?, c) stetig differenzierbar an $x = 0$?

5.5 Kann man die Konstanten a_1, a_2, a_3; b_1, b_2, b_3 so bestimmen, daß gilt:

$$\frac{d}{dx}\{(a_1 x^2 + a_2 x + a_3) \sinh x + (b_1 x^2 + b_2 x + b_3) \cosh x\} = x^2 \sinh x - \cosh x?$$

5.6 Man beweise die folgenden Additionstheoreme für die Funktionen $\tan x$, $\cot x$:

$$\tan(x+y) = \frac{\tan x + \tan y}{1 - \tan x \tan y}, \qquad \cot(x+y) = \frac{\cot x \cot y - 1}{\cot x + \cot y}.$$

5.7 Man beweise die folgenden Additionstheoreme für die Funktionen $\tanh x$, $\coth x$:

$$\tanh(x+y) = \frac{\tanh x + \tanh y}{1 + \tanh x \tanh y}, \qquad \coth(x+y) = \frac{\coth x \coth y + 1}{\coth x + \coth y}.$$

5.8 Für $n \in \mathbb{N}$ heißen die Funktionen

$$T_n(x) = \cos(n \arccos x), \qquad D(T_n) = [-1, 1]$$

TSCHEBYSCHEFF-Polynome.

a) Man zeige, daß die Funktionen T_n der Rekursionsformel

$$T_{n+1}(x) + T_{n-1}(x) = 2x\, T_n(x)$$

genügen.

b) Man zeige, daß die Funktionen T_n Polynome vom Grad n sind.

c) Man berechne die Nullstellen von T_n.

d) Man zeige, daß die Funktionen T_n in $(-1, 1)$ der TSCHEBYSCHEFFschen Differentialgleichung

$$(1 - x^2)\, y''(x) - x y'(x) + n^2 y(x) = 0$$

genügen.

5.9 Bei der Untersuchung paramagnetischer Substanzen spielt die sog. LANGEVINsche Funktion

$$L(x) = \begin{cases} \coth x - \dfrac{1}{x} & \text{falls } x \neq 0 \\ 0 & \text{falls } x = 0 \end{cases}$$

eine Rolle.

a) Man untersuche, ob L an $x = 0$ stetig ist.

b) Man bestimme $\lim\limits_{x \to \infty} L(x)$ und $\lim\limits_{x \to -\infty} L(x)$.

c) Man zeichne ein Schaubild von $L(x)$.

5.10 Gegeben sei die Funktion $y = f(x) = \sinh x,\ x \in (-\infty, \infty)$.

a) Man zeige, daß die Umkehrfunktion $x = f^*(y)$ existiert.

b) Man zeige, daß diese Umkehrfunktion durch

$$f^*(y) = \ln(y + \sqrt{y^2 + 1}), \qquad y \in (-\infty, \infty)$$

gegeben ist.

5.11 Man beweise, daß für alle $x > -1$ gilt

$$\arctan x + \arctan \frac{1 - x}{1 + x} = \frac{\pi}{4}.$$

Anleitung: Eine differenzierbare Funktion f ist in $[a, b]$ genau dann konstant, wenn für alle $x \in (a, b)$ gilt $f'(x) = 0$.

5.12 Man zeige

a) Für $x > 1$ gilt: $\quad 2 \arctan x + \arcsin \dfrac{2x}{1 + x^2} = \pi,$

b) Für $|x| < 1$ gilt: $\quad 2 \arctan x = \arcsin \dfrac{2x}{1 + x^2}.$

c) Für $x < -1$ gilt: $2 \arctan x + \arcsin \frac{2x}{1+x^2} = -\pi.$

d) Für $x > 0$ gilt: $\arctan x + \arctan \frac{1}{x} = \frac{\pi}{2}.$

e) Für $x < 0$ gilt: $\arctan x + \arctan \frac{1}{x} = -\frac{\pi}{2}.$

f) Für $|x| < 1$ gilt: $\arctan \sqrt{\frac{1-x}{1+x}} + \frac{1}{2} \arcsin x = \frac{\pi}{4}.$

5.13 Wird ein Ball mit der Abwurfgeschwindigkeit v_0 unter einem Winkel α gegen die Horizontale geworfen, so ist die Höhe des Balles im Punkt x gegeben durch

$$y(x) = x \cdot \tan \alpha - \frac{g}{2} x^2 \cdot \frac{1}{v_0^2 \cdot \cos^2 \alpha}.$$

a) Man bestimme (in Abhängigkeit von α) die Wurfweite $x_w(\alpha)$ und die Wurfhöhe $y_w(\alpha)$.

b) Man bestimme denjenigen Abwurfwinkel α, für welchen $x_w(\alpha)$ maximal wird.

5.14 Man zeige: Ist $a \neq 0$ und sind c_1, c_2 beliebige Konstanten, so ist die Funktion

$$y(x) = a \cdot \cosh \frac{x - c_1}{a} + c_2$$

Lösung der Differentialgleichung

$$a y''(x) = \sqrt{1 + \{y'(x)\}^2}.$$

5.15 Der zeitliche Konzentrationsverlauf $c(t)$ von N_2O_5 in der Reaktion

$$2\,N_2O_5 \rightarrow 4\,NO_2 + O_2$$

genügt mit einer positiven Konstanten k der Differentialgleichung

$$c'(t) = -k \cdot c(t).$$

Man bestimme (unter Benutzung von Satz 5.2.1) die Funktion $c(t)$.

5.16 In einer Tierpopulation sei zur Zeit $t = 0$ eine Anzahl von $N(0) = N_0$ Individuen vorhanden. Für die Anzahl $N(t)$ zum Zeitpunkt $t > 0$ gelte mit einer Konstanten $\gamma > 0$ $\frac{1}{N} \frac{dN}{dt} = \gamma$. Man bestimme aus diesen Angaben die Funktion $N(t)$. Nach welcher Zeitspanne verdoppelt sich die Population jeweils?

5.17 Die Temperatur eines Körpers zur Zeit $t = 0$ sei $T(0) = T_0 > 0$. Die ihn umgebende Luft habe die Temperatur 0 °C. Die Funktion $T(t)$, welche den zeitlichen Temperaturverlauf des Körpers beschreibt, genügt der Beziehung $T'(t) = -\alpha T(t)$. Hier bedeutet α eine positive Konstante, die die Masse des Körpers, seine Oberfläche sowie dessen spezifische Wärme berücksichtigt. Man bestimme die Funktion $T(t)$ sowie $\lim_{t \to \infty} T(t)$.

5.18 Man zeige, daß die allgemeine Lösung der Differentialgleichung $y''(x) + \omega^2 y(x) = 0$ mit Konstanten A und B in der Form

$$y(x) = A \sin(\omega t + B)$$

geschrieben werden kann.

5.19 Für folgende Funktionen bestimme man alle partiellen Ableitungen erster Ordnung:

a) $f(x,y) = \sin(x-y) + \cos(x+y)$, b) $f(x,y,z) = xyz \sin xyz$,

c) $f(x,y) = \tan(x^2 + xy + y^2)$, d) $f(x,y,z) = x \cdot \cos \dfrac{y}{x+z}$.

5.20 Man untersuche, ob folgende Funktionen harmonische Funktionen sind (also der partiellen Differentialgleichung $\Delta f = f_{xx} + f_{yy} = 0$ genügen):

a) $f(x,y) = e^x \cos y + e^x \sin y$, b) $f(x,y) = e^{\alpha x} \cos \alpha y$ (α eine Konstante),

c) $f(x,y) = xy \sin(x+2y)$, d) $f(x,y) = \arctan \dfrac{y}{x}$.

5.21 Es sei α eine Konstante. Man zeige, daß die Funktion $f(r,\varphi) = r^\alpha \cos \alpha\varphi$ für $r > 0$ der partiellen Differentialgleichung

$$f_{rr} + \frac{1}{r} f_r + \frac{1}{r^2} f_{\varphi\varphi} = 0$$

genügt.

5.22 Bei der Funktion $f(x,y)$ werden die Variablen x, y durch Polarkoordinaten $x = r \cos \varphi$, $y = r \sin \varphi$ ersetzt; dadurch entsteht eine Funktion $g(r,\varphi) = f(r\cos\varphi, r\sin\varphi)$. Man beweise

$$f_{xx} + f_{yy} = g_{rr} + \frac{1}{r} g_r + \frac{1}{r^2} g_{\varphi\varphi}.$$

5.23 Bei der Funktion $f(x,y,z)$ werden die Variablen x, y, z durch Zylinderkoordinaten $x = r\cos\varphi$, $y = r\sin\varphi$, $z = z$ ersetzt; dadurch entsteht eine Funktion $g(r,\varphi,z) = f(r\cos\varphi, r\sin\varphi, z)$. Man beweise

$$f_{xx} + f_{yy} + f_{zz} = \frac{1}{r} \cdot \frac{\partial}{\partial r}\left(r \frac{\partial g}{\partial r}\right) + \frac{1}{r^2} \frac{\partial^2 g}{\partial \varphi^2} + \frac{\partial^2 g}{\partial z^2}.$$

5.24 Bei der Funktion $f(x,y,z)$ werden die Variablen x, y, z durch sphärische Polarkoordinaten $x = r \sin\vartheta \cos\varphi$, $y = r\sin\vartheta \sin\varphi$, $z = r\cos\vartheta$ ersetzt; dadurch entsteht eine Funktion

$$g(r,\varphi,\vartheta) = f(r\sin\vartheta\cos\varphi, r\sin\vartheta\sin\varphi, r\cos\vartheta).$$

Man beweise

$$f_{xx} + f_{yy} + f_{zz} = \frac{1}{r^2} \cdot \frac{\partial}{\partial r}\left(r^2 \frac{\partial g}{\partial r}\right) + \frac{1}{r^2 \sin\vartheta} \cdot \frac{\partial}{\partial \vartheta}\left(\sin\vartheta \frac{\partial g}{\partial \vartheta}\right) + \frac{1}{r^2 \sin^2\vartheta} \cdot \frac{\partial^2 g}{\partial \varphi^2}.$$

	$f(x)$	$f'(x)$	Differenzierbarkeitsbereich
Potenzen	1	0	$(-\infty, +\infty)$
	$x^n,\ n \in \mathbb{N}$	nx^{n-1}	$(-\infty, +\infty)$
	$x^\alpha,\ \alpha \in \mathbb{R}$	$\alpha x^{\alpha-1}$	$(0, \infty)$
Exponentialfunktionen	e^x	e^x	$(-\infty, +\infty)$
	$a^x,\ a > 0$	$a^x \cdot \ln a$	$(-\infty, +\infty)$
Logarithmen	$\ln x$	$\frac{1}{x}$	$(0, \infty)$
	$\log_b x,\ b > 1$	$\frac{1}{x} \cdot \log_b e$	$(0, \infty)$
Trigonometrische Funktionen	$\sin x$	$\cos x$	$(-\infty, +\infty)$
	$\cos x$	$-\sin x$	$(-\infty, +\infty)$
	$\tan x$	$\frac{1}{\cos^2 x} = 1 + \tan^2 x$	$x \neq k\pi + \frac{\pi}{2},\ k \in \mathbb{Z}$
	$\cot x$	$-\frac{1}{\sin^2 x} = -1 - \cot^2 x$	$x \neq k\pi,\ k \in \mathbb{Z}$
Zyklometrische Funktionen	$\arcsin x$	$\frac{1}{\sqrt{1-x^2}}$	$(-1, +1)$
	$\arccos x$	$-\frac{1}{\sqrt{1-x^2}}$	$(-1, +1)$
	$\arctan x$	$\frac{1}{1+x^2}$	$(-\infty, +\infty)$
	$\text{arccot}\, x$	$-\frac{1}{1+x^2}$	$(-\infty, +\infty)$
Hyperbolische Funktionen	$\sinh x$	$\cosh x$	$(-\infty, +\infty)$
	$\cosh x$	$\sinh x$	$(-\infty, +\infty)$
	$\tanh x$	$\frac{1}{\cosh^2 x} = 1 - \tanh^2 x$	$(-\infty, +\infty)$
	$\coth x$	$-\frac{1}{\sinh^2 x} = 1 - \coth^2 x$	$x \neq 0$

6. INTEGRALRECHNUNG

6.1. Der Begriff des bestimmten Integrals

6.1.1. Motivierung: Fläche unter einer Kurve

In einem Intervall $[a, b]$ sei eine Funktion f mit $f(x) > 0$ gegeben. Wir untersuchen das Problem, den Inhalt derjenigen Fläche zu bestimmen, welche im Intervall $[a, b]$ zwischen der x-Achse und der Kurve liegt.

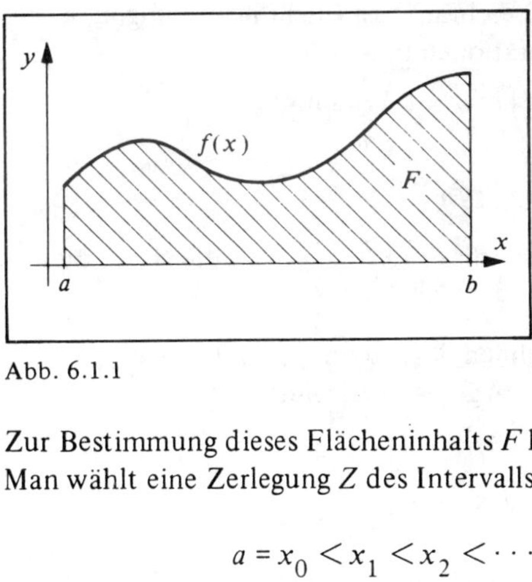

Abb. 6.1.1

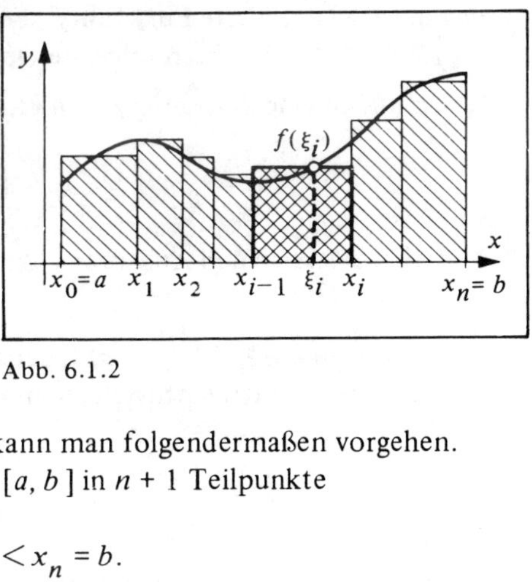

Abb. 6.1.2

Zur Bestimmung dieses Flächeninhalts F kann man folgendermaßen vorgehen. Man wählt eine Zerlegung Z des Intervalls $[a, b]$ in $n + 1$ Teilpunkte

$$a = x_0 < x_1 < x_2 < \cdots < x_n = b.$$

Für einen geeignet erscheinenden Zwischenwert $\xi_i \in [x_{i-1}, x_i]$ bildet man

$$f(\xi_i) \cdot (x_i - x_{i-1}) \qquad (i = 1, \cdots, n).$$

Dieser Ausdruck ist der Flächeninhalt des Rechteckes mit der Grundseite

$x_i - x_{i-1}$ und der Höhe $f(\xi_i)$. Er ist als Näherung für die Fläche, welche im Intervall $[x_{i-1}, x_i]$ zwischen der x-Achse und der Kurve liegt, anzusehen. Summiert man über alle diese Rechtecke im Intervall $[a, b]$, so wird die Summe

$$S_Z = \sum_{i=1}^{n} f(\xi_i) \cdot (x_i - x_{i-1})$$

eine Näherung für den gesuchten Flächeninhalt F sein. Man erwartet natürlich, daß die Annäherung von S_Z an F umso besser sein wird, je feiner die Unterteilung des Intervalls $[a, b]$, d. h. je kleiner der Ausdruck

$$\|Z\| = \max_{1 \leq i \leq n} (x_i - x_{i-1})$$

ist und daß für $\|Z\| \to 0$ die Summe S_Z gegen F strebt.

6.1.2. Das bestimmte Integral

Unser Ziel ist jetzt die exakte Definition des bestimmten Integrals. Gegeben sei eine in $[a, b]$ definierte Funktion f, die beschränkt ist (nicht notwendig muß $f(x) > 0$ sein). Wir führen folgende Operationen aus.

1. Wir bilden eine Zerlegung Z von $[a, b]$ in $n + 1$ Teilpunkte

   $$a = x_0 < x_1 < x_2 < \cdots < x_n = b$$

   und bezeichnen den Ausdruck $\|Z\| = \max_{1 \leq i \leq n} (x_i - x_{i-1})$ als die Norm dieser Zerlegung.

2. Wir wählen ein $\xi_i \in [x_{i-1}, x_i]$, berechnen $f(\xi_i)$ sowie $f(\xi_i) \cdot (x_i - x_{i-1})$ und bilden die RIEMANNsche Summe bzgl. der Zerlegung Z

   $$S_Z = \sum_{i=1}^{n} f(\xi_i) \cdot (x_i - x_{i-1}).$$

3. Wir gehen zu immer feineren Zerlegungen über, d. h. wir lassen $\|Z\| \to 0$ gehen.

6.1.1. Definition: Gegeben sei eine in $[a, b]$ beschränkte Funktion f. Streben die RIEMANNschen Summen S_Z für alle Zerlegungen Z von $[a, b]$ mit $\|Z\| \to 0$ und jede Wahl der Zwischenstellen ξ_i einem gemeinsamen Grenzwert S zu, so heißt f integrierbar in $[a, b]$. Diese Zahl S heißt bestimmtes Integral über f im Intervall $[a, b]$. Wir schreiben auch

$$S = \lim_{\|Z\| \to 0} S_Z = \lim_{\|Z\| \to 0} \sum_{i=1}^{n} f(\xi_i) \cdot (x_i - x_{i-1}) = \int_{x=a}^{x=b} f(x)\,\mathrm{d}x = \int_a^b f(x)\,\mathrm{d}x.$$

6.1.2. Bemerkung: Das Integral $\int_a^b f(x)\,\mathrm{d}x$ ist eine reelle Zahl (keine Funktion!).

Selbstverständlich ist die Bezeichnung der Integrationsvariablen ohne Bedeutung

$$\int_a^b f(x)\,\mathrm{d}x = \int_a^b f(t)\,\mathrm{d}t = \int_a^b f(s)\,\mathrm{d}s = \cdots \quad .$$

6.1.3. Bemerkung: Die Berechnung bestimmter Integrale durch ihre Definition über die RIEMANNschen Summen ist ein äußerst komplizierter Prozeß und für die Praxis vollkommen ungeeignet. Es muß daher unser Ziel sein, einfachere Integrationsmethoden zu finden.

6.1.4. Bemerkung: Für jede Zerlegung Z von $[a, b]$ gilt

$$\sum_{i=1}^{n} (x_i - x_{i-1}) = (x_1 - x_0) + (x_2 - x_1) + (x_3 - x_2) + \cdots + (x_n - x_{n-1}) =$$
$$= x_n - x_0 = b - a.$$

6.1.5. Beispiel: Es sei c eine Konstante. Dann ist die Funktion $f(x) = c$ integrierbar in $[a, b]$, und es gilt

$$\int_a^b c\,\mathrm{d}x = c \cdot (b - a).$$

Für jede Zerlegung von $[a, b]$ und jede Wahl der Zwischenstellen ξ_i gilt nämlich

$$S_Z = \sum_{i=1}^{n} f(\xi_i) \cdot (x_i - x_{i-1}) = c \cdot \sum_{i=1}^{n} (x_i - x_{i-1}) = c \cdot (b - a).$$

6.1.6. Beispiel: Wir betrachten die Funktion

$$f(x) = \begin{cases} 1 & \text{falls } x \text{ rational} \\ 0 & \text{falls } x \text{ irrational} \end{cases} \quad , \quad D(f) = [a, b].$$

Für eine beliebige Zerlegung Z des Intervalls $[a, b]$ bilden wir

$$S_Z = \sum_{i=1}^{n} f(\xi_i) \cdot (x_i - x_{i-1}) \quad \text{mit} \quad \xi_i \in [x_{i-1}, x_i].$$

1. Wird ξ_i rational gewählt, so folgt $S_Z = 1 \cdot \sum_{i=1}^{n} (x_i - x_{i-1}) = b - a$,

2. wird ξ_i irrational gewählt, so folgt $S_Z = 0 \cdot \sum_{i=1}^{n} (x_i - x_{i-1}) = 0$.

Also kann f in $[a, b]$ nicht integrierbar sein.

Aus diesen beiden Beispielen ergibt sich die Frage nach Klassen von Funktionen, welche in einem Intervall $[a, b]$ integrierbar sind. Hierüber gilt der folgende Satz, auf dessen Beweis wir nicht eingehen können (siehe z. B. ENDL-LUH: Analysis I, S. 167).

6.1.7. Satz:

(1) Ist f in $[a, b]$ monoton und beschränkt, so ist f in $[a, b]$ integrierbar.

(2) Ist f in $[a, b]$ stetig, so ist f in $[a, b]$ integrierbar.

6.1.8. Bemerkung: Die Bedingungen dieses Satzes sind hinreichend, aber nicht notwendig. In jedem Intervall $[a, b]$ gibt es integrierbare Funktionen, die weder stetig noch monoton sind.

6.1.9. Bemerkung: Ist bekannt, daß die Funktion f in $[a, b]$ integrierbar ist, so gilt für alle Zerlegungen Z von $[a, b]$ mit $\|Z\| \to 0$ und jede Wahl der Zwischenstellen ξ_i

$$\lim_{\|Z\| \to 0} S_Z = \int_a^b f(x)\,dx .$$

6.1.10. Beispiel: Die Funktion $f(x) = x$ ist nach Satz 6.1.7 integrierbar in $[0, 1]$. Es soll $\int_0^1 x \, dx$ berechnet werden. Wir betrachten dazu für $n \in \mathbb{N}$ folgende Zerlegungen Z von $[0, 1]$:

$$x_0 = 0, \quad x_1 = \frac{1}{n}, \quad x_2 = \frac{2}{n}, \cdots, \quad x_i = \frac{i}{n}, \cdots, \quad x_n = \frac{n}{n} = 1.$$

Es gilt

$$x_i - x_{i-1} = \frac{i}{n} - \frac{i-1}{n} = \frac{1}{n}$$

und damit $\|Z\| = \frac{1}{n} \longrightarrow 0$. Als Zwischenstelle ξ_i im Intervall $[x_{i-1}, x_i]$ wählen wir

$$\xi_i = x_i = \frac{i}{n}.$$

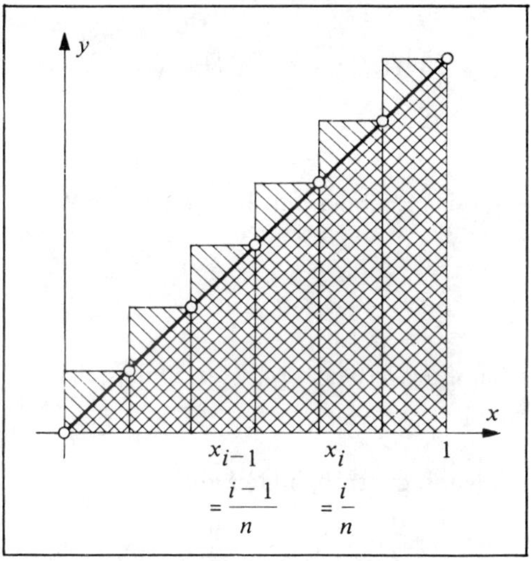

Abb. 6.1.3

Damit erhalten wir für $n \longrightarrow \infty$

$$S_Z = \sum_{i=1}^{n} f(\xi_i) \cdot (x_i - x_{i-1}) = \sum_{i=1}^{n} \frac{i}{n} \cdot \frac{1}{n} =$$

$$= \frac{1}{n^2} \cdot \sum_{i=1}^{n} i = \frac{n(n+1)}{2n^2} = \frac{n+1}{2n} = \frac{1}{2} + \frac{1}{2n} \longrightarrow \frac{1}{2}.$$

Also gilt

$$\int_0^1 x \, dx = \frac{1}{2}.$$

6.2. Eigenschaften des Integrals

6.2.1. Elementare Eigenschaften

Bisher haben wir $\int_a^b f(x)\,\mathrm{d}x$ für den Fall $a < b$ erklärt. Darüberhinaus wird folgendes verabredet.

6.2.1. Definition: Für eine in $[a, b]$ integrierbare Funktion f setzen wir

$$(1)\quad \int_a^a f(x)\,\mathrm{d}x = 0, \qquad (2)\quad \int_a^b f(x)\,\mathrm{d}x = -\int_b^a f(x)\,\mathrm{d}x.$$

Wir stellen einige Sätze zusammen, die für das Rechnen mit Integralen von Wichtigkeit sind.

6.2.2. Satz: Die Funktionen f und g seien integrierbar in $[a, b]$, α und β seien Konstanten. Dann ist in $[a, b]$

(1) $\alpha f(x) + \beta g(x)$ ebenfalls integrierbar, und es gilt

$$\int_a^b \{\alpha f(x) + \beta g(x)\}\,\mathrm{d}x = \alpha \cdot \int_a^b f(x)\,\mathrm{d}x + \beta \cdot \int_a^b g(x)\,\mathrm{d}x,$$

(2) $f(x) \cdot g(x)$ ebenfalls integrierbar.

6.2.3. Bemerkung: Wir weisen ausdrücklich darauf hin, daß i. a.

$$\int_a^b f(x)g(x)\,\mathrm{d}x \neq \int_a^b f(x)\,\mathrm{d}x \cdot \int_a^b g(x)\,\mathrm{d}x$$

ist. Dies zeigen schon die Funktionen $f(x) = g(x) = 1$ im Intervall $[0, 2]$. Nach Beispiel 6.1.5 gilt

$$\int_0^2 f(x)g(x)\,\mathrm{d}x = \int_0^2 1\,\mathrm{d}x = 2,$$

$$\int_0^2 f(x)\,\mathrm{d}x \cdot \int_0^2 g(x)\,\mathrm{d}x = \int_0^2 1\,\mathrm{d}x \cdot \int_0^2 1\,\mathrm{d}x = 2 \cdot 2 = 4.$$

6.2.4. Satz: Die Funktion f ist in $[a, b]$ genau dann integrierbar, wenn für jedes $c \in [a, b]$ die Funktion f in $[a, c]$ und in $[c, b]$ integrierbar ist. Es gilt dann

$$\int_a^b f(x)\,\mathrm{d}x = \int_a^c f(x)\,\mathrm{d}x + \int_c^b f(x)\,\mathrm{d}x.$$

Der Beweis dieses Satzes erfolgt so, daß man Zerlegungen von $[a, b]$ betrachtet, welche den Punkt c enthalten und die RIEMANNschen Summen bezüglich dieser Zerlegungen untersucht.

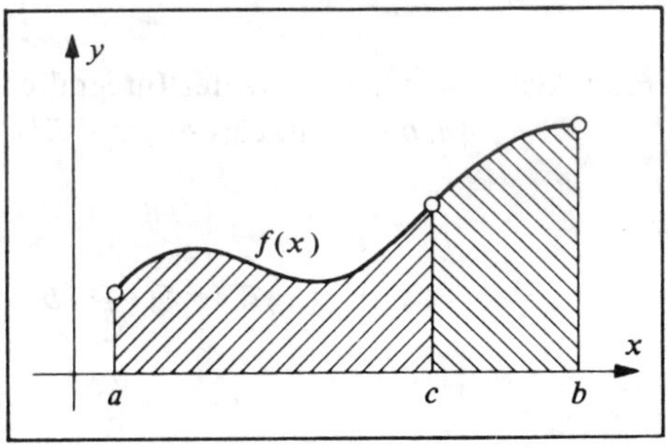

Abb. 6.2.1

6.2.2. Der Mittelwertsatz

Wir beweisen zunächst eine Abschätzung für Integrale.

6.2.5. Satz: Die Funktion f sei integrierbar in $[a, b]$, und es gelte $m \leqslant f(x) \leqslant M$. Dann gilt

$$m \cdot (b - a) \leqslant \int_a^b f(x)\,\mathrm{d}x \leqslant M \cdot (b - a).$$

Beweis: Es sei Z eine beliebige Zerlegung von $[a, b]$. Wir betrachten die RIEMANNsche Summe

$$S_Z = \sum_{i=1}^{n} f(\xi_i) \cdot (x_i - x_{i-1}).$$

Aus $m \leqslant f(\xi_i) \leqslant M$ für $i = 1, \cdots, n$ folgt

$$m \cdot (b-a) = m \cdot \sum_{i=1}^{n} (x_i - x_{i-1}) \leqslant S_Z \leqslant M \cdot \sum_{i=1}^{n} (x_i - x_{i-1}) = M \cdot (b-a).$$

Da dies für jede Zerlegung Z gilt, ergibt sich die Behauptung.

Als eine Anwendung dieses Satzes beweisen wir das folgende wichtige Ergebnis.

6.2.6. Satz (Mittelwertsatz der Integralrechnung): Die Funktion f sei stetig in $[a, b]$. Dann gibt es ein $\xi \in [a, b]$ mit

$$\int_a^b f(x)\,\mathrm{d}x = f(\xi) \cdot (b-a).$$

Beweis: Da f in $[a, b]$ stetig ist, hat f in $[a, b]$ ein absolutes Minimum m und ein absolutes Maximum M. Aus Satz 6.2.5 folgt dann

$$m \cdot (b-a) \leqslant \int_a^b f(x)\,\mathrm{d}x \leqslant M \cdot (b-a),$$

so daß die Zahl $\eta = \frac{1}{b-a} \cdot \int_a^b f(x)\,\mathrm{d}x$ im Intervall $[m, M]$ liegt. Nach dem Zwischenwertsatz (siehe Satz 3.3.6) gibt es ein $\xi \in [a, b]$ mit $f(\xi) = \eta$. Für dieses ξ folgt dann

$$f(\xi) = \frac{1}{b-a} \cdot \int_a^b f(x)\,dx \quad \text{bzw.} \quad \int_a^b f(x)\,dx = f(\xi) \cdot (b-a).$$

6.2.7. Bemerkung: Für eine auf $[a, b]$ positive Funktion f besagt der Mittelwertsatz, daß die Fläche unter der Kurve für ein geeignetes $\xi \in [a, b]$ gleich dem Inhalt des Rechteckes mit den Seiten $b - a$ und $f(\xi)$ ist (siehe Abb. 6.2.2).

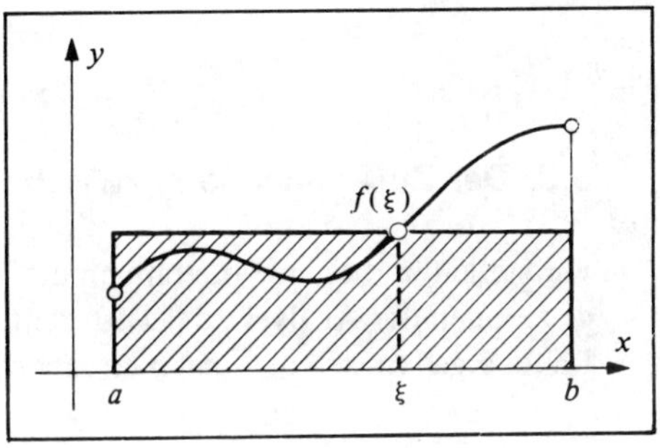

Abb. 6.2.2

6.2.8. Bemerkung: Eine Berechnung von Integralen mit Hilfe des Mittelwertsatzes ist nicht möglich, weil über die Stelle ξ i. a. nichts Näheres bekannt ist. Der Mittelwertsatz ist jedoch für viele theoretische Überlegungen von großer Bedeutung.

6.2.9. Satz: Die Funktionen f und g seien in $[a, b]$ stetig, und es gelte $f(x) \leqslant g(x)$. Dann gilt

$$\int_a^b f(x)\,dx \leqslant \int_a^b g(x)\,dx .$$

Beweis: Die Funktion $f - g$ ist stetig in $[a, b]$, und es ist $f(x) - g(x) \leqslant 0$. Nach dem Mittelwertsatz gibt es ein $\xi \in [a, b]$, so daß folgendes gilt

$$\int_a^b f(x)\,dx - \int_a^b g(x)\,dx = \int_a^b \{f(x) - g(x)\}\,dx = \{f(\xi) - g(\xi)\} \cdot (b-a) \leqslant 0.$$

Hieraus folgt

$$\int_a^b f(x)\,dx \leqslant \int_a^b g(x)\,dx .$$

6.2.10. Beispiel: Im Intervall $[0,1]$ gilt $0 \leqslant x^2 \leqslant x$. Damit können wir das Integral $\int_0^1 x^2\,dx$ (ohne es bisher berechnet zu haben) abschätzen:

$$0 \leqslant \int_0^1 x^2\,dx \leqslant \int_0^1 x\,dx = \frac{1}{2}\,.$$

6.3. Der Zusammenhang zwischen Differential- und Integralrechnung

Wir stellen in diesem Paragraphen die Verbindung zwischen den beiden Hauptdisziplinen der Analysis, der Differentialrechnung und der Integralrechnung, her. Dabei ergeben sich u. a. auch einfache Methoden zur Berechnung von Integralen.

6.3.1. Das bestimmte Integral als Funktion der oberen Grenze

Die Funktion f sei integrierbar in $[a, b]$. Nach Satz 6.2.4 ist sie dann für jedes $x \in [a, b]$ auch im Intervall $[a, x]$ integrierbar, und wir können folgende neue Funktion betrachten

$$\varphi(x) = \int_a^x f(t)\,dt\,.$$

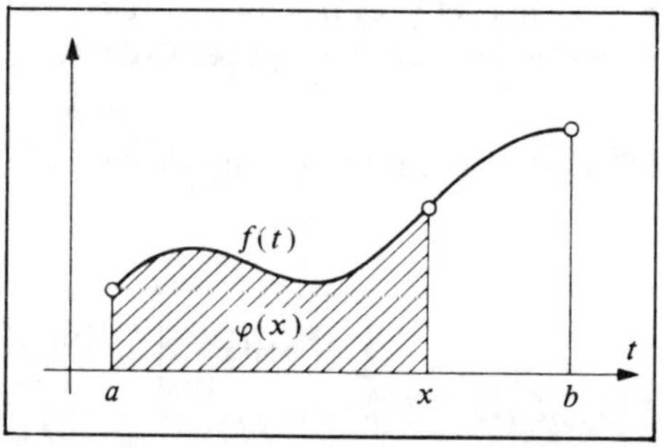

Abb. 6.3.1

Diese heißt Integral von f als Funktion der oberen Grenze. Ist $f(t) > 0$ in $[a, b]$, so stellt $\varphi(x)$ anschaulich den Flächeninhalt zwischen der t-Achse und der Kurve $f(t)$ im Intervall $[a, x]$ dar (siehe Abb. 6.3.1). Es ergibt sich sofort

$$\varphi(a) = 0, \qquad \varphi(b) = \int_a^b f(t)\,dt.$$

Die zentrale Eigenschaft der Funktion φ behandeln wir im folgenden Satz.

6.3.1. Satz: Ist f stetig in $[a, b]$, so ist φ differenzierbar in $[a, b]$, und es gilt $\varphi'(x) = f(x)$ für alle $x \in [a, b]$.

Beweis: Es sei $x \in [a, b]$ ein beliebiger Punkt, $\{x_n\}$ eine Folge mit $x_n \in [a, b]$, $x_n \neq x$, $x_n \to x$. Wir müssen zeigen

$$\frac{\varphi(x_n)-\varphi(x)}{x_n-x} \to f(x).$$

Nach dem Mittelwertsatz gibt es ein ξ_n, das zwischen x und x_n liegt, so daß gilt

$$\varphi(x_n)-\varphi(x)=\int_a^{x_n} f(t)\,\mathrm{d}t-\int_a^{x} f(t)\,\mathrm{d}t=\int_x^{x_n} f(t)\,\mathrm{d}t=f(\xi_n)\cdot(x_n-x).$$

Für $n \to \infty$ gilt $x_n \to x$ und daher auch $\xi_n \to x$. Weil f stetig ist, folgt $f(\xi_n) \to f(x)$. Wir erhalten

$$\frac{\varphi(x_n)-\varphi(x)}{x_n-x}=f(\xi_n) \to f(x).$$

Damit ist der Satz bewiesen.

6.3.2. Berechnung bestimmter Integrale

Die Berechnung eines Integrals erfolgt vermittels sog. Stammfunktionen.

6.3.2. **Definition**: Die Funktion f sei definiert in $[a, b]$. Eine Funktion F heißt Stammfunktion zu f in $[a, b]$, wenn dort gilt

$$F'(x)=f(x).$$

Bisweilen wird F auch unbestimmtes Integral zu f genannt und mit $\int f(x)\,\mathrm{d}x$ bezeichnet.

Ist F eine Stammfunktion zu f, so ist für jede Konstante c offensichtlich $F+c$ ebenfalls eine Stammfunktion zu f. Über die Gesamtheit aller Stammfunktionen einer Funktion f gibt der folgende Satz Auskunft.

6.3.3. **Satz**: Sind F_1 und F_2 im Intervall $[a, b]$ Stammfunktionen zu f, so gilt mit einer Konstanten c

$$F_1(x)=F_2(x)+c \qquad \text{für alle } x \in [a, b].$$

Beweis: Wir betrachten die Funktion $\phi(x) = F_1(x) - F_2(x)$ und erhalten

$$\phi'(x) = F_1'(x) - F_2'(x) = f(x) - f(x) = 0.$$

Daher gilt $\phi(x) = c$ mit einer Konstanten c, und es folgt $F_1(x) = F_2(x) + c$ für alle $x \in [a, b]$.

Als nächstes beschäftigen wir uns mit der Frage, welche Funktionen Stammfunktionen besitzen. Für eine wichtige Klasse von Funktionen wird dieses Problem durch Satz 6.3.1 gelöst. Jede in $[a, b]$ stetige Funktion f besitzt dort eine Stammfunktion nämlich etwa

$$\varphi(x) = \int_a^x f(t)\,\mathrm{d}t.$$

Jede andere Stammfunktion F zu f ist nach Satz 6.3.3 daher mit einer Konstanten c von der Form

$$F(x) = \int_a^x f(t)\,\mathrm{d}t + c.$$

Wir sind nun in der Lage, den wichtigen Satz über die Berechnung von Integralen vermittels Stammfunktionen zu beweisen.

6.3.4. Satz (Hauptsatz der Differential- und Integralrechnung):
Die Funktion f sei stetig in $[a, b]$ und F irgendeine Stammfunktion zu f. Dann gilt

$$\int_a^b f(x)\,\mathrm{d}x = F(b) - F(a).$$

Beweis: Die Funktion F ist mit einer Konstanten c von der Form

$$F(x) = \int_a^x f(t)\,\mathrm{d}t + c.$$

Für $x = a$ ergibt sich

$$F(a) = \int_a^a f(t)\,\mathrm{d}t + c = c\,,$$

und für $x = b$ ergibt sich

$$F(b) = \int_a^b f(t)\,\mathrm{d}t + c = \int_a^b f(t)\,\mathrm{d}t + F(a).$$

Es folgt also

$$\int_a^b f(t)\,\mathrm{d}t = F(b) - F(a).$$

6.3.5. Bemerkung: Wir benutzen folgende Schreibweise

$$\int_a^b f(t)\,\mathrm{d}t = F(x)\Big|_a^b = F(b) - F(a).$$

Es ist praktisch erst ab jetzt möglich, die abstrakt definierten bestimmten Integrale numerisch zu berechnen. Das einzige Problem dabei ist die Ermittlung einer Stammfunktion. Leider ist es jedoch so, daß nicht jede elementare Funktion auch eine elementare Stammfunktion besitzt (z. B. $e^{x^2}, \frac{e^x}{x}, \frac{\sin x}{x}, \frac{1}{\ln x}, \cdots$). Während die Differentiation von Funktion i. a. unproblematisch ist, kann die Integration schon von einfachen Ausdrücken erhebliche Schwierigkeiten bereiten.

6.3.6. Bemerkung: Wir weisen noch auf folgendes hin:

1. Eine integrierbare Funktion f muß nicht notwendig eine Stammfunktion b sitzen.

2. Eine Funktion f, die eine Stammfunktion besitzt, muß nicht notwendig grierbar sein.

In beiden Fällen muß dann jedoch die Funktion f (nach Satz 6.3.1 bzw. ! unstetig sein.

Folglich ist $\ln |f(x)|$ eine Stammfunktion zu $\frac{f'(x)}{f(x)}$. Wir erhalten daher

$$\int_a^b \frac{f'(x)}{f(x)}\,\mathrm{d}x = \ln |f(x)| \Big|_a^b = \ln |f(b)| - \ln |f(a)| = \ln \frac{|f(b)|}{|f(a)|}.$$

Wegen der Stetigkeit von f und $f(x) \neq 0$ folgt entweder $f(x) > 0$ oder $f(x) < 0$ für alle $x \in [a, b]$. In beiden Fällen ist dann

$$\ln \frac{|f(b)|}{|f(a)|} = \ln \frac{f(b)}{f(a)}.$$

Damit ist der Satz bewiesen.

6.3.9. Bemerkung: Es ist zu beachten, daß die Integration des Ausdruckes $\frac{f'(x)}{f(x)}$ nur in Intervallen möglich ist, in welchen $f(x) \neq 0$ ist, also wegen der Stetigkeit von f entweder $f(x) > 0$ oder $f(x) < 0$ gilt. Im Spezialfall $f(x) = x$ erhalten wir

$$\int \frac{1}{x}\,\mathrm{d}x = \ln |x|,$$

hier ist eine Integration nur in einem Intervall $[a, b]$ mit $0 \notin [a, b]$ möglich.

6.3.10. Beispiel: Es gilt

$$\int_{-5}^{-4} \frac{1}{x}\,\mathrm{d}x = \ln |x| \Big|_{-5}^{-4} = \ln |-4| - \ln |-5| = \ln \frac{4}{5}.$$

6.3.11. Beispiel: Es gilt

$$\int_0^1 \frac{x^3}{x^4-4}\,\mathrm{d}x = \frac{1}{4}\int_0^1 \frac{4x^3}{x^4-4}\,\mathrm{d}x = \frac{1}{4} \cdot \ln |x^4-4| \Big|_0^1 =$$

$$= \frac{1}{4} \cdot \{\ln |-3| - \ln |-4|\} = \frac{1}{4} \cdot \ln \frac{3}{4}.$$

6.3.12 Tabelle der wichtigsten Grundintegrale A. Rationale algebraische Integranden

$f(x)$	Eine Stammfunktion zu $f(x)$
$(ax+b)^n,\ a \neq 0, n \neq -1$	$\dfrac{(ax+b)^{n+1}}{a(n+1)}$
$\dfrac{1}{ax+b},\ a \neq 0$	$\dfrac{1}{a} \cdot \ln \lvert ax+b \rvert$
$\dfrac{1}{ax^2+2bx+c},\quad b^2 > ac$	$\dfrac{1}{2(b^2-ac)^{1/2}} \cdot \ln \left\lvert \dfrac{ax+b-(b^2-ac)^{1/2}}{ax+b+(b^2-ac)^{1/2}} \right\rvert$
$\dfrac{1}{ax^2+2bx+c},\quad b^2 < ac$	$\dfrac{1}{(ac-b^2)^{1/2}} \cdot \arctan \dfrac{ax+b}{(ac-b^2)^{1/2}}$
$\dfrac{1}{ax^2+2bx+c},\quad b^2 = ac$	$\dfrac{-1}{ax+b}$
$\dfrac{Ax+B}{ax^2+2bx+c}$	$\dfrac{A}{2a} \cdot \ln \lvert ax^2+2bx+c \rvert + \dfrac{aB-bA}{a} \cdot \displaystyle\int \dfrac{dx}{ax^2+2bx+c}$
$\dfrac{1}{(ax^2+2bx+c)^k}$ $b^2 \neq ac;\ k = 2, 3, \ldots$	$\dfrac{1}{2(k-1)(ac-b^2)} \cdot \left\{ \dfrac{ax+b}{(ax^2+2bx+c)^{k-1}} + \right.$ $\left. + (2k-3)a \cdot \displaystyle\int \dfrac{dx}{(ax^2+2bx+c)^{k-1}} \right\}$
$\dfrac{Ax+B}{(ax^2+2bx+c)^{k+1}}$ $b^2 \neq ac;\ k = 1, 2, \cdots$	$\dfrac{1}{2(ac-b^2)k} \cdot \left\{ \dfrac{(aB-bA)x+bB-cA}{(ax^2+2bx+c)^k} + \right.$ $\left. + (2k-1)(aB-bA) \cdot \displaystyle\int \dfrac{dx}{(ax^2+2bx+c)^k} \right\}$
$\dfrac{1}{(x^2+a^2)^2}$	$\dfrac{1}{2a^3} \cdot \arctan \dfrac{x}{a} + \dfrac{x}{2a^2(x^2+a^2)}$
$\dfrac{1}{(x^2-a^2)^2}$	$\dfrac{-x}{2a^2(x^2-a^2)} + \dfrac{1}{4a^3} \cdot \ln \left\lvert \dfrac{a+x}{a-x} \right\rvert$
$\dfrac{ax+b}{cx+d}$	$\dfrac{ax}{c} - \dfrac{ad-bc}{c^2} \cdot \ln \lvert cx+d \rvert$
$\left(\dfrac{ax+b}{cx+d}\right)^2$	$\left(\dfrac{a}{c}\right)^2 \cdot x - \dfrac{2a}{c^3}(ad-bc) \ln \lvert cx+d \rvert - \dfrac{(ad-bc)^2}{c^3(cx+d)}$
$\dfrac{(ax+b)^{k-1}}{(cx+d)^{k+1}},\ k \neq 0, ad \neq bc$	$\dfrac{1}{k(ad-bc)} \left(\dfrac{ax+b}{cx+d}\right)^k$

B. Irrationale algebraische Integranden

$f(x)$	Eine Stammfunktion zu $f(x)$
$\dfrac{1}{(a+bx)^{1/2}(c+dx)}$, $d(ad-bc)>0$	$\dfrac{1}{\{d(ad-bc)\}^{1/2}}\cdot\ln\left\|\dfrac{d(a+bx)^{1/2}-\{d(ad-bc)\}^{1/2}}{d(a+bx)^{1/2}+\{d(ad-bc)\}^{1/2}}\right\|$
$\dfrac{1}{(a+bx)^{1/2}(c+dx)}$, $d(ad-bc)<0$	$\dfrac{2}{\{d(bc-ad)\}^{1/2}}\cdot\arctan\left\{\dfrac{d(a+bx)}{bc-ad}\right\}^{1/2}$
$\dfrac{1}{(ax^2+2bx+c)^{1/2}}$, $a>0,\ b^2\neq ac$	$\dfrac{1}{\sqrt{a}}\cdot\ln\left\|\dfrac{ax+b}{\sqrt{a}}+(ax^2+2bx+c)^{1/2}\right\|$
$\dfrac{1}{(ax^2+2bx+c)^{1/2}}$, $a<0,\ b^2>ac$	$\dfrac{-1}{\sqrt{-a}}\cdot\arcsin\dfrac{ax+b}{(b^2-ac)^{1/2}}$
$\dfrac{1}{(ax^2+2bx+c)^{1/2}}$, $a>0,\ b^2=ac$	$\dfrac{1}{\sqrt{a}}\cdot\ln\left\|ax+b\right\|$
$(ax^2+2bx+c)^{1/2}$, $a>0$	$\left(\dfrac{x}{2}+\dfrac{b}{2a}\right)(ax^2+2bx+c)^{1/2}+$ $+\dfrac{ac-b^2}{2a\sqrt{a}}\cdot\ln\left\|\dfrac{ax+b}{\sqrt{a}}+(ax^2+2bx+c)^{1/2}\right\|$
$\dfrac{x}{(ax^2+2bx+c)^{1/2}}$	$\dfrac{1}{a}(ax^2+2bx+c)^{1/2}-\dfrac{b}{a}\cdot\displaystyle\int\dfrac{dx}{(ax^2+2bx+c)^{1/2}}$
$\left(\dfrac{c+dx}{a+bx}\right)^{1/2}$	$\dfrac{1}{b}\{(a+bx)(c+dx)\}^{1/2}-$ $-\dfrac{ad-bc}{2b}\cdot\displaystyle\int\dfrac{dx}{\{(a+bx)(c+dx)\}^{1/2}}$
$\dfrac{1}{(x^2\pm a^2)^{1/2}}$	$\ln\left\|x+(x^2\pm a^2)^{1/2}\right\|$
$(x^2\pm a^2)^{1/2}$	$\dfrac{x}{2}(x^2\pm a^2)^{1/2}\pm\dfrac{a^2}{2}\ln\left\|x+(x^2\pm a^2)^{1/2}\right\|$
$(a^2-x^2)^{1/2}$	$\dfrac{x}{2}(a^2-x^2)^{1/2}+\dfrac{a^2}{2}\arcsin\dfrac{x}{\|a\|}$
$\dfrac{1}{(a^2-x^2)^{1/2}}$	$\arcsin\dfrac{x}{\|a\|}$
$x(x^2+a^2)^{1/2}$	$\dfrac{1}{3}(x^2+a^2)^{3/2}$

$f(x)$	Eine Stammfunktion zu $f(x)$
$x^2(x^2+a^2)^{1/2}$	$\frac{x}{8}(2x^2+a^2)(x^2+a^2)^{1/2}-\frac{a^4}{8}\ln\left\|x+(x^2+a^2)^{1/2}\right\|$
$\frac{(x^2+a^2)^{1/2}}{x}$	$(x^2+a^2)^{1/2}+\frac{a}{2}\ln\frac{(x^2+a^2)^{1/2}-a}{(x^2+a^2)^{1/2}+a}$
$\frac{(x^2+a^2)^{1/2}}{x^2}$	$-\frac{(x^2+a^2)^{1/2}}{x}+\ln\left\|x+(x^2+a^2)^{1/2}\right\|$
$\frac{1}{x(x^2-a^2)^{1/2}}$	$\frac{1}{a}\cdot\arccos\frac{a}{x}$
$\frac{1}{x(a^2\pm x^2)^{1/2}}$	$-\frac{1}{a}\cdot\ln\left\|\frac{a+(a^2\pm x^2)^{1/2}}{x}\right\|$
$\frac{1}{(2ax-x^2)^{1/2}}$	$\arcsin\frac{x-a}{a}$
$(2ax-x^2)^{1/2}$	$\frac{x-a}{2}(2ax-x^2)^{1/2}+\frac{a^2}{2}\arcsin\frac{x-a}{a}$
$\frac{1}{(ax^2+b)(cx^2+d)^{1/2}}$ $ad>bc$	$\frac{1}{\{b(ad-bc)\}^{1/2}}\cdot\arctan\frac{x(ad-bc)^{1/2}}{\{b(cx^2+d)\}^{1/2}}$
$\frac{1}{(ax^2+b)(cx^2+d)^{1/2}}$ $ad<bc$	$\frac{1}{2\{b(bc-ad)\}^{1/2}}\cdot\ln\left\|\frac{(bcx^2+bd)^{1/2}+x(bc-ad)^{1/2}}{(bcx^2+bd)^{1/2}-x(bc-ad)^{1/2}}\right\|$
$\frac{x}{(a^2-x^2)^{1/2}}$	$-(a^2-x^2)^{1/2}$
$\frac{x^2}{(a^2-x^2)^{1/2}}$	$-\frac{x}{2}(a^2-x^2)^{1/2}+\frac{a^2}{2}\arcsin\frac{x}{\|a\|}$
$x(a^2-x^2)^{1/2}$	$-\frac{1}{3}(a^2-x^2)^{3/2}$
$x^2(a^2-x^2)^{1/2}$	$\frac{x}{8}(2x^2-a^2)(a^2-x^2)^{1/2}+\frac{a^4}{8}\arcsin\frac{x}{\|a\|}$
$\frac{(a^2-x^2)^{1/2}}{x}$	$(a^2-x^2)^{1/2}+a\cdot\ln\left\|\frac{a-(a^2-x^2)^{1/2}}{x}\right\|$
$\frac{(a^2-x^2)^{1/2}}{x^2}$	$-\frac{(a^2-x^2)^{1/2}}{x}-\arcsin\frac{x}{\|a\|}$

C. Transzendente Integranden

$f(x)$	Eine Stammfunktion zu $f(x)$
e^x	e^x
$a^x,\quad a > 0, a \neq 1$	$\dfrac{a^x}{\ln a}$
$\sin x$	$-\cos x$
$\cos x$	$\sin x$
$\tan x$	$-\ln\|\cos x\|$
$\cot x$	$\ln\|\sin x\|$
$\sin^2 x$	$-\dfrac{1}{2}\sin x\cos x + \dfrac{x}{2}$
$\dfrac{1}{\sin x}$	$\ln\left\|\tan\dfrac{x}{2}\right\|$
$\dfrac{1}{\sin^2 x}$	$-\cot x$
$\dfrac{1}{\cos^2 x}$	$\tan x$
$\sinh x$	$\cosh x$
$\cosh x$	$\sinh x$
$\tanh x$	$\ln\cosh x$
$\coth x$	$\ln\|\sinh x\|$
$\dfrac{1}{\sinh x}$	$\ln\left\|\tanh\dfrac{x}{2}\right\|$
$\dfrac{1}{\sinh^2 x}$	$-\coth x$
$\dfrac{1}{\cosh x}$	$\arcsin(\tanh x)$
$\dfrac{1}{\cosh^2 x}$	$\tanh x$

6.4. Methoden zur Berechnung von Integralen

Zur Berechnung eines Integrals $\int_a^b f(x)\,\mathrm{d}x$ ist es erforderlich, eine Stammfunktion zur Funktion f zu bestimmen. Wie schon erwähnt, kann dies jedoch große Schwierigkeiten bereiten. Wir lernen in diesem Abschnitt Methoden kennen, nach welchen kompliziertere Integrale ggf. auf einfachere zurückgeführt werden können.

6.4.1. Integration durch Substitution

6.4.1. **Satz** (Substitutionsregel): Die Funktion $f(x)$ sei stetig in $[a, b]$, die Funktion $x(t)$ habe in $[\alpha, \beta]$ eine stetige Ableitung, und es gelte $x(\alpha) = a$, $x(\beta) = b$, $x(t) \in [a, b]$ für alle $t \in [\alpha, \beta]$. Dann gilt

$$\int_a^b f(x)\,\mathrm{d}x = \int_\alpha^\beta f(x(t)) \cdot x'(t)\,\mathrm{d}t.$$

Beweis: Wir betrachten die Funktion

$$G(x) = \int_a^x f(u)\,\mathrm{d}u\,.$$

Weil f stetig ist, gilt nach Satz 6.3.1, daß $G'(x) = f(x)$ ist. Wir substituieren $x = x(t)$ und betrachten die Funktion $G(x(t))$. Es gilt nach der Kettenregel

$$\frac{\mathrm{d}}{\mathrm{d}t} G(x(t)) = \frac{\mathrm{d}G}{\mathrm{d}x} \cdot \frac{\mathrm{d}x}{\mathrm{d}t} = f(x) \cdot x'(t) = f(x(t)) \cdot x'(t),$$

so daß $G(x(t))$ eine Stammfunktion zur Funktion $f(x(t)) \cdot x'(t)$ ist. Es folgt:

$$\int_\alpha^\beta f(x(t)) \cdot x'(t)\,\mathrm{d}t = G(x(t))\Big|_\alpha^\beta = G(x(\beta)) - G(x(\alpha)) =$$

$$= G(b) - G(a) = \int_a^b f(u)\,\mathrm{d}u - \int_a^a f(u)\,\mathrm{d}u = \int_a^b f(x)\,\mathrm{d}x\,.$$

6.4.2. **Bemerkung**: Diese Substitutionsregel rechtfertigt folgendes (in der Praxis meist angewendete) formale Vorgehen.

In dem Integral $\int_a^b f(x)\,dx$ substituiert man $x = x(t)$. Dadurch geht $f(x)$ über in

$$f(x) = f(x(t)).$$

Ferner erhalten wir $\frac{dx}{dt} = x'(t)$, also formal

$$dx = x'(t)\,dt.$$

Außerdem gilt (Ermittlung der „neuen Grenzen" α und β)

$$x(\alpha) = a, \qquad x(\beta) = b.$$

Setzen wir dies alles in $\int_a^b f(x)\,dx$ ein, so erhalten wir

$$\int_{x=a}^{x=b} f(x)\,dx = \int_{t=\alpha}^{t=\beta} f(x(t)) \cdot x'(t)\,dt\,.$$

6.4.3. Beispiel: Es soll $\int_0^1 (1+2x)^2\,dx$ berechnet werden. Wir substituieren $1 + 2x = t$, also

$$x = \frac{1}{2}(t-1); \qquad \frac{dx}{dt} = \frac{1}{2}; \qquad dx = \frac{1}{2}dt.$$

Für $x = 0$ ist $t = 1$ und für $x = 1$ ist $t = 3$, so daß wir erhalten

$$\int_0^1 (1+2x)^2\,dx = \frac{1}{2}\int_1^3 t^2\,dt = \frac{1}{6}\,t^3\Big|_1^3 = \frac{26}{6} = \frac{13}{3}\,.$$

6.4.4. Beispiel: Es soll $\int_{-3}^{-1} (x^2+1)^2 x\,dx$ berechnet werden. Wir substituieren $t = x^2 + 1$, also

$$\frac{dt}{dx} = 2x, \qquad dx = \frac{1}{2x}dt, \qquad x\,dx = \frac{1}{2}dt.$$

Für $x = -3$ ist $t = 10$ und für $x = -1$ ist $t = 2$, so daß gilt

$$\int_{-3}^{-1} (x^2+1)^2 x\,\mathrm{d}x = \frac{1}{2}\int_{10}^{2} t^2\,\mathrm{d}t = \frac{t^3}{6}\bigg|_{10}^{2} = \frac{8}{6} - \frac{1000}{6} = -\frac{992}{6} = -\frac{496}{3}\,.$$

6.4.5. Bemerkung: Die Substitutionsregel kann natürlich auch bei unbestimmter Integration angewendet werden. Sie hat dann den Vorteil, daß die neuen Integrationsgrenzen nicht bestimmt zu werden brauchen, aber den Nachteil, daß nach Ermittlung der betreffenden Stammfunktion (in der Variablen t) eine Resubstitution auf die Variable x ausgeführt werden muß. Dies deuten wir durch die folgende Beziehung an:

$$\int f(x)\,\mathrm{d}x = \left(\int f(x(t))\,x'(t)\,\mathrm{d}t\right)_{x(t)=x}\,.$$

6.4.6. Beispiel: Es soll $\int \sinh(2x)\,\mathrm{d}x$ bestimmt werden. Wir setzen $2x = t$ und erhalten $\mathrm{d}x = \frac{1}{2}\,\mathrm{d}t$, so daß folgt

$$\int \sinh(2x)\,\mathrm{d}x = \frac{1}{2}\int \sinh t\,\mathrm{d}t = \frac{1}{2}\cosh t = \frac{1}{2}\cosh(2x).$$

6.4.7. Beispiel: Es soll $\int \frac{x}{\sqrt{1-x^2}}\,\mathrm{d}x$ bestimmt werden. Wir setzen $1 - x^2 = t$ und erhalten

$$\frac{\mathrm{d}t}{\mathrm{d}x} = -2x, \qquad x\,\mathrm{d}x = -\frac{1}{2}\,\mathrm{d}t$$

und daher

$$\int \frac{x}{\sqrt{1-x^2}}\,\mathrm{d}x = -\frac{1}{2}\cdot\int\frac{1}{\sqrt{t}}\,\mathrm{d}t = -\sqrt{t} = -\sqrt{1-x^2}\,.$$

6.4.2. Partielle Integration

6.4.8. Satz (Partielle Integration): Gegeben seien die Funktionen f und g. Es seien f' und g' stetig in $[a, b]$. Dann gilt

$$\int_a^b f'(x)g(x)\,\mathrm{d}x = f(x)g(x)\Big|_a^b - \int_a^b f(x)g'(x)\,\mathrm{d}x.$$

Beweis: Die Funktion $f(x)g(x)$ ist Stammfunktion der Funktion

$$f'(x)g(x) + f(x)g'(x),$$

also erhalten wir

$$\int_a^b \{f'(x)g(x) + f(x)g'(x)\}\,\mathrm{d}x = f(x)g(x)\Big|_a^b .$$

Hieraus folgt die Behauptung.

6.4.9. Bemerkung: Partielle Integration ist immer dann vorteilhaft, wenn ein Produkt von zwei Funktionen integriert werden soll, von denen die eine – f' – eine einfache Stammfunktion, die andere – g – eine einfache Ableitung hat.

6.4.10. Beispiel: Es gilt

$$\int_0^{\pi/2} \underset{\substack{\uparrow\\ g}}{x} \cdot \underset{\substack{\uparrow\\ f'}}{\cos x}\,\mathrm{d}x = x \cdot \sin x\Big|_0^{\pi/2} - \int_0^{\pi/2} \sin x\,\mathrm{d}x = x \cdot \sin x\Big|_0^{\pi/2} + \cos x\Big|_0^{\pi/2} =$$

$$= \frac{\pi}{2} - 1.$$

6.4.11. Beispiel: Es gilt

$$\int_1^e \ln x\,\mathrm{d}x = \int_1^e \underset{\substack{\uparrow\\ f'}}{1} \cdot \underset{\substack{\uparrow\\ g}}{\ln x}\,\mathrm{d}x = x \cdot \ln x\Big|_1^e - \int_1^e x \cdot \frac{1}{x}\,\mathrm{d}x = x \cdot \ln x\Big|_1^e - x\Big|_1^e =$$

$$= e - (e - 1) = 1.$$

6.4.12. Bemerkung: Natürlich kann partielle Integration auch bei unbestimmten Integralen verwendet werden. Die zu erwartende Formel

$$\int f'(x)g(x)\,\mathrm{d}x = f(x)g(x) - \int f(x)g'(x)\,\mathrm{d}x$$

ist jedoch (in sehr seltenen Fällen) mit Vorsicht zu benutzen. Wir gehen hierauf nicht näher ein, empfehlen aber, bei unbestimmter partieller Integration stets das Ergebnis durch Differenzieren zu überprüfen.

6.4.13. Beispiel: Wir betrachten das Integral $\int x^\alpha \cdot \ln x\,\mathrm{d}x$. Für $\alpha \neq -1$ erhalten wir mit partieller Integration

$$\int \underset{\substack{\uparrow\\ f'}}{x^\alpha} \cdot \underset{\substack{\uparrow\\ g}}{\ln x}\,\mathrm{d}x = \frac{x^{\alpha+1}}{\alpha+1} \cdot \ln x - \frac{1}{\alpha+1}\int x^{\alpha+1} \cdot \frac{1}{x}\,\mathrm{d}x =$$

$$= \frac{x^{\alpha+1}}{\alpha+1} \cdot \ln x - \frac{x^{\alpha+1}}{(\alpha+1)^2} = \frac{x^{\alpha+1}}{\alpha+1} \cdot \left\{\ln x - \frac{1}{\alpha+1}\right\}.$$

Durch Differentiation verifiziert man, daß die so gefundene Funktion tatsächlich eine Stammfunktion zu $x^\alpha \cdot \ln x$ ist.

Für $\alpha = -1$ erhalten wir mit der Substitution $\ln x = t$:

$$\int \frac{\ln x}{x}\,\mathrm{d}x = \int t\,\mathrm{d}t = \frac{1}{2}t^2 = \frac{1}{2}\ln^2 x.$$

6.4.14. Beispiel: Die Methode der partiellen Integration kann auch mehrfach hintereinander angewendet werden, wie dieses Beispiel zeigt:

$$\int \underset{\substack{\uparrow\\ g}}{x^2} \cdot \underset{\substack{\uparrow\\ f'}}{e^x}\,\mathrm{d}x = x^2e^x - 2\int \underset{\substack{\uparrow\\ g}}{x}\,\underset{\substack{\uparrow\\ f'}}{e^x}\,\mathrm{d}x = x^2e^x - 2\left\{xe^x - \int e^x\,\mathrm{d}x\right\} =$$

$$= x^2e^x - 2xe^x + 2e^x = e^x \cdot \{x^2 - 2x + 2\}.$$

Auch hier bestätigt man durch Differenzieren, daß $e^x\,\{x^2 - 2x + 2\}$ tatsächlich eine Stammfunktion zu $x^2 e^x$ ist.

6.4.15. Beispiel: Substitution und partielle Integration können mitunter gekoppelt angewendet werden. Wir berechnen das Integral

$$\int_{-1}^{1} \sqrt{1-x^2}\,\mathrm{d}x\,.$$

Abb. 6.4.1

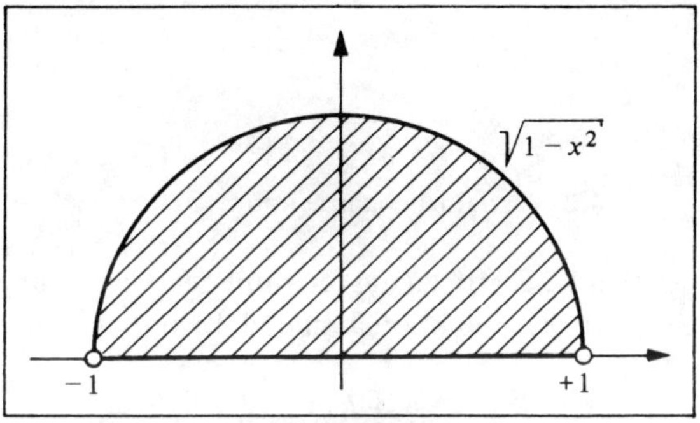

Da die Funktion $f(x) = \sqrt{1-x^2}$ im Schaubild einen Halbkreis vom Radius 1 darstellt, muß sich als Wert des Integrals die Fläche eines Halbkreises vom Radius 1 ergeben.

Durch die Substitution $x = \sin t$ (bzw. $t = \arcsin x$) erhalten wir

$$\mathrm{d}x = \cos t\,\mathrm{d}t\,; \quad x = -1 \text{ für } t = -\frac{\pi}{2}\,, \quad x = +1 \text{ für } t = +\frac{\pi}{2}$$

und damit folgt

$$\int_{-1}^{1} \sqrt{1-x^2}\,\mathrm{d}x = \int_{-\pi/2}^{\pi/2} \sqrt{1-\sin^2 t}\,\cos t\,\mathrm{d}t = \int_{-\pi/2}^{\pi/2} \cos^2 t\,\mathrm{d}t\,.$$

Die Berechnung von $\int \cos^2 t\,\mathrm{d}t$ erfolgt durch partielle Integration

$$\int \underset{\substack{\uparrow\\ f'}}{\cos t} \cdot \underset{\substack{\uparrow\\ g}}{\cos t}\,\mathrm{d}t = \sin t\,\cos t + \int \sin^2 t\,\mathrm{d}t =$$

$$= \sin t\,\cos t + \int (1-\cos^2 t)\,\mathrm{d}t =$$

$$= \sin t\,\cos t + t - \int \cos^2 t\,\mathrm{d}t.$$

Hieraus ergibt sich

$$2\int \cos^2 t \, dt = \sin t \cos t + t,$$

(was man durch Differenzieren überprüft), und wir erhalten insgesamt

$$\int_{-1}^{1} \sqrt{1-x^2}\, dx = \int_{-\pi/2}^{\pi/2} \cos^2 t \, dt = \frac{1}{2} \left(\sin t \cos t + t\right)\Big|_{-\pi/2}^{\pi/2} =$$

$$= \frac{1}{2}\left(\frac{\pi}{2} - \left(-\frac{\pi}{2}\right)\right) = \frac{\pi}{2}.$$

6.4.3. Partialbruchzerlegung

Wir beschäftigen uns jetzt mit der Auswertung von Integralen, deren Integranden rationale Funktionen sind, d. h. mit Integralen vom Typ

$$\int \frac{P(x)}{Q(x)}\, dx = \int \frac{a_0 + a_1 x + \cdots + a_n x^n}{b_0 + b_1 x + \cdots + b_m x^m}\, dx.$$

Solche Integrale treten u. a. in der physikalischen Chemie häufig auf. Man kann zeigen, daß alle Integrale dieses Typs in geschlossener Form durch elementare Funktionen darstellbar sind (eine Integration ist natürlich nur in solchen Intervallen möglich, in welchen $Q(x) \neq 0$ ist). Zur Gewinnung eines unbestimmten Integrals ist es erforderlich, die rationale Funktion $P(x) / Q(x)$ in sog. Partialbrüche zu zerlegen.

Wir können stets annehmen, daß der Grad des Polynoms P kleiner als der Grad des Polynoms Q ist. Wenn nämlich eine rationale Funktion

$$\frac{P^*(x)}{Q^*(x)}$$

gegeben ist, bei der der Grad von P^* größer oder gleich dem Grad von Q^* ist, so führt eine Division mit Rest auf eine Beziehung der Form

$$\frac{P^*(x)}{Q^*(x)} = P^{**}(x) + \frac{P(x)}{Q(x)}$$

mit einem Polynom P^{**} und einem Polynom P, dessen Grad kleiner als der Grad des Polynoms Q ist. Die Integration von P^{**} ist natürlich trivial.

6.4.16. Beispiel: Es sei die rationale Funktion

$$\frac{P^*(x)}{Q^*(x)} = \frac{2x^2 + 5x + 3}{2x+1}$$

gegeben. Wir dividieren die beiden Polynome

$$\begin{array}{l} (2x^2 + 5x + 3) : (2x + 1) = x + 2 + \dfrac{1}{2x + 1} \\ \underline{2x^2 + \ x} \\ \qquad 4x + 3 \\ \qquad \underline{4x + 2} \\ \qquad\qquad 1 \end{array}$$

und erhalten

$$\frac{2x^2 + 5x + 3}{2x + 1} = x + 2 + \frac{1}{2x+1} .$$

Es sei also ein Integral vom Typ $\int \frac{P(x)}{Q(x)} \, dx$ vorgelegt, wobei der Grad des Zählerpolynoms $P(x)$ kleiner als der Grad des Nennerpolynoms $Q(x)$ ist. Die gewünschte Partialbruchdarstellung der rationalen Funktion $\frac{P(x)}{Q(x)}$ erfordert zunächst, das Polynom $Q(x)$ in ein Produkt aus linearen und quadratischen Faktoren zu zerlegen. Ist diese Faktorisierung bekannt, so ist es möglich, $\frac{P(x)}{Q(x)}$ als Linearkombination von Ausdrücken des Typs $\frac{1}{(x-\alpha)^c}$ und $\frac{Ax + B}{(x^2 + \beta x + \gamma)^d}$ darzustellen. Die Integration solcher Funktionen ist dann wesentlich einfacher.

6.4.17. Satz: Gegeben seien die Polynome $P(x) = \sum_{\nu=0}^{n} a_\nu x^\nu$ und $Q(x) = \sum_{\nu=0}^{m} b_\nu x^\nu$ mit $b_m \neq 0$, und es sei $n < m$.

(1) Das Polynom $Q(x)$ ist eindeutig darstellbar in der Form

$$Q(x) = b_m(x-\alpha_1)^{c_1} \cdots (x-\alpha_k)^{c_k} \cdot [x^2 + \beta_1 x + \gamma_1]^{d_1} \cdots [x^2 + \beta_l x + \gamma_l]^{d_l} .$$

Dabei sind $\alpha_1, \cdots, \alpha_k$ die reellen Nullstellen von $Q(x)$ mit den Vielfachheiten $c_1, \cdots, c_k$; $[x^2+\beta_1 x+\gamma_1], \cdots, [x^2+\beta_l x+\gamma_l]$ sind gewisse quadratische Ausdrücke mit den Vielfachheiten $d_1, \cdots, d_l$, welche keine reellen Nullstellen besitzen (es gilt also $4\gamma_i > \beta_i^2$ für $i = 1, \cdots, l$). Überdies ist

$$c_1 + \cdots + c_k + 2d_1 + \cdots + 2d_l = m.$$

(2) Die rationale Funktion $\frac{P(x)}{Q(x)}$ besitzt mit Konstanten a_{ij}, A_{ij}, B_{ij} die folgende, eindeutig bestimmte Partialbruchdarstellung

$$\begin{aligned}\frac{P(x)}{Q(x)} &= \frac{a_{11}}{x-\alpha_1} + \frac{a_{12}}{(x-\alpha_1)^2} + \cdots + \frac{a_{1c_1}}{(x-\alpha_1)^{c_1}} + \\ &\ \ \vdots \\ &+ \frac{a_{k1}}{x-\alpha_k} + \frac{a_{k2}}{(x-\alpha_k)^2} + \cdots + \frac{a_{kc_k}}{(x-\alpha_k)^{c_k}} + \\ &+ \frac{A_{11}x+B_{11}}{x^2+\beta_1 x+\gamma_1} + \frac{A_{12}x+B_{12}}{[x^2+\beta_1 x+\gamma_1]^2} + \cdots + \frac{A_{1d_1}x+B_{1d_1}}{[x^2+\beta_1 x+\gamma_1]^{d_1}} + \\ &\ \ \vdots \\ &+ \frac{A_{l1}x+B_{l1}}{x^2+\beta_l x+\gamma_l} + \frac{A_{l2}x+B_{l2}}{[x^2+\beta_l x+\gamma_l]^2} + \cdots + \frac{A_{ld_l}x+B_{ld_l}}{[x^2+\beta_l x+\gamma_l]^{d_l}}.\end{aligned}$$

Ohne Beweis.

Ist die Faktorisierung von $Q(x)$ bekannt, so wird $\frac{P(x)}{Q(x)}$ in der obigen Partialbruchdarstellung angesetzt, und danach werden die Konstanten bestimmt. Dazu unterscheidet man am besten die Fälle, ob $Q(x)$ nur lineare oder auch quadratische Faktoren enthält und ob diese einfach oder mehrfach auftreten. Für jeden dieser Fälle behandeln wir ein typisches Beispiel.

Fall 1: Einfache lineare Faktoren

6.4.18. Beispiel: Es soll

$$\int \frac{P(x)}{Q(x)}\,\mathrm{d}x = \int \frac{x+4}{x^2-3x+2}\,\mathrm{d}x$$

berechnet werden. Das Polynom $Q(x) = x^2 - 3x + 2$ hat die Nullstellen $\alpha_1 = 1$ und $\alpha_2 = 2$, so daß gilt

$$x^2 - 3x + 2 = (x-1)(x-2).$$

Wir machen gemäß Satz 6.4.17 den Ansatz

$$\frac{P(x)}{Q(x)} = \frac{x+4}{(x-1)(x-2)} = \frac{a_1}{x-1} + \frac{a_2}{x-2}$$

und versuchen, die Konstanten a_1 und a_2 zu bestimmen. Multiplikation mit $(x-1)(x-2)$ ergibt die Beziehung

$$x+4 = a_1(x-2) + a_2(x-1).$$

Hieraus können die Konstanten a_1, a_2 auf zwei Arten bestimmt werden.

Koeffizientenvergleich: Es gilt

$$x+4 = a_1(x-2) + a_2(x-1) = x \cdot (a_1 + a_2) + (-2a_1 - a_2).$$

Daher muß gelten

$$\begin{aligned} a_1 + a_2 &= 1, \\ -2a_1 - a_2 &= 4. \end{aligned}$$

Dies ist ein Gleichungssystem zur Bestimmung von a_1 und a_2. Durch Addition der beiden Gleichungen ergibt sich

$$-a_1 = 5 \qquad \text{also} \qquad a_1 = -5.$$

Aus $a_2 = 1 - a_1$ folgt also $a_2 = 6$. Wir erhalten die Partialbruchdarstellung

$$\frac{x+4}{x^2-3x+2} = \frac{a_1}{x-1} + \frac{a_2}{x-2} = -\frac{5}{x-1} + \frac{6}{x-2} .$$

Die Integration unserer rationalen Funktion ergibt daher

$$\int \frac{x+4}{x^2-3x+2}\,\mathrm{d}x = -5\int \frac{\mathrm{d}x}{x-1} + 6\int \frac{\mathrm{d}x}{x-2} =$$

$$= -5 \cdot \ln|x-1| + 6 \cdot \ln|x-2| =$$

$$= \ln \frac{|x-2|^6}{|x-1|^5} .$$

Einsetzmethode: Die Bestimmung der Konstanten a_1 und a_2 kann auch noch auf eine zweite Art erfolgen, welche die Auflösung eines Gleichungssystems umgeht. Wir haben die Beziehung

$$x + 4 = a_1(x-2) + a_2(x-1).$$

Setzen wir hier speziell

$x = 1$ ein, so folgt: $5 = -a_1 + 0$ also $a_1 = -5$;
$x = 2$ ein, so folgt: $6 = 0 + a_2$ also $a_2 = 6$.

Das Einsetzen geeigneter spezieller Werte führt also auf das gleiche Ergebnis wie oben.

Fall 2: Mehrfache lineare Faktoren

6.4.19. Beispiel: Es soll

$$\int \frac{P(x)}{Q(x)}\,\mathrm{d}x = \int \frac{x+1}{x^3-7x^2+16x-12}\,\mathrm{d}x$$

berechnet werden. Das Polynom $Q(x) = x^3 - 7x^2 + 16x - 12$ hat die Nullstellen $\alpha_1 = 3$ mit der Ordnung $c_1 = 1$ und $\alpha_2 = 2$ mit der Ordnung $c_2 = 2$, so daß gilt

$$x^3 - 7x^2 + 16x - 12 = (x-3)\cdot(x-2)^2 .$$

Wir machen gemäß Satz 6.4.17 den Ansatz

$$\frac{P(x)}{Q(x)} = \frac{x+1}{(x-3)(x-2)^2} = \frac{a_1}{x-3} + \frac{a_2}{x-2} + \frac{a_3}{(x-2)^2}$$

und versuchen, die Konstanten a_1, a_2, a_3 zu bestimmen. Multiplikation mit $(x-3)\cdot(x-2)^2$ ergibt die Beziehung

$$x + 1 = a_1 \cdot (x-2)^2 + a_2 \cdot (x-2)(x-3) + a_3 \cdot (x-3).$$

Hieraus ermitteln wir die a_i mit der Einsetzmethode

$x = 2$ ergibt: $3 = -a_3$, also $a_3 = -3$;

$x = 3$ ergibt: $4 = a_1$, also $a_1 = 4$;

$x = 0$ ergibt: $1 = 4a_1 + 6a_2 - 3a_3 = 16 + 6a_2 + 9$,

also $a_2 = -4$.

Wir erhalten folglich die Partialbruchdarstellung

$$\frac{x+1}{(x-3)(x-2)^2} = \frac{4}{x-3} - \frac{4}{x-2} - \frac{3}{(x-2)^2} .$$

Die Integration unserer rationalen Funktion ergibt daher

$$\int \frac{x+1}{x^3 - 7x^2 + 16x - 12}\, \mathrm{d}x = 4\int \frac{\mathrm{d}x}{x-3} - 4\int \frac{\mathrm{d}x}{x-2} - 3\int \frac{\mathrm{d}x}{(x-2)^2} =$$

$$= 4 \cdot \ln|x-3| - 4 \cdot \ln|x-2| + \frac{3}{x-2} = \ln\left|\frac{x-3}{x-2}\right|^4 + \frac{3}{x-2} .$$

Fall 3: Einfache quadratische Faktoren

6.4.20. Beispiel: Es soll

$$\int \frac{P(x)}{Q(x)}\,\mathrm{d}x = \int \frac{x^3+2x^2+x+3}{x^4+3x^2+2}\,\mathrm{d}x$$

berechnet werden. Das Polynom $Q(x) = x^4 + 3x^2 + 2$ hat die Form

$$Q(x) = x^4 + 3x^2 + 2 = [x^2+1]\cdot[x^2+2],$$

besitzt also keine reellen Nullstellen. Gemäß Satz 6.4.17 ist jetzt folgender Ansatz zu machen:

$$\frac{x^3+2x^2+x+3}{[x^2+1]\cdot[x^2+2]} = \frac{A_1x+B_1}{x^2+1} + \frac{A_2x+B_2}{x^2+2}\,.$$

Multiplikation mit $[x^2+1]\cdot[x^2+2]$ ergibt die Beziehung

$$\begin{aligned} x^3+2x^2+x+3 &= (A_1x+B_1)(x^2+2)+(A_2x+B_2)(x^2+1) = \\ &= (A_1+A_2)x^3+(B_1+B_2)x^2+(2A_1+A_2)x+(2B_1+B_2). \end{aligned}$$

Die Bestimmung der Konstanten A_1, A_2, B_1, B_2 durch Koeffizientenvergleich führt auf

$$A_1 = 0,\ B_1 = 1; \qquad A_2 = 1,\ B_2 = 1,$$

so daß wir erhalten

$$\int \frac{x^3+2x^2+x+3}{x^4+3x^2+2}\,\mathrm{d}x = \int \frac{\mathrm{d}x}{x^2+1} + \int \frac{x\,\mathrm{d}x}{x^2+2} + \int \frac{\mathrm{d}x}{x^2+2} = I_1 + I_2 + I_3\,.$$

Diese drei Integrale berechnen sich wie folgt:

$$I_1 = \arctan x,$$

$$I_2 = \frac{1}{2}\int \frac{2x}{x^2+2}\,\mathrm{d}x = \frac{1}{2}\ln(x^2+2) = \ln\sqrt{x^2+2}$$

und mit der Substitution $\frac{x}{\sqrt{2}} = t$, $\mathrm{d}x = \sqrt{2}\,\mathrm{d}t$ ergibt sich

$$I_3 = \frac{1}{2}\int \frac{\mathrm{d}x}{\left(\frac{x}{\sqrt{2}}\right)^2 + 1} = \frac{\sqrt{2}}{2}\int \frac{\mathrm{d}t}{t^2+1} = \frac{1}{\sqrt{2}} \operatorname{arc\,tan} t = \frac{1}{\sqrt{2}} \operatorname{arc\,tan} \frac{x}{\sqrt{2}}.$$

Wir erhalten also das Ergebnis

$$\int \frac{x^3 + 2x^2 + x + 3}{x^4 + 3x^2 + 2}\,\mathrm{d}x = \operatorname{arc\,tan} x + \ln \sqrt{x^2+2} + \frac{1}{\sqrt{2}} \operatorname{arc\,tan} \frac{x}{\sqrt{2}}.$$

Fall 4: Mehrfache quadratische Faktoren

6.4.21. Beispiel: Es soll

$$\int \frac{P(x)}{Q(x)}\,\mathrm{d}x = \int \frac{3x^4 + 5x^3 + 10x^2 + 5x + 1}{x^5 + 2x^4 + 3x^3 + 2x^2 + x}\,\mathrm{d}x$$

berechnet werden. Das Polynom $Q(x) = x^5 + 2x^4 + 3x^3 + 2x^2 + x$ hat die Form

$$Q(x) = x \cdot [x^2 + x + 1]^2,$$

wobei der Ausdruck [ ] keine reellen Nullstellen hat. Wir machen gemäß Satz 6.4.17 den Ansatz

$$\frac{3x^4+5x^3+10x^2+5x+1}{x\cdot[x^2+x+1]^2} = \frac{a}{x} + \frac{A_1x+B_1}{x^2+x+1} + \frac{A_2x+B_2}{[x^2+x+1]^2}.$$

Multiplikation mit $x \cdot [x^2 + x + 1]^2$ führt auf die Beziehung

$$3x^4+5x^3+10x^2+5x+1 = a[x^2+x+1]^2 + (A_1x+B_1)x[x^2+x+1] + (A_2x+B_2)x.$$

Die Bestimmung der Konstanten a, A_1, A_2, B_1, B_2 durch Koeffizientenvergleich ergibt

$$a = 1; \qquad A_1 = 2,\ B_1 = 1; \qquad A_2 = 4,\ B_2 = 2,$$

so daß wir erhalten

$$\int \frac{3x^4+5x^3+10x^2+5x+1}{x^5+2x^4+3x^3+2x^2+x}\,dx = \int \frac{dx}{x} + \int \frac{2x+1}{x^2+x+1}\,dx + \int \frac{4x+2}{[x^2+x+1]^2}\,dx =$$

$$= I_1 + I_2 + I_3 .$$

Diese drei Integrale berechnen sich wie folgt.

$$I_1 = \int \frac{dx}{x} = \ln|x| ,$$

$$I_2 = \int \frac{2x+1}{x^2+x+1}\,dx = \ln(x^2+x+1)$$

(man beachte, daß x^2+x+1 stets positiv ist). Für I_3 erhalten wir, wenn wir $t = x^2+x+1$ bzw. $dt = (2x+1)\,dx$ substituieren

$$I_3 = 2 \cdot \int \frac{2x+1}{[x^2+x+1]^2}\,dx = 2 \cdot \int \frac{dt}{t^2} = -2 \cdot \frac{1}{t} = -\frac{2}{x^2+x+1} .$$

Insgesamt ist also

$$\int \frac{3x^4+5x^3+10x^2+5x+1}{x^5+2x^4+3x^3+2x^2+x}\,dx = \ln|x| + \ln(x^2+x+1) - \frac{2}{x^2+x+1} .$$

Ist die Partialbruchzerlegung ausgeführt, sind also alle auftretenden Konstanten durch Koeffizientenvergleich oder mit der Einsetzmethode bestimmt worden, so ergeben sich bei der expliziten Berechnung von $\int \frac{P(x)}{Q(x)}\,dx$ zwei Typen von Integralen und zwar

$$\int \frac{dx}{(x-\alpha)^k} \text{ mit } k \in \mathbb{N}; \qquad \int \frac{Ax+B}{[x^2+\beta x+\gamma]^k}\,dx \text{ mit } k \in \mathbb{N}.$$

Da diese Integrale häufig vorkommen, geben wir in den beiden folgenden Sätzen ihre Lösungen an.

6.4.22. Satz: Es sei α eine reelle, k eine natürliche Zahl. Dann ist

$$\int \frac{dx}{(x-\alpha)^k} = \begin{cases} \ln|x-\alpha| & \text{falls } k = 1 \\ -\dfrac{1}{k-1} \cdot \dfrac{1}{(x-\alpha)^{k-1}} & \text{falls } k > 1 \end{cases} .$$

Beweis:

1. Im Falle $k = 1$ gilt nach Satz 4.3.8 $(\ln|x-\alpha|)' = \dfrac{1}{x-\alpha}$.

2. Im Falle $k > 1$ gilt

$$\left(-\frac{1}{k-1}\cdot\frac{1}{(x-\alpha)^{k-1}}\right)' = \left(-\frac{1}{k-1}\cdot(x-\alpha)^{1-k}\right)' =$$

$$= -\frac{1-k}{k-1}\cdot(x-\alpha)^{-k} = \frac{1}{(x-\alpha)^k}.$$

Bei der Berechnung der Integrale vom zweiten Typ können wir voraussetzen, daß der Ausdruck $x^2+\beta x+\gamma$ keine reellen Nullstellen hat (sonst wäre ja eine weitere Zerlegung gemäß Satz 6.4.17 möglich). In diesem Fall gilt nach Satz 5.1.9, daß $4\gamma > \beta^2$ ist. Wir erhalten dann

6.4.23. Satz: Es seien $A, B; \beta, \gamma$ reelle Zahlen mit $4\gamma > \beta^2$ und k eine natürliche Zahl. Dann gilt:

(1) Im Falle $k = 1$

$$\int\frac{Ax+B}{x^2+\beta x+\gamma}\,dx = \frac{A}{2}\cdot\ln(x^2+\beta x+\gamma) + \frac{2B-A\beta}{\sqrt{4\gamma-\beta^2}}\cdot\arctan\frac{2x+\beta}{\sqrt{4\gamma-\beta^2}}.$$

(2) Im Falle $k > 1$

$$\int\frac{Ax+B}{(x^2+\beta x+\gamma)^k}\,dx = \frac{-A}{2(k-1)(x^2+\beta x+\gamma)^{k-1}} + \left(B-\frac{A\beta}{2}\right)\cdot\int\frac{dx}{(x^2+\beta x+\gamma)^k}.$$

(3) Im Falle $k > 1$

$$\int\frac{dx}{(x^2+\beta x+\gamma)^k} =$$

$$= \frac{1}{(k-1)(4\gamma-\beta^2)}\cdot\frac{2x+\beta}{(x^2+\beta x+\gamma)^{k-1}} + \frac{2(2k-3)}{(k-1)(4\gamma-\beta^2)}\cdot\int\frac{dx}{(x^2+\beta x+\gamma)^{k-1}}.$$

Beweis:

1. Es gilt im Falle $k = 1$

$$\frac{Ax+B}{x^2+\beta x+\gamma} = \frac{A}{2}\cdot\frac{2x+\beta}{x^2+\beta x+\gamma} + \frac{B-\frac{A\beta}{2}}{x^2+\beta x+\gamma} =$$

$$= \frac{A}{2}\cdot\frac{2x+\beta}{x^2+\beta x+\gamma} + \frac{2(2B-A\beta)}{4\gamma-\beta^2+4x^2+4\beta x+\beta^2} =$$

$$= \frac{A}{2}\cdot\frac{2x+\beta}{x^2+\beta x+\gamma} + \frac{2(2B-A\beta)}{(4\gamma-\beta^2)\cdot\left(1+\frac{4x^2+4\beta x+\beta^2}{4\gamma-\beta^2}\right)} =$$

$$= \frac{A}{2}\cdot\frac{2x+\beta}{x^2+\beta x+\gamma} + \frac{2B-A\beta}{\sqrt{4\gamma-\beta^2}}\cdot\frac{1}{1+\left(\frac{2x+\beta}{\sqrt{4\gamma-\beta^2}}\right)^2}\cdot\frac{2}{\sqrt{4\gamma-\beta^2}}\;.$$

Die Integration dieses Ausdruckes ergibt

$$\int\frac{Ax+B}{x^2+\beta x+\gamma}\,\mathrm{d}x =$$

$$= \frac{A}{2}\cdot\int\frac{2x+\beta}{x^2+\beta x+\gamma}\,\mathrm{d}x + \frac{2B-A\beta}{\sqrt{4\gamma-\beta^2}}\int\frac{\frac{2}{\sqrt{4\gamma-\beta^2}}}{1+\left(\frac{2x+\beta}{\sqrt{4\gamma-\beta^2}}\right)^2}\,\mathrm{d}x =$$

$$= \frac{A}{2}\cdot\ln\left(x^2+\beta x+\gamma\right) + \frac{2B-A\beta}{\sqrt{4\gamma-\beta^2}}\cdot\arctan\frac{2x+\beta}{\sqrt{4\gamma-\beta^2}}\,,$$

(wegen $4\gamma > \beta^2$ ist $x^2+\beta x+\gamma > 0$).

2. Im Falle $k > 1$ gilt

$$\int \frac{Ax+B}{(x^2+\beta x+\gamma)^k}\,\mathrm{d}x =$$

$$= \frac{A}{2}\cdot\int \frac{2x+\beta}{(x^2+\beta x+\gamma)^k}\,\mathrm{d}x + \left(B - \frac{A\beta}{2}\right)\cdot\int \frac{\mathrm{d}x}{(x^2+\beta x+\gamma)^k} =$$

$$= \frac{-A}{2(k-1)(x^2+\beta x+\gamma)^{k-1}} + \left(B - \frac{A\beta}{2}\right)\cdot\int \frac{\mathrm{d}x}{(x^2+\beta x+\gamma)^k}.$$

3. Wir machen den Ansatz:

$$\int \frac{\mathrm{d}x}{(x^2+\beta x+\gamma)^k} = \frac{c_1 x + c_2}{(x^2+\beta x+\gamma)^{k-1}} + c_3 \int \frac{\mathrm{d}x}{(x^2+\beta x+\gamma)^{k-1}}$$

und versuchen, die Konstanten c_1, c_2, c_3 zu bestimmen. Differentiation dieses Ausdruckes und Multiplikation mit $(x^2+\beta x+\gamma)^k$ führt auf die Beziehung

$$1 = -(k-1)(c_1 x + c_2)(2x+\beta) + (c_1 + c_3)(x^2+\beta x+\gamma).$$

Hieraus können c_1, c_2, c_3 durch Koeffizientenvergleich bestimmt werden. Wir erhalten

$$c_1 = \frac{2}{(k-1)(4\gamma-\beta^2)}, \qquad c_2 = \frac{\beta}{(k-1)(4\gamma-\beta^2)}, \qquad c_3 = \frac{2(2k-3)}{(k-1)(4\gamma-\beta^2)},$$

woraus die Behauptung folgt.

6.4.24. Bemerkung: Mit Hilfe von Satz 6.4.23 ist das Integral

$$\int \frac{Ax+B}{(x^2+\beta x+\gamma)^k}\,\mathrm{d}x \qquad \text{mit } k \in \mathbb{N}$$

im Falle $k = 1$ sofort mit Formel (1) anzugeben. Im Falle $k > 1$ wird das betrachtete Integral zunächst vermittels (2) umgeformt, wobei i.w. das Integral

$$\int \frac{\mathrm{d}x}{(x^2+\beta x+\gamma)^k}$$

zu berechnen ist. Mit der Rekursionsformel (3) wird dieses Integral sukzessive auf die Integrale

$$\int \frac{dx}{(x^2+\beta x+\gamma)^{k-1}}, \int \frac{dx}{(x^2+\beta x+\gamma)^{k-2}}, \ldots, \int \frac{dx}{(x^2+\beta x+\gamma)^2}, \int \frac{dx}{x^2+\beta x+\gamma}$$

zurückgeführt, von denen das letzte dann der Formel (1) entnommen wird.

6.5. Uneigentliche Integrale

Das Integral $\int\limits_a^b f(x)\,dx$ haben wir bisher nur für den Fall erklärt, daß das Integrationsintervall $[a, b]$ endlich und die Funktion f beschränkt war. Diese Integrale werden auch als eigentliche Integrale bezeichnet. Durch Grenzbetrachtungen werden wir jetzt das Integral auch auf unendlichen Intervallen und auch für unbeschränkte Funktionen definieren.

6.5.1. Definition: Die Funktion f sei eigentlich integrierbar in jedem Intervall $[a, B]$ mit $a < B < b$. Existiert der Grenzwert

$$\lim_{B \to b} \int_a^B f(x)\,dx,$$

so heißt f uneigentlich integrierbar in $[a, b]$, und wir bezeichnen

$$\int_a^b f(x)\,dx = \lim_{B \to b} \int_a^B f(x)\,dx$$

als uneigentliches Integral.

6.5.2. Bemerkung: Ist f eigentlich integrierbar in jedem Intervall $[A, b]$ mit $a < A < b$, so wird das uneigentliche Integral $\int\limits_a^b f(x)\,dx$ in analoger Weise durch

$$\int_a^b f(x)\,dx = \lim_{A \to a} \int_A^b f(x)\,dx$$

erklärt. Falls f in den Intervallen $[a, c]$ und $[c, b]$ uneigentlich integrierbar ist, so setzen wir

$$\int_a^b f(x)\,\mathrm{d}x = \int_a^c f(x)\,\mathrm{d}x + \int_c^b f(x)\,\mathrm{d}x.$$

Es ist klar, daß eine Funktion, welche in $[a, b]$ eigentlich integrierbar ist, in $[a, b]$ auch uneigentlich integrierbar ist und daß die Werte der Integrale übereinstimmen.

6.5.3. Beispiel: Wir betrachten die Funktion $f(x) = \dfrac{1}{\sqrt{1-x}}$ in $[0, 1)$. Da f in $[0, 1)$ stetig ist, ist f für jedes B mit $0 < B < 1$ in $[0, B]$ eigentlich integrierbar, und es gilt

$$\int_0^B \frac{\mathrm{d}x}{\sqrt{1-x}} = -2\sqrt{1-x}\,\Big|_0^B = 2 - 2\sqrt{1-B}.$$

Für $B \to 1$ erhalten wir

$$\lim_{B\to 1} \int_0^B \frac{\mathrm{d}x}{\sqrt{1-x}} = \lim_{B\to 1} \left\{2 - 2\sqrt{1-B}\right\} = 2.$$

Also ist die Funktion $\dfrac{1}{\sqrt{1-x}}$ in $[0, 1]$ uneigentlich integrierbar, und es gilt

$$\int_0^1 \frac{\mathrm{d}x}{\sqrt{1-x}} = 2.$$

Der Wert dieses Integrals stellt anschaulich den Inhalt der Fläche zwischen der unbeschränkten Funktion $f(x) = \dfrac{1}{\sqrt{1-x}}$ und der x-Achse im Intervall $[0, 1)$ dar (siehe Abb. 6.5.1).

6.5.4. Beispiel: Wir untersuchen, ob das Integral $\int_0^{\pi/2} \cot x \, dx$ existiert. Für $0 < A < \frac{\pi}{2}$ gilt

$$\int_A^{\pi/2} \cot x \, dx = \int_A^{\pi/2} \frac{\cos x}{\sin x} \, dx = \ln(\sin x)\Big|_A^{\pi/2} = -\ln(\sin A) =$$

$$= \ln \frac{1}{\sin A} .$$

Für $A \to 0$ gilt $\sin A \to 0$ und daher $\ln \frac{1}{\sin A} \to \infty$, so daß das Integral $\int_0^{\pi/2} \cot x \, dx$ nicht existiert.

6.5.5. Beispiel: Wir untersuchen, ob das Integral $\int_0^1 \ln x \, dx$ existiert. Für jedes A mit $0 < A < 1$ ergibt sich mit partieller Integration

$$\int_A^1 \ln x \, dx = x \cdot \ln x \Big|_A^1 - \int_A^1 \frac{x}{x} \, dx = -A \ln A - (1 - A).$$

Wegen $\lim\limits_{A \to 0} A \ln A = 0$ erhalten wir also

$$\int_0^1 \ln x \, dx = -1.$$

6.5.6. Definition: Die Funktion f sei uneigentlich integrierbar in jedem Intervall $[a, b]$ mit $a < b < \infty$. Existiert der Grenzwert

$$\lim_{b \to \infty} \int_a^b f(x) \, dx,$$

so heißt f uneigentlich integrierbar in $[a, \infty)$, und wir schreiben

$$\int_a^\infty f(x) \, dx = \lim_{b \to \infty} \int_a^b f(x) \, dx .$$

6.5.7. Bemerkung: Ist f uneigentlich integrierbar in jedem Intervall $[a, b]$ mit $-\infty < a < b$, so wird $\int_{-\infty}^{b} f(x)\,dx$ in analoger Weise durch

$$\int_{-\infty}^{b} f(x)\,dx = \lim_{a \to -\infty} \int_{a}^{b} f(x)\,dx$$

erklärt. Falls f für ein $c \in \mathbb{R}$ sowohl in $(-\infty, c]$ als auch in $[c, \infty)$ uneigentlich integrierbar ist, so setzen wir

$$\int_{-\infty}^{\infty} f(x)\,dx = \int_{-\infty}^{c} f(x)\,dx + \int_{c}^{\infty} f(x)\,dx\,.$$

6.5.8. Beispiel: Wir betrachten die Funktion $f(x) = \frac{1}{x^2}$ in $[1, \infty)$. Für jedes $b > 1$ gilt

$$\int_{1}^{b} \frac{dx}{x^2} = -\frac{1}{x}\Big|_{1}^{b} = 1 - \frac{1}{b}\,,$$

und es folgt

$$\lim_{b \to \infty} \int_{1}^{b} \frac{dx}{x^2} = \lim_{b \to \infty} \left(1 - \frac{1}{b}\right) = 1\,,$$

so daß das uneigentliche Integral $\int_{1}^{\infty} \frac{dx}{x^2}$ existiert und den Wert 1 hat; es stellt anschaulich den Inhalt der Fläche zwischen dem Schaubild der Funktion $f(x) = \frac{1}{x^2}$ und der x-Achse im Intervall $[1, \infty)$ dar (siehe Abb. 6.5.2).

Abb. 6.5.1

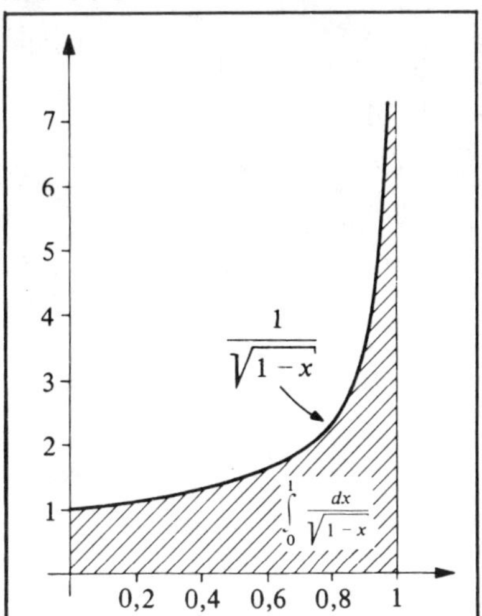

Abb. 6.5.2

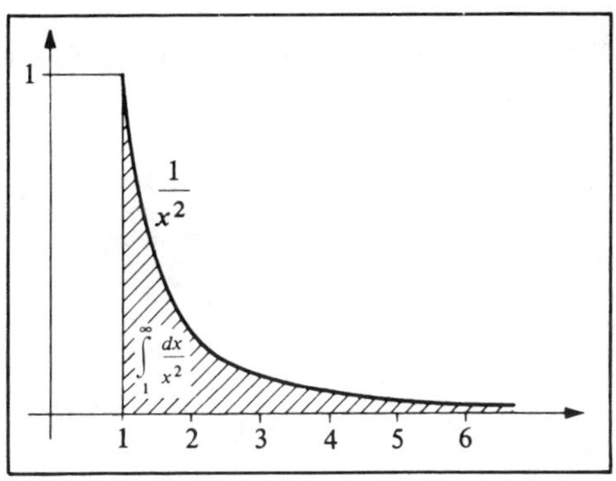

6.5.9. Beispiel: In einem Stromkreis, in dem der konstante Strom I_0 fließt, seien eine Spule mit der Selbstinduktivität L und ein Leiter mit dem Widerstand R parallel geschaltet. Im Zeitpunkt $t_0 = 0$ wird die Stromquelle abgeschaltet. Der Strom wird dadurch jedoch nicht sofort unterbrochen, sondern es wird eine Spannung induziert, welche einen Strom $I = I(t)$ erzeugt, dessen zeitlicher Verlauf der Differentialgleichung

$$L \cdot \frac{\mathrm{d}I}{\mathrm{d}t} = -R \cdot I(t)$$

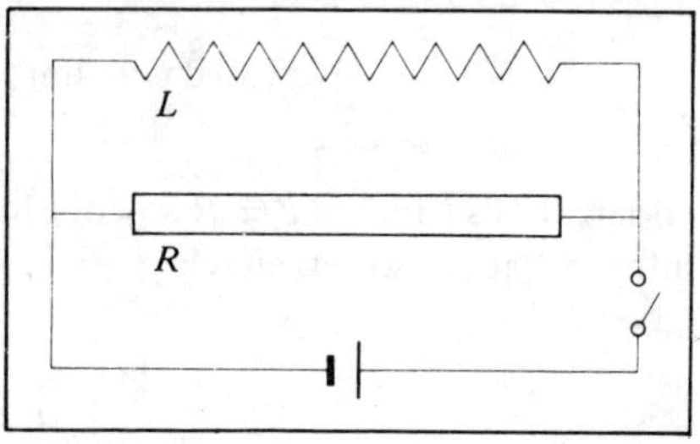

Abb. 6.5.3

genügt. Nach Satz 5.2.1 ist die Lösung dieser Differentialgleichung mit einer Konstanten c von der Form

$$I(t) = c \cdot e^{-\frac{R}{L}t} .$$

Für $t = 0$ ergibt sich $I(0) = I_0$ und damit

$$I(t) = I_0 \cdot e^{-\frac{R}{L}t} .$$

Die (aus dem Magnetfeld des Stromkreises herrührende) Energie E des abklingenden Stromes ist gegeben durch

$$E = \int_0^\infty RI^2(t)\,\mathrm{d}t = RI_0^2 \int_0^\infty e^{-\frac{2R}{L}t}\,\mathrm{d}t .$$

Für $b > 0$, $b \to \infty$ ergibt sich mit der Substitution $\frac{2R}{L}t = x$

$$\int_0^b e^{-\frac{2R}{L}t}\,\mathrm{d}t = \frac{L}{2R}\int_0^{\frac{2R}{L}b} e^{-x}\,\mathrm{d}x = \frac{L}{2R}\left(1 - e^{-\frac{2R}{L}b}\right) \to \frac{L}{2R}$$

und daher

$$E = RI_0^2 \cdot \frac{L}{2R} = \frac{I_0^2 L}{2} .$$

6.5.10. Beispiel: In einem Kolben befinde sich ein ideales Gas, welches vom Anfangszustand mit Druck p_1 und Volumen V_1 auf den Endzustand mit Druck p_2 und Volumen V_2 adiabatisch (also ohne Wärmeaustausch mit der Umgebung) ausgedehnt wird. Die Arbeit, die dazu erforderlich ist, ist gegeben durch die Beziehung

$$A = \int_{V_1}^{V_2} p \, \mathrm{d} V.$$

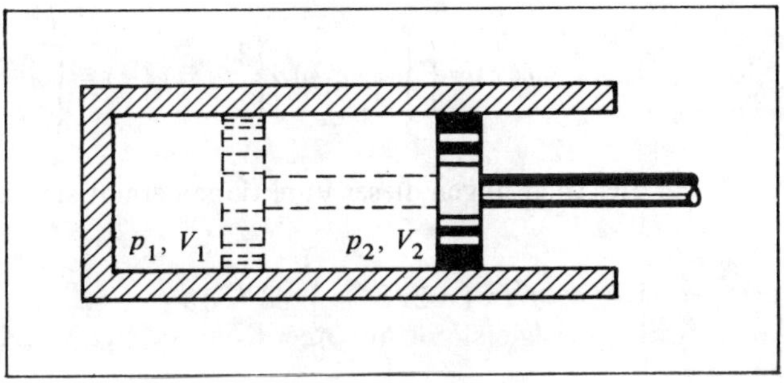

Abb. 6.5.4

Druck und Volumen hängen gemäß

$$p \cdot V^\kappa = c$$

voneinander ab, wobei c eine Konstante und $\kappa = \frac{c_p}{c_V} > 1$ ist. Es ist also

$$A = c \cdot \int_{V_1}^{V_2} \frac{\mathrm{d} V}{V^\kappa} = \frac{c}{1-\kappa} \cdot \frac{1}{V^{\kappa-1}} \Bigg|_{V_1}^{V_2} = \frac{c}{\kappa-1} \cdot \left\{ \frac{1}{V_1^{\kappa-1}} - \frac{1}{V_2^{\kappa-1}} \right\} .$$

Für $V_2 \to \infty$ erhält man für unendliche Ausdehnung des Gases als maximal zu leistende Arbeit

$$A_{\max} = c \cdot \int_{V_1}^{\infty} \frac{\mathrm{d} V}{V^\kappa} = \lim_{V_2 \to \infty} c \cdot \int_{V_1}^{V_2} \frac{\mathrm{d} V}{V^\kappa} = \frac{c}{\kappa-1} \cdot \frac{1}{V_1^{\kappa-1}} = \frac{1}{\kappa-1} \cdot \frac{c V_1}{V_1^\kappa} .$$

Wegen $p_1 V_1^\kappa = c$ folgt hieraus

$$A_{\max} = \frac{p_1 V_1}{\kappa - 1} .$$

Zum Schluß betrachten wir die Funktion e^{-x^2} in $(-\infty, \infty)$ und untersuchen die in zahlreichen Anwendungen auftretenden Integrale $\int_0^\infty e^{-x^2} \mathrm{d}x$ und $\int_{-\infty}^\infty e^{-x^2} \mathrm{d}x$.

Die Existenz dieser Integrale ist leicht nachzuweisen; die Berechnung ihrer Werte ist etwas komplizierter, weil die Funktion e^{-x^2} keine elementare Stammfunktion besitzt. Es ergibt sich

6.5.11. Satz: Es gilt $\int\limits_0^\infty e^{-x^2}\,\mathrm{d}x = \frac{1}{2}\sqrt{\pi}$, $\int\limits_{-\infty}^\infty e^{-x^2}\,\mathrm{d}x = \sqrt{\pi}$.

Beweis:

1. a) Wir betrachten für $x \geqslant 0$ folgende Funktionen

$$f(x) = \left\{\int\limits_0^x e^{-u^2}\,\mathrm{d}u\right\}^2, \quad g(x) = \int\limits_0^1 \frac{e^{-x^2(t^2+1)}}{t^2+1}\,\mathrm{d}t\,.$$

Für die Ableitungen dieser Funktionen ergibt sich zunächst

$$f'(x) = 2e^{-x^2}\cdot\int\limits_0^x e^{-u^2}\,\mathrm{d}u\,,$$

sodann erhalten wir durch Vertauschung von Differentiation und Integration (der Leser überlege sich sorgfältig, warum dies hier möglich ist)

$$g'(x) = \int\limits_0^1 \frac{-2x(t^2+1)e^{-x^2(t^2+1)}}{t^2+1}\,\mathrm{d}t = -2e^{-x^2}\cdot\int\limits_0^1 xe^{-x^2t^2}\,\mathrm{d}t =$$

$$= -2e^{-x^2}\cdot\int\limits_0^x e^{-u^2}\,\mathrm{d}u = -f'(x)$$

(wobei wir $xt = u$ substituiert haben). Folglich ist für alle $x \geqslant 0$ die Funktion $f(x) + g(x)$ konstant, und deshalb gilt

$$\lim_{x\to\infty}\{f(x)+g(x)\} = f(0)+g(0) = \int\limits_0^1 \frac{1}{t^2+1}\,\mathrm{d}t = \operatorname{arc\,tan} 1 = \frac{\pi}{4}\,.$$

b) Für $0 \leqslant t \leqslant 1$ gilt $0 \leqslant \frac{e^{-x^2(t^2+1)}}{t^2+1} \leqslant e^{-x^2}$ und daher

$$0 \leqslant \int\limits_0^1 \frac{e^{-x^2(t^2+1)}}{t^2+1}\,\mathrm{d}t \leqslant \int\limits_0^1 e^{-x^2}\,\mathrm{d}t = e^{-x^2},$$

so daß $\lim_{x \to \infty} g(x) = 0$ gilt. Es folgt

$$\left\{\int_0^\infty e^{-u^2} du\right\}^2 = \lim_{x \to \infty} \left\{\int_0^x e^{-u^2} du\right\}^2 = \lim_{x \to \infty} f(x) =$$

$$= \lim_{x \to \infty} \{f(x) + g(x)\} - \lim_{x \to \infty} g(x) = \frac{\pi}{4},$$

woraus sich die erste Behauptung ergibt.

2. Für $A > 0$, $B > 0$ gilt

$$\int_{-A}^{B} e^{-x^2} dx = \int_{-A}^{0} e^{-x^2} dx + \int_{0}^{B} e^{-x^2} dx.$$

Substituieren wir im ersten Integral der rechten Seite $x = -t$, so erhalten wir

$$\int_{-A}^{B} e^{-x^2} dx = -\int_{A}^{0} e^{-t^2} dt + \int_{0}^{B} e^{-x^2} dx = \int_{0}^{A} e^{-t^2} dt + \int_{0}^{B} e^{-x^2} dx.$$

Für $A \to \infty$, $B \to \infty$ folgt daher mit 1.

$$\int_{-\infty}^{\infty} e^{-x^2} dx = 2\int_{0}^{\infty} e^{-x^2} dx = \sqrt{\pi},$$

womit die zweite Behauptung bewiesen ist.

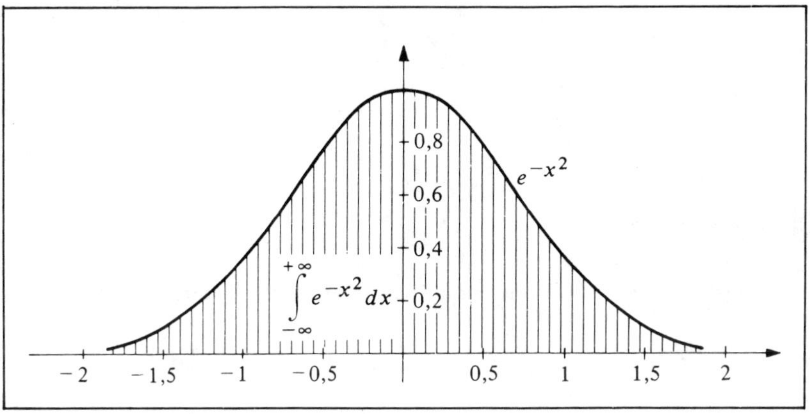

Abb. 6.5.5

6.5.12 **Tabelle** einiger uneigentlicher Integrale

$\int_0^1 \frac{dx}{\sqrt{1-x^2}} = \frac{\pi}{2} = 1{,}570\,796\,327$	$\int_a^b \frac{dx}{\sqrt{x-a}\cdot\sqrt{b-x}} = \pi = 3{,}141\,598\,654$
$\int_0^\infty \frac{dx}{1+x^2} = \frac{\pi}{2} = 1{,}570\,796\,327$	$\int_0^\infty x^n e^{-x}\,dx = n!\qquad (n=0,1,\ldots)$
$\int_0^\infty e^{-x^2}\,dx = \frac{\sqrt{\pi}}{2} = 0{,}886\,226\,926$	$\int_{-\infty}^\infty e^{-x^2}\,dx = \sqrt{\pi} = 1{,}772\,453\,851$
$\int_0^\infty x e^{-x^2}\,dx = \frac{1}{2}$	$\int_0^\infty x^2 e^{-x^2}\,dx = \frac{\sqrt{\pi}}{4} = 0{,}443\,113\,463$
$\int_0^\infty \frac{\sin x}{x}\,dx = \frac{\pi}{2} = 1{,}570\,796\,327$	$\int_0^\infty \frac{\sin x}{\sqrt{x}}\,dx = \int_0^\infty \frac{\cos x}{\sqrt{x}}\,dx = \sqrt{\frac{\pi}{2}} = 1{,}253\,314\,137$
$\int_0^\infty \frac{\tan x}{x}\,dx = \frac{\pi}{2} = 1{,}570\,796\,327$	$\int_0^\infty \frac{e^{-\alpha x}\sin x}{x}\,dx = \operatorname{arctg}\frac{1}{\alpha}\qquad (\alpha>0)$
$\int_0^\infty \frac{\cos\alpha x}{1+x^2}\,dx = \frac{\pi}{2}\,e^{-\lvert\alpha\rvert}$	$\int_0^\infty \cos x^2\,dx = \int_0^\infty \sin x^2\,dx = \frac{1}{2}\sqrt{\frac{\pi}{2}} = 0{,}626\,657\,069$
$\int_0^\infty e^{-\alpha x}\cos\beta x\,dx = \frac{\alpha}{\alpha^2+\beta^2}\qquad (\alpha>0)$	$\int_0^\infty e^{-\alpha x}\sin\beta x\,dx = \frac{\alpha}{\alpha^2+\beta^2}\qquad (\alpha>0)$

6.6. Übungsaufgaben

6.1 Man berechne folgende Integrale (durch Substitution, partielle Integration):

a) $\int_2^3 (x+\sqrt{x})\,dx$, b) $\int_1^{27} (x^{1/3}-x^{-1/3})\,dx$,

c) $\int_0^{\pi/3} \sin 3x \,\mathrm{d}x$,

d) $\int_0^{\pi/4} \frac{\mathrm{d}x}{\cos^2 x}$,

e) $\int_0^1 x^2 e^{-x^3} \mathrm{d}x$,

f) $\int_0^1 x\sqrt{x+1} \,\mathrm{d}x$,

g) $\int_1^2 \frac{x}{(x^2+1)^3} \mathrm{d}x$,

h) $\int_1^4 \frac{e^{\sqrt{x}}}{\sqrt{x}} \mathrm{d}x$,

i) $\int \frac{\cot(\ln x)}{x} \mathrm{d}x$,

j) $\int_0^1 \frac{\arctan x}{1+x^2} \mathrm{d}x$,

k) $\int e^{\sqrt{2x+1}} \mathrm{d}x$,

l) $\int \sin^n x \cos x \,\mathrm{d}x \quad (n \in \mathbb{N})$,

m) $\int_1^e x^2 \ln^2 x \,\mathrm{d}x$,

n) $\int e^x \sin 2x \,\mathrm{d}x$,

o) $\int \frac{\mathrm{d}x}{\sqrt{x} \cdot (1+\sqrt{x})}$,

p) $\int_e^{e^2} \frac{\mathrm{d}x}{x \cdot (\ln x)^3}$

q) $\int_0^1 \frac{\ln(x+1)^3}{x+1} \mathrm{d}x$,

r) $\int x^n \cdot \ln x \,\mathrm{d}x \quad (n \in \mathbb{N})$,

s) $\int \sin^3 x \,\mathrm{d}x$,

t) $\int \frac{x}{\cos^2 x} \mathrm{d}x$,

u) $\int_0^{\pi/2} \cos x \cdot \sinh(\sin x) \,\mathrm{d}x$,

v) $\int_0^{\pi/2} \frac{\cos x}{1+\sin^2 x} \mathrm{d}x$,

w) $\int \frac{\sqrt{x}}{\sqrt{x} - \sqrt[3]{x}} \mathrm{d}x$,

x) $\int_0^{\pi/2} \frac{4 \sin x}{2 + 9\cos x} \mathrm{d}x$,

y) $\int_2^3 \sqrt{\frac{x}{x-1}} \,\mathrm{d}x$,

z) $\int_{\pi/4}^{\pi/2} \cot^2 x \,\mathrm{d}x$.

6.2 Man berechne $\int_0^1 e^x \, dx$ mit der Definition des Integrals über RIEMANNsche Summen.

6.3 Durch Partialbruchzerlegung berechne man folgende Integrale:

a) $\displaystyle\int \frac{2x+3}{x^2-3x+2}\,dx$, b) $\displaystyle\int \frac{dx}{x^3-2x^2-5x+6}$,

c) $\displaystyle\int \frac{x}{(x+1)^2(x^2+1)}\,dx$, d) $\displaystyle\int \frac{x^2+5x+7}{2x+3}\,dx$,

e) $\displaystyle\int \frac{dx}{(a+x)(b+x)}$, f) $\displaystyle\int \frac{dx}{(x^2+1)(x^2+4)}$.

6.4 Man berechne die Integrale $\int e^{\alpha x}\cos\beta x\,dx$ und $\int e^{\alpha x}\sin\beta x\,dx$.

6.5 Es sei F in $(-\infty, \infty)$ eine Stammfunktion zu f. Man bestimme für $a \neq 0$ eine Stammfunktion zur Funktion $f(ax+b)$.

6.6 In einem mit einem Kolben versehenen Zylinder befindet sich ein Gas. Bei isothermer Ausdehnung erhält man die Arbeit des Gases durch das Integral

$$A = q \cdot \int_{x_1}^{x_2} p(x)\,dx$$

q: Zylinderquerschnitt,
x: Entfernung des Kolbens vom Zylinderboden,
$p(x)$: Gasdruck als Funktion von x.

Man berechne die Arbeit

a) eines idealen Gases: $p \cdot v = Rt$,

b) eines VAN DER WAALS-Gases: $\left(p + \frac{a}{v^2}\right)(v-b) = Rt$.

Dabei ist v das Volumen des Gases; a, b, R sind Konstanten.

6.7 Eine in $(-\infty, \infty)$ definierte Funktion f heißt gerade, wenn $f(x) = f(-x)$ für alle x; sie heißt ungerade, wenn $f(x) = -f(-x)$ für alle x.
Es sei $a > 0$. Für eine in $[-a, a]$ integrierbare Funktion f zeige man:

a) Ist f gerade, so gilt $\int_{-a}^{a} f(x)\,dx = 2\int_0^a f(x)\,dx$.

b) Ist f ungerade, so gilt $\int_{-a}^{a} f(x)\,dx = 0$.

6.8 Man zeige:

a) Für $\xi > 0$ gilt $\displaystyle\int_\xi^1 \frac{dx}{1+x^2} = \int_1^{1/\xi} \frac{dx}{1+x^2}$.

b) Für eine in $[a, b]$ stetige Funktion f gilt $\int\limits_a^b f(x)\,dx = \int\limits_a^b f(a+b-x)\,dx$.

c) Für $a > 0$, $b > 0$ gilt $\int\limits_0^1 x^a(1-x)^b\,dx = \int\limits_0^1 x^b(1-x)^a\,dx$.

6.9 a) Man berechne das Integral $I = \int\limits_a^b (Ax^2 + Bx + c)\,dx$.

b) Man zeige, daß I in der Form $I = \frac{b-a}{b}(y_0 + 4y_1 + y_2)$ dargestellt werden kann,

wobei y_0, y_1, y_2 die zu $x_0 = a$, $x_1 = \frac{a+b}{2}$, $x_2 = b$ gehörigen Funktionswerte sind.

6.10 Für eine in $[a, b]$ stetige Funktion f gilt der Mittelwertsatz

$$\int\limits_a^b f(x)\,dx = f(\xi)\cdot(b-a)$$

mit einem geeigneten $\xi \in (a, b)$. Man bestimme ein ξ für folgende Funktionen

a) $f(x) = 3x^2$ in $[0, 2]$, b) $f(x) = e^{2x}$ in $[3, 5]$, c) $f(x) = \sin x$ in $[0, \pi]$.

6.11 Die Funktion f sei in $(-\infty, \infty)$ zweimal stetig differenzierbar. Man zeige, daß für alle x gilt

$$f(x+1) - 2f(x) + f(x-1) = \int\limits_{x-1}^{x}\left(\int\limits_{y}^{y+1} f''(t)\,dt\right)dy.$$

6.12 Man differenziere die folgenden Funktionen nach x:

a) $\int\limits_1^x \frac{dt}{\sqrt{1+t^4}}$, b) $\int\limits_0^1 \sqrt{x+y}\,dy$ $(x > 0)$,

c) $\int\limits_1^{x^2} \frac{\sin t}{t}\,dt$, d) $\int\limits_x^{x^2} \frac{\sin t}{t}\,dt$ $(x > 0)$.

6.13 Man bestimme folgende Grenzwerte

a) $\lim\limits_{x\to 0} \frac{1}{\sin x^2}\cdot\int\limits_0^x \sin t\,dt$, b) $\lim\limits_{x\to 0} \frac{1}{x^2}\int\limits_0^x \sin t^2\,dt$, c) $\lim\limits_{x\to 0} \frac{1}{x}\cdot\left\{\int\limits_0^x e^{t^2}\,dt - x\right\}$.

6.14 Die Funktion f sei in $(-1, 1)$ stetig differenzierbar, und es gelte $f(0) = 0$. Man zeige:

$$\lim_{x\to 0} \frac{1}{x^2}\int\limits_0^x f(t)\,dt = \frac{f'(0)}{2}.$$

6.15 Die Funktion f sei definiert durch

$$f(x) = \int_0^x (1+4t)\,e^{t^2}\,dt + x \cdot e^{x^2}.$$

Man untersuche, ob f Extremstellen besitzt und bestimme diese gegebenenfalls.

6.16 Man untersuche, für welche $\alpha \in \mathbb{R}$ das Integral $\int_1^\infty \frac{dx}{x^\alpha}$ existiert und berechne ggf. seinen Wert.

6.17 Man untersuche, ob folgende uneigentlichen Integrale existieren und berechne ggf. ihre Werte:

a) $\displaystyle\int_0^\infty \frac{dx}{10^x}$, b) $\displaystyle\int_{-\infty}^\infty \frac{dx}{1+x^2}$, c) $\displaystyle\int_e^\infty \frac{dx}{x \ln x}$, d) $\displaystyle\int_{-\infty}^\infty \frac{x}{e^x}\,dx$.

6.18 Es sei $a > 0$. Man beweise

a) $\displaystyle\int_0^\infty x e^{-ax^2}\,dx = \frac{1}{2a}$, b) $\displaystyle\frac{\int_0^\infty x e^{-ax}\,dx}{\int_0^\infty e^{-ax}\,dx} = \frac{1}{a}$.

6.19 Für eine in $[0, \infty)$ definierte Funktion f und $s \in \mathbb{R}$ heißt

$$F(s) = \int_0^\infty e^{-st} f(t)\,dt$$

LAPLACE-Transformierte von f. Man untersuche bei den folgenden Funktionen für welche $s \in \mathbb{R}$ die LAPLACE-Transformierte existiert und bestimme diese ggf.

a) $f(t) = c = \text{const.}$, b) $f(t) = t$,

c) $f(t) = e^{\alpha t}$, d) $f(t) = t\,e^{\alpha t}$.

6.20 Die Funktion Γ, welche für $x \in (0, \infty)$ durch $\Gamma(x) = \int_0^\infty e^{-t} t^{x-1}\,dt$ definiert ist, heißt Gammafunktion.

a) Man zeige, daß dieses uneigentliche Integral für alle $x > 0$ existiert.

b) Man zeige (durch geeignete partielle Integration), daß für alle $x > 0$ die Beziehung $\Gamma(x+1) = x \cdot \Gamma(x)$ besteht.

c) Man zeige, daß für alle $n \in \mathbb{N}$ gilt $\Gamma(n+1) = n!$

7. REIHEN

7.1. Einfache Eigenschaften von Reihen, Beispiele

Zur Motivierung des Begriffes einer Reihe betrachten wir für ein q mit $|q| < 1$ die Folge $\{q^\nu\}_{\nu=0}^{\infty}$. Für die Summe ihrer ersten $n+1$ Glieder haben wir in Satz 1.4.1 bewiesen

$$\sum_{\nu=0}^{n} q^\nu = 1 + q + q^2 + \cdots + q^n = \frac{1-q^{n+1}}{1-q} .$$

Wegen $|q| < 1$ gilt $\lim\limits_{n\to\infty} q^{n+1} = 0$, und wir erhalten

$$\lim_{n\to\infty} \sum_{\nu=0}^{n} q^\nu = \lim_{n\to\infty} \frac{1-q^{n+1}}{1-q} = \frac{1}{1-q} .$$

Die Folge der Summen $\sum\limits_{\nu=0}^{n} q^\nu$ ist also konvergent zum Grenzwert $\frac{1}{1-q}$, und es ist naheliegend, für den Ausdruck $\lim\limits_{n\to\infty} \sum\limits_{\nu=0}^{n} q^\nu$ das Symbol $\sum\limits_{\nu=0}^{\infty} q^\nu$ zu verwenden.

Allgemein sei eine Folge $\{a_\nu\}_{\nu=0}^{\infty}$ reeller Zahlen a_ν gegeben. Wir betrachten die neue Folge $\{s_n\}_{n=0}^{\infty}$, welche durch

$$s_n = \sum_{\nu=0}^{n} a_\nu \qquad (n = 0, 1, \cdots)$$

definiert ist. Diese Folge $\{s_n\}$ heißt die mit der Folge $\{a_\nu\}$ gebildete Reihe, und wir benutzen für sie das Symbol $\sum\limits_{\nu=0}^{\infty} a_\nu$. Die Summe $s_n = \sum\limits_{\nu=0}^{n} a_\nu$ heißt eine Teilsumme der Reihe $\sum_{\nu=0}^{\infty} a_\nu$. Wenn die Folge $\{s_n\}$ konvergiert, heißt die Reihe $\sum_{\nu=0}^{\infty} a_\nu$ konvergent, im anderen Fall divergent.

7.1.1. Definition: Es sei $\{a_\nu\}_{\nu=0}^{\infty}$ eine Folge reeller Zahlen.

(1) Die ihr zugeordnete Folge $\{s_n\}_{n=0}^{\infty}$ mit $s_n = \sum_{\nu=0}^{n} a_\nu$ heißt die mit $\{a_\nu\}_{\nu=0}^{\infty}$ gebildete Reihe. Wir schreiben für diese Reihe $\sum_{\nu=0}^{\infty} a_\nu$.

(2) Die Reihe $\sum_{\nu=0}^{\infty} a_\nu$ heißt konvergent zur Summe s, wenn $\lim_{n\to\infty} s_n = s$ gilt. Wir schreiben dann $\sum_{\nu=0}^{\infty} a_\nu = s$.

7.1.2. Bemerkung: Bisweilen betrachten wir auch Reihen der Form $\sum_{\nu=k}^{\infty} a_\nu$, wobei k eine feste ganze Zahl ist.

Wir studieren nun einige Beispiele von Reihen.

7.1.3. Beispiel: Wir betrachten die Reihe $\sum_{\nu=2}^{\infty} \frac{1}{(\nu-1)\cdot\nu}$. Ihre Teilsummen sind für $n \geqslant 2$ gegeben durch

$$s_n = \sum_{\nu=2}^{n} \frac{1}{(\nu-1)\cdot\nu} = \frac{1}{1\cdot 2} + \frac{1}{2\cdot 3} + \frac{1}{3\cdot 4} + \cdots + \frac{1}{(n-1)\cdot n} =$$

$$= \left(\frac{1}{1} - \frac{1}{2}\right) + \left(\frac{1}{2} - \frac{1}{3}\right) + \left(\frac{1}{3} - \frac{1}{4}\right) + \cdots + \left(\frac{1}{n-1} - \frac{1}{n}\right) = 1 - \frac{1}{n}.$$

Es ergibt sich also $\lim_{n\to\infty} s_n = \lim_{n\to\infty}\left(1 - \frac{1}{n}\right) = 1$, und das bedeutet

$$\sum_{\nu=2}^{\infty} \frac{1}{(\nu-1)\cdot\nu} = 1.$$

7.1.4. Beispiel: Die Reihe $\sum_{\nu=0}^{\infty} \nu$ ist divergent, denn für ihre Teilsummen s_n gilt

$$s_n = \sum_{\nu=0}^{n} \nu = \frac{n(n+1)}{2} \to \infty.$$

7.1.5. Beispiel: Wir betrachten die Reihe $\sum_{\nu=1}^{\infty} \frac{1}{\nu^2}$. Für ihre Teilsummen s_n gilt

$$s_{n+1} - s_n = \sum_{\nu=1}^{n+1} \frac{1}{\nu^2} - \sum_{\nu=1}^{n} \frac{1}{\nu^2} = \frac{1}{(n+1)^2} > 0,$$

so daß die Folge $\{s_n\}$ streng monoton wachsend ist. Für $\nu \geqslant 1$ ist $\nu^2 > \nu(\nu-1)$, und wir erhalten mit Beispiel 7.1.3

$$0 \leqslant s_n = \sum_{\nu=1}^{n} \frac{1}{\nu^2} = 1 + \sum_{\nu=2}^{n} \frac{1}{\nu^2} < 1 + \sum_{\nu=2}^{n} \frac{1}{(\nu-1)\cdot\nu} =$$

$$= 1 + 1 - \frac{1}{n} < 2.$$

Also ist die Folge $\{s_n\}$ beschränkt, und wegen der Monotonie ist sie nach dem Hauptsatz über monotone Folgen konvergent. Das bedeutet, daß die Reihe $\sum_{\nu=1}^{\infty} \frac{1}{\nu^2}$ konvergiert. Ihre Summe ergibt sich durch diese Überlegungen nicht; mit komplizierteren Methoden (siehe Beispiel 7.5.12) erhält man

$$\sum_{\nu=1}^{\infty} \frac{1}{\nu^2} = \frac{\pi^2}{6} = 1{,}64493406 \cdots$$

7.1.6. Beispiel: Die Reihe $\sum_{\nu=1}^{\infty} \frac{1}{\nu}$ ist (erstaunlicherweise) divergent. Wir zeigen dazu, daß die Folge ihrer Teilsummen $s_n = \sum_{\nu=1}^{n} \frac{1}{\nu}$ unbeschränkt ist. Zunächst gilt

$$s_{2^0} = s_1 = 1,$$

$$s_{2^1} = s_2 = 1 + \frac{1}{2} > \frac{1}{2},$$

$$s_{2^2} = s_4 = s_2 + \frac{1}{3} + \frac{1}{4} > s_2 + \frac{1}{4} + \frac{1}{4} = s_2 + \frac{1}{2} > \frac{2}{2},$$

$$s_{2^3} = s_8 = s_4 + \frac{1}{5} + \frac{1}{6} + \frac{1}{7} + \frac{1}{8} > s_4 + \frac{1}{8} + \frac{1}{8} + \frac{1}{8} + \frac{1}{8} = s_4 + \frac{1}{2} > \frac{3}{2}.$$

Vermittels vollständiger Induktion zeigen wir, daß für alle n gilt $s_{2^n} > \frac{n}{2}$. Diese Behauptung ist richtig für $n = 1, 2, 3$. Für ein $k \geqslant 1$ gelte $s_{2^k} > \frac{k}{2}$, dann folgt

$$s_{2^{k+1}} = \sum_{\nu=1}^{2^{k+1}} \frac{1}{\nu} = \sum_{\nu=1}^{2^k} \frac{1}{\nu} + \sum_{\nu=2^k+1}^{2^{k+1}} \frac{1}{\nu} = s_{2^k} + \sum_{\nu=2^k+1}^{2^{k+1}} \frac{1}{\nu}.$$

Die rechts auftretende Summe besteht aus 2^k Summanden, von denen der kleinste $\frac{1}{2^{k+1}}$ ist. Wir erhalten daher die Abschätzung

$$s_{2^{k+1}} \geqslant s_{2^k} + \frac{2^k}{2^{k+1}} = s_{2^k} + \frac{1}{2} > \frac{k}{2} + \frac{1}{2} = \frac{k+1}{2}.$$

Daraus ergibt sich die Behauptung. Die Folge $\{s_n\}$ ist also unbeschränkt und folglich $\sum_{\nu=1}^{\infty} \frac{1}{\nu}$ divergent.

Der folgende Satz besagt, daß konvergente Reihen wie Summen addiert und mit Konstanten multipliziert werden können.

7.1.7. Satz: Es seien $\sum_{\nu=0}^{\infty} a_\nu$ und $\sum_{\nu=0}^{\infty} b_\nu$ konvergente Reihen, α und β seien Konstanten. Dann konvergiert auch die Reihe $\sum_{\nu=0}^{\infty} \{\alpha a_\nu + \beta b_\nu\}$, und es gilt

$$\sum_{\nu=0}^{\infty} \{\alpha a_\nu + \beta b_\nu\} = \alpha \cdot \sum_{\nu=0}^{\infty} a_\nu + \beta \cdot \sum_{\nu=0}^{\infty} b_\nu .$$

Beweis: Für die Teilsummen der neuen Reihe gilt

$$\sum_{\nu=0}^{n} \{\alpha a_\nu + \beta b_\nu\} = \alpha \cdot \sum_{\nu=0}^{n} a_\nu + \beta \cdot \sum_{\nu=0}^{n} b_\nu ,$$

wegen der Konvergenz von $\sum_{\nu=0}^{\infty} a_\nu$ und $\sum_{\nu=0}^{\infty} b_\nu$ ergibt sich hieraus die Behauptung.

Als nächstes zeigen wir, daß die Koeffizientenfolge $\{a_\nu\}$ einer konvergenten Reihe $\sum_{\nu=0}^{\infty} a_\nu$ notwendigerweise eine Nullfolge bildet.

7.1.8. Satz: Konvergiert die Reihe $\sum_{\nu=0}^{\infty} a_\nu$, so gilt $\lim_{\nu\to\infty} a_\nu = 0$.

Beweis: Die Folge der Teilsummen $s_n = \sum_{\nu=0}^{n} a_\nu$ konvergiert gegen eine reelle Zahl, etwa s. Es gilt für $n \geqslant 1$

$$a_n = \sum_{\nu=0}^{n} a_\nu - \sum_{\nu=0}^{n-1} a_\nu = s_n - s_{n-1}$$

und daher

$$\lim_{n\to\infty} a_n = \lim_{n\to\infty} s_n - \lim_{n\to\infty} s_{n-1} = s - s = 0.$$

7.1.9. Bemerkung: Die Bedingung $\lim_{\nu\to\infty} a_\nu = 0$ ist notwendig, aber nicht hinreihend für die Konvergenz von $\sum_{\nu=0}^{\infty} a_\nu$. So ist etwa die Reihe $\sum_{\nu=1}^{\infty} \frac{1}{\nu}$ divergent, obwohl $\lim_{\nu\to\infty} \frac{1}{\nu} = 0$ ist.

7.1.10. Beispiel: Für ein $q \in \mathbb{R}$ betrachten wir die geometrische Reihe $\sum_{\nu=0}^{\infty} q^\nu$. Ist $|q| \geqslant 1$, so ist die Koeffizientenfolge $\{q^\nu\}$ keine Nullfolge und daher $\sum_{\nu=0}^{\infty} q^\nu$ für $|q| \geqslant 1$ divergent. Es folgt also, daß die Reihe $\sum_{\nu=0}^{\infty} q^\nu$ genau dann konvergiert, wenn $|q| < 1$ ist. Ihre Summe ist dann

$$\sum_{\nu=0}^{\infty} q^\nu = \frac{1}{1-q}\ .$$

Wir haben in den obigen Beispielen gesehen, daß die Reihe $\sum_{\nu=1}^{\infty} \frac{1}{\nu^2}$ konvergiert, während die Reihe $\sum_{\nu=1}^{\infty} \frac{1}{\nu}$ divergiert. Diese beiden Reihen sind Spezialfälle sog. harmonischer Reihen $\sum_{\nu=1}^{\infty} \frac{1}{\nu^\alpha}$ mit $\alpha \in \mathbb{R}$. Es ergibt sich die Frage, für welche $\alpha \in \mathbb{R}$ diese Reihen konvergieren und für welche sie divergieren.

7.1.11. Satz: Die harmonische Reihe $\sum\limits_{\nu=1}^{\infty} \frac{1}{\nu^\alpha}$ konvergiert für $\alpha > 1$ und divergiert für $\alpha \leqslant 1$.

Beweis: Wir untersuchen die Teilsummen $s_n = \sum\limits_{\nu=1}^{n} \frac{1}{\nu^\alpha}$.

1. Es sei $\alpha > 1$. Wegen

$$s_{n+1} - s_n = \sum_{\nu=1}^{n+1} \frac{1}{\nu^\alpha} - \sum_{\nu=1}^{n} \frac{1}{\nu^\alpha} = \frac{1}{(n+1)^\alpha} > 0$$

ist $\{s_n\}$ streng monoton wachsend. Wir zeigen, daß $\{s_n\}$ auch beschränkt ist. Dazu bemerken wir zunächst, daß wegen $\alpha > 1$ die Ungleichung $0 < \frac{1}{2^{\alpha-1}} < 1$ gilt und folglich die geometrische Reihe $\sum\limits_{\nu=0}^{\infty} \left(\frac{1}{2^{\alpha-1}}\right)^\nu$ konvergiert. Es gibt daher eine Konstante M so, daß für alle $k \in \mathbb{N}$ gilt

$$\sum_{\nu=0}^{k} \left(\frac{1}{2^{\alpha-1}}\right)^\nu \leqslant M.$$

Zu $n \in \mathbb{N}$ wählen wir ein $k \in \mathbb{N}$ so, daß $2^{k+1} > n$. Es gilt dann

$$\begin{aligned}
s_n &= \sum_{\nu=1}^{n} \frac{1}{\nu^\alpha} \leqslant \sum_{\nu=1}^{2^{k+1}-1} \frac{1}{\nu^\alpha} = \\
&= 1 + \left\{\frac{1}{2^\alpha} + \frac{1}{3^\alpha}\right\} + \left\{\frac{1}{4^\alpha} + \cdots + \frac{1}{7^\alpha}\right\} + \cdots + \left\{\left(\frac{1}{2^k}\right)^\alpha + \cdots + \left(\frac{1}{2^{k+1}-1}\right)^\alpha\right\} \leqslant \\
&\leqslant 1 + \frac{2}{2^\alpha} + \frac{4}{4^\alpha} + \cdots + \frac{2^k}{(2^k)^\alpha} = \\
&= 1 + \left(\frac{1}{2^{\alpha-1}}\right)^1 + \left(\frac{1}{2^{\alpha-1}}\right)^2 + \cdots + \left(\frac{1}{2^{\alpha-1}}\right)^k = \\
&= \sum_{\nu=0}^{k} \left(\frac{1}{2^{\alpha-1}}\right)^\nu \leqslant M.
\end{aligned}$$

Also ist $\{s_n\}$ auch beschränkt. Aus dem Hauptsatz über monotone Folgen ergibt sich die Konvergenz von $\{s_n\}$ und daher die Konvergenz der Reihe $\sum\limits_{\nu=1}^{\infty} \frac{1}{\nu^\alpha}$.

2. Es sei $\alpha \leqslant 1$. In diesem Falle erhalten wir aus $\nu^\alpha \leqslant \nu^1$ die Ungleichung $\frac{1}{\nu^\alpha} \geqslant \frac{1}{\nu}$ und daraus

$$s_n = \sum_{\nu=1}^{n} \frac{1}{\nu^\alpha} \geqslant \sum_{\nu=1}^{n} \frac{1}{\nu} = t_n .$$

Nach Beispiel 7.1.6 ist aber die Folge $\{t_n\}$ unbeschränkt, also ist auch $\{s_n\}$ unbeschränkt und daher divergent.

7.1.12. Beispiel: Wir konstruieren eine Spirale mit unendlich vielen Windungen auf die folgende Weise. Es werden Halbkreise K_n mit den Radien r_n gemäß Abbildung 7.1.1 aneinandergesetzt. Dabei gelte $r_0 = r$ und für $n \geqslant 1$ sei $r_n = \frac{1}{2} r_{n-1}$. Es gilt also

$$r_0 = r,\quad r_1 = \frac{r}{2},\quad r_2 = \frac{r}{2^2}, \cdots,\quad r_n = \frac{r}{2^n} .$$

Die Länge L_n des Halbkreisbogens K_n ist gegeben durch

$$L_n = \pi \cdot r_n = \frac{r\pi}{2^n} \qquad (n = 0, 1, \cdots).$$

Daher ist die Länge der Spirale durch die geometrische Reihe

$$\sum_{\nu=0}^{\infty} L_\nu = \sum_{\nu=0}^{\infty} \frac{r\pi}{2^\nu} = r\pi \cdot \sum_{\nu=0}^{\infty} \left(\frac{1}{2}\right)^\nu = r\pi \cdot \frac{1}{1 - \frac{1}{2}} = 2r\pi$$

gegeben, so daß die Spirale gerade dieselbe Länge wie der volle Kreisbogen mit dem Radius r hat.

Abb. 7.1.1

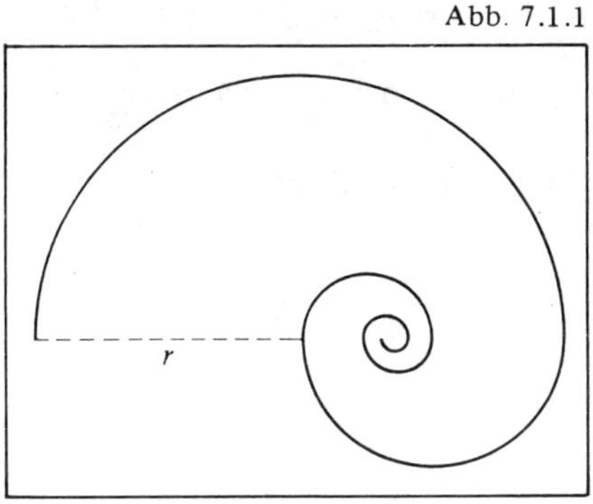

Abb. 7.1.2

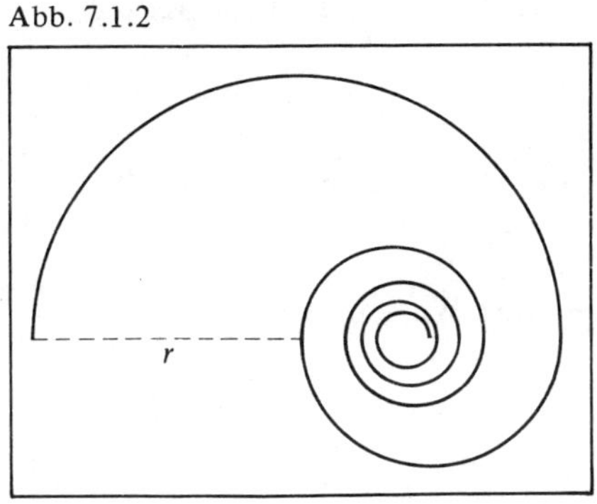

Wählen wir die Radien r_n so, daß $r_n = \frac{r}{n+1}$ ist (siehe Abbildung 7.1.2), so ist die Länge L_n gegeben durch $L_n = \frac{r\pi}{n+1}$ und die Länge der Spirale durch die harmonische Reihe

$$\sum_{\nu=0}^{\infty} L_\nu = \sum_{\nu=0}^{\infty} \frac{r\pi}{\nu+1} = r\pi \cdot \sum_{\nu=1}^{\infty} \frac{1}{\nu} .$$

Die Teilsummen dieser Reihe sind nach Beispiel 7.1.6 unbeschränkt, so daß die Spirale in diesem Fall (obwohl sie einem Kreis mit dem Radius r einbeschrieben ist) keine endliche Länge hat.

7.2. Kriterien für die Konvergenz von Reihen

Im Prinzip kann jedes Kriterium für die Konvergenz einer Folge in ein Kriterium für die Konvergenz einer Reihe umgeschrieben werden. Das Interesse der Reihenlehre besteht jedoch darin, die Konvergenz oder Divergenz einer Reihe an ihrer Koeffizientenfolge abzulesen. Wir behandeln in diesem Abschnitt einige wichtige Konvergenzkriterien dieser Art.

7.1.2. Das Majorantenkriterium

Im folgenden Satz geben wir ein wichtiges hinreichendes Kriterium an, bei welchem die Konvergenz einer Reihe durch Vergleich mit einer geeigneten anderen – schon als konvergent bekannten – Reihe gefolgert wird.

7.2.1. Satz (Majorantenkriterium): Es sei $\sum\limits_{\nu=0}^{\infty} b_\nu$ eine konvergente Reihe mit $b_\nu \geqslant 0$ für $\nu \geqslant 0$. Gilt $|a_\nu| \leqslant b_\nu$ für alle ν, so konvergiert auch $\sum\limits_{\nu=0}^{\infty} a_\nu$ (man nennt $\sum\limits_{\nu=0}^{\infty} b_\nu$ eine konvergente Majorante für $\sum\limits_{\nu=0}^{\infty} a_\nu$).

Beweis: Wir setzen

$$s_n = \sum_{\nu=0}^{n} a_\nu , \qquad t_n = \sum_{\nu=0}^{n} b_\nu$$

und müssen die Konvergenz von $\{s_n\}$ nachzuweisen. Wegen $a_\nu \leqslant |a_\nu| \leqslant b_\nu$ ist $b_\nu - a_\nu \geqslant 0$ und daher die Folge

$$t_n - s_n = \sum_{\nu=0}^{n} \{b_\nu - a_\nu\}$$

monoton wachsend. Ebenfalls wegen $|a_\nu| \leqslant b_\nu$ erhalten wir

$$|t_n - s_n| = \left| \sum_{\nu=0}^{n} b_\nu - \sum_{\nu=0}^{n} a_\nu \right| \leqslant \sum_{\nu=0}^{n} b_\nu + \sum_{\nu=0}^{n} |a_\nu| \leqslant$$

$$\leqslant 2 \cdot \sum_{\nu=0}^{n} b_\nu = 2t_n.$$

Wegen der Konvergenz von $\{t_n\}$ ist daher $\{t_n - s_n\}$ beschränkt. Nach dem Hauptsatz über monotone Folgen ist $\{t_n - s_n\}$ als monotone und beschränkte Folge konvergent. Wegen

$$s_n = t_n - (t_n - s_n)$$

ergibt sich aus der Konvergenz der Folgen $\{t_n\}$ und $\{t_n - s_n\}$ die Konvergenz von $\{s_n\}$ und daraus die Konvergenz der Reihe $\sum_{\nu=0}^{\infty} a_\nu$.

7.2.2. Bemerkung: Man sagt eine Reihe $\sum_{\nu=0}^{\infty} a_\nu$ sei absolut konvergent, wenn $\sum_{\nu=0}^{\infty} |a_\nu|$ konvergiert. Konvergiert die Reihe $\sum_{\nu=0}^{\infty} |a_\nu|$, so ergibt sich aus dem Majorantenkriterium insbesondere sofort, daß auch die Reihe $\sum_{\nu=0}^{\infty} a_\nu$ konvergiert. Aus der absoluten Konvergenz einer Reihe folgt also ihre Konvergenz (aber nicht umgekehrt, vgl. Beispiel 7.2.19).

7.2.3. Beispiel: Wir betrachten die Reihe $\sum_{\nu=1}^{\infty} (-1)^\nu \cdot \frac{\nu^3 - 2\nu}{\nu^5 + 3\nu^3 + 1}$. Wegen

$$\left| (-1)^\nu \cdot \frac{\nu^3 - 2\nu}{\nu^5 + 3\nu^3 + 1} \right| \leqslant \frac{\nu^3 + 2\nu}{\nu^5 + 3\nu^3 + 1} \leqslant \frac{\nu^3 + 3\nu}{\nu^5 + 3\nu^3} = \frac{1}{\nu^2}$$

konvergiert diese Reihe und sogar absolut, denn $\sum_{\nu=1}^{\infty} \frac{1}{\nu^2}$ ist eine konvergente Majorante.

7.2.4. Beispiel: Die Reihe $\sum_{\nu=1}^{\infty} \frac{1}{\sqrt{\nu}}$ ist divergent. Wäre sie nämlich konvergent, so folgte aus $\sqrt{\nu} \leqslant \nu$ für $\nu \geqslant 1$ die Ungleichung $\frac{1}{\nu} \leqslant \frac{1}{\sqrt{\nu}}$ und mit dem Majorantenkriterium die Konvergenz der Reihe $\sum_{\nu=1}^{\infty} \frac{1}{\nu}$, welche aber divergent ist.

7.2.5. Bemerkung: Eine Reihe $\sum_{\nu=0}^{\infty} a_\nu$ ist sicher dann konvergent, wenn mit Konstanten $M > 0$ und q, $0 < q < 1$ gilt $|a_\nu| \leqslant M \cdot q^\nu$. Denn in diesem Fall ist $M \cdot \sum_{\nu=0}^{\infty} q^\nu$ eine konvergente Majorante für $\sum_{\nu=0}^{\infty} a_\nu$.

7.2.2. Das Quotientenkriterium und das Wurzelkriterium

Wir behandeln zwei Konvergenzkriterien, welche es gestatten, die Konvergenz von $\sum_{\nu=0}^{\infty} a_\nu$ direkt aus Eigenschaften von $\{a_\nu\}$ zu folgern.

7.2.6. Satz (Quotientenkriterium): Gegeben sei die Reihe $\sum_{\nu=0}^{\infty} a_\nu$ mit $a_\nu \neq 0$ für alle $\nu \geqslant 0$.

(1) Die Reihe konvergiert sicher dann (und zwar sogar absolut), wenn ein $\nu_0 \geqslant 0$ und ein q, $0 < q < 1$ existieren, so daß gilt

$$\left| \frac{a_{\nu+1}}{a_\nu} \right| \leqslant q < 1 \qquad \text{für alle } \nu \geqslant \nu_0 .$$

(2) Die Reihe divergiert sicher dann, wenn ein $\nu_0 \geqslant 0$ existiert, so daß gilt

$$\left| \frac{a_{\nu+1}}{a_\nu} \right| \geqslant 1 \qquad \text{für alle } \nu \geqslant \nu_0 .$$

Beweis:

1. Es gelte $\left|\frac{a_{\nu+1}}{a_\nu}\right| \leqslant q < 1$ für alle $\nu \geqslant \nu_0$. Wir zeigen mit vollständiger Induktion, daß mit einer Konstanten M gilt

$$|a_\nu| \leqslant M \cdot q^\nu \qquad \text{für alle } \nu \geqslant 0.$$

a) Zunächst existiert eine Konstante M^* so, daß $|a_\nu| \leqslant M^*$ für alle ν mit $0 \leqslant \nu \leqslant \nu_0$. Es folgt

$$\frac{|a_\nu|}{q^\nu} \leqslant \frac{M^*}{q^\nu} \leqslant \frac{M^*}{q^{\nu_0}} \quad \text{für alle } \nu \text{ mit } 0 \leqslant \nu \leqslant \nu_0 .$$

Setzen wir $M = \frac{M^*}{q^{\nu_0}}$, so ergibt sich

$$|a_\nu| \leqslant M \cdot q^\nu \qquad \text{für alle } \nu \text{ mit } 0 \leqslant \nu \leqslant \nu_0 .$$

b) Für ein $k \geqslant \nu_0$ gelte $|a_k| \leqslant M \cdot q^k$. Wegen $\left|\frac{a_{k+1}}{a_k}\right| \leqslant q$ ist dann

$$|a_{k+1}| \leqslant |a_k| \cdot q \leqslant M \cdot q^k \cdot q = M \cdot q^{k+1} .$$

Daraus folgt die Behauptung.

Es ergibt sich, daß die Reihe $M \cdot \sum_{\nu=0}^{\infty} q^\nu$ eine konvergente Majorante für $\sum_{\nu=0}^{\infty} |a_\nu|$ ist und diese nach dem Majorantenkriterium konvergiert.

2. Gilt $\left|\frac{a_{\nu+1}}{a_\nu}\right| \geqslant 1$ für alle $\nu \geqslant \nu_0$, so erhalten wir für $\nu \geqslant \nu_0$

$$|a_\nu| \geqslant |a_{\nu-1}| \geqslant \cdots \geqslant |a_{\nu_0}| > 0,$$

so daß $\{a_\nu\}$ keine Nullfolge ist und daher $\sum_{\nu=0}^{\infty} a_\nu$ nicht konvergieren kann.

7.2.7. Bemerkung: Aus dem Quotientenkriterium ergibt sich unmittelbar, daß die Reihe $\sum_{\nu=0}^{\infty} a_\nu$ sicher dann konvergiert, wenn gilt

$$\lim_{\nu\to\infty} \left|\frac{a_{\nu+1}}{a_\nu}\right| < 1$$

und sicher dann divergiert, wenn gilt

$$\lim_{\nu\to\infty} \left|\frac{a_{\nu+1}}{a_\nu}\right| > 1.$$

Im Falle

$$\lim_{\nu\to\infty} \left|\frac{a_{\nu+1}}{a_\nu}\right| = 1$$

ist eine Entscheidung über Konvergenz oder Divergenz von $\sum_{\nu=0}^{\infty} a_\nu$ mit dem Quotientenkriterium nicht möglich.

7.2.8. Beispiel: Wir betrachten die Reihe $\sum\limits_{\nu=0}^{\infty} a_\nu = \sum\limits_{\nu=0}^{\infty} \frac{\nu\cdot(-1)^\nu}{2^\nu}$. Es gilt für $\nu \geqslant 1$

$$\left|\frac{a_{\nu+1}}{a_\nu}\right| = \left|\frac{(\nu+1)\cdot(-1)^{\nu+1}}{2^{\nu+1}} \cdot \frac{2^\nu}{\nu\cdot(-1)^\nu}\right| = \frac{1}{2}\cdot\frac{\nu+1}{\nu}$$

und daher

$$\lim_{\nu\to\infty} \left|\frac{a_{\nu+1}}{a_\nu}\right| = \frac{1}{2}\cdot\lim_{\nu\to\infty}\frac{\nu+1}{\nu} = \frac{1}{2} < 1,$$

so daß die betrachtete Reihe konvergiert.

7.2.9. Beispiel: Wir betrachten die Reihe $\sum\limits_{\nu=1}^{\infty} a_\nu = \sum\limits_{\nu=1}^{\infty} \frac{\nu^\nu}{\nu!\cdot 2^\nu}$. Es gilt

$$\left|\frac{a_{\nu+1}}{a_\nu}\right| = \frac{(\nu+1)^{\nu+1}}{(\nu+1)!\cdot 2^{\nu+1}} \cdot \frac{\nu!\cdot 2^\nu}{\nu^\nu} = \frac{1}{2}\cdot\frac{(\nu+1)\cdot(\nu+1)^\nu}{(\nu+1)\cdot\nu^\nu} =$$

$$= \frac{1}{2}\cdot\left(1+\frac{1}{\nu}\right)^\nu$$

und daher

$$\lim_{\nu \to \infty} \left| \frac{a_{\nu+1}}{a_\nu} \right| = \frac{1}{2} \cdot \lim_{\nu \to \infty} \left(1 + \frac{1}{\nu}\right)^\nu = \frac{e}{2} > 1,$$

so daß die betrachtete Reihe divergiert.

7.2.10. Beispiel: Wir zeigen noch, daß die Anwendung des Quotientenkriteriums im Falle $\lim_{\nu \to \infty} \left| \frac{a_{\nu+1}}{a_\nu} \right| = 1$ versagt. Dazu betrachten wir für $\alpha \in \mathbb{R}$ harmonische Reihen $\sum_{\nu=1}^{\infty} \frac{1}{\nu^\alpha}$. Es gilt

$$\left| \frac{a_{\nu+1}}{a_\nu} \right| = \frac{\nu^\alpha}{(\nu+1)^\alpha} = \left(\frac{\nu}{\nu+1}\right)^\alpha$$

und daher ergibt sich für alle harmonischen Reihen

$$\lim_{\nu \to \infty} \left| \frac{a_{\nu+1}}{a_\nu} \right| = \lim_{\nu \to \infty} \left(\frac{\nu}{\nu+1}\right)^\alpha = 1.$$

Für $\alpha \leqslant 1$ liegt jedoch Divergenz und für $\alpha > 1$ Konvergenz vor.

Außer dem Quotientenkriterium wird oft das Wurzelkriterium zum Konvergenznachweis für eine Reihe herangezogen.

7.2.11. Satz (Wurzelkriterium): Die Reihe $\sum_{\nu=0}^{\infty} a_\nu$ konvergiert sicher dann (und zwar sogar absolut), wenn ein $\nu_0 \geqslant 0$ und ein q, $0 < q < 1$ existieren, so daß gilt

$$\sqrt[\nu]{|a_\nu|} \leqslant q \qquad \text{für alle } \nu \geqslant \nu_0.$$

Beweis: Für $\nu \geqslant \nu_0$ erhalten wir $|a_\nu| \leqslant q^\nu$, und es gibt wieder eine Konstante M, so daß

$$|a_\nu| \leqslant M \cdot q^\nu \qquad \text{für alle } \nu \geqslant 0\,.$$

Die Reihe $M \cdot \sum\limits_{\nu=0}^{\infty} q^\nu$ ist also eine konvergente Majorante für $\sum\limits_{\nu=0}^{\infty} |a_\nu|$.

7.2.12. **Bemerkung**: Aus dem Wurzelkriterium ergibt sich unmittelbar, daß die Reihe $\sum\limits_{\nu=0}^{\infty} a_\nu$ sicher dann konvergiert, wenn gilt

$$\lim_{\nu \to \infty} \sqrt[\nu]{|a_\nu|} < 1.$$

Sie ist sicher dann divergent, wenn gilt

$$\lim_{\nu \to \infty} \sqrt[\nu]{|a_\nu|} > 1$$

(denn dann ist trivialerweise $\{a_\nu\}$ keine Nullfolge). Im Falle

$$\lim_{\nu \to \infty} \sqrt[\nu]{|a_\nu|} = 1$$

ist eine Entscheidung über Konvergenz oder Divergenz von $\sum\limits_{\nu=0}^{\infty} a_\nu$ mit dem Wurzelkriterium nicht möglich.

7.2.13. **Bemerkung**: Bei der Anwendung des Wurzelkriteriums wird oft benötigt, daß

$$\lim_{\nu \to \infty} \sqrt[\nu]{\nu} = 1$$

ist (siehe Beispiel 4.6.7).

7.2.14. **Beispiel**: Wir betrachten die Reihe $\sum\limits_{\nu=0}^{\infty} a_\nu = \sum\limits_{\nu=0}^{\infty} \nu \cdot \left(\frac{2\nu+1}{3\nu+1}\right)^\nu$. Es gilt $\sqrt[\nu]{|a_\nu|} = \sqrt[\nu]{\nu} \cdot \frac{2\nu+1}{3\nu+1}$, also

$$\lim_{\nu \to \infty} \sqrt[\nu]{|a_\nu|} = \lim_{\nu \to \infty} \sqrt[\nu]{\nu} \cdot \lim_{\nu \to \infty} \frac{2\nu+1}{3\nu+1} = \frac{2}{3} < 1,$$

so daß die betrachtete Reihe konvergiert.

7.2.15. **Beispiel**: Für eine reelle Zahl x betrachten wir die Reihe

$$\sum_{\nu=1}^{\infty} a_\nu = \sum_{\nu=1}^{\infty} \left(\nu \cdot \sin \frac{x}{\nu}\right)^\nu.$$

Diese konvergiert für $x = 0$ trivialerweise; für $x \neq 0$ ist

$$\sqrt[\nu]{|a_\nu|} = |\nu \cdot \sin \frac{x}{\nu}| = \left| x \cdot \frac{\sin \frac{x}{\nu}}{\frac{x}{\nu}} \right|$$

und wegen $\lim\limits_{y \to 0} \frac{\sin y}{y} = 1$ folgt

$$\lim_{\nu \to \infty} \sqrt[\nu]{|a_\nu|} = |x| \cdot \lim_{\nu \to \infty} \left| \frac{\sin \frac{x}{\nu}}{\frac{x}{\nu}} \right| = |x|\,.$$

Die Reihe konvergiert folglich für $|x| < 1$ und divergiert für $|x| > 1$. Man kann zeigen, daß die Reihe für $|x| = 1$ ebenfalls divergiert (siehe Übungsaufgabe 7.3).

7.2.16. Beispiel: Wir zeigen, daß die Anwendung des Wurzelkriteriums im Falle $\lim\limits_{\nu \to \infty} \sqrt[\nu]{|a_\nu|} = 1$ versagt. Dazu betrachten wir wieder harmonische Reihen $\sum\limits_{\nu=1}^{\infty} \frac{1}{\nu^\alpha}$. Es gilt für jedes $\alpha \in \mathbb{R}$

$$\lim_{\nu \to \infty} \sqrt[\nu]{|a_\nu|} = \lim_{\nu \to \infty} \sqrt[\nu]{\frac{1}{\nu^\alpha}} = \frac{1}{\left(\lim\limits_{\nu \to \infty} \sqrt[\nu]{\nu}\right)^\alpha} = 1.$$

Für $\alpha \leqslant 1$ haben wir aber bekanntlich Divergenz und für $\alpha > 1$ Konvergenz.

7.2.3. Das LEIBNIZ-Kriterium

Wir untersuchen jetzt speziell Reihen der Form $\sum\limits_{\nu=0}^{\infty} (-1)^\nu a_\nu$ mit $a_\nu \geqslant 0$.
Da die Koeffizienten einer solchen Reihe abwechselnde Vorzeichen haben, spricht man von alternierenden Reihen.

7.2.17. Satz (LEIBNIZ-Kriterium): Eine alternierende Reihe $\sum\limits_{\nu=0}^{\infty} (-1)^\nu a_\nu$ mit $a_\nu \geqslant 0$ ist sicher dann konvergent, wenn $\{a_\nu\}$ eine monotone Nullfolge ist.

Beweis: Wir betrachten die Teilsummenfolgen $\{s_{2n}\}$ und $\{s_{2n+1}\}$.

1. Es gilt

$$s_{2n} = \sum_{\nu=0}^{2n} (-1)^{\nu} a_{\nu} =$$

$$= (a_0 - a_1) + (a_2 - a_3) + \cdots + (a_{2n-2} - a_{2n-1}) + a_{2n} \geqslant$$

$$\geqslant a_{2n} \geqslant 0,$$

weil die Ausdrücke in den Klammern wegen der Monotonie von $\{a_{\nu}\}$ alle nicht-negativ sind. Ferner ist

$$s_{2(n+1)} - s_{2n} = \sum_{\nu=0}^{2n+2} (-1)^{\nu} a_{\nu} - \sum_{\nu=0}^{2n} (-1)^{\nu} a_{\nu} =$$

$$= a_{2n+2} - a_{2n+1} \leqslant 0.$$

Also ist $\{s_{2n}\}$ monoton fallend und beschränkt. Daher konvergiert $\{s_{2n}\}$; es sei $s^* = \lim_{n \to \infty} s_{2n}$.

2. Analog zeigt man, daß $\{s_{2n+1}\}$ monoton wachsend und beschränkt, also ebenfalls konvergent ist. Es sei $s^{**} = \lim_{n \to \infty} s_{2n+1}$.

3. Es gilt

$$s_{2n+1} - s_{2n} = \sum_{\nu=0}^{2n+1} (-1)^{\nu} a_{\nu} - \sum_{\nu=0}^{2n} (-1)^{\nu} a_{\nu} = -a_{2n+1}$$

und folglich

$$s^{**} - s^{*} = \lim_{n \to \infty} (s_{2n+1} - s_{2n}) = - \lim_{n \to \infty} a_{2n+1} = 0.$$

Also ist $s^{**} = s^{*}$ und damit die betrachtete Reihe konvergent.

7.2.18. Beispiel: Wir betrachten die alternierende Reihe

$$\sum_{\nu=0}^{\infty} (-1)^{\nu} a_{\nu} = \sum_{\nu=0}^{\infty} (-1)^{\nu} \frac{1}{\log(\nu+1)} .$$

Hier ist $\{a_{\nu}\} = \left\{\frac{1}{\log(\nu+1)}\right\}$ eine Nullfolge, die wegen

$$\log(\nu+1) < \log(\nu+2) \quad \text{bzw.} \quad a_{\nu} = \frac{1}{\log(\nu+1)} > \frac{1}{\log(\nu+2)} = a_{\nu+1}$$

monoton fallend ist. Nach dem LEIBNIZ-Kriterium konvergiert also die betrachtete Reihe.

7.2.19. Beispiel: Für ein $\alpha \in \mathbb{R}$ betrachten wir die alternierende Reihe

$$\sum_{\nu=1}^{\infty} (-1)^{\nu+1} a_{\nu} = \sum_{\nu=1}^{\infty} (-1)^{\nu+1} \frac{1}{\nu^{\alpha}} .$$

Ist $\alpha \leqslant 0$, so ist diese Reihe sicher divergent, weil dann $\{(-1)^{\nu+1} \frac{1}{\nu^{\alpha}}\}$ keine Nullfolge ist. Im Falle $\alpha > 0$ ist $\{a_{\nu}\} = \left\{\frac{1}{\nu^{\alpha}}\right\}$ eine Nullfolge und aus $\nu^{\alpha} < (\nu+1)^{\alpha}$ folgt

$$a_{\nu} = \frac{1}{\nu^{\alpha}} > \frac{1}{(\nu+1)^{\alpha}} = a_{\nu+1} ,$$

so daß sie monoton fallend ist. Nach dem LEIBNIZ-Kriterium konvergiert also die betrachtete Reihe wenn $\alpha > 0$ ist. Vergleichen wir dieses Ergebnis mit Satz 7.1.11, so stellen wir fest, daß die Reihe $\sum_{\nu=1}^{\infty} (-1)^{\nu+1} \frac{1}{\nu^{\alpha}}$ genau dann konvergiert, wenn $\alpha > 0$ ist und genau dann absolut konvergiert, wenn $\alpha > 1$ ist. Insbesondere ergibt sich aus dieser Feststellung, daß aus der Konvergenz einer Reihe nicht ihre absolute Konvergenz zu folgen braucht (vgl. Bemerkung 7.2.2).

7.2.20. Tabelle einiger Reihensummen

$\sum_{\nu=0}^{\infty} q^{\nu} = \frac{1}{1-q}, \quad \lvert q \rvert < 1$	$\sum_{\nu=1}^{\infty} \frac{(-1)^{\nu+1}}{\nu} = \ln 2 = 0{,}693147181$
$\sum_{\nu=0}^{\infty} \frac{1}{\nu!} = e = 2{,}718281829$	$\sum_{\nu=1}^{\infty} \frac{1}{\nu(\nu+1)} = 1$
$\sum_{\nu=0}^{\infty} \frac{(-1)^{\nu+1}}{\nu!} = \frac{1}{e} = 0{,}367879441$	$\sum_{\nu=0}^{\infty} \frac{(-1)^{\nu}}{2\nu+1} = \frac{\pi}{4} = 0{,}785398164$
$\sum_{\nu=1}^{\infty} \frac{1}{\nu^{2\alpha}} = \frac{2^{2\alpha-1}\pi^{2\alpha}}{(2\alpha)!}(-1)^{\alpha+1} b_{2\alpha}$ *) $(\alpha \in \mathbb{N})$ speziell $\sum_{\nu=1}^{\infty} \frac{1}{\nu^2} = \frac{\pi^2}{6} = 1{,}644934067$ $\sum_{\nu=1}^{\infty} \frac{1}{\nu^4} = \frac{\pi^4}{90} = 1{,}082323234$ $\sum_{\nu=1}^{\infty} \frac{1}{\nu^6} = \frac{\pi^6}{945} = 1{,}017343063$	$\sum_{\nu=1}^{\infty} \frac{(-1)^{\nu+1}}{\nu^{2\alpha}} = \frac{(2^{2\alpha-1}-1)\pi^{2\alpha}}{(2\alpha)!}(-1)^{\alpha+1} b_{2\alpha}$ *) $(\alpha \in \mathbb{N})$ speziell $\sum_{\nu=1}^{\infty} \frac{(-1)^{\nu+1}}{\nu^2} = \frac{\pi^2}{12} = 0{,}822467034$ $\sum_{\nu=1}^{\infty} \frac{(-1)^{\nu+1}}{\nu^4} = \frac{7\pi^4}{720} = 0{,}947032830$ $\sum_{\nu=1}^{\infty} \frac{(-1)^{\nu+1}}{\nu^6} = \frac{31\pi^6}{30240} = 0{,}985551092$

*) Hierbei ist $\{b_n\}$ die Folge der BERNOULLIschen Zahlen, die aus der Rekursionsformel $b_0 = 1, \ \sum_{\nu=0}^{n} \binom{n+1}{\nu} b_{\nu} = 0$ für $n \geq 1$ zu berechnen sind. Man erhält $b_1 = -\frac{1}{2}$, $b_{2\nu+1} = 0$ für $\nu \geq 1$ sowie $b_0 = 1$, $b_2 = \frac{1}{6}$, $b_4 = -\frac{1}{30}$, $b_6 = \frac{1}{42}$, $b_8 = -\frac{1}{30}$, $b_{10} = \frac{5}{66}$, $b_{12} = -\frac{691}{2730}$.

7.3. Potenzreihen

Wir studieren jetzt Reihen der Form $\sum_{\nu=0}^{\infty} a_{\nu} x^{\nu}$, wobei $\{a_{\nu}\}$ eine feste, gegebene Folge und x eine variable reelle Zahl ist. Solche Reihen spielen in der Analysis eine wichtige Rolle; sie werden Potenzreihen genannt.

7.3.1. Konvergenzeigenschaften von Potenzreihen

Das zentrale Problem bei der Untersuchung von Potenzreihen ist die Bestimmung derjenigen $x \in (-\infty, \infty)$, für welche die Reihe konvergiert. Trivialerweise ist dies stets für $x = 0$ der Fall.

7.3.1. Beispiel: Die Potenzreihe $\sum_{\nu=0}^{\infty} x^\nu$ (geometrische Reihe) divergiert bekanntlich für $|x| \geqslant 1$, sie konvergiert für $x \in (-1, 1)$, und es gilt

$$\sum_{\nu=0}^{\infty} x^\nu = \frac{1}{1-x} \qquad \text{für} \qquad x \in (-1, 1).$$

7.3.2. Beispiel: Wir betrachten die Potenzreihe $\sum_{\nu=0}^{\infty} \frac{x^\nu}{\nu!}$ und bestimmen mit dem Quotientenkriterium diejenigen $x \in (-\infty, \infty)$, für welche sie konvergiert. Es gilt für $x \neq 0$

$$\lim_{\nu \to \infty} \left| \frac{x^{\nu+1}}{(\nu+1)!} \cdot \frac{\nu!}{x^\nu} \right| = |x| \cdot \lim_{\nu \to \infty} \frac{1}{\nu+1} = 0,$$

so daß diese Potenzreihe für alle $x \in (-\infty, \infty)$ konvergiert.

7.3.3. Beispiel: Wir betrachten die Potenzreihe $\sum_{\nu=0}^{\infty} \nu^\nu \cdot x^\nu$ und bestimmen mit dem Wurzelkriterium diejenigen $x \in (-\infty, \infty)$, für welche sie konvergiert. Es gilt für $x \neq 0$

$$\lim_{\nu \to \infty} \sqrt[\nu]{|\nu^\nu \cdot x^\nu|} = |x| \cdot \lim_{\nu \to \infty} \nu = \infty,$$

so daß diese Potenzreihe für $x = 0$ konvergiert, aber für alle $x \neq 0$ divergiert.

Der folgende Satz gibt eine wichtige Information über das Konvergenzverhalten von Potenzreihen an.

7.3.4. Satz: Gegeben sei die Potenzreihe $\sum_{\nu=0}^{\infty} a_\nu x^\nu$.

(1) Konvergiert $\sum_{\nu=0}^{\infty} a_\nu x_1^\nu$ für ein $x_1 \neq 0$, so konvergiert $\sum_{\nu=0}^{\infty} |a_\nu x^\nu|$ für alle x mit $|x| < |x_1|$.

(2) Divergiert $\sum_{\nu=0}^{\infty} a_\nu x_2^\nu$ für ein x_2, so divergiert $\sum_{\nu=0}^{\infty} a_\nu x^\nu$ für alle x mit $|x| > |x_2|$.

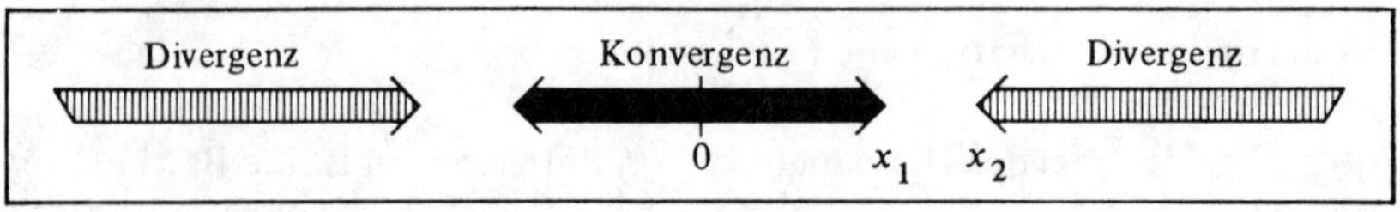

Abb. 7.3.1

Beweis:

1. Es sei $\sum\limits_{\nu=0}^{\infty} a_\nu x_1^\nu$ konvergent. Dann ist $\{a_\nu x_1^\nu\}$ eine Nullfolge, und es existiert eine Konstante M mit

$$|a_\nu x_1^\nu| \leqslant M \qquad \text{für alle } \nu \geqslant 0.$$

Für $|x| < |x_1|$ ergibt sich daraus

$$|a_\nu x^\nu| = |a_\nu x_1^\nu| \cdot \left|\frac{x}{x_1}\right|^\nu \leqslant M \cdot \left|\frac{x}{x_1}\right|^\nu .$$

Hierbei ist $\left|\frac{x}{x_1}\right| < 1$ und daher $M \cdot \sum\limits_{\nu=0}^{\infty} \left|\frac{x}{x_1}\right|^\nu$ eine konvergente Majorante für $\sum\limits_{\nu=0}^{\infty} |a_\nu x^\nu|$, so daß diese Reihe konvergiert. Damit ist die erste Aussage bewiesen.

2. Es sei $\sum\limits_{\nu=0}^{\infty} a_\nu x_2^\nu$ divergent. Wäre für ein x mit $|x| > |x_2|$ die Reihe $\sum\limits_{\nu=0}^{\infty} a_\nu x^\nu$ konvergent, so folgte aus (1) die Konvergenz von $\sum\limits_{\nu=0}^{\infty} |a_\nu x_2^\nu|$ und daraus nach Bemerkung 7.2.2 die Konvergenz von $\sum\limits_{\nu=0}^{\infty} a_\nu x_2^\nu$. Mit diesem Widerspruch ist auch die zweite Aussage bewiesen.

7.3.5. Beispiel: Die Potenzreihe $\sum\limits_{\nu=1}^{\infty} \frac{x^\nu}{\nu}$ konvergiert nach Beispiel 7.2.19 für $x = -1$, sie divergiert für $x = 1$. Aus Satz 7.3.4 ergibt sich also, daß die Potenzreihe für $x \in [-1, 1)$ konvergiert und für $x \notin [-1, 1)$ divergiert.

7.3.6. Bemerkung: Mit Hilfe von Satz 7.3.4 ist es möglich, für jede Potenzreihe $\sum\limits_{\nu=0}^{\infty} a_\nu x^\nu$ die Existenz einer Zahl R zu beweisen, welche die Eigenschaft hat, daß $\sum\limits_{\nu=0}^{\infty} a_\nu x^\nu$ für alle $x \in (-R, R)$ absolut konvergiert und für alle x mit $|x| > R$

divergiert. Dabei können (wie die Beispiele 7.3.2 und 7.3.3 zeigen) auch die Grenzfälle $R = \infty$ und $R = 0$ eintreten. Diese Zahl R heißt Konvergenzradius der Potenzreihe, das Intervall $(-R, R)$ heißt Konvergenzintervall.

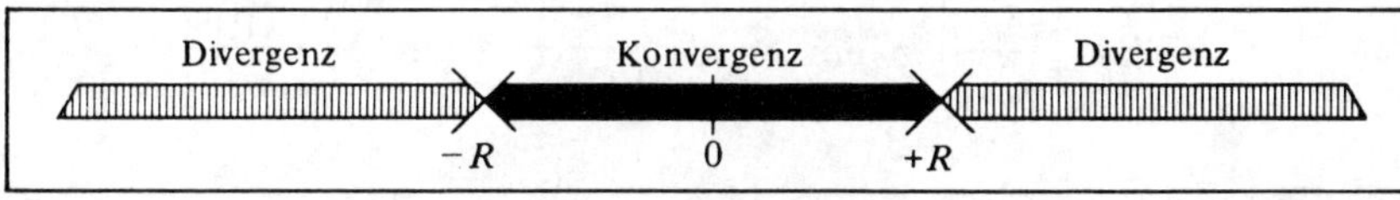

Abb. 7.3.2

Der Konvergenzradius einer Potenzreihe kann in vielen Fällen mit Hilfe des folgenden Satzes bestimmt werden.

7.3.7. Satz: Gegeben sei die Potenzreihe $\sum_{\nu=0}^{\infty} a_\nu x^\nu$.

(1) Existiert der Grenzwert $\lim_{\nu \to \infty} \frac{1}{\sqrt[\nu]{|a_\nu|}}$, so ist ihr Konvergenzradius R gegeben durch

$$R = \lim_{\nu \to \infty} \frac{1}{\sqrt[\nu]{|a_\nu|}}.$$

(2) Existiert der Grenzwert $\lim_{\nu \to \infty} \left| \frac{a_\nu}{a_{\nu+1}} \right|$, so ist ihr Konvergenzradius R gegeben durch

$$R = \lim_{\nu \to \infty} \left| \frac{a_\nu}{a_{\nu+1}} \right|.$$

Der Beweis ergibt sich durch eine einfache Anwendung des Wurzel- bzw. Quotientenkriteriums.

7.3.8. Beispiel: Wir betrachten die Potenzreihe $\sum_{\nu=0}^{\infty} \nu^2 \cdot 2^\nu \cdot x^\nu$. Hier ist $a_\nu = \nu^2 \cdot 2^\nu$, und wir erhalten

$$\lim_{\nu \to \infty} \frac{1}{\sqrt[\nu]{|a_\nu|}} = \lim_{\nu \to \infty} \frac{1}{\sqrt[\nu]{\nu^2 \cdot 2^\nu}} =$$

$$= \frac{1}{2} \cdot \frac{1}{\lim\limits_{\nu \to \infty} \sqrt[\nu]{\nu}} \cdot \frac{1}{\lim\limits_{\nu \to \infty} \sqrt[\nu]{\nu}} = \frac{1}{2},$$

so daß die betrachtete Potenzreihe den Konvergenzradius $R = \frac{1}{2}$ hat.

7.3.9. Beispiel: Wir betrachten die Potenzreihe $\sum_{\nu=1}^{\infty} \frac{\nu!}{\nu^\nu} x^\nu$. Hier ist $a_\nu = \frac{\nu!}{\nu^\nu}$, und es gilt

$$\lim_{\nu \to \infty} \left| \frac{a_\nu}{a_{\nu+1}} \right| = \lim_{\nu \to \infty} \frac{\nu! \cdot (\nu+1)^{\nu+1}}{\nu^\nu \cdot (\nu+1)!} = \lim_{\nu \to \infty} \frac{(\nu+1)^\nu \cdot (\nu+1)}{\nu^\nu \cdot (\nu+1)} =$$

$$= \lim_{\nu \to \infty} \left(1 + \frac{1}{\nu}\right)^\nu = e,$$

so daß die betrachtete Potenzreihe den Konvergenzradius $R = e$ hat.

7.3.2. Funktionen, die durch Potenzreihen dargestellt werden

Eine Potenzreihe mit einem Konvergenzradius $R > 0$ konvergiert im Intervall $(-R, R)$; daher wird durch ihre Summe

$$f(x) = \sum_{\nu=0}^{\infty} a_\nu x^\nu$$

eine Funktion f erklärt mit dem Definitionsbereich $D(f) = (-R, R)$.

Der folgende Satz gibt die wichtigsten Eigenschaften dieser Funktion an.

7.3.10. Satz: Die Potenzreihe $f(x) = \sum_{\nu=0}^{\infty} a_\nu x^\nu$ habe den Konvergenzradius $R > 0$. Dann gilt:

(1) Die Funktion f ist in $(-R, R)$ differenzierbar, ihre Ableitung wird durch „gliedweise" Differentiation der Ausgangsreihe gewonnen

$$f'(x) = \sum_{\nu=0}^{\infty} a_\nu \cdot \frac{\mathrm{d}}{\mathrm{d}x}(x^\nu) = \sum_{\nu=1}^{\infty} \nu \cdot a_\nu x^{\nu-1},$$

und diese Potenzreihe hat wieder den Konvergenzradius R.

(2) Eine Stammfunktion zu f wird durch „gliedweise" Integration der Ausgangsreihe gewonnen

$$\int f(x)\,\mathrm{d}x = \sum_{\nu=0}^{\infty} a_\nu \int x^\nu\,\mathrm{d}x = \sum_{\nu=0}^{\infty} \frac{a_\nu}{\nu+1} x^{\nu+1},$$

und diese Potenzreihe hat wieder den Konvergenzradius R.

Beweis: Siehe z. B. ENDL-LUH: Analysis II, S. 87 f.

7.3.11. Bemerkung: Aus der Aussage (1) dieses Satzes ergibt sich sofort, daß die Funktion $f(x) = \sum_{\nu=0}^{\infty} a_\nu x^\nu$ in $(-R, R)$ beliebig oft differenziert werden kann, denn die Funktion $f'(x) = \sum_{\nu=1}^{\infty} \nu a_\nu x^{\nu-1}$ kann als Potenzreihe vom Konvergenzradius R in $(-R, R)$ wieder gliedweise differenziert werden, und es ergibt sich

$$f''(x) = \sum_{\nu=2}^{\infty} \nu(\nu-1) a_\nu x^{\nu-2}$$

usw. Für die k-te Ableitung von f erhält man

$$f^{(k)}(x) = \sum_{\nu=k}^{\infty} \nu(\nu-1)\cdots(\nu-k+1) a_\nu x^{\nu-k} \qquad (k = 1, 2, \cdots).$$

Setzen wir hier speziell $x = 0$ ein, so folgt

$$f^{(k)}(0) = k(k-1)\cdots(k-k+1) a_k = k!\, a_k\,,$$

ferner ist $f^{(0)}(0) = f(0) = a_0 = 0!a_0$, so daß sich der folgende wichtige Zusammenhang zwischen den Ableitungen von f im Punkt 0 und den Koeffizienten der Potenzreihe ergibt

$$a_k = \frac{f^{(k)}(0)}{k!} \qquad (k = 0, 1, \cdots).$$

Daher können wir für $x \in (-R, R)$ auch schreiben

$$f(x) = \sum_{\nu=0}^{\infty} \frac{f^{(\nu)}(0)}{\nu!} x^\nu .$$

Im nächsten Satz zeigen wir u.a., daß die Darstellung einer Funktion durch eine Potenzreihe eindeutig ist, d.h., daß zwei verschiedene Potenzreihen nicht dieselbe Funktion darstellen können.

7.3.12. Satz (Identitätssatz für Potenzreihen): Die Potenzreihen $f(x) = \sum_{\nu=0}^{\infty} a_\nu x^\nu$ und $g(x) = \sum_{\nu=0}^{\infty} b_\nu x^\nu$ seien für ein $R > 0$ beide konvergent in $(-R, R)$. Dann gilt $f(x) = g(x)$ für alle $x \in (-R, R)$ genau dann, wenn $a_\nu = b_\nu$ für alle $\nu \geqslant 0$.

Beweis:

1. Gilt $a_\nu = b_\nu$ für alle $\nu \geqslant 0$, so ist trivialerweise $f(x) = g(x)$ für alle $x \in (-R, R)$.
2. Es gelte $f(x) = g(x)$ für alle $x \in (-R, R)$. Nach Bemerkung 7.3.11 gilt dann für alle $\nu \geqslant 0$

$$a_\nu = \frac{f^{(\nu)}(0)}{\nu!} = \frac{g^{(\nu)}(0)}{\nu!} = b_\nu,$$

woraus die Behauptung folgt.

7.3.13. Beispiel: Die geometrische Reihe $\sum\limits_{\nu=0}^{\infty} x^\nu$ hat den Konvergenzradius 1, und es gilt

$$\frac{1}{1-x} = \sum_{\nu=0}^{\infty} x^\nu \qquad \text{für } x \in (-1, 1).$$

Durch gliedweise Differentiation erhalten wir

$$\frac{1}{(1-x)^2} = \sum_{\nu=1}^{\infty} \nu x^{\nu-1} \qquad \text{für } x \in (-1, 1),$$

$$\frac{2}{(1-x)^3} = \sum_{\nu=2}^{\infty} \nu(\nu-1)x^{\nu-2} \qquad \text{für } x \in (-1, 1)$$

usw.

Durch gliedweise Integration ergibt sich wegen $\int \frac{dx}{1-x} = \ln \frac{1}{1-x}$ mit einer Integrationskonstanten c

$$\ln \frac{1}{1-x} = \int \frac{dx}{1-x} = \sum_{\nu=0}^{\infty} \int x^\nu \, dx = \sum_{\nu=0}^{\infty} \frac{1}{\nu+1} x^{\nu+1} + c.$$

Setzen wir $x = 0$ ein, so folgt, daß $c = 0$ sein muß, so daß wir erhalten

$$\ln \frac{1}{1-x} = \sum_{\nu=0}^{\infty} \frac{1}{\nu+1} x^{\nu+1} = \sum_{\nu=1}^{\infty} \frac{1}{\nu} x^{\nu} \qquad \text{für } x \in (-1,1).$$

Weiter gilt

$$\frac{1}{1+x} = \frac{1}{1-(-x)} = \sum_{\nu=0}^{\infty} (-x)^{\nu} = \sum_{\nu=0}^{\infty} (-1)^{\nu} x^{\nu} \qquad \text{für } x \in (-1,1).$$

Gliedweise Integration dieser Potenzreihe ergibt

$$\ln(1+x) = \int \frac{dx}{1+x} = \sum_{\nu=0}^{\infty} (-1)^{\nu} \int x^{\nu} dx = \sum_{\nu=0}^{\infty} \frac{(-1)^{\nu}}{\nu+1} x^{\nu+1} =$$

$$= \sum_{\nu=1}^{\infty} \frac{(-1)^{\nu+1}}{\nu} x^{\nu} \qquad \text{für } x \in (-1,1).$$

(die Integrationskonstante muß wieder gleich Null sein).
Die Potenzreihendarstellungen der betrachteten Funktionen sind nach dem Identitätssatz eindeutig bestimmt.

Wir werden uns im nächsten Paragraphen eingehend damit beschäftigen, wie die Potenzreihendarstellung einer gegebenen Funktion erhalten werden kann.

Bei der Untersuchung der Eigenschaften einer Potenzreihe $f(x) = \sum_{\nu=0}^{\infty} a_{\nu} x^{\nu}$ ist es manchmal nützlich, zu wissen, wie gut ihre Teilsummen die Funktion f annähern. Hierüber gilt

7.3.14. Satz: Die Potenzreihe $f(x) = \sum_{\nu=0}^{\infty} a_{\nu} x^{\nu}$ habe den Konvergenzradius $R > 0$.

Es sei n eine feste natürliche Zahl und $a_n \neq 0$. Dann gilt für $x \approx 0$:

$$f(x) - \sum_{\nu=0}^{n-1} a_{\nu} x^{\nu} \approx a_n x^n .$$

Beweis: Wir setzen zur Abkürzung $g(x) = f(x) - \sum_{\nu=0}^{n-1} a_\nu x^\nu$ und müssen gemäß Definition 4.6.11 zeigen, daß $\lim_{x \to 0} \frac{g(x)}{a_n x^n} = 1$ gilt. Es ist

$$g(x) = \sum_{\nu=0}^{\infty} a_\nu x^\nu - \sum_{\nu=0}^{n-1} a_\nu x^\nu = \sum_{\nu=n}^{\infty} a_\nu x^\nu =$$

$$= a_n x^n + x^{n+1} \cdot \sum_{\nu=n+1}^{\infty} a_\nu x^{\nu-n-1}$$

und daher

$$\frac{g(x)}{a_n x^n} = 1 + \frac{x}{a_n} \cdot \sum_{\nu=n+1}^{\infty} a_\nu x^{\nu-n-1}.$$

Die Potenzreihe $\left| \sum_{\nu=n+1}^{\infty} a_\nu x^{\nu-n-1} \right|$ hat ebenfalls den Konvergenzradius R; es gibt daher eine Konstante M, so daß $\left| \sum_{\nu=n+1}^{\infty} a_\nu x^{\nu-n-1} \right| \leqslant M$ für alle x mit $|x| \leqslant \frac{R}{2}$, und es ist

$$\left| \frac{g(x)}{a_n x^n} - 1 \right| \leqslant \frac{|x|}{|a_n|} \cdot M \to 0 \qquad \text{für } x \to 0,$$

woraus die Behauptung folgt.

7.3.15. Bemerkung: Dieser Satz besagt, daß der Fehler, den man begeht, wenn man eine Potenzreihe durch eine ihrer Teilsummen ersetzt, für kleine $|x|$ von der Größenordnung des ersten vernachlässigten Gliedes ist. Aus $\frac{1}{1-x} = \sum_{\nu=0}^{\infty} x^\nu$ und $\ln(1+x) = \sum_{\nu=1}^{\infty} \frac{(-1)^{\nu+1}}{\nu} x^\nu$ ergibt sich daher zum Beispiel für $x \approx 0$:

$$\frac{1}{1-x} - 1 \approx x, \quad \frac{1}{1-x} - (1+x) \approx x^2, \quad \frac{1}{1-x} - (1+x+x^2) \approx x^3;$$

$$\ln(1+x) - x \approx -\frac{x^2}{2}, \quad \ln(1+x) - \left(x - \frac{x^2}{2}\right) \approx \frac{x^3}{3}.$$

Auch Reihen des Typs $\sum\limits_{\nu=0}^{\infty} a_\nu (x-x_0)^\nu$ mit festem $x_0 \in \mathbb{R}$ und variablem $x \in \mathbb{R}$ werden als Potenzreihen bezeichnet. Durch die einfache Substitution $y = x - x_0$ gehen sie in eine Potenzreihe der oben diskutierten Form $\sum\limits_{\nu=0}^{\infty} a_\nu y^\nu$ über. Eigenschaften dieser Reihe, welche für ein $y \in \mathbb{R}$ gelten, liefern die entsprechenden Eigenschaften der Reihe $\sum\limits_{\nu=0}^{\infty} a_\nu (x-x_0)^\nu$ für $x = y + x_0$.

7.3.16. Beispiel: Wir betrachten die Potenzreihe $\sum\limits_{\nu=0}^{\infty} (x+3)^\nu$. Die Substitution $y = x + 3$ führt auf die geometrische Reihe $\sum\limits_{\nu=0}^{\infty} y^\nu$, welche für $-1 < y < 1$ konvergiert und hier die Funktion $\frac{1}{1-y}$ darstellt. Es ergibt sich, daß die Reihe $\sum\limits_{\nu=0}^{\infty} (x+3)^\nu$ für $-1 < x + 3 < 1$, also für $-4 < x < -2$ konvergiert und daß hier gilt

$$\sum_{\nu=0}^{\infty} (x+3)^\nu = \sum_{\nu=0}^{\infty} y^\nu = \frac{1}{1-y} = \frac{1}{1-(x+3)} = -\frac{1}{x+2}.$$

Für $|y| = |x+3| \geqslant 1$, also für $x \leqslant -4$ und $x \geqslant -2$ divergiert diese Potenzreihe.

7.4. TAYLOR-Reihen

7.4.1. Die TAYLOR-Formel

In vielen Anwendungen ist es erforderlich, eine Funktion f, die in einem Intervall $[a, b]$ gegeben ist, durch eine andere, möglichst einfache Funktion, z. B. ein Polynom, anzunähern. Es ist klar, daß man dabei (wenn f nicht zufällig selbst ein Polynom ist) einen Fehler begeht, und man strebt eine Darstellung von f in der Form

$$f(x) = T_n(x) + R_n(x)$$

an, wobei T_n ein Polynom von nicht allzu hohem Grad n und R_n ein Restglied

(Fehler) ist, welches möglichst klein sein soll. Die Möglichkeit zu einer solchen Annäherung von Funktionen wird durch die sog. TAYLOR-Formel gegeben. Zur Motivierung dieser Formel behandeln wir zunächst ein Beispiel.

7.4.1. Beispiel: Für $|x| < 1$ und eine ganze Zahl $n \geqslant 0$ betrachten wir die Summe

$$\sum_{\nu=0}^{n} x^{\nu} = \frac{1-x^{n+1}}{1-x} = \frac{1}{1-x} - \frac{x^{n+1}}{1-x} .$$

Anders interpretiert bedeutet diese Beziehung, daß die Funktion $f(x) = \frac{1}{1-x}$ für $|x| < 1$ folgende Darstellung hat

$$f(x) = \frac{1}{1-x} = \sum_{\nu=0}^{n} x^{\nu} + \frac{x^{n+1}}{1-x} .$$

Wir berechnen nun die Ableitungen von f und erhalten:

$$\begin{aligned}
f^{(0)}(x) &= \frac{1}{1-x}, & f^{(0)}(0) &= 1 = 0!\,, \\
f'(x) &= \frac{1}{(1-x)^2}, & f'(0) &= 1 = 1!\,, \\
f''(x) &= \frac{1\cdot 2}{(1-x)^3}, & f''(0) &= 1\cdot 2 = 2!\,, \\
&\vdots & &\vdots \\
f^{(\nu)}(x) &= \frac{1\cdot 2\cdots \nu}{(1-x)^{\nu+1}}, & f^{(\nu)}(0) &= 1\cdot 2\cdots \nu = \nu!\,.
\end{aligned}$$

Wir können also für $|x| < 1$ schreiben

$$\begin{aligned}
f(x) = \frac{1}{1-x} &= \sum_{\nu=0}^{n} x^{\nu} + \frac{x^{n+1}}{1-x} = \sum_{\nu=0}^{n} \frac{\nu!}{\nu!} x^{\nu} + \frac{x^{n+1}}{1-x} = \\
&= \sum_{\nu=0}^{n} \frac{f^{(\nu)}(0)}{\nu!} x^{\nu} + \frac{x^{n+1}}{1-x} = T_n(x) + R_n(x),
\end{aligned}$$

wobei wir $T_n(x) = \sum\limits_{\nu=0}^{n} \frac{f^{(\nu)}(0)}{\nu!} x^{\nu}$ und $R_n(x) = \frac{x^{n+1}}{1-x}$ gesetzt haben.

Dieses Ergebnis besagt, daß die Funktion $f(x) = \frac{1}{1-x}$ für $|x| < 1$ und $n \geqslant 0$ eine Darstellung durch ein Polynom T_n und ein Restglied R_n besitzt. Die Koeffizienten von T_n werden dabei in einfacher Weise vermittels der Ableitungen von f an der Stelle $x = 0$ gewonnen.

Der folgende Satz besagt, daß eine analoge Darstellung auch für andere Klassen von Funktionen möglich ist.

7.4.2. Satz (TAYLOR-Formel): Die Funktion f sei im Intervall $[a, b]$ mit $0 \in (a, b)$ wenigstens $(n+1)$-mal stetig differenzierbar. Dann gilt für alle $x \in [a, b]$ die TAYLOR-Formel

$$f(x) = T_n(x) + R_n(x)$$

mit dem TAYLOR-Polynom

$$T_n(x) = \sum_{\nu=0}^{n} \frac{f^{(\nu)}(0)}{\nu!} x^{\nu}$$

und dem Restglied

$$R_n(x) = \frac{1}{n!} \cdot \int_0^x (x-t)^n f^{(n+1)}(t)\, dt.$$

Beweis: Wir beweisen die TAYLOR-Formel mit vollständiger Induktion.

1. Für $x \in [a, b]$ gilt

$$f(x) = f(0) + \{f(x) - f(0)\} = f(0) + \int_0^x f'(t)\, dt = T_0(x) + R_0(x),$$

so daß die Behauptung für $n = 0$ richtig ist.

2. Wir nehmen an, für eine ganze Zahl $k \geqslant 0$ gelte

$$f(x) = T_k(x) + R_k(x) = \sum_{\nu=0}^{k} \frac{f^{(\nu)}(0)}{\nu!} x^{\nu} + \frac{1}{k!} \cdot \int_0^x (x-t)^k f^{(k+1)}(t)\, dt\, .$$

Das Restglied R_k wird vermittels partieller Integration umgeformt.
Es ergibt sich

$$R_k(x) = \frac{1}{k!} \cdot \int_0^x (x-t)^k f^{(k+1)}(t)\,dt =$$

$$= \frac{1}{k!} \cdot \left[-\frac{(x-t)^{k+1}}{k+1} f^{(k+1)}(t) \right]_0^x + \frac{1}{k!} \cdot \frac{1}{k+1} \cdot \int_0^x (x-t)^{k+1} f^{(k+2)}(t)\,dt =$$

$$= \frac{f^{(k+1)}(0)}{(k+1)!} x^{k+1} + R_{k+1}(x).$$

Wir erhalten also

$$f(x) = T_k(x) + R_k(x) = \sum_{\nu=0}^{k} \frac{f^{(\nu)}(0)}{\nu!} x^\nu + \frac{f^{(k+1)}(0)}{(k+1)!} x^{k+1} + R_{k+1}(x) =$$

$$= T_{k+1}(x) + R_{k+1}(x).$$

Damit ist der Satz bewiesen.

7.4.3. Bemerkung: Um die TAYLOR-Formel in der Praxis anwenden zu können, ist es erforderlich, zu wissen, wie genau die TAYLOR-Polynome $T_n(x)$ die Funktion $f(x)$ annähern, also eine Abschätzung für das Restglied $R_n(x)$ anzugeben. Da die Funktion $f^{(n+1)}$ in $[a, b]$ stetig ist, gibt es eine (von n abhängige) Konstante M_n mit $|f^{(n+1)}(x)| \leqslant M_n$ für alle $x \in [a, b]$. Hiermit kann das Restglied

$$R_n(x) = \frac{1}{n!} \cdot \int_0^x (x-t)^n f^{(n+1)}(t)\,dt$$

abgeschätzt werden. Ist zunächst $x \in [a, b]$, $x \geqslant 0$, so erhalten wir

$$|R_n(x)| \leqslant \frac{1}{n!} \cdot \int_0^x (x-t)^n \, |f^{(n+1)}(t)|\,dt \leqslant \frac{M_n}{n!} \cdot \int_0^x (x-t)^n\,dt =$$

$$= \frac{M_n}{n!} \cdot \left[-\frac{(x-t)^{n+1}}{n+1} \right]_0^x = \frac{M_n}{(n+1)!} \cdot x^{n+1}.$$

Ist $x \in [a, b]$, $x < 0$, so ergibt sich analog

$$|R_n(x)| \leqslant \frac{M_n}{(n+1)!} \cdot (-x)^{n+1} ,$$

so daß wir in beiden Fällen die Abschätzung

$$|R_n(x)| \leqslant \frac{M_n}{(n+1)!} \cdot |x|^{n+1} \qquad \text{für alle } x \in [a, b]$$

erhalten. Daraus ergibt sich die folgende Aussage über die Güte der Annäherung der TAYLOR-Polynome an die Funktion f:

$$|f(x) - T_n(x)| = |R_n(x)| \leqslant \frac{M_n}{(n+1)!} \cdot |x|^{n+1} \qquad \text{für alle } x \in [a, b].$$

7.4.4. Beispiel: Wir betrachten die Funktion $f(x) = \sin x$ und berechnen die TAYLOR-Polynome $T_2(x)$ und $T_4(x)$. Es gilt:

$$\begin{aligned} f(x) &= \sin x, & f''(x) &= -\sin x, & f^{(4)}(x) &= \sin x, \; \ldots, \\ f'(x) &= \cos x, & f'''(x) &= -\cos x, & f^{(5)}(x) &= \cos x, \; \cdots . \end{aligned}$$

Hieraus ergibt sich:

$$\frac{f^{(0)}(0)}{0!} = 0, \quad \frac{f'(0)}{1!} = 1, \quad \frac{f''(0)}{2!} = 0, \quad \frac{f'''(0)}{3!} = -\frac{1}{3!}, \quad \frac{f^{(4)}(0)}{4!} = 0.$$

Da die ν-te Ableitung von f entweder eine Sinus- oder eine Cosinusfunktion ist, erhalten wir für jedes ν und alle $x \in \mathbb{R}$

$$|f^{(\nu)}(x)| \leqslant 1.$$

Nach Bemerkung 7.4.3 kann daher das Restglied $R_n(x)$ für $x \in \mathbb{R}$ in der folgenden Weise abgeschätzt werden

$$|R_n(x)| \leqslant \frac{|x|^{n+1}}{(n+1)!} .$$

1. Für $n = 2$ lautet die TAYLOR-Formel für die Funktion $\sin x$

$$\sin x = x + R_2(x),$$

und wir können abschätzen

$$|\sin x - x| = |R_2(x)| \leqslant \frac{|x|^3}{3!} = \frac{|x|^3}{6} .$$

Wir erhalten folglich z. B.

für $|x| \leqslant 1$: $\quad |\sin x - x| \leqslant \frac{1}{6}$,

für $|x| \leqslant \frac{1}{2}$: $\quad |\sin x - x| \leqslant \frac{1}{48}$,

für $|x| \leqslant \frac{1}{10}$: $\quad |\sin x - x| \leqslant \frac{1}{6.000}$.

2. Für $n = 4$ lautet die TAYLOR-Formel für die Funktion $\sin x$

$$\sin x = x - \frac{x^3}{3!} + R_4(x),$$

und wir können abschätzen

$$\left|\sin x - \left(x - \frac{x^3}{3!}\right)\right| = |R_4(x)| \leqslant \frac{|x|^5}{5!} = \frac{|x|^5}{120} .$$

Wir erhalten folglich z. B.

für $|x| \leqslant 1$: $\quad \left|\sin x - \left(x - \frac{x^3}{3!}\right)\right| \leqslant \frac{1}{120}$,

für $|x| \leqslant \frac{1}{2}$: $\quad \left|\sin x - \left(x - \frac{x^3}{3!}\right)\right| \leqslant \frac{1}{3.840}$,

für $|x| \leqslant \frac{1}{10}$: $\quad \left|\sin x - \left(x - \frac{x^3}{3!}\right)\right| \leqslant \frac{1}{12.000.000}$.

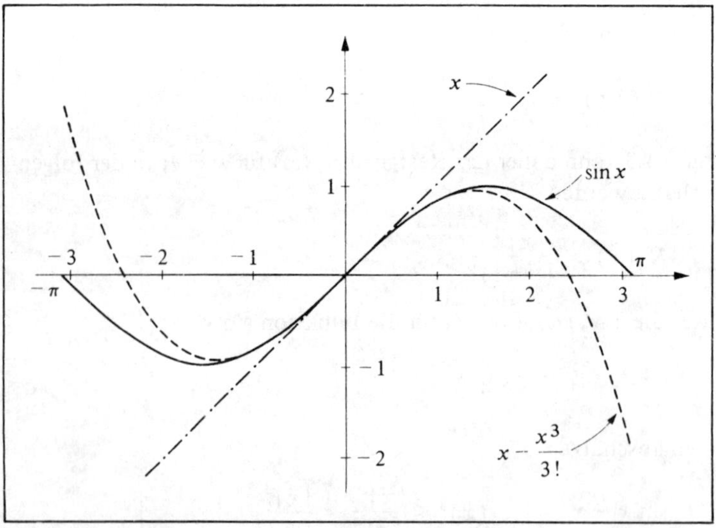

Abb. 7.4.1

7.4.2. TAYLOR-Reihen

Wir definieren zuerst, was unter einer TAYLOR-Reihe verstanden wird.

7.4.5. Definition: Die Funktion f sei in einem Intervall $[a, b]$ mit $0 \in (a, b)$ beliebig oft differenzierbar. Dann heißt die Potenzreihe

$$\sum_{\nu=0}^{\infty} \frac{f^{(\nu)}(0)}{\nu!} x^{\nu}$$

die TAYLOR-Reihe oder TAYLOR-Entwicklung der Funktion f.

Wir sehen sofort, daß die Teilsummen dieser TAYLOR-Reihe gerade die TAYLOR-Polynome sind.

Da die TAYLOR-Reihe von f eine Potenzreihe ist, gibt es nach Bemerkung 7.3.6 ein $R \geqslant 0$ mit der Eigenschaft, daß diese Reihe für $|x| < R$ konvergiert und für $|x| > R$ divergiert. Im Falle der Konvergenz stimmt jedoch nicht notwendigerweise die Summe der TAYLOR-Reihe im Punkt x mit dem Funktionswert $f(x)$ überein. Die zentrale Frage ist also, wann die Funktion f durch ihre TAYLOR-dargestellt werden kann. Hierüber gibt der folgende Satz Auskunft.

7.4.6. Satz: Die Funktion f sei im Intervall $[a, b]$ mit $0 \in (a, b)$ beliebig oft differenzierbar. Dann gilt für ein $x \in [a, b]$

$$f(x) = \sum_{\nu=0}^{\infty} \frac{f^{(\nu)}(0)}{\nu!} x^{\nu}$$

genau dann, wenn für das Restglied R_n in der TAYLOR-Formel gilt

$$\lim_{n \to \infty} R_n(x) = 0.$$

Beweis: Die Beziehung $f(x) = \sum_{\nu=0}^{\infty} \frac{f^{(\nu)}(0)}{\nu!} x^{\nu}$ ist äquivalent zu

$$T_n(x) = \sum_{\nu=0}^{n} \frac{f^{(\nu)}(0)}{\nu!} x^{\nu} \to f(x) \qquad \text{für } n \to \infty.$$

Mit Satz 7.4.2 gilt $f(x) = T_n(x) + R_n(x)$ und daher $T_n(x) \to f(x)$ genau dann, wenn $R_n(x) \to 0$ für $n \to \infty$.

Zur Entwicklung von Funktionen in TAYLOR-Reihen ist es also von Wichtigkeit zu wissen, wann das Restglied in der TAYLOR-Formel gegen Null konvergiert. Für eine große Klasse von Funktionen wird diese Frage durch das folgende Ergebnis beantwortet.

7.4.7. **Satz**: Die Funktion f sei im Intervall $[a, b]$ mit $0 \in (a, b)$ beliebig oft differenzierbar und mit einer von n unabhängigen Konstanten M gelte

$$|f^{(n)}(x)| \leqslant M \qquad \text{für alle } x \in [a, b].$$

Dann gilt $R_n(x) \to 0$ für $n \to \infty$ und folglich

$$f(x) = \sum_{\nu=0}^{\infty} \frac{f^{(\nu)}(0)}{\nu!} x^\nu \qquad \text{für alle } x \in [a, b].$$

Beweis: Mit der in Bemerkung 7.4.3 angegebenen Abschätzung für das Restglied gilt

$$|R_n(x)| \leqslant \frac{|x|^{n+1}}{(n+1)!} \cdot M \qquad \text{für alle } x \in [a, b].$$

Da die Reihe $\sum\limits_{\nu=0}^{\infty} \frac{x^\nu}{\nu!}$ für alle $x \in \mathbb{R}$ konvergiert (siehe Beispiel 7.3.2) gilt $\frac{|x|^{n+1}}{(n+1)!} \to 0$ für alle $x \in \mathbb{R}$ und daher

$$R_n(x) \to 0 \qquad \text{für alle } x \in [a, b],$$

woraus unsere Behauptung folgt.

7.4.3. Beispiele von TAYLOR-Reihen

Wir berechnen jetzt die TAYLOR-Reihen einiger elementarer Funktionen.

7.4.8. **Beispiel**: Wir betrachten die Funktion $f(x) = e^x$. Es gilt für alle $\nu \geqslant 0$

$$f^{(\nu)}(x) = e^x\,; \qquad \frac{f^{(\nu)}(0)}{\nu!} = \frac{1}{\nu!}\,.$$

Für ein beliebiges Intervall $[a, b]$ ist $|f^{(\nu)}(x)| \leqslant e^b$ für alle $x \in [a, b]$. Diese

Konstante e^b ist unabhängig von ν, und es folgt aus Satz 7.4.7, daß die TAYLOR-Reihe von e^x in jedem Intervall gegen e^x konvergiert. Wir erhalten

$$e^x = \sum_{\nu=0}^{\infty} \frac{x^\nu}{\nu!} \qquad \text{für alle } x \in \mathbb{R}.$$

Speziell ergibt sich für $x = 1$ und $x = -1$

$$e = \sum_{\nu=0}^{\infty} \frac{1}{\nu!}, \qquad \frac{1}{e} = \sum_{\nu=0}^{\infty} \frac{(-1)^\nu}{\nu!}.$$

7.4.9. Beispiel: Wir betrachten die Funktion $f(x) = \cos x$ und erhalten

$$f'(x) = -\sin x, \quad f''(x) = -\cos x, \quad f'''(x) = \sin x, \quad f^{(4)}(x) = \cos x, \cdots,$$

so daß gilt

$$\frac{f^{(2\nu+1)}(0)}{(2\nu+1)!} = 0, \qquad \frac{f^{(2\nu)}(0)}{(2\nu)!} = \frac{(-1)^\nu}{(2\nu)!} \qquad (\nu = 0, 1, \cdots).$$

Ferner ist $|f^{(\nu)}(x)| \leqslant 1$ für alle $x \in \mathbb{R}$ und alle $\nu \geqslant 0$, so daß nach Satz 7.4.7 die TAYLOR-Reihe von $\cos x$ für alle $x \in \mathbb{R}$ gegen $\cos x$ konvergiert. Wir erhalten also

$$\cos x = \sum_{\nu=0}^{\infty} \frac{(-1)^\nu}{(2\nu)!} x^{2\nu} \qquad \text{für alle } x \in \mathbb{R}.$$

7.4.10. Beispiel: Die TAYLOR-Reihe

$$\cos x = \sum_{\nu=0}^{\infty} \frac{(-1)^\nu}{(2\nu)!} x^{2\nu}$$

kann nach Satz 7.3.10 gliedweise integriert werden. Wir erhalten folglich mit einer Integrationskonstanten c für alle $x \in \mathbb{R}$:

$$\sin x = \int \cos x \, dx = \sum_{\nu=0}^{\infty} \frac{(-1)^\nu}{(2\nu)!} \int x^{2\nu} \, dx =$$

$$= \sum_{\nu=0}^{\infty} \frac{(-1)^\nu}{(2\nu)!} \cdot \frac{x^{2\nu+1}}{2\nu+1} + c = \sum_{\nu=0}^{\infty} \frac{(-1)^\nu}{(2\nu+1)!} x^{2\nu+1} + c.$$

Durch Einsetzen von $x = 0$ ergibt sich, daß $c = 0$ sein muß, und es ist

$$\sin x = \sum_{\nu=0}^{\infty} \frac{(-1)^\nu}{(2\nu+1)!} x^{2\nu+1} \qquad \text{für alle } x \in \mathbb{R}.$$

7.4.11. Beispiel: Nach Beispiel 7.4.8 ist

$$e^x = \sum_{\nu=0}^{\infty} \frac{x^\nu}{\nu!} \qquad \text{für alle } x \in \mathbb{R}.$$

Ersetzen wir x durch $-x$, so erhalten wir

$$e^{-x} = \sum_{\nu=0}^{\infty} \frac{(-1)^\nu x^\nu}{\nu!} \qquad \text{für alle } x \in \mathbb{R}.$$

Addition dieser beiden Reihen und Multiplikation mit $\frac{1}{2}$ liefert für alle $x \in \mathbb{R}$

$$\cosh x = \frac{1}{2}(e^x + e^{-x}) = \sum_{\nu=0}^{\infty} \frac{1+(-1)^\nu}{2} \cdot \frac{x^\nu}{\nu!} = \sum_{k=0}^{\infty} \frac{x^{2k}}{(2k)!}.$$

7.4.12. Beispiel: Wie in Beispiel 7.4.10 ergibt gliedweise Integration der TAYLOR-Reihe für $\cosh x$

$$\sinh x = \sum_{k=0}^{\infty} \frac{x^{2k+1}}{(2k+1)!} \qquad \text{für alle } x \in \mathbb{R}.$$

7.4.13. Beispiel: Wir betrachten für ein $\alpha \in \mathbb{R}$ die Funktion $f(x) = (1+x)^\alpha$.

1. Es sei zunächst α eine nichtnegative ganze Zahl. Die Funktion f ist dann ein Polynom vom Grad α, und es gilt der binomische Satz (siehe Satz 1.5.7):

$$(1+x)^\alpha = \sum_{\nu=0}^{\alpha} \binom{\alpha}{\nu} x^\nu \qquad \text{für alle } x \in \mathbb{R}.$$

2. Eine analoge Darstellung von f im Falle $\alpha \notin \mathbb{N} \cup \{0\}$ ist nicht möglich. In diesem Falle ist f definiert für $x > -1$, und wir erhalten

$$\begin{aligned}
f(x) &= (1+x)^\alpha, & f^{(0)}(0) &= 1 = \binom{\alpha}{0}, \\
f'(x) &= \alpha(1+x)^{\alpha-1}, & \frac{f'(0)}{1!} &= \alpha = \binom{\alpha}{1}, \\
f''(x) &= \alpha(\alpha-1)(1+x)^{\alpha-2}, & \frac{f''(0)}{2!} &= \frac{\alpha(\alpha-1)}{2!} = \binom{\alpha}{2}, \\
&\vdots & &\vdots \\
f^{(\nu)}(x) &= \alpha(\alpha-1)\cdots(\alpha-\nu+1)(1+x)^{\alpha-\nu}, & \frac{f^{(\nu)}(0)}{\nu!} &= \frac{\alpha(\alpha-1)\cdots(\alpha-\nu+1)}{\nu!} = \binom{\alpha}{\nu}.
\end{aligned}$$

Für $n \geqslant 0$ lautet daher die TAYLOR-Formel

$$(1+x)^\alpha = \sum_{\nu=0}^{n} \binom{\alpha}{\nu} x^\nu + R_n(x).$$

Die Untersuchung des Restgliedes ist hier etwas komplizierter, man erhält $\lim_{n \to \infty} R_n(x) \to 0$ für $x \in (-1, 1)$. Folglich gilt

$$(1+x)^\alpha = \sum_{\nu=0}^{\infty} \binom{\alpha}{\nu} x^\nu \qquad \text{für alle } x \in (-1, 1).$$

7.4.14. Beispiel: Die Relativitätstheorie zeigt, daß zwischen der Ruhemasse m_0 (Masse bei der Geschwindigkeit 0) eines Teilchens und seiner Masse m bei der Geschwindigkeit v die Beziehung

$$m = \frac{m_0}{\sqrt{1 - \frac{v^2}{c^2}}} = m_0 \left(1 - \frac{v^2}{c^2}\right)^{-\frac{1}{2}}$$

besteht, wobei c die Lichtgeschwindigkeit bedeutet. Wegen $v < c$ kann dieser Ausdruck gemäß Beispiel 7.4.13 in eine Reihe entwickelt werden. Es gilt

$$m = m_0 \sum_{\nu=0}^{\infty} \binom{-\frac{1}{2}}{\nu} \cdot \left(-\frac{v^2}{c^2}\right)^\nu = m_0 \sum_{\nu=0}^{\infty} \binom{-\frac{1}{2}}{\nu} \cdot (-1)^\nu \cdot \frac{v^{2\nu}}{c^{2\nu}}.$$

Nach Satz 7.3.14 erhält man für die Differenz Δm der bewegten Masse und der Ruhemasse für kleine Geschwindigkeiten v

$$\Delta m = m - m_0 \approx - m_0 \cdot \binom{-\frac{1}{2}}{1} \cdot \frac{v^2}{c^2} = \frac{m_0 v^2}{2c^2} .$$

Da $\frac{m_0 v^2}{2}$ gerade die zugeführte NEWTONsche kinetische Energie E_{kin} bedeutet, ergibt sich hieraus

$$\Delta m \cdot c^2 \approx E_{\text{kin}} .$$

7.4.15. Beispiel: In der Statistik spielt die sog. Fehlerfunktion $\operatorname{erf}(x)$ (error function) eine wichtige Rolle. Sie ist definiert durch

$$\operatorname{erf}(x) = \frac{2}{\sqrt{\pi}} \cdot \int_0^x e^{-t^2}\,\mathrm{d}t.$$

Da der Integrand stetig ist, existiert das Integral für alle $x \in \mathbb{R}$, es ist jedoch nicht vermittels elementarer Funktionen auszuwerten (nach Satz 6.5.11 gilt $\lim\limits_{x \to \infty} \operatorname{erf}(x) = 1$).

Wir wollen die TAYLOR-Reihe von $\operatorname{erf}(x)$ berechnen. Für $u \in \mathbb{R}$ gilt

$$e^u = \sum_{\nu=0}^{\infty} \frac{u^\nu}{\nu!} ,$$

setzen wir $u = -t^2$, so folgt

$$e^{-t^2} = \sum_{\nu=0}^{\infty} \frac{(-1)^\nu \cdot t^{2\nu}}{\nu!}$$

und gliedweise Integration dieser Potenzreihe ergibt

$$\int_0^x e^{-t^2}\,\mathrm{d}t = \sum_{\nu=0}^{\infty} \frac{(-1)^\nu}{\nu!} \cdot \int_0^x t^{2\nu}\,\mathrm{d}t = \sum_{\nu=0}^{\infty} \frac{(-1)^\nu \cdot x^{2\nu+1}}{(2\nu+1)\cdot \nu!}$$

Wir erhalten also für alle $x \in \mathbb{R}$

$$\operatorname{erf}(x) = \frac{2}{\sqrt{\pi}} \cdot \sum_{\nu=0}^{\infty} \frac{(-1)^\nu \cdot x^{2\nu+1}}{(2\nu+1)\cdot \nu!} .$$

7.4.16. Tabelle der TAYLOR-Reihen der elementaren Funktionen

Funktion	TAYLOR-Reihe	Gültigkeits-bereich
e^x	$\sum_{\nu=0}^{\infty} \frac{1}{\nu!} x^\nu$	$(-\infty, \infty)$
$\ln(1+x)$	$\sum_{\nu=1}^{\infty} \frac{(-1)^{\nu+1}}{\nu} x^\nu$	$(-1, 1]$
$(1+x)^\alpha, \quad \alpha \in \mathbb{N} \cup \{0\}$	$\sum_{\nu=0}^{\alpha} \binom{\alpha}{\nu} x^\nu$	$(-\infty, \infty)$
$(1+x)^\alpha, \quad \alpha \notin \mathbb{N} \cup \{0\}$	$\sum_{\nu=0}^{\infty} \binom{\alpha}{\nu} x^\nu$	$(-1, 1)$
$\sin x$	$\sum_{\nu=0}^{\infty} \frac{(-1)^\nu}{(2\nu+1)!} x^{2\nu+1}$	$(-\infty, \infty)$
$\cos x$	$\sum_{\nu=0}^{\infty} \frac{(-1)^\nu}{(2\nu)!} x^{2\nu}$	$(-\infty, \infty)$
$\tan x$	$\sum_{\nu=1}^{\infty} (-1)^{\nu+1} \frac{2^{2\nu}(2^{2\nu}-1)}{(2\nu)!} b_{2\nu} x^{2\nu-1}$ *)	$\left(-\frac{\pi}{2}, \frac{\pi}{2}\right)$
$x \cot x$	$\sum_{\nu=0}^{\infty} (-1)^\nu \frac{2^{2\nu}}{(2\nu)!} b_{2\nu} x^{2\nu}$ *)	$(-\pi, \pi)$
$\arcsin x$	$\sum_{\nu=0}^{\infty} \frac{(2\nu)!}{(2\nu+1)(\nu!)^2\, 2^{2\nu}} x^{2\nu+1}$	$[-1, 1]$
$\arccos x$	$\frac{\pi}{2} - \sum_{\nu=0}^{\infty} \frac{(2\nu)!}{(2\nu+1)(\nu!)^2\, 2^{2\nu}} x^{2\nu+1}$	$[-1, 1]$
$\arctan x$	$\sum_{\nu=0}^{\infty} \frac{(-1)^\nu}{2\nu+1} x^{2\nu+1}$	$[-1, 1]$

Funktion	TAYLORsche Reihe	Gültigkeitsbereich
arccot x	$\frac{\pi}{2} - \sum_{\nu=0}^{\infty} \frac{(-1)^{\nu}}{2\nu+1} x^{2\nu+1}$	$[-1,1]$
sinh x	$\sum_{\nu=0}^{\infty} \frac{1}{(2\nu+1)!} x^{2\nu+1}$	$(-\infty, \infty)$
cosh x	$\sum_{\nu=0}^{\infty} \frac{1}{(2\nu)!} x^{2\nu}$	$(-\infty, \infty)$
tanh x	$\sum_{\nu=1}^{\infty} \frac{2^{2\nu}(2^{2\nu}-1)}{(2\nu)!} b_{2\nu} x^{2\nu-1}$ *)	$\left(-\frac{\pi}{2}, \frac{\pi}{2}\right)$
x coth x	$\sum_{\nu=0}^{\infty} \frac{2^{2\nu}}{(2\nu)!} b_{2\nu} x^{2\nu}$ *)	$(-\pi, \pi)$

*) Hierbei ist $\{b_n\}$ die Folge der BERNOULLIschen Zahlen (siehe Tabelle 7.2.20).

7.5. FOURIER-Reihen

Wir haben im vorigen Paragraphen das Problem behandelt, eine gegebene Funktion in eine TAYLOR-Reihe zu entwickeln, also durch eine Potenzreihe darzustellen. Dazu ist es erforderlich, daß die betrachtete Funktion beliebig oft differenzierbar ist. In vielen naturwissenschaftlichen Bereichen ist es außerdem von großer praktischer Bedeutung, eine Funktion durch eine trigonometrische Reihe, das ist eine Reihe der Form

$$A_0 + \sum_{\nu=1}^{\infty} \{A_\nu \cos \nu x + B_\nu \sin \nu x\}$$

darzustellen. Die Verwendung trigonometrischer Reihen hat gegenüber der Verwendung von Potenzreihen den Vorteil, daß auch nichtdifferenzierbare und sogar in der Praxis auftretende unstetige Funktionen dargestellt und folglich durch die Teilsummen dieser Reihen angenähert werden können.

7.5.1. Periodische Funktionen, FOURIER-Koeffizienten, FOURIER-Reihen

Wir betrachten zunächst periodische Funktionen.

7.5.1. Definition: Eine Funktion f mit $D(f) = (-\infty, \infty)$ heißt periodisch mit der Periode $p > 0$ (oder p-periodisch), wenn gilt

$$f(x) = f(x+p) \qquad \text{für alle } x \in (-\infty, \infty).$$

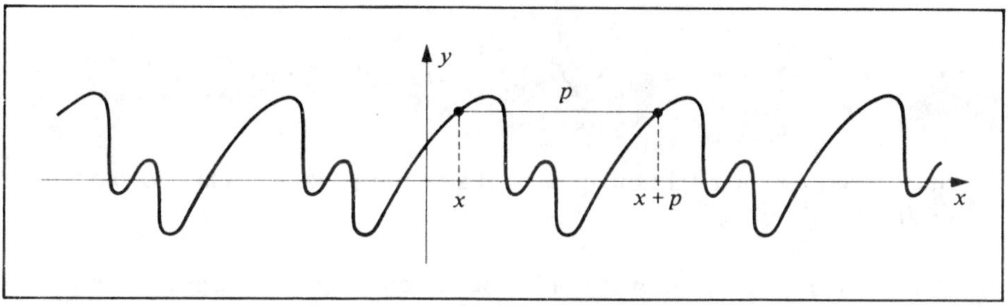

Abb. 7.5.1

Ist f eine p-periodische Funktion, so gilt für alle $x \in \mathbb{R}$

$$\begin{aligned} f(x) &= f(x+p) = f(x+2p) = f(x+3p) = \cdots \\ &= f(x-p) = f(x-2p) = f(x-3p) = \cdots . \end{aligned}$$

Also ist $f(x) = f(x+mp)$ für jede ganze Zahl m. Sind $f_1, f_2, \cdots, f_n$ Funktionen, welche jeweils die Periode p haben, so ist für beliebige Konstanten $a_1, a_2, \cdots, a_n$ die Linearkombination

$$g(x) = a_1 f_1(x) + a_2 f_2(x) + \cdots + a_n f_n(x)$$

ebenfalls periodisch mit der Periode p.

Wir können bei einer p-periodischen Funktion f ohne Beschränkung der Allgemeinheit annehmen, daß $p = 2\pi$ ist. Denn durch die einfache Substitution $x = \frac{p}{2\pi} t$ geht $f(x)$ in eine Funktion $F(t)$ über, welche 2π-periodisch ist (siehe hierzu 7.5.4). Es werden also zunächst nur 2π-periodische Funktionen betrachtet.

7.5.2. Beispiel: Die einfachsten und zugleich wichtigsten 2π-periodischen Funktionen sind

$$\begin{array}{lllll} 1, & \cos x, & \cos 2x, & \cos 3x, & \cdots, \\ & \sin x, & \sin 2x, & \sin 3x, & \cdots. \end{array}$$

Die Menge dieser Funktionen bildet das sog. trigonometrische System. Da jede Funktion des trigonometrischen Systems 2π-periodisch ist, ist auch mit Konstanten $A_0, A_1, \cdots, A_n; B_1, \cdots, B_n$ die Linearkombination

$$s_n(x) = A_0 + \sum_{\nu=1}^{n} \{A_\nu \cos \nu x + B_\nu \sin \nu x\}$$

eine 2π-periodische Funktion; diese wird als ein trigonometrisches Polynom bezeichnet.

Periodische Funktionen treten in allen Bereichen der Naturwissenschaften in mannigfacher Weise auf. Wir erinnern nur an die Untersuchung von Schwingungsvorgängen. Solche Funktionen können bisweilen sehr kompliziert sein, und es ist wünschenswert, diese durch die einfachsten periodischen Funktionen, nämlich die Funktionen des trigonometrischen Systems, auszudrücken. Da die Darstellung einer 2π-periodischen Funktion f durch ein trigonometrisches Polynom

$$f(x) = A_0 + \sum_{\nu=1}^{n} \{A_\nu \cos \nu x + B_\nu \sin \nu x\}$$

nur in den seltensten Fällen möglich sein wird, versucht man f durch eine trigonometrische Reihe, welche zweckmäßigerweise in der Form

$$f(x) = \frac{a_0}{2} + \sum_{\nu=1}^{\infty} \{a_\nu \cos \nu x + b_\nu \sin \nu x\}$$

geschrieben wird, darzustellen. Es ergibt sich die Frage, ob es möglich ist, die Koeffizienten $\{a_\nu\}$ und $\{b_\nu\}$ so zu bestimmen, daß eine solche Darstellung der Funktion f möglich ist. Der folgende Satz liefert eine Orientierung, wie diese Koeffizienten notwendigerweise beschaffen sein müssen.

7.5.3. Satz: Die Funktion f sei gegeben durch die trigonometrische Reihe

$$f(x) = \frac{a_0}{2} + \sum_{\nu=1}^{\infty} \{a_\nu \cos \nu x + b_\nu \sin \nu x\};$$

f sei integrierbar in $[-\pi, \pi]$. Ferner sei es möglich, die Reihe gliedweise zu integrieren (was z. B. dann erlaubt ist, wenn die Reihe $\sum_{\nu=1}^{\infty} \{|a_\nu| + |b_\nu|\}$ konvergiert). Dann gilt

$$(1) \quad a_\nu = \frac{1}{\pi} \cdot \int_{-\pi}^{\pi} f(x) \cos \nu x \, dx \qquad (\nu = 0, 1, \cdots);$$

$$(2) \quad b_\nu = \frac{1}{\pi} \cdot \int_{-\pi}^{\pi} f(x) \sin \nu x \, dx \qquad (\nu = 1, 2, \cdots).$$

Beweis:

1. a) Wir berechnen a_0. Es gilt

$$\int_{-\pi}^{\pi} f(x) \, dx = \int_{-\pi}^{\pi} \left[\frac{a_0}{2} + \sum_{\nu=1}^{\infty} \{a_\nu \cos \nu x + b_\nu \sin \nu x\}\right] dx =$$

$$= \frac{a_0}{2} \cdot \int_{-\pi}^{\pi} dx + \sum_{\nu=1}^{\infty} \left\{a_\nu \cdot \int_{-\pi}^{\pi} \cos \nu x \, dx + b_\nu \cdot \int_{-\pi}^{\pi} \sin \nu x \, dx\right\}.$$

Wegen

$$\int_{-\pi}^{\pi} dx = 2\pi, \qquad \int_{-\pi}^{\pi} \cos \nu x \, dx = \int_{-\pi}^{\pi} \sin \nu x \, dx = 0$$

ergibt sich $\int_{-\pi}^{\pi} f(x) \, dx = \frac{a_0}{2} \cdot 2\pi$, also $a_0 = \frac{1}{\pi} \cdot \int_{-\pi}^{\pi} f(x) \, dx$.

b) Wir berechnen a_κ für ein festes $\kappa \geqslant 1$. Dazu multiplizieren wir $f(x)$ mit $\cos \kappa x$, integrieren anschließend von $-\pi$ bis π und erhalten

$$\int_{-\pi}^{\pi} f(x) \cos \kappa x \, dx =$$

$$= \frac{a_0}{2} \cdot \int_{-\pi}^{\pi} \cos \kappa x \, dx + \sum_{\nu=1}^{\infty} \{ a_\nu \cdot \int_{-\pi}^{\pi} \cos \nu x \cos \kappa x \, dx +$$

$$+ \quad b_\nu \cdot \int_{-\pi}^{\pi} \sin \nu x \cos \kappa x \, dx \} .$$

Nun ist $\int_{-\pi}^{\pi} \cos \kappa x \, dx = 0$ und unter Verwendung der Additionstheoreme für die trigonometrischen Funktionen berechnen wir:

$$\int_{-\pi}^{\pi} \cos \nu x \cos \kappa x \, dx = \frac{1}{2} \cdot \int_{-\pi}^{\pi} \{ \cos (\nu + \kappa) x + \cos (\nu - \kappa) x \} \, dx =$$

$$= \begin{cases} 0 \text{ falls } \nu \neq \kappa \\ \pi \text{ falls } \nu = \kappa \end{cases} ,$$

$$\int_{-\pi}^{\pi} \sin \nu x \cos \kappa x \, dx = \frac{1}{2} \cdot \int_{-\pi}^{\pi} \{ \sin (\nu + \kappa) x + \sin (\nu - \kappa) x \} \, dx = 0.$$

In der obigen Reihe werden daher alle Glieder Null mit Ausnahme des κ-ten, und wir erhalten

$$\int_{-\pi}^{\pi} f(x) \cos \kappa x \, dx = a_\kappa \cdot \pi ,$$

woraus (1) folgt.

2. Analog wird (2) dadurch bewiesen, daß $f(x)$ mit $\sin \kappa x$ multipliziert und die Reihe anschließend von $-\pi$ bis π integriert wird.

Dieses Ergebnis besagt, daß eine Funktion f höchstens dann in eine trigonometrische Reihe entwickelt werden kann, wenn die Entwicklungskoeffizienten den in Satz 7.5.3 angegebenen Formeln genügen.

7.5.4. Definition: Die Funktion f sei 2π-periodisch und integrierbar in $[-\pi, \pi]$.

(1) Die Zahlen

$$a_\nu = \frac{1}{\pi} \cdot \int_{-\pi}^{\pi} f(x) \cos \nu x \, \mathrm{d}x \qquad (\nu = 0, 1, \cdots),$$

$$b_\nu = \frac{1}{\pi} \cdot \int_{-\pi}^{\pi} f(x) \sin \nu x \, \mathrm{d}x \qquad (\nu = 1, 2, \cdots)$$

heißen FOURIER-Koeffizienten der Funktion f.

(2) Die mit den FOURIER-Koeffizienten von f gebildete trigonometrische Reihe

$$\frac{a_0}{2} + \sum_{\nu=1}^{\infty} \{a_\nu \cos \nu x + b_\nu \sin \nu x\}$$

heißt FOURIER-Reihe von f. Wir schreiben

$$f(x) \sim \frac{a_0}{2} + \sum_{\nu=1}^{\infty} \{a_\nu \cos \nu x + b_\nu \sin \nu x\}.$$

Das hier benutzte Symbol $f(x) \sim \frac{a_0}{2} + \sum_{\nu=2}^{\infty} \{a_\nu \cos \nu x + b_\nu \sin \nu x\}$ bedeutet, daß der Funktion f formal ihre FOURIER-Reihe zugeordnet wird, wobei auf die Konvergenz der Reihe und die Darstellung des Funktionswertes $f(x)$ keine Rücksicht genommen wird. In der Tat ist es so, daß selbst die FOURIER-Reihen stetiger Funktionen in „sehr vielen" Punkten divergieren können.

7.5.2. Ein Konvergenzkriterium für FOURIER-Reihen

Das zentrale Problem bei der Untersuchung der FOURIER-Reihe einer Funktion ist die Frage nach ihrer Konvergenz und ihrer Summe. Die allgemeine Konvergenztheorie der FOURIER-Reihen ist sehr kompliziert; wir geben hier jedoch ein einfaches spezielles Kriterium an, mit welchem die Konvergenz fast aller in der Praxis auftretenden FOURIER-Reihen nachgewiesen werden kann. Dazu ist der Begriff einer „stückweise glatten" Funktion erforderlich.

7.5.5. Definition: Eine Funktion f heißt im Intervall $[a, b]$ stückweise glatt, wenn eine Zerlegung $a = x_0 < x_1 < \cdots < x_n = b$ von $[a, b]$ so existiert, daß f in den Intervallen (x_{i-1}, x_i) $(i = 1, \cdots, n)$ stetig differenzierbar ist sowie die rechts- und linksseitigen Grenzwerte

$$f(x_i +) = \lim_{\substack{h \to 0 \\ h > 0}} f(x_i + h) \qquad \text{für } i = 0, \cdots, n-1,$$

$$f(x_i -) = \lim_{\substack{h \to 0 \\ h < 0}} f(x_i + h) \qquad \text{für } i = 1, \cdots, n$$

und die rechts- und linksseitigen Ableitungen

$$\lim_{\substack{h \to 0 \\ h > 0}} \frac{f(x_i + h) - f(x_i +)}{h} \qquad \text{für } i = 0, \cdots, n-1,$$

$$\lim_{\substack{h \to 0 \\ h < 0}} \frac{f(x_i + h) - f(x_i -)}{h} \qquad \text{für } i = 1, \cdots, n$$

existieren.

Das Schaubild einer stückweise glatten Funktion kann daher höchstens endlich viele „Sprungstellen" und endlich viele „Ecken" aufweisen.

Abb. 7.5.2

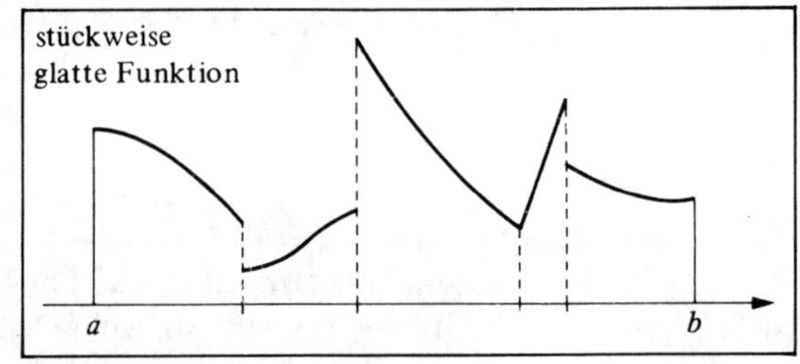

Mit dieser Definition können wir den folgenden wichtigen Konvergenzsatz für FOURIER-Reihen angeben.

7.5.6. Satz: Die Funktion f sei 2π-periodisch und in $[-\pi, \pi]$ stückweise glatt. Dann konvergiert die FOURIER-Reihe von f für alle $x \in \mathbb{R}$. Ist f stetig an x, so gilt

$$\frac{a_0}{2} + \sum_{\nu=1}^{\infty} \{a_\nu \cos \nu x + b_\nu \sin \nu x\} = f(x).$$

Ist f unstetig an x, so gilt

$$\frac{a_0}{2} + \sum_{\nu=1}^{\infty} \{a_\nu \cos \nu x + b_\nu \sin \nu x\} = \lim_{h \to 0} \frac{f(x+h)+f(x-h)}{2} .$$

Ohne Beweis.

7.5.7. Bemerkung: Die 2π-periodische Funktion f sei stückweise glatt und so beschaffen, daß für alle x gilt

$$f(x) = \lim_{h \to 0} \frac{f(x+h)+f(x-h)}{2} ,$$

dann konvergiert nach Satz 7.5.6 die FOURIER-Reihe von f für alle x gegen $f(x)$. Diese Bedingung besagt, daß der Funktionswert in allen Punkten gleich dem arithmetischen Mittel aus links- und rechtsseitigem Grenzwert ist.

7.5.3. Beispiele von FOURIER-Reihen

Bevor wir Beispiele von FOURIER-Reihen behandeln, geben wir zwei einfache Eigenschaften der FOURIER-Koeffizienten gewisser Funktionen an. Diese Ergebnisse ermöglichen es, durch eine kleine Überlegung Rechenaufwand zu sparen. Wir nennen eine Funktion f mit $D(f) = (-\infty, \infty)$ gerade, wenn gilt

$$f(x) = f(-x) \qquad \text{für alle } x \in (-\infty, \infty) ,$$

sie heißt ungerade, wenn

$$f(x) = -f(-x) \qquad \text{für alle } x \in (-\infty, \infty).$$

Abb. 7.5.3

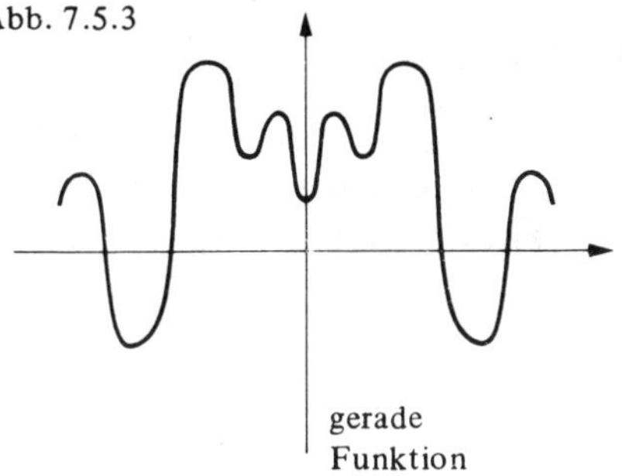

Abb. 7.5.4

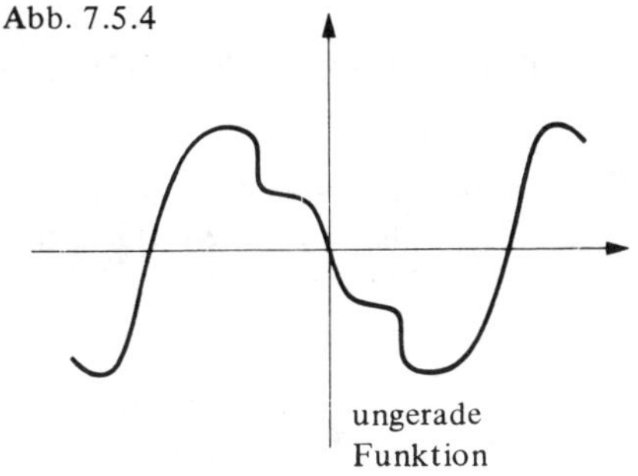

7.5.8. Satz: Die Funktion f sei 2π-periodisch und integrierbar in $[-\pi, \pi]$. Ist f eine gerade Funktion, so ist die FOURIER-Reihe von f eine reine Cosinusreihe:

$$f(x) \sim \frac{a_0}{2} + \sum_{\nu=1}^{\infty} a_\nu \cos \nu x ,$$

wobei

$$a_\nu = \frac{2}{\pi} \cdot \int_0^\pi f(x) \cos \nu x \, dx \qquad (\nu = 0, 1, \cdots).$$

Beweis:

1. Da $f(x)$ gerade ist und die Funktionen $1, \cos x, \cos 2x, \cdots$ ebenfalls gerade sind, sind alle Funktionen $f(x) \cos \nu x$ gerade, und es gilt (siehe Übungsaufgabe 6.7)

$$a_\nu = \frac{1}{\pi} \cdot \int_{-\pi}^{\pi} f(x) \cos \nu x \, dx = \frac{2}{\pi} \cdot \int_0^\pi f(x) \cos \nu x \, dx .$$

2. Da $f(x)$ gerade ist und die Funktionen $\sin x, \sin 2x, \cdots$ ungerade sind, sind alle Funktionen $f(x) \sin \nu x$ ungerade, und es gilt (siehe Übungsaufgabe 6.7)

$$b_\nu = \frac{1}{\pi} \cdot \int_{-\pi}^{\pi} f(x) \sin \nu x \, dx = 0.$$

Daraus folgt die Behauptung.

Das entsprechende Ergebnis für ungerade Funktionen ist

7.5.9. Satz: Die Funktion f sei 2π-periodisch und integrierbar in $[-\pi, \pi]$. Ist f eine ungerade Funktion, so ist die FOURIER-Reihe von f eine reine Sinusreihe:

$$f(x) \sim \sum_{\nu=1}^{\infty} b_\nu \sin \nu x ,$$

wobei

$$b_\nu = \frac{2}{\pi} \cdot \int_0^\pi f(x) \sin \nu x \, dx \qquad (\nu = 1, 2, \cdots).$$

Der Beweis erfolgt analog wie der Beweis zu Satz 7.5.8.

Diese beiden Ergebnisse erweisen sich bei der Berechnung vieler FOURIER-Reihen als nützlich.

7.5.10. Beispiel („Sägezahnkurve“): Die 2π-periodische Funktion f sei in $(-\pi, \pi]$ definiert durch $f(x) = x$. Eine solche Funktion tritt i. w. beim zeitlichen Verlauf elektrischer Kippspannungen auf.

Abb. 7.5.5

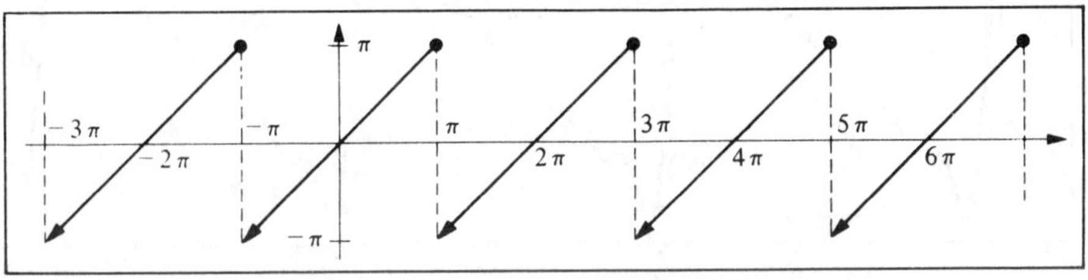

Die Funktion ist ungerade, also nach Satz 7.5.9 in eine reine Sinusreihe zu entwickeln. Für ihre FOURIER-Koeffizienten erhalten wir nach Satz 7.5.9 mit partieller Integration für $\nu = 1, 2, \cdots$

$$b_\nu = \frac{2}{\pi} \cdot \int_0^\pi x \sin \nu x \, dx = -\frac{2x}{\pi\nu} \cos \nu x \Big|_0^\pi + \frac{2}{\pi\nu} \cdot \int_0^\pi \cos \nu x \, dx =$$

$$= -\frac{2}{\nu} \cos \nu\pi = \frac{2(-1)^{\nu+1}}{\nu} .$$

Daher ist die FOURIER-Reihe von f gegeben durch

$$f(x) \sim 2 \cdot \sum_{\nu=1}^{\infty} \frac{(-1)^{\nu+1}}{\nu} \cdot \sin \nu x .$$

Die Funktion f ist stückweise glatt und stetig für $x \neq \pm \pi, \pm 3\pi, \cdots$. Nach

Satz 7.5.6 konvergiert also die FOURIER-Reihe für $x \neq \pm\pi, \pm 3\pi, \cdots$ gegen $f(x)$; insbesondere gilt

$$x = 2 \cdot \sum_{\nu=1}^{\infty} \frac{(-1)^{\nu+1}}{\nu} \sin \nu x \qquad \text{für } -\pi < x < \pi .$$

In den Punkten $x = \pm\pi, \pm 3\pi, \cdots$ konvergiert die Reihe gegen 0 (also nicht gegen $f(x) = \pi$). Die Abbildung 7.5.6 zeigt den Verlauf der Teilsumme

$$s_6(x) = 2 \cdot \sum_{\nu=1}^{6} \frac{(-1)^{\nu+1}}{\nu} \sin \nu x.$$

Abb. 7.5.6

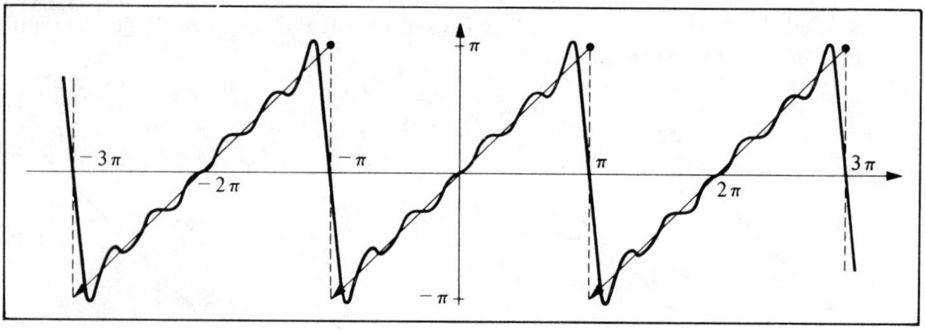

7.5.11. Beispiel (Rechteckimpulse): Die 2π-periodische Funktion f sei in $(-\pi, \pi]$ definiert durch

$$f(x) = \begin{cases} -\dfrac{\pi}{2} & \text{falls } x \in (-\pi, 0] \\ \dfrac{\pi}{2} & \text{falls } x \in (0, \pi] \end{cases}$$

Abb. 7.5.7

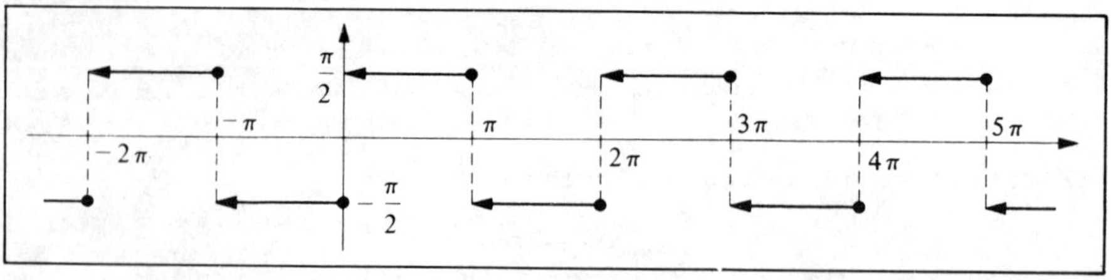

Diese Funktion ist ebenfalls in eine reine Sinusreihe zu entwickeln; für ihre FOURIER-Koeffizienten ergibt sich

$$b_\nu = \frac{2}{\pi} \cdot \int_0^\pi \frac{\pi}{2} \sin \nu x \, dx = - \left. \frac{\cos \nu x}{\nu} \right|_0^\pi = \frac{1}{\nu} \cdot \{1 - \cos \nu\pi\} =$$

$$= \begin{cases} 0 & \text{falls } \nu = 2k \\ \dfrac{2}{2k+1} & \text{falls } \nu = 2k+1 \end{cases} .$$

Daher ist die FOURIER-Reihe von f gegeben durch

$$f(x) \sim 2 \cdot \sum_{k=0}^{\infty} \frac{\sin(2k+1)x}{2k+1} .$$

Die Funktion f ist stückweise glatt und stetig für $x \neq m\pi \ (m \in \mathbb{Z})$. Nach Satz 7.5.6 konvergiert also die FOURIER-Reihe für $x \neq m\pi$ gegen $f(x)$. An den Stellen $x = m\pi$ konvergiert sie gegen 0. Insbesondere haben wir also

$$2 \cdot \sum_{k=0}^{\infty} \frac{\sin(2k+1)x}{2k+1} = \begin{cases} -\dfrac{\pi}{2} & \text{falls } -\pi < x < 0 \\ 0 & \text{falls } \quad x = 0 \\ \dfrac{\pi}{2} & \text{falls } \quad 0 < x < \pi \end{cases} .$$

Setzen wir hier speziell $x = \frac{\pi}{2}$ ein, so erhalten wir wegen $\sin(2k+1)\frac{\pi}{2} = (-1)^k$ die Beziehung

$$\sum_{k=0}^{\infty} \frac{(-1)^k}{2k+1} = \frac{\pi}{4} .$$

Die Abbildung 7.5.8 zeigt den Verlauf der Teilsumme $s_5(x) = 2 \cdot \sum_{k=0}^{2} \frac{\sin(2k+1)x}{2k+1}$.

Abb. 7.5.8

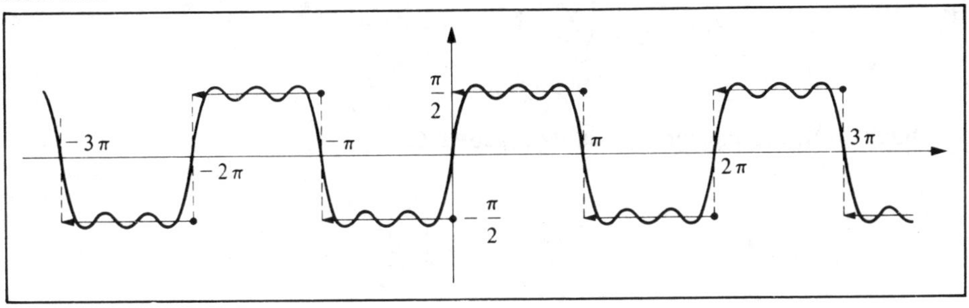

7.5.12. Beispiel: Die Funktion f sei 2π-periodisch und in $(-\pi, \pi]$ definiert durch

$$f(x) = \left(\frac{x+\pi}{2}\right)^2 \qquad \text{für} \quad x \in (-\pi, \pi), \quad f(\pi) = \frac{\pi^2}{2}.$$

Abb. 7.5.9

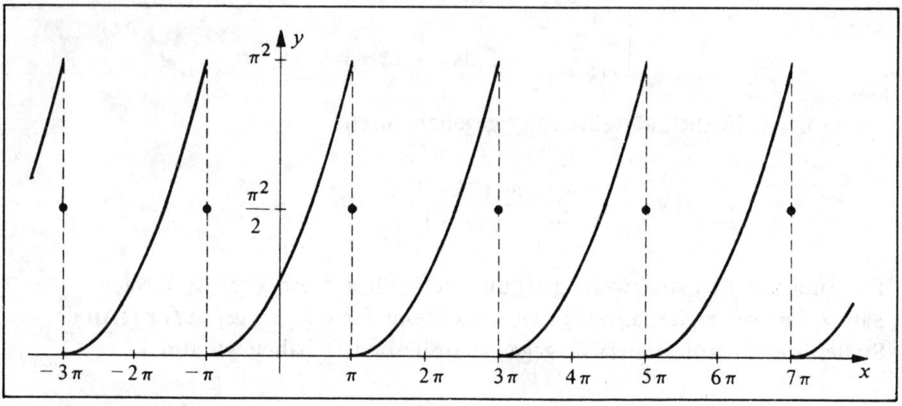

Diese Funktion ist weder gerade noch ungerade. Für ihre FOURIER-Koeffizienten erhält man zunächst

$$a_0 = \frac{1}{\pi} \cdot \int_{-\pi}^{\pi} \left(\frac{x+\pi}{2}\right)^2 dx = \left.\frac{(x+\pi)^3}{12\pi}\right|_{-\pi}^{\pi} = \frac{2\pi^2}{3}$$

und durch zweimalige partielle Integration ergibt sich für $\nu \geqslant 1$

$$a_\nu = \frac{1}{\pi} \cdot \int_{-\pi}^{\pi} \left(\frac{x+\pi}{2}\right)^2 \cos \nu x \, dx = \frac{(-1)^\nu}{\nu^2},$$

$$b_\nu = \frac{1}{\pi} \cdot \int_{-\pi}^{\pi} \left(\frac{x+\pi}{2}\right)^2 \sin \nu x \, dx = -\frac{(-1)^\nu}{\nu} \pi.$$

Die FOURIER-Reihe von f ist daher gegeben durch

$$f(x) \sim \frac{\pi^2}{3} + \sum_{\nu=1}^{\infty} (-1)^\nu \cdot \left\{ \frac{1}{\nu^2} \cos \nu x - \frac{\pi}{\nu} \sin \nu x \right\}.$$

Die Funktion f ist stückweise glatt und so beschaffen, daß für alle $x \in \mathbb{R}$ gilt

$$f(x) = \lim_{h \to 0} \frac{f(x+h)+f(x-h)}{2}.$$

Nach Bemerkung 7.5.7 ist daher für alle $x \in \mathbb{R}$

$$f(x) = \frac{\pi^2}{3} + \sum_{\nu=1}^{\infty} (-1)^{\nu} \cdot \left\{ \frac{1}{\nu^2} \cos \nu x - \frac{\pi}{\nu} \sin \nu x \right\}.$$

Setzen wir hier speziell $x = \pi$ ein, so erhalten wir wegen $\cos \nu\pi = (-1)^{\nu}$ und $\sin \nu\pi = 0$ die Beziehung

$$f(\pi) = \frac{\pi^2}{2} = \frac{\pi^2}{3} + \sum_{\nu=1}^{\infty} \frac{1}{\nu^2},$$

woraus wir erhalten (siehe Beispiel 7.1.5)

$$\sum_{\nu=1}^{\infty} \frac{1}{\nu^2} = \frac{\pi^2}{2} - \frac{\pi^2}{3} = \frac{\pi^2}{6}.$$

Setzen wir speziell $x = 0$ ein, so erhalten wir

$$f(0) = \frac{\pi^2}{4} = \frac{\pi^2}{3} + \sum_{\nu=1}^{\infty} \frac{(-1)^{\nu}}{\nu^2},$$

und daraus

$$\sum_{\nu=1}^{\infty} \frac{(-1)^{\nu+1}}{\nu^2} = \frac{\pi^2}{3} - \frac{\pi^2}{4} = \frac{\pi^2}{12}.$$

7.5.13. Beispiel: Die Funktion f sei in $(-\infty, \infty)$ gegeben durch $f(x) = |\sin x|$. Diese Funktion ist 2π-periodisch (sogar π-periodisch) und gerade. Also ist nach

Abb. 7.5.10

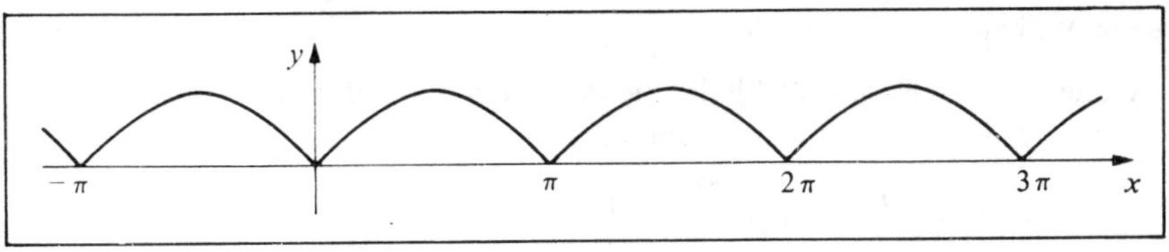

Satz 7.5.8 ihre FOURIER-Reihe erstaunlicherweise eine reine Cosinusreihe. Für $x \in [0, \pi]$ ist $f(x) = \sin x$, und die FOURIER-Koeffizienten berechnen sich nach Satz 7.5.8 gemäß

$$a_0 = \frac{2}{\pi} \cdot \int_0^{\pi} \sin x \, dx = -\frac{2}{\pi} \cdot \cos x \Big|_0^{\pi} = \frac{4}{\pi}$$

und wegen $\sin x \cdot \cos \nu x = \frac{1}{2} \{\sin(\nu+1)x - \sin(\nu-1)x\}$ ist für $\nu \geqslant 1$

$$a_\nu = \frac{2}{\pi} \cdot \int_0^{\pi} \sin x \cos \nu x \, dx =$$

$$= \frac{1}{\pi} \cdot \int_0^{\pi} \sin(\nu+1)x \, dx - \frac{1}{\pi} \cdot \int_0^{\pi} \sin(\nu-1)x \, dx =$$

$$= \frac{1}{\pi} \cdot \begin{Bmatrix} 0 & \text{falls } \nu \text{ ungerade} \\ \frac{2}{\nu+1} - \frac{2}{\nu-1} & \text{falls } \nu \text{ gerade} \end{Bmatrix} =$$

$$= \begin{cases} 0 & \text{falls } \nu = 2k-1 \\ -\frac{4}{\pi(4k^2-1)} & \text{falls } \nu = 2k \end{cases} .$$

Für die FOURIER-Reihe von f ergibt sich, da die Funktion f stückweise glatt und stetig ist

$$|\sin x| = \frac{2}{\pi} - \frac{4}{\pi} \cdot \sum_{k=1}^{\infty} \frac{\cos 2kx}{4k^2-1} \qquad \text{für alle } x \in \mathbb{R} .$$

7.5.4. FOURIER-Reihen von Funktionen mit beliebigen Perioden

Wir haben schon daraufhingewiesen, daß die FOURIER-Entwicklung einer Funktion mit beliebiger Periode durch eine einfache Substitution auf den Fall einer 2π-periodischen Funktion zurückgeführt werden kann. Abschließend geben wir nun die Formeln der FOURIER-Koeffizienten und der FOURIER-Reihe in diesem Allgemeinfall an.

Wir nehmen an, die Funktion f habe die Periode $p = 2L$, d. h. es gelte $f(x + 2L) = f(x)$ für alle x. Durch die Substitution

$$x = \frac{L}{\pi} t \quad \text{bzw.} \quad t = \frac{\pi}{L} x$$

geht die Funktion $f(x)$ in eine Funktion $F(t)$ über, welche wir durch

$$F(t) = f\left(\frac{L}{\pi} t\right) = f(x)$$

definieren. Diese Funktion F ist 2π-periodisch, denn es gilt für alle t

$$F(t+2\pi) = f\left(\frac{L}{\pi}(t+2\pi)\right) = f\left(\frac{L}{\pi} t + 2L\right) = f\left(\frac{L}{\pi} t\right) = F(t).$$

Wir erhalten die FOURIER-Koeffizienten von F daher durch die üblichen Formeln:

$$a_\nu = \frac{1}{\pi} \cdot \int_{-\pi}^{\pi} F(t) \cos \nu t \, dt, \qquad b_\nu = \frac{1}{\pi} \cdot \int_{-\pi}^{\pi} F(t) \sin \nu t \, dt;$$

die FOURIER-Reihe ist gegeben durch

$$F(t) \sim \frac{a_0}{2} + \sum_{\nu=1}^{\infty} \{a_\nu \cos \nu t + b_\nu \sin \nu t\}.$$

Substituieren wir jetzt $t = \frac{\pi}{L} x$, so erhalten wir

$$a_\nu = \frac{1}{\pi} \cdot \int_{-\pi}^{\pi} F(t) \cos \nu t \, dt = \frac{1}{\pi} \cdot \frac{\pi}{L} \cdot \int_{-L}^{L} F\left(\frac{\pi}{L} x\right) \cos \frac{\nu\pi}{L} x \, dx =$$

$$= \frac{1}{L} \cdot \int_{-L}^{L} f(x) \cos \frac{\nu\pi}{L} x \, dx$$

und analog

$$b_\nu = \frac{1}{L} \cdot \int_{-L}^{L} f(x) \sin \frac{\nu\pi}{L} x \, dx.$$

Die FOURIER-Reihe von f nimmt folgende Form an

$$f(x) = F\left(\frac{\pi}{L} x\right) \sim \frac{a_0}{2} + \sum_{\nu=1}^{\infty} \left\{a_\nu \cos \frac{\nu\pi}{L} x + b_\nu \sin \frac{\nu\pi}{L} x\right\}.$$

7.5.14. Beispiel: Die Funktion f habe die Periode 4 (es ist also $L = 2$), und es sei

$$f(x) = \begin{cases} 0 & \text{falls } -2 < x \leqslant 0 \\ x & \text{falls } \quad 0 < x \leqslant 2 \end{cases}$$

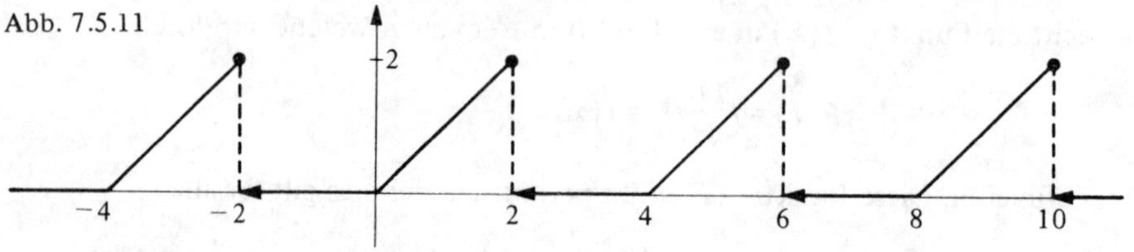

Abb. 7.5.11

Für die FOURIER-Koeffizienten von f erhalten wir mit den obigen Formeln

$$a_0 = \frac{1}{2} \cdot \int_{-2}^{2} f(x)\,\mathrm{d}x = \frac{1}{2} \cdot \int_{0}^{2} x\,\mathrm{d}x = 1$$

und vermittels partieller Integration für $\nu \geqslant 1$

$$a_\nu = \frac{1}{2} \cdot \int_{-2}^{2} f(x) \cos \frac{\nu\pi x}{2}\,\mathrm{d}x = \frac{1}{2} \cdot \int_{0}^{2} x \cos \frac{\nu\pi x}{2}\,\mathrm{d}x =$$

$$= \frac{2}{\nu^2 \pi^2} \cdot \{(-1)^\nu - 1\} =$$

$$= \begin{cases} -\dfrac{4}{(2k+1)^2 \pi^2} & \text{falls } \nu = 2k+1 \\ 0 & \text{falls } \nu = 2k \end{cases},$$

$$b_\nu = \frac{1}{2} \cdot \int_{-2}^{2} f(x) \sin \frac{\nu\pi x}{2}\,\mathrm{d}x = \frac{1}{2} \cdot \int_{0}^{2} x \sin \frac{\nu\pi x}{2}\,\mathrm{d}x = \frac{2 \cdot (-1)^{\nu+1}}{\nu\pi}.$$

Für die FOURIER-Reihe von f ergibt sich also

$$f(x) \sim \frac{1}{2} - \frac{4}{\pi^2} \cdot \sum_{k=0}^{\infty} \frac{1}{(2k+1)^2} \cdot \cos \frac{2k+1}{2} \pi x + \frac{2}{\pi} \cdot \sum_{\nu=1}^{\infty} \frac{(-1)^{\nu+1}}{\nu} \sin \frac{\nu\pi x}{2}.$$

Die Reihe konvergiert für alle $x \neq \pm 2, \pm 6, \cdots$ gegen $f(x)$. Für $x = 0$ erhalten wir speziell

$$0 = \frac{1}{2} - \frac{4}{\pi^2} \cdot \sum_{k=0}^{\infty} \frac{1}{(2k+1)^2},$$

und es ergibt sich

$$\sum_{k=0}^{\infty} \frac{1}{(2k+1)^2} = \frac{\pi^2}{8}.$$

7.5.15. Tabelle einiger FOURIER-Reihen

Funktion (2π-periodisch, Definition in $(-\pi, \pi]$)	FOURIER-Reihe von f (für alle $x \in \mathbb{R}$ Konvergenz gegen $f(x)$)
$f(x) = \begin{cases} x & \text{für } -\pi < x < \pi \\ 0 & \text{für } x = \pi \end{cases}$	$2 \cdot \sum_{\nu=1}^{\infty} \frac{(-1)^{\nu+1}}{\nu} \sin \nu x$

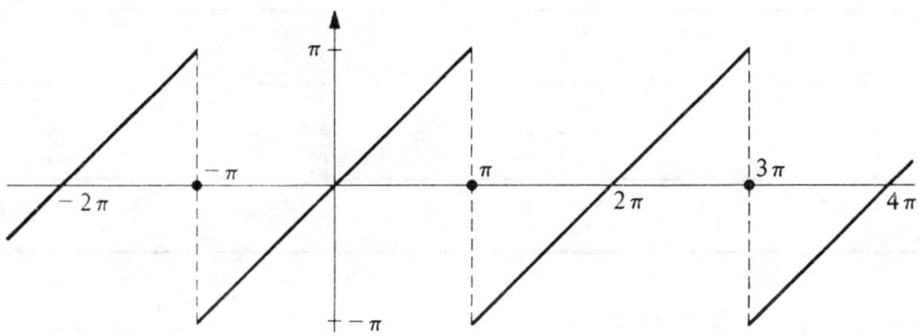

$f(x) = \lvert x \rvert \quad \text{für } -\pi < x \leqslant \pi$	$\frac{\pi}{2} - \frac{4}{\pi} \cdot \sum_{\nu=0}^{\infty} \frac{\cos(2\nu+1)x}{(2\nu+1)^2}$

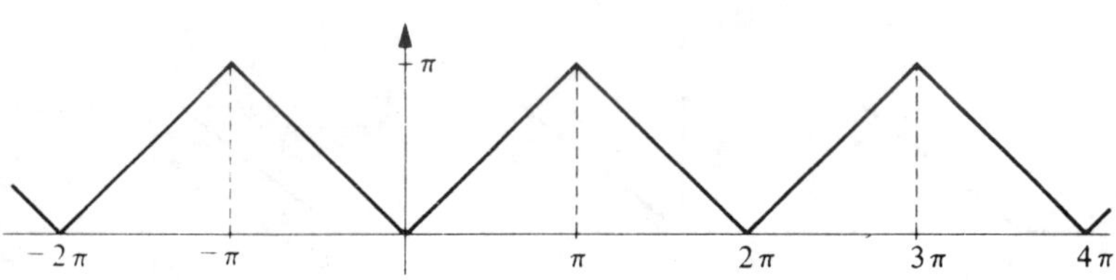

$f(x) = \begin{cases} -h & \text{für } -\pi < x < 0 \\ 0 & \text{für } x = 0,\ x = \pi \\ h & \text{für } 0 < x < \pi \end{cases}$	$\frac{4h}{\pi} \cdot \sum_{\nu=0}^{\infty} \frac{\sin(2\nu+1)x}{2\nu+1}$

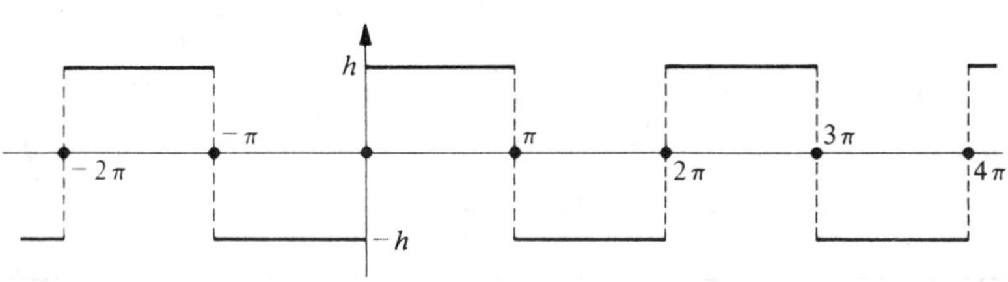

Funktion (2π-periodisch, Definition in $(-\pi, \pi]$)	FOURIER-Reihe von f (für alle $x \in \mathbb{R}$ Konvergenz gegen $f(x)$)
$f(x) = \begin{cases} 1 & \text{für } \lvert x \rvert < h \\ 0 & \text{für } h < \lvert x \rvert \leqslant \pi \\ \frac{1}{2} & \text{für } \lvert x \rvert = h \end{cases}$	$\frac{h}{\pi} + \frac{2}{\pi} \cdot \sum_{\nu=1}^{\infty} \frac{\sin \nu h}{\nu} \cos \nu x$
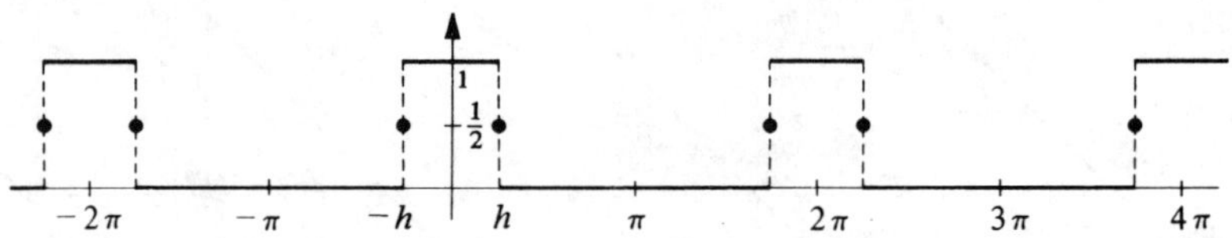	
$f(x) = \begin{cases} 0 & \text{für } -\pi < x \leqslant 0 \\ \frac{x}{\pi} & \text{für } 0 < x < \pi \\ \frac{1}{2} & \text{für } x = \pi \end{cases}$	$\frac{1}{4} + \frac{1}{\pi} \cdot \sum_{\nu=1}^{\infty} \frac{(-1)^{\nu+1}}{\nu} \sin \nu x - \frac{2}{\pi^2} \cdot \sum_{\nu=0}^{\infty} \frac{\cos(2\nu+1)x}{(2\nu+1)^2}$
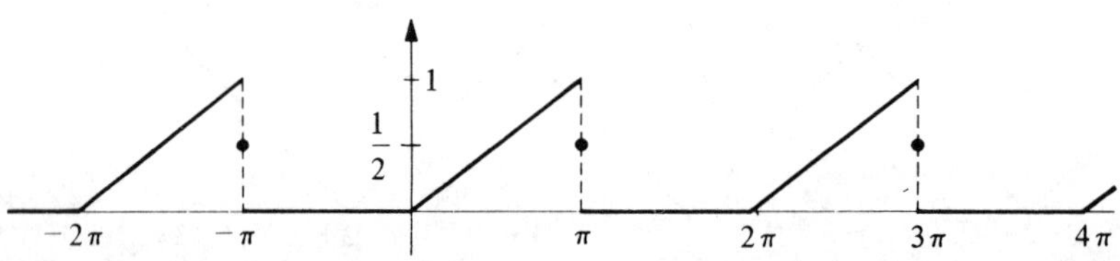	
$f(x) = \begin{cases} 1 - \frac{\lvert x \rvert}{h} & \text{für } -h \leqslant x \leqslant h \\ 0 & \text{für } h < \lvert x \rvert \leqslant \pi \end{cases}$	$\frac{h}{2\pi} + \frac{2}{\pi h} \cdot \sum_{\nu=1}^{\infty} \frac{1 - \cos \nu h}{\nu^2} \cos \nu x$
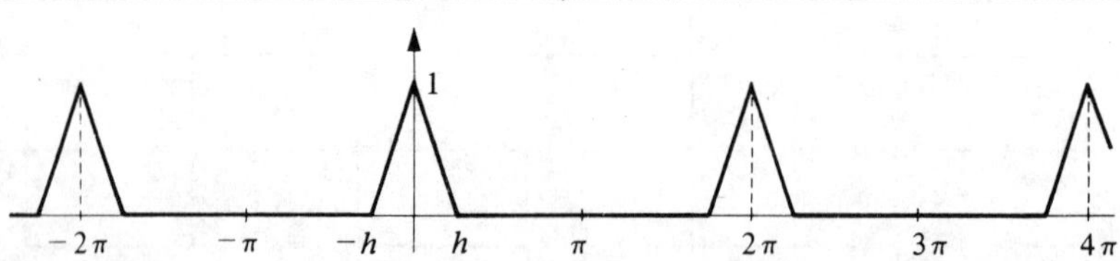	

Funktion (2π-periodisch, Definition in $(-\pi, \pi]$)	FOURIER-Reihe von f (für alle $x \in \mathbb{R}$ Konvergenz gegen $f(x)$)
$f(x) = x^2 \quad$ für $-\pi < x \leqslant \pi$	$\frac{\pi^2}{3} - 4 \cdot \sum_{\nu=1}^{\infty} \frac{(-1)^{\nu+1} \cos \nu x}{\nu^2}$

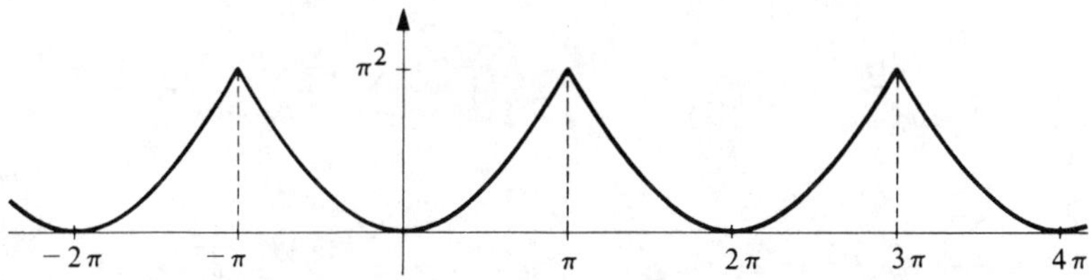

$f(x) = \begin{cases} -\cos x & \text{für } -\pi < x < 0 \\ 0 & \text{für } x = 0,\ x = \pi \\ \cos x & \text{für } 0 < x < \pi \end{cases}$	$\frac{8}{\pi} \cdot \sum_{\nu=1}^{\infty} \frac{\nu}{4\nu^2 - 1} \sin 2\nu x$

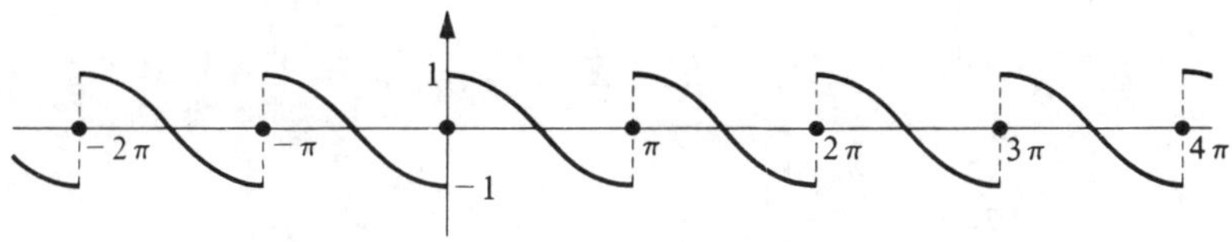

$f(x) = \lvert \sin x \rvert \quad$ für $-\pi < x \leqslant \pi$	$\frac{2}{\pi} - \frac{4}{\pi} \cdot \sum_{\nu=1}^{\infty} \frac{\cos 2\nu x}{4\nu^2 - 1}$

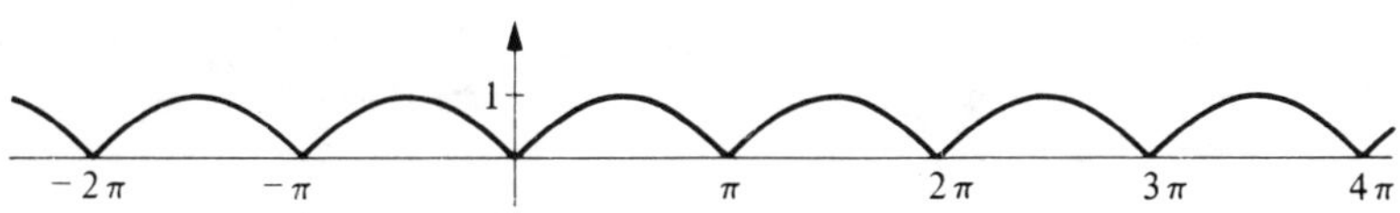

$f(x) = \begin{cases} 0 & \text{für } -\pi < x \leqslant 0 \\ \sin x & \text{für } 0 < x \leqslant \pi \end{cases}$	$\frac{1}{\pi} + \frac{1}{2} \sin x - \frac{2}{\pi} \cdot \sum_{\nu=1}^{\infty} \frac{\cos 2\nu x}{4\nu^2 - 1}$

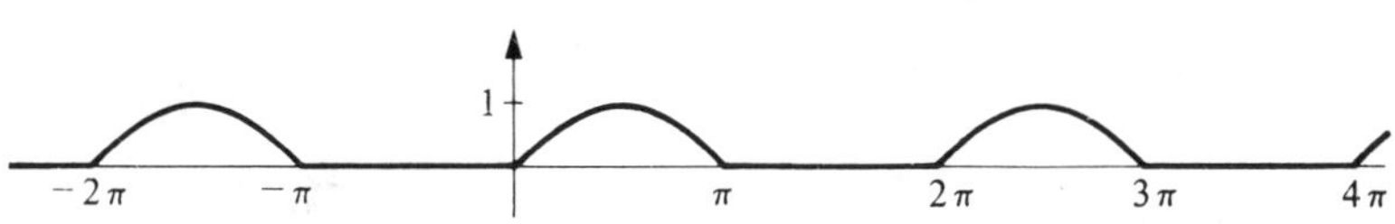

7.6. Übungsaufgaben

7.1 Man untersuche folgende Reihen auf Konvergenz bzw. Divergenz

a) $\sum_{\nu=1}^{\infty} \frac{1}{\sqrt{\nu}+\sqrt{\nu+1}}$, b) $\sum_{\nu=0}^{\infty} \frac{2^\nu}{2^\nu+3^\nu}$,

c) $\sum_{\nu=1}^{\infty} \frac{\nu+1}{\nu^3}$, d) $\sum_{\nu=2}^{\infty} \frac{\nu^2+4}{\nu^4-6}$,

e) $\sum_{\nu=1}^{\infty} \frac{\nu}{2^{2\nu}}$, f) $\sum_{\nu=1}^{\infty} (-1)^\nu \frac{\nu+1}{\nu}$,

g) $\sum_{\nu=1}^{\infty} (-1)^{\nu+1} \frac{1}{2\nu-1}$, h) $\sum_{\nu=1}^{\infty} (-1)^{\nu+1} \frac{\nu}{\nu+1}$,

i) $\sum_{\nu=1}^{\infty} \frac{3^\nu+\nu}{\nu \cdot 3^\nu}$, j) $\sum_{\nu=1}^{\infty} \frac{3^\nu+\nu^3}{\nu^3 \cdot 3^\nu}$,

k) $\sum_{\nu=1}^{\infty} \left(\frac{2\nu}{2\nu+1} - \frac{2\nu-1}{2\nu}\right)$ l) $\sum_{\nu=1}^{\infty} \frac{\nu!}{\nu^\nu}$,

m) $\sum_{\nu=1}^{\infty} \frac{\nu!}{1 \cdot 3 \cdot 5 \cdots (2\nu-1)}$, n) $\sum_{\nu=1}^{\infty} \frac{2 \cdot 4 \cdot 6 \cdots (2\nu)}{5 \cdot 8 \cdot 11 \cdots (3\nu+2)}$,

o) $\sum_{\nu=1}^{\infty} (-1)^{\nu+1} \frac{\nu^\nu}{(\nu+1)^\nu}$, p) $\sum_{\nu=2}^{\infty} \frac{1}{\sqrt{\nu} \cdot \log \nu}$,

q) $\sum_{\nu=2}^{\infty} \frac{\ln \nu}{\nu^\alpha}$ $(\alpha \in \mathbb{R})$, r) $\sum_{\nu=1}^{\infty} \frac{(2\nu)!}{2^{2\nu}(\nu!)^2}$.

7.2 Man bestimme die Summen folgender Reihen

a) $\sum_{\nu=2}^{\infty} \frac{1}{3^\nu}$, b) $\sum_{\nu=1}^{\infty} \frac{1}{\nu(\nu+2)}$,

c) $\sum\limits_{\nu=1}^{\infty} \left\{ \frac{1}{\nu^\alpha} - \frac{1}{(\nu+1)^\alpha} \right\} \quad (\alpha > 0)$, d) $\sum\limits_{\nu=0}^{\infty} \frac{\nu}{(\nu+1)!}$,

e) $\sum\limits_{\nu=0}^{\infty} \frac{(-1)^\nu}{2^{4\nu}}$, f) $\sum\limits_{\nu=0}^{\infty} \frac{\pi^{3\nu}}{e^{4\nu}}$.

7.3 Man zeige, daß die Reihe $\sum\limits_{\nu=1}^{\infty} \left(\nu \cdot \sin \frac{x}{\nu}\right)^\nu$ für $|x| = 1$ divergiert (vgl. Bsp. 7.2.15).
Anleitung: Man benutze Satz 7.1.8 und die Regeln von DE L'HOSPITAL.

7.4 Man zeige:

a) Die Reihe $\sum\limits_{\nu=0}^{\infty} a_\nu$ konvergiert sicher dann absolut, wenn für ein $\alpha > 1$ $\lim\limits_{\nu \to \infty} \nu^\alpha a_\nu$ existiert.

b) Die Reihe $\sum\limits_{\nu=0}^{\infty} a_\nu$ divergiert sicher dann, wenn $\lim\limits_{\nu \to \infty} \nu a_\nu \neq 0$ ist.

7.5 Gegeben seien beliebig viele gleiche Balken der Länge 1 m. Man zeige, daß man durch eine geeignete Stapelung hinreichend vieler Balken erreichen kann, daß der letzte gegenüber dem ersten um eine beliebig große Strecke seitlich verschoben ist, ohne daß der Stapel kippt.

7.6 Man bestimme den Konvergenzradius folgender Potenzreihen:

a) $\sum\limits_{\nu=0}^{\infty} \nu^5 x^\nu$, b) $\sum\limits_{\nu=1}^{\infty} (-1)^\nu \frac{x^\nu}{\nu \cdot 3^\nu}$,

c) $\sum\limits_{\nu=2}^{\infty} \frac{x^\nu}{(\ln \nu)^\nu}$, d) $\sum\limits_{\nu=0}^{\infty} \nu!\, x^\nu$,

e) $\sum\limits_{\nu=0}^{\infty} (2^\nu + 3^\nu + 4^\nu) x^\nu$, f) $\sum\limits_{\nu=1}^{\infty} \frac{x^{3\nu}}{3\nu(3\nu+1)}$,

g) $\sum\limits_{\nu=0}^{\infty} r^\nu x^\nu \quad (r \in \mathbb{R})$, h) $\sum\limits_{\nu=1}^{\infty} \nu \cdot x^{\nu!}$.

7.7 Man berechne die TAYLOR-Polynome $T_n(x)$ für

a) $f(x) = (x^3+2)^2 - (2x^2+5x-7)^3, \quad n = 6;$

b) $f(x) = e^{1-x}$, $n = 5$; c) $f(x) = \ln(3+2x)$, $n = 3$;

d) $f(x) = (1+x)^{2/3}$, $n = 4$; e) $f(x) = e^{\cos x}$, $n = 6$.

7.8 Man ermittle die TAYLOR-Reihen folgender Funktionen:

a) e^{-2x}, b) xe^x, c) e^{1+2x}, d) a^x $(a > 0)$, e) $\log_b(1+x)$ $(b > 1)$.

7.9 Gegeben sei die Funktion $f(x) = \begin{cases} \dfrac{\sin x}{x} & \text{falls } x \neq 0 \\ 1 & \text{falls } x = 0 \end{cases}$. Man untersuche, ob f in eine TAYLOR-Reihe entwickelt werden kann und beurteile ggf. deren Konvergenzverhalten.

7.10 Man zeige: Für $|x| < 1$ gilt $\sum\limits_{\nu=1}^{\infty} \nu^2 x^\nu = \dfrac{x(1+x)}{(1-x)^3}$.

7.11 Gegeben seien die folgenden Funktionen:

$$\int_0^x \frac{e^t - 1}{t}\, dt, \qquad \int_0^x \frac{1-\cos t}{t^2}\, dt,$$

$$si(x) = \int_0^x \frac{\sin t}{t}\, dt \qquad \text{(Integralsinus)},$$

$$s(x) = \int_0^x \sin(t^2)\, dt \qquad \text{(FRESNEL-Integral)},$$

$$c(x) = \int_0^x \cos(t^2)\, dt \qquad \text{(FRESNEL-Integral)}.$$

Man bestimme die TAYLOR-Reihen dieser Funktionen durch gliedweise Integration geeigneter TAYLOR-Reihen. (Man beachte, daß die Integrale nicht vermittels elementarer Funktionen auswertbar sind).

7.12 Man untersuche, ob folgende Funktionen gerade, ungerade oder keines von beiden sind:

e^x, $e^{|x|}$, $e^{x+|x|}$, $\sin nx$, $x \sin nx$, $\ln(1+e^x) - \dfrac{x}{2}$.

7.13 Die Funktion f sei definiert in $(-\infty, \infty)$. Man zeige, daß eine gerade Funktion f_g und eine ungerade Funktion f_u existieren mit $f(x) = f_g(x) + f_u(x)$ für alle $x \in (-\infty, \infty)$.

7.14 Man bestimme alle Funktionen, welche sowohl gerade als auch ungerade sind.

7.15 Es seien f und f^* Funktionen mit der Periode 2π, welche in $[-\pi, \pi]$ integrierbar sind, und es gelte

$$f(x) \sim \frac{a_0}{2} + \sum_{\nu=1}^{\infty} \{a_\nu \cos \nu x + b_\nu \sin \nu x\}, \quad f^*(x) = \frac{a_0^*}{2} + \sum_{\nu=1}^{\infty} \{a_\nu^* \cos \nu x + b_\nu^* \sin \nu x\}.$$

Man zeige, daß für beliebige Konstanten α, α^* gilt:

$$\alpha f(x) + \alpha^* f^*(x) \sim \frac{\alpha a_0 + \alpha^* a_0^*}{2} + \sum_{\nu=1}^{\infty} \{(\alpha a_\nu + \alpha^* a_\nu^*) \cos \nu x + (\alpha b_\nu + \alpha^* b_\nu^*) \sin \nu x\}.$$

7.16 Man bestimme die FOURIER-Reihen folgender 2π-periodischer Funktionen

a) $f(x) = x^2$, $x \in (-\pi, \pi]$, b) $f(x) = \begin{cases} -x & \text{für } -\pi < x \leqslant 0 \\ 0 & \text{für } 0 < x \leqslant \pi \end{cases}$,

c) $f(x) = e^x$, $x \in (0, 2\pi]$, d) $f(x) = \cos \alpha x$, $x \in (-\pi, \pi]$, $\alpha \notin \mathbb{N}$,

e) $f(x) = x + x^2$, $x \in (-\pi, \pi]$, f) $f(x) = x^3$, $x \in (-\pi, \pi]$.

LITERATURVERZEICHNIS

Lehrbücher

[1] ALEXITS, G.; FENYÖ, S.: Mathematik für Chemiker; Geest und Portig KG, Leipzig 1962.

[2] BATSCHELET, E.: Introduction to Mathematics for Life Scientists; Springer-Verlag, Berlin – Heidelberg – New York 1972.

[3] DALLMANN, H.; ELSTER, K.: Einführung in die Höhere Mathematik; Vieweg, Braunschweig 1968.

[4] ENDL, K.; LUH, W.: Analysis I–III; Akademische Verlagsgesellschaft, Frankfurt 1972–1974.

[5] HADELER, K. P.: Mathematik für Biologen; Springer-Verlag, Berlin – Heidelberg – New York 1974.

[6] HAINZL, J.: Mathematik für Naturwissenschaftler; Teubner Studienbücher 1974.

[7] LAUGWITZ, D.: Ingenieur-Mathematik I–V; BI Hochschultaschenbücher, Mannheim 1964.

[8] PAPULA, L.: Mathematik für Chemiker; Enke-Verlag, Stuttgart 1975.

[9] PERRIN, C. L.: Mathematics for Chemists; Wiley-Interscience, New York – London – Sidney – Toronto 1970.

[10] ZACHMANN, H. G.: Mathematik für Chemiker; Verlag Chemie, Weinheim 1972.

Formelsammlungen

[11] BRONSTEIN, I. N.; SEMENDJAWEW, K. A.: Taschenbuch der Mathematik; Verlag Deutsch, Zürich – Frankfurt 1967.

[12] ROTTMANN, K.: Formelsammlung; BI Hochschultaschenbücher, Mannheim 1960.

Funktionentafel

[13] ROTTMANN, K.: Mathematische Funktionstafeln; BI Hochschultaschenbücher, Mannheim 1959.

SACHVERZEICHNIS